普通高等教育“十三五”规划教材

数据库基础与应用（Access 2010）

刘卫国　主编

電子工業出版社
Publishing House of Electronics Industry
北京 • BEIJING

内 容 简 介

本书在适度介绍关系数据库的基本概念和基本原理的基础上，以常用的 Access 2010 作为实践环境，介绍数据库的基本操作和应用开发技术。全书主要内容有数据库基础知识、数据库的操作、表的操作、查询的操作、SQL 查询的操作、窗体的操作、报表的操作、宏的操作、模块与 VBA、应用案例。全书以“教学管理”数据库的操作为主线，设计编排了大量的实例，便于读者学习和提高。本书的附录部分是实验指导，其中设计了 12 个实验，方便读者上机练习。本书中的一些重要概念与操作方法还配套制作了微视频，读者可通过扫描书中二维码观看、学习。

本书既可作为高等院校数据库基础与应用课程的教材，又可供社会各类计算机应用人员与参加各类计算机等级考试的读者阅读参考。

图书在版编目（CIP）数据

数据库基础与应用：Access 2010 / 刘卫国主编．—北京：电子工业出版社，2016.12
ISBN 978-7-121-30180-3

Ⅰ.①数… Ⅱ.①刘… Ⅲ.①关系数据库系统－高等学校－教材 Ⅳ.①TP311.138

中国版本图书馆 CIP 数据核字（2016）第 255676 号

策划编辑：戴晨辰
责任编辑：戴晨辰
印　　刷：三河市华成印务有限公司
装　　订：三河市华成印务有限公司
出版发行：电子工业出版社
　　　　　北京市海淀区万寿路 173 信箱　邮编：100036
开　　本：787×1 092　1/16　印张：19　　字数：535.04 千字
版　　次：2016 年 12 月第 1 版
印　　次：2016 年 12 月第 1 次印刷
定　　价：42.00 元

凡所购买电子工业出版社图书有缺损问题，请向购买书店调换。若书店售缺，请与本社发行部联系，联系及邮购电话：（010）88254888，88258888。

质量投诉请发邮件至 zlts@phei.com.cn，盗版侵权举报请发邮件至 dbqq@phei.com.cn。

本书咨询联系方式：dcc@phei.com.cn，192910558（QQ 群）。

前言
Preface

数据，已经渗透到当今每一个行业和业务职能领域，成为重要的生产要素。人们对于海量数据的挖掘和运用，预示着新一波生产率增长和消费者盈余浪潮的到来。在信息社会，数据已经成为重要的资源。大数据时代改变了人类原有的生活和发展模式，也改变了人类认识世界和价值判断的方式。以数据库技术为基础的数据管理技术，可以对数据进行有效的收集、加工、分析与处理，以释放更多的数据价值，充分发挥数据的作用。

数据库技术是计算机学科的一个重要分支，是各类计算机信息系统的核心技术和重要基础，所有与数据信息有关的业务及应用系统都需要数据库技术的支持。数据库知识是当今大学生信息素养的重要组成部分，数据库基础与应用课程是高等学校一门重要的计算机基础课程。通过对课程的学习，使读者能够准确理解数据库的基本概念、原理和方法，掌握数据库的各种操作技术，具备数据库设计与数据库应用系统开发的基本能力，为今后应用数据库技术管理信息、更好地利用信息打下基础。

Microsoft 公司推出的 Access 数据库管理系统是集成在 Office 套装软件中的一个组件，由于它具有界面友好、易学实用的特点，所以适用于中小型数据管理应用场合，既可以用作本地数据库，也可以应用于网络环境。从教学的角度讲，Access 很适合初学者理解和掌握数据库的概念与操作方法。随着 Microsoft Office 软件的不断更新，Access 先后形成了很多版本，新的版本除了继承和发扬以前版本的优点之外，还增加了许多新的功能，例如全新的界面、方便的模板，以及在功能方面的诸多改善等。本书以常用的 Access 2010 作为实践环境，介绍数据库的基本操作和应用开发技术。

近年来，国内有关 Access 数据库的教材出版了不少。**本书力图改变将 Access 教学过分“工具化”的倾向，即不仅仅是将 Access 当成一种数据库操作工具，而是将 Access 教学从数据库工具操作层面上升到数据库应用系统设计与开发层面，体现数据库教学的更高要求，这和当下计算机教育界讨论的“计算思维”的思想是吻合的。**在编写过程中，本书适度介绍关系数据库的基本概念和基本原理，体现数据库应用的基本要求，告诉学生如何从现实世界的数据对象中抽象出可以存放到计算机中的数据，讲清数据库中的“表”是如何来的。全书共 10 章，主要内容有数据库基础知识、数据库的操作、表的操作、查询的操作、SQL 查询的操作、窗体的操作、报表的操作、宏的操作、模块与 VBA、应用案例等。全书以“教学管理”数据库的操作为主线，设计编排了大量的实例，便于读者学习和提高。

数据库基础与应用课程是一门实践性很强的课程，上机实验十分重要。只有通过不断上机实践，才能熟练掌握 Access 的基本操作，充分理解数据库技术的基本思想和方法，并将所学知识应用到系统开发中去。本书的附录部分是实验指导，其中设计了 12 个实验，每个实验包括实验目的、实验内容和实验思考等内容，“实验内容”包括适当的操作提示，以帮助读者完成操作练习；“实验思考”作为实验内容的扩充，读者可以结合上机操作进行思考，可以根据实际情况从中选择部分内容作为上机练习。

本书既可作为高等学校数据库基础与应用课程的教材，又可供社会各类计算机应用人员与参加各类计算机等级考试的读者阅读参考。

本书的配套教学资源可以通过华信教育资源网 http://www.hxedu.com.cn 注册免费下载。书中一些重要的概念与操作方法还配套制作了微视频，读者可利用手机等移动智能终端扫描书中的二维码直接观看。

本书第 1～5 章、第 10 章由刘卫国编写，第 6～9 章及附录由蔡立燕编写，全书由刘卫国主编、定稿。此外，参与部分编写工作的还有熊拥军、王鹰、童键、舒卫真、刘泽星、奎晓燕、蔡旭晖、刘胤宏、周欣然、周克涛、孙士闯等。

由于作者学识水平有限，书中难免存在疏漏或不妥之处，恳请广大读者批评指正。

作　者

2016 年 7 月

目录

Contents

第1章 数据库基础知识

在信息社会，数据已经成为重要的资源。大数据时代改变了人类原有的生活和发展模式，也改变了人类认识世界和价值判断的方式。以数据库技术为基础的数据管理技术，可以对数据进行有效的收集、加工、分析与处理，使得释放更多数据价值，充分发挥数据的作用。数据库技术是计算机学科的一个重要分支，是各类计算机信息系统的核心技术和重要基础，所有与数据信息有关的业务及应用系统都需要数据库技术的支持。数据库知识是当今大学生信息素养的重要组成部分，Microsoft公司推出的Access数据库管理系统是集成在Office套装软件中的一个组件，它具有自身的特点和应用场合。从教学的角度讲,Access很适合于初学者理解和掌握数据库的概念与操作方法。本书以常用的Access 2010作为实践环境。

本章围绕数据库系统的基础知识而展开。通过本章的学习，要掌握数据管理的概念、数据管理技术的发展、数据库的概念、数据库系统的组成与特点、数据模型的概念、数据库的体系结构、关系数据库的基本知识及数据库的设计方法等内容，这些内容对学习掌握Access 2010数据库操作及应用开发是十分必要的。

1.1 数据管理技术

人类在长期的社会实践中会产生大量数据，如何对数据进行高效的处理和应用成为迫切的现实需要。只有在计算机成为数据处理的工具之后，才使数据处理现代化成为可能。

1.1.1 数据与数据管理

1. 数据和信息

数据（Data）和信息（Information）是数据处理中的两个基本概念，有时可以混用，如平时讲数据处理就是信息处理，但有时必须分清。一般认为，数据是人们用于记录事物情况的物理符号。为了描述客观事物而用到的数字、字符，以及所有能输入到计算机中并能被计算机处理的符号都可以看成数据。例如，章达明老师的基本工资为2750元，职称为教授，这里的“章达明”、“2750”、“教授”就是数据。在实际应用中，有两种基本形式的数据，一种是可以参与数值运算的数值型数据，如表示工资、成绩的数据；另一种是由字符组成、不能参与数值运算的字符型数据，如表示姓名、职称的数据。此外，还有图形、图像、声音等多媒体数据，如人的照片、商品的商标等。

信息是数据中所包含的意义。通俗地讲，信息是经过加工处理并对人类社会实践和生产活动产生决策影响的数据。不经过加工处理的数据只是一种原始材料，对人类活动产生不了决策作用，它的价值只是在于记录了客观世界的事实。只有经过提炼和加工，原始数据才发生了质的变化，给人们以新的知识和智慧。例如，收到一条微信，“有聚划算活动，商品5折”，就会根据数据“5折”，再参照商品原价格（原始数据），计算出打折后的商品价格（新的数据），新的数据包含了新的信息，即商品降价了，可作为是否购买商品的依据。

数据与信息既有区别，又有联系。一方面，数据是信息的载体，但并非任何数据都能成为信息，只有经过加工处理之后具有新的内容的数据才能成为信息。另一方面，信息不随表示它的数据形式的改变而改变，它是反映客观现实世界的知识，而数据则具有任意性，用不同的数据形式可以表示同样的信息。例如，一个城市的天气预报情况是一条信息，而描述该信息的数据形式可以是文字、图像或声音等。

2. 数据处理和数据管理

数据处理是指将数据转换成信息的过程，它包括对数据的收集、存储、分类、计算、加工、检索和传输等一系列活动。其基本目的是从大量的、杂乱无章的、难以理解的数据中整理出对人们有价值、有意义的数据（信息），从而作为决策的依据。长期以来，人类主要用人工进行数据处理工作，使用计算机才实现了数据处理的自动化，才使数据处理的速度更快、效率更高。没有计算机，就不会有现代数据处理技术的形成和发展。从这个意义上讲，计算机是一个具有程序执行能力的数据处理工具，如图 1-1 所示。计算机数据处理所得到的输出数据（信息），除了取决于输入数据外，还取决于程序。程序不同，完成的数据处理方法不同，得到的结果也不同，即包含的信息也就不同。计算机通过不同的程序完成不同的数据处理任务。

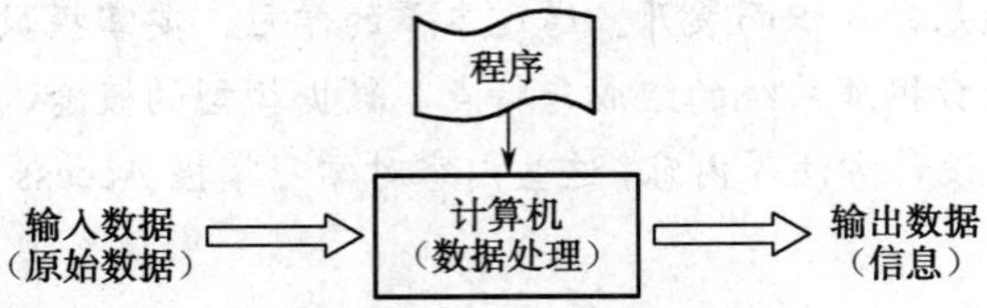

图 1-1　计算机数据处理

以高考成绩处理系统为例，全体考生各门课程的考试成绩记录了考生的考试情况，属于原始数据，对考试成绩进行分析和处理，如按成绩从高到低顺序排列、统计各分数段的人数等，进而可以根据招生人数确定录取分数线，输出的数据即包含了丰富的信息。

数据管理是指数据的收集、组织、存储、检索和维护等操作，这些操作是数据处理的中心环节，是任何数据处理业务中不可缺少的部分。数据管理的基本目的是为了实现数据共享、降低数据冗余、提高数据的独立性、安全性和完整性，从而能更加有效地管理和使用数据资源。

1.1.2　数据管理技术的变迁

计算机技术的发展和数据处理的现实需要，促使数据管理技术得到了很大发展，从而有效地提高了数据处理的应用水平。计算机数据管理技术经历了人工管理、文件管理和数据库管理 3 个发展阶段。

1. 人工管理阶段

20 世纪 50 年代中期以前，计算机主要应用于科学计算，虽然当时也有数据管理的问题，但当时的数据管理是以人工管理方式进行的。在硬件方面，外存储器只有磁带、卡片和纸带等，没有磁盘等直接存取的外存储器；在软件方面，只有汇编语言，没有操作系统，没有对数据进行管理的软件。在人工管理阶段，数据管理有以下特点。

（1）数据不保存

人工管理阶段处理的数据量较少，一般不需要将数据长期保存，只是在计算时将数据随应用程序一起输入，计算完后将结果输出，数据和应用程序一起从内存中被释放。若要再次进行计算，则需重新输入数据和应用程序。

（2）由应用程序管理数据

系统没有专用的软件对数据进行管理，数据需要由应用程序自行管理。每个应用程序不仅要规定数据的逻辑结构，而且要设计数据的存储结构及输入/输出方法等，程序设计任务繁重。

（3）数据有冗余，无法实现共享

应用程序与数据是一个整体，一个应用程序中的数据无法被其他应用程序使用，因此，应用程序与应用程序之间存在大量的重复数据，数据无法实现共享。

（4）数据对应用程序不具有独立性

由于应用程序对数据的依赖性，数据的逻辑结构或存储结构一旦有所改变，则必须修改相应的应用程序，这就进一步加重了程序设计的负担。

以一所学校的信息管理为例，在人工管理阶段，应用程序和数据之间的关系如图 1-2 所示。图中各类数据对应于相应的应用程序，而且不同种类的数据之间会有许多重复的数据，如教务数据可能包含教师和学生的部分数据。

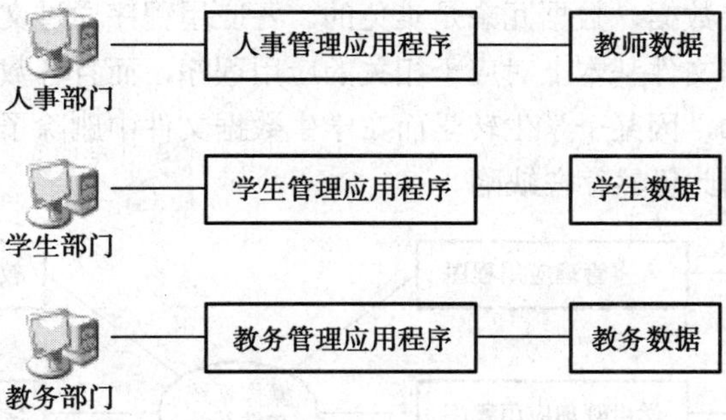

图 1-2　人工管理阶段应用程序和数据之间的关系

2. 文件管理阶段

20 世纪 50 年代后期至 60 年代后期，计算机开始大量用于数据管理。在硬件方面，出现了直接存取的大容量外存储器，如磁盘、磁鼓等，这为计算机数据管理提供了物质基础；在软件方面，出现了高级语言和操作系统。操作系统的出现为数据管理提供了技术支持。

应用程序利用操作系统的文件管理功能（由文件系统实现），将相关数据按一定的规则构成文件，通过文件系统对文件中的数据进行存取和管理，实现数据的文件管理方式。其特点有以下两个方面。

（1）数据可以长期保存

文件系统为应用程序和数据之间提供了一个公共接口，使应用程序采用统一的存取方法来存取和操作数据。数据可以组织成文件，能够长期保存、反复使用。

（2）数据对应用程序有一定的独立性

应用程序和数据不再是一个整体，而是通过文件系统把数据组织成一个独立的数据文件，由文件系统对数据的存取进行管理。程序员只需通过文件名来访问数据文件，不必过多考虑数据的物理存储细节，因此，程序员可集中精力进行算法设计，并大大减少了应用程序维护的工作量。

文件管理使计算机在数据管理方面有了长足的进步，时至今日，文件系统仍是高级语言普遍采用的数据管理方式。然而，当数据量增加、使用数据的用户越来越多时，文件管理便不能适应更有效地使用数据的需要了，其症结表现在以下 3 个方面。

① 数据的共享性差、冗余度大，容易造成数据不一致。由于数据文件是根据应用程序的需要而建立的，当不同的应用程序所使用的数据有相同部分时，也必须建立各自的数据文件，即数据不能共享，

造成大量数据重复。这样不仅浪费存储空间，而且使数据修改变得非常困难，容易产生数据不一致等问题，即同样的数据在不同的文件中所存储的数值不同，造成矛盾。

② 数据独立性差。在文件系统中，尽管数据和应用程序有一定的独立性，但这种独立性主要是针对某一特定应用而言的，就整个应用系统而言，文件系统还未能彻底体现数据逻辑结构独立于数据存储的物理结构的要求。在文件系统中，数据和应用程序是互相依赖的，即应用程序的编写与数据组织方式有关，如果改变数据的组织方式，就必须修改应用程序；而应用程序发生变化，如改用另一种程序设计语言来编写应用程序，也必须修改文件的数据结构。

③ 数据之间缺乏有机的联系，缺乏对数据的统一控制和管理。文件系统中各数据文件之间是相互独立的，没有从整体上反映现实世界事物之间的内在联系，因此，很难对数据进行合理的组织以适应不同应用的需要。在同一个应用项目中的各个数据文件没有统一的管理机构，数据完整性和安全性很难得到保证。

在文件管理阶段，学校信息管理中应用程序和数据文件之间的关系如图 1-3 所示。显然，教务数据中有教师、学生和课程等数据，数据冗余是难免的。各应用程序通过文件系统对相应的数据文件进行存取和处理，但各个数据文件基本上对应于相关的应用程序，而且各数据文件之间是孤立的，数据之间的联系无法体现，例如，因某个学生转学而在学生数据文件中删除了其数据，此时无法在教务数据文件中实现联动操作，因此仍然存在缺陷。

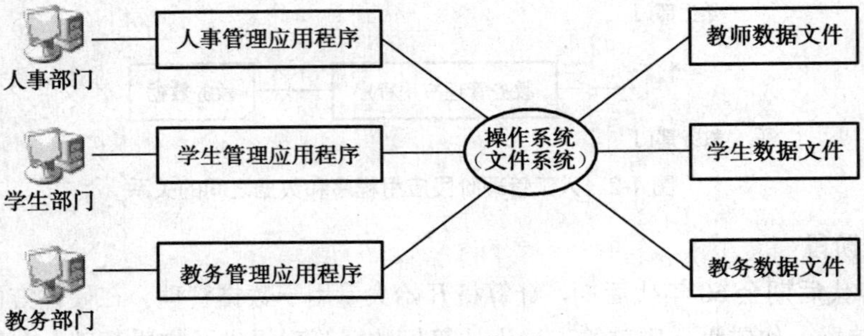

图 1-3　文件管理阶段应用程序和数据文件之间的关系

3. 数据库管理阶段

20 世纪 60 年代后期，计算机用于数据管理的规模更加庞大，数据量急剧增加，数据共享性要求更加强烈。同时，计算机硬件价格下降，而软件价格上升，编制和维护软件所需的成本相对增加，其中维护成本更高。这些成为计算机数据管理技术发展的原动力。

数据库（Database，DB）是按一定的组织方式存储起来的、相互关联的数据集合。在数据库管理阶段，由一种称为数据库管理系统（Database Management System，DBMS）的系统软件来对数据进行统一的控制和管理。数据库管理系统把所有应用程序中使用的相关数据汇集起来，按统一的数据模型存储在数据库中，为各个应用程序所使用。在应用程序和数据库之间保持较高的独立性，数据具有完整性、一致性和安全性高等特点，并且具有充分的共享性，有效地减少了数据冗余。

在数据库管理阶段，学校信息管理中应用程序和数据库之间的关系如图 1-4 所示。有关学校信息管理的数据都存放在一个统一的数据库中，数据库不再面向某个部门的应用，而是面向整个应用系统，实现了数据共享，并且数据库和应用程序之间保持较高的独立性。

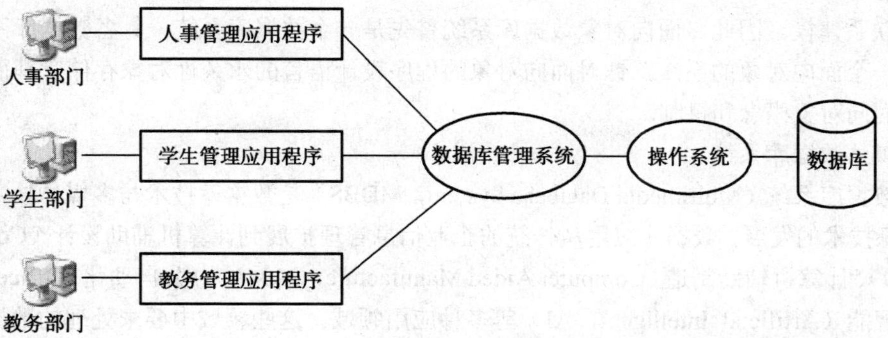

图 1-4　数据库管理阶段应用程序和数据库之间的关系

4. 数据管理技术新发展

数据库技术的发展先后经历了层次数据库、网状数据库和关系数据库。层次数据库和网状数据库可以看作第 1 代数据库系统，关系数据库可以看作第 2 代数据库系统。自 20 世纪 70 年代提出关系数据模型和关系数据库后，数据库技术得到了蓬勃发展，应用也越来越广泛。但随着应用的不断深入，占主导地位的关系数据库系统已不能满足新的应用领域的需求。例如，在实际应用中，除了需要处理数字、字符数据的简单应用之外，还需要存储并检索复杂的复合数据（如集合、数组、结构）、多媒体数据、计算机辅助设计绘制的工程图纸和地理信息系统（Geographic Information System，GIS）提供的空间数据等，对于这些复杂数据，关系数据库无法实现对它们的管理。正是实际应用中涌现出的许多问题，促使数据管理技术不断向前发展，出现了许多不同类型的新型数据管理技术。下面概要性地做一些介绍。

（1）分布式数据库系统

分布式数据库系统（Distributed Database System，DDBS）是数据库技术与计算机网络技术、分布式处理技术相结合的产物。分布式数据库系统是系统中的数据地理上分布在计算机网络的不同结点上，但逻辑上属于一个整体的数据库系统。分布式数据库系统不同于将数据存储在服务器上供用户共享存取的网络数据库系统，它不仅能支持局部应用（访问本地数据库），而且能支持全局应用（访问异地数据库）。

分布式数据库系统的主要特点有以下 3 个方面。

① 数据是分布的：数据库中的数据分布在计算机网络的不同结点上，而不是集中在一个结点，区别于数据存放在服务器上由各用户共享的网络数据库系统。

② 数据是逻辑相关的：分布在不同结点的数据逻辑上属于同一数据库系统，数据间存在相互关联，区别于由计算机网络连接的多个独立的数据库系统。

③ 结点的自治性：每个结点都有自己的计算机软硬件资源，包括数据库、数据库管理系统等，因而能够独立地管理局部数据库。局部数据库中的数据可以仅供本结点用户存取使用，也可供其他结点上的用户存取使用，提供全局应用。

（2）面向对象数据库系统

面向对象数据库系统（Object Oriented Database System，OODBS）是将面向对象的模型、方法和机制，与先进的数据库技术有机地结合而形成的新型数据库系统。它从关系模型中脱离出来，强调在数据库框架中发展类型、数据抽象、继承和持久性。面向对象数据库系统的基本设计思想是：一方面把面向对象的程序设计语言向数据库方向扩展，使应用程序能够存取并处理对象；另一方面扩展数据库系统，使其具有面向对象的特征，提供一种综合的语义数据建模概念集，以便对现实世界中复杂应用的实体和联系建模。因此，面向对象数据库系统首先是一个数据库系统，具备数据库系统的基本功能，其次是一个面向对象的系统，针对面向对象的程序设计语言的永久性对象存储管理而设计，充分支持完整的面向对象概念和机制。

（3）多媒体数据库系统

多媒体数据库系统（Multimedia Database System，MDBS）是数据库技术与多媒体技术相结合的产物。随着信息技术的发展，数据库应用从传统的企业信息管理扩展到计算机辅助设计（Computer Aided Design，CAD）、计算机辅助制造（Computer Aided Manufacture，CAM）、办公自动化（Office Automation，OA）、人工智能（Artificial Intelligent，AI）等多种应用领域。这些领域中要求处理的数据不仅包括传统的数字、字符等格式化数据，还包括大量多种媒体形式的非格式化数据，如图形、图像、声音等。这种能存储和管理多种媒体数据的数据库称为多媒体数据库。

多媒体数据库的结构和操作与传统格式化数据库的结构和操作有很大差别。现有数据库管理系统无论是在模型的语义描述能力、系统功能、数据操作上，还是在存储管理、存储方法上，都不能适应非格式化数据的处理要求。综合程序设计语言、人工智能和数据库领域的研究成果，设计支持多媒体数据管理的数据库管理系统已成为数据库领域中一个新的重要研究方向。

在多媒体信息管理环境中，不仅数据本身的结构和存储形式各不相同，而且不同领域对数据处理的要求也比一般事务管理复杂得多，因而对数据库管理系统提出了更高的功能要求。

（4）数据仓库技术

随着信息技术的高速发展，数据库应用的规模、范围和深度不断扩大，一般的事务处理已不能满足应用的需要，企业界需要在大量数据基础上的决策支持，数据仓库（Data Warehouse，DW）技术的兴起满足了这一需求。数据仓库作为决策支持系统（Decision Support System，DSS）的有效解决方案，涉及 3 方面的技术内容：数据仓库技术、联机分析处理（On-Line Analysis Processing，OLAP）技术和数据挖掘（Data Mining，DM）技术。

数据仓库、联机分析处理和数据挖掘是作为 3 种独立的数据处理技术出现的。数据仓库用于数据的存储和组织，联机分析处理集中于数据的分析，数据挖掘则致力于知识的自动发现。它们都可以分别应用到信息系统的设计和实现中，以提高相应部分的处理能力。但是，由于这 3 种技术内在的联系性和互补性，将它们结合起来就是一种新的决策支持系统架构。这一架构以数据库中的大量数据为基础，系统由数据驱动。

（5）大数据技术

大数据（Big Data）是规模非常巨大和复杂的数据集，传统数据库管理工具对其处理起来面临很多困难，如对数据库高并发读/写要求、对海量数据的高效率存储和访问需求、对数据库高可扩展性和高可用性的需求。

大数据有 4 个基本特征：数据规模大（Volume）、数据种类多（Variety）、要求数据处理速度快（Velocity）、数据价值密度低（Value），即所谓的 4V 特性。这些特性使得大数据区别于传统的数据概念。大数据的概念与海量数据不同，后者只强调数据的量，而大数据不仅用来描述大量的数据，还进一步指出数据的复杂形式、数据的快速处理特性，以及对数据分析处理后最终获得有价值信息的能力。

① 数据规模大：大数据聚合在一起的数据量是非常大的，根据国际数据公司 IDC 的定义至少要有超过 100TB 的可供分析的数据，数据量大是大数据的基本属性。

② 数据种类多：数据类型繁多、格式复杂是大数据的重要特性。数据来自多种数据源，非结构化数据大量涌现。由于非结构化数据没有统一的结构属性，难以用表结构来表示，在记录数据数值的同时还需要存储数据的结构，增加了数据存储和处理的难度。

③ 要求数据处理速度快：要求数据的快速处理是大数据区别于传统海量数据处理的重要特性之一。对于大数据而言，许多应用都要求能够实时处理，例如，有大量在线交互的电子商务应用，就具有很强的时效性。在这种情况下，大数据要求快速、持续的实时处理。

④ 数据价值密度低：数据价值密度低是大数据关注的非结构化数据的重要属性。传统的结构化数据，依据特定的应用，对事物进行了相应的抽象，每一条数据都包含该应用需要考虑的信息，而大数据为了获取事物的全部细节，不对事物进行抽象、归纳等处理，直接采用原始的数据，保留了全部数据，从而可以分析更多的信息，但也引入了大量没有意义的信息，这样就使得一方面数据的绝对数量激增，另一方面数据包含有效信息量的比例不断减少，数据价值密度偏低。

大数据处理技术就是从各种类型的数据中快速获得有价值信息的技术。大数据本质也是数据，但它包括非结构化数据，为此给数据管理技术带来了以下新的挑战。

① 大数据的表示面临挑战。用统一的模型对非结构化数据进行分析处理非常困难，传统的数据表示方法不能直观地展现数据本身的含义。为了有效利用数据并挖掘其中的知识，必须寻找最合适且有效的数据表示方法。目前使用的方法是数据标识，标识方法可减轻数据识别和分类的困难，但却给用户增添了预处理工作量。研究既有效又简易的数据表示方法是进行大数据处理首先面临的技术难题之一。

② 数据量的成倍增长给数据存储能力带来了挑战。传统的数据库追求高度的数据一致性和容错性，缺乏较强的扩展性和较好的系统可用性，不能有效存储视频、音频等非结构化和半结构化的数据。大数据及其潜在的商业价值要求使用专门的数据处理技术和专用的数据存储设备。目前，数据存储能力的增长远远赶不上数据的增长，设计最合理的分层存储架构成为信息系统的关键。

③ 数据融合技术面临挑战。数据不整合就发挥不出大数据的巨大价值，大数据面临的一个重要问题是个人、企业和政府机构的各种数据和信息能否方便地融合。如同人类有许多种自然语言一样，作为网络空间中唯一客观存在的数据难免有多种格式，但为了清除大数据处理的障碍，应研究推广不与平台绑定的数据格式。大数据已成为联系人类社会、物理世界和网络空间的纽带，需要通过统一的数据格式构建融合人、机、物三元世界的统一信息系统。

④ 数据跨越组织边界传播，给信息安全带来了巨大挑战。随着技术的发展，大量信息跨越组织边界传播，信息安全问题相伴而生，不仅使没有价值的数据大量出现，保密数据、隐私数据也成倍增长。国家安全、知识产权、个人信息等都面临着前所未有的安全挑战。大数据时代，犯罪分子获取信息更加容易，人们防范、打击犯罪行为更加困难，这对数据存储的物理安全性及数据的多副本与容灾机制提出了更高的要求。想要应对瞬息万变的安全问题，最关键的是算法和特征，如何建立相应的强大安全防御体系来发现和识别安全漏洞是保证信息安全的重要环节。

目前，围绕大数据，一批新兴的数据挖掘、数据存储、数据处理与分析技术不断涌现，使得人们能够将隐藏于海量数据中的信息和知识挖掘出来，从而为人类的社会经济活动提供决策依据。大数据将在商业智能、政府决策、公共服务等领域得到广泛应用。

1.2 数据库系统

数据库系统（Database System，DBS）是指基于数据库的计算机应用系统。和一般的应用系统相比，数据库系统有其自身的特点，它将涉及一些相互联系而又有所区别的基本概念。

1.2.1 数据库系统的组成

数据库系统是一个用来为用户提供信息服务的计算机应用系统。它通常由计算机硬件、软件、数据库和有关人员 4 部分组成，它们的逻辑关系如图 1-5 所示。

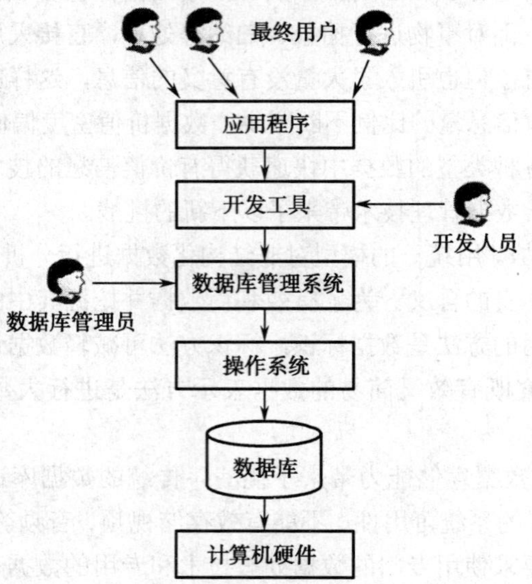

图 1-5 数据库系统

1. 计算机硬件系统

计算机硬件系统是数据库系统的物质基础，是存储数据库及运行相关软件的硬件设备，主要包括中央处理器（CPU）、存储设备、输入/输出设备及计算机网络环境。

2. 计算机软件系统

计算机软件系统包括操作系统、数据库管理系统、系统开发工具及数据库应用程序等。

（1）操作系统

操作系统是所有软件的核心和基础，是其他软件运行的环境和平台。在计算机硬件层之上，由操作系统统一管理计算机的资源。

（2）数据库管理系统

数据库管理系统在操作系统的支持下工作，是数据库系统的核心软件。常见的数据库管理系统有 Access、Visual FoxPro、SQL Server、Oracle、Sybase 等。

数据库管理系统是用户与数据库的接口，它可以实现数据的组织、存储和管理，提供访问数据库的方法，包括数据库的建立、查询、更新及各种数据控制等。数据库管理系统具有以下几个方面的功能。

① 数据定义功能。数据库管理系统提供数据定义语言（Data Definition Language，DDL），通过它可以方便地对数据库中的数据对象进行定义。

② 数据操纵功能。数据库管理系统提供数据操纵语言（Data Manipulation Language，DML），使用它可以实现对数据库中数据的基本操作，如修改、插入、删除和查询等。

③ 数据库运行管理功能。数据库管理系统通过对数据库的控制以适应共享数据的环境，确保数据库数据正确有效和数据库系统的正常运行。对数据库的控制主要通过以下 4 个方面实现。

- 数据的安全性控制：是指防止数据库的非法使用造成数据的泄露、更改或破坏。例如，系统提供口令检查来验证用户身份，以防止非法用户使用系统。还可以对数据的存取权限进行限制，用户只能按所具有的权限对指定的数据进行相应的操作。

- 数据的完整性控制：是指防止合法用户在使用数据库时向数据库加入不符合语义的数据，保证数据库中数据的正确性、有效性和相容性。正确性是指数据的合法性，如成绩只能是数值，不能包含字符；有效性是指数据是否在其定义的有效范围，如月份只能用 1~12 之间的正整数表示；相容性是指表示同一事实的两个数据应相同，否则就不相容，如一个人不能有两个性别。
- 多用户环境下的并发控制：在多用户共享的系统中，多个用户可以同时存取数据库中的数据，甚至可以同时存取数据库中的同一个数据，并发控制负责协调并发事务的执行，保证数据库的完整性不受破坏。
- 数据的恢复：是指在因某种故障引起数据库中的数据不正确或数据丢失时，系统能将数据库从错误状态恢复到最近某一时刻的正确状态。

④ 数据库的建立和维护功能。它包括数据库初始数据的装入和转换功能、数据库的备份和恢复功能、数据库的重组织功能，以及系统性能监视和分析功能等。

⑤ 其他功能。如数据库管理系统与网络中其他软件系统的通信功能。

（3）系统开发工具

数据库系统开发工具是指各种数据库应用程序的编程工具。随着计算机技术的不断发展，各种数据库编程工具也在不断发展。目前，比较常用的数据库系统开发工具有 Visual Basic、C++、C#、Java 等通用程序设计语言。

（4）数据库应用程序

数据库应用程序是指系统开发人员利用某种开发工具开发出来的、面向某一类实际应用的软件系统。例如，人事管理系统、教学管理系统、证券实时行情分析系统等。

3. 数据库

数据库是指数据库系统中按照一定的方式组织的、存储在外部存储设备上的、能为多个用户共享的、与应用程序相互独立的相关数据集合。它不仅包括描述事物的数据本身，而且还包括相关事物之间的联系。

数据库中的数据往往不是像文件系统那样只面向某一项特定应用，而是面向多种应用，可以被多个用户、多个应用程序共享。其数据结构独立于使用数据的应用程序，对于数据的增加、删除、修改和检索由数据库管理系统进行统一管理和控制，用户对数据库进行的各种操作都是由数据库管理系统实现的。

4. 数据库系统的有关人员

数据库系统的有关人员主要有 3 类：最终用户（End User）、数据库应用系统开发人员和数据库管理员（Database Administrator，DBA）。最终用户指通过应用程序界面使用数据库的人员，他们一般对数据库知识了解不多。数据库应用系统开发人员包括系统分析员、系统设计员和程序员。系统分析员负责应用系统的分析，他们和最终用户、数据库管理员相配合，参与系统分析；系统设计员负责应用系统设计和数据库设计；程序员则根据设计要求进行编码。数据库管理员是数据管理机构的一组人员，他们负责对整个数据库系统进行总体控制和维护，以保证数据库系统的正常运行。

综上所述，数据库中包含的数据是存储在外部存储介质上的数据的集合。每个用户均可使用其中的数据，不同用户使用的数据可以重叠，同一组数据可以为多个用户共享。数据库管理系统为用户提供数据的存储组织、操作管理功能，用户通过数据库管理系统和应用程序实现数据库系统的操作与应用。

1.2.2 数据库系统的特点

数据库系统的出现是计算机数据管理技术的重大进步，它克服了文件系统的缺陷，提供了对数据更高级、更有效的管理。

1. 数据结构化

在文件系统中，文件的记录内部是有结构的。例如，学生数据文件的每条记录是由学号、姓名、性别、出生日期、籍贯、简历等数据项组成的。但这种结构只适用于特定的应用，对其他应用并不适用。

在数据库系统中，每一个数据库都是为某一应用领域服务的。例如，学校信息管理涉及多个方面的应用，包括对学生的学籍管理、课程管理、学生成绩管理等，还包括教工的人事管理、教学管理、科研管理、住房管理和工资管理等，这些应用彼此之间都有着密切的联系。因此，在数据库系统中不仅要考虑某个应用的数据结构，还要考虑整个组织（多个应用）的数据结构。这种数据组织方式使数据结构化了，这就要求在描述数据时不仅要描述数据本身，还要描述数据之间的联系。而在文件系统中，尽管其记录内部已有了某些结构，但记录之间没有联系。数据库系统实现整体数据的结构化，这是数据库的主要特点之一，也是数据库系统与文件系统的本质区别。

2. 数据共享性高、冗余度低

数据共享是指多个用户或应用程序可以访问同一个数据库中的数据，而且数据库管理系统提供并发和协调机制，保证在多个应用程序同时访问、存取和操作数据库数据时，不产生任何冲突，从而保证数据不遭到破坏。

数据冗余既浪费存储空间，又容易产生数据不一致等问题。在文件系统中，由于每个应用程序都有自己的数据文件，所以数据存在着大量的冗余。

数据库从全局观念来组织和存储数据，数据已经根据特定的数据模型结构化，在数据库中用户的逻辑数据文件和具体的物理数据文件不必一一对应，从而有效地节省了存储资源，减少了数据冗余，保证了数据的一致性。

3. 具有较高的数据独立性

数据独立性是指应用程序与数据库的数据结构之间相互独立。在数据库系统中，因为采用了数据库的三级模式结构，保证了数据库中数据的独立性。在数据存储结构改变时，不影响数据的全局逻辑结构，这样保证了数据的物理独立性。在全局逻辑结构改变时，不影响用户的局部逻辑结构及应用程序，这样就保证了数据的逻辑独立性。

4. 有统一的数据控制功能

在数据库系统中，数据由数据库管理系统进行统一控制和管理。数据库管理系统提供了一套有效的数据控制手段，包括数据安全性控制、数据完整性控制、数据库的并发控制和数据库的恢复等，增强了多用户环境下数据的安全性和一致性保护。

1.3 数据模型

数据库是现实世界中某种应用环境（一个单位或部门）所涉及的数据的集合，它不仅要反映数据本身的内容，而且要反映数据之间的联系。由于计算机不能直接处理现实世界中的具体事物，所以必须将这些具体事物转换成计算机能够处理的数据。在数据库技术中，用数据模型（Data Model）对现实世界中的数据进行抽象和表示。

1.3.1 数据模型的组成要素

一般而言，数据模型是一种形式化描述数据、数据之间的联系及有关语义约束规则的方法。这些规则分为 3 个方面：描述实体静态特征的数据结构、描述实体动态特征的数据操作规则和描述实体语义要求的数据完整性约束规则。因此，数据结构、数据操作及数据的完整性约束也被称为数据模型的 3 个组成要素。

1. 数据结构

数据结构研究数据之间的组织形式（数据的逻辑结构）、数据的存储形式（数据的物理结构）及数据对象的类型等。存储在数据库中的数据对象类型的集合是数据库的组成部分。例如，在教学管理系统中，要管理的数据对象有学生、课程、选课成绩等，在课程对象中，每门课程包括课程号、课程名、课程类别和学时等信息，这些基本信息描述了每门课程的特性，构成在数据库中存储的框架，即对象类型。

数据结构用于描述系统的静态特性，是刻画一个数据模型性质最重要的方面。因此，在数据库系统中，通常按照其数据结构的类型来命名数据模型。例如，层次结构、网状结构和关系结构的数据模型分别命名为层次模型、网状模型和关系模型。

2. 数据操作

数据操作用于描述系统的动态特性，是指对数据库中的各种数据所允许执行的操作的集合，包括操作及有关的操作规则。数据库主要有查询和更新（包括插入、删除和修改等）两大类操作。数据模型必须定义这些操作的确切含义、操作符号、操作规则（如优先级）及实现操作的语言。

3. 数据的完整性约束

数据的完整性约束是一组完整性规则的集合。完整性规则是给定的数据模型中数据及其联系所具有的约束和依存规则，用以限定符合数据模型的数据库状态及状态的变化，以保证数据的正确、有效和相容。

数据模型应该反映和规定数据必须遵守的完整性约束。此外，数据模型还应该提供定义完整性约束条件的机制，以反映具体所涉及的数据必须遵守的、特定的语义约束条件。例如，在学生信息中的性别的值只能为“男”或“女”，学生选课信息中的课程号的值必须取自学校已开设课程的课程号等。

1.3.2 数据抽象的过程

从现实世界中的客观事物到数据库中存储的数据是一个逐步抽象的过程，这个过程经历了现实世界、观念世界和机器世界 3 个阶段，对应于数据抽象的不同阶段，采用不同的数据模型。首先将现实世界的客观事物及其联系抽象成观念世界的概念模型，然后再转换成机器世界的数据模型。概念模型并不依赖于具体的计算机系统，它不是数据库管理系统所支持的数据模型，它是现实世界中客观事物的抽象表示。概念模型经过转换成为计算机上某一数据库管理系统支持的数据模型。所以说，数据模型是对现实世界进行抽象和转换的结果，这一过程如图 1-6 所示。

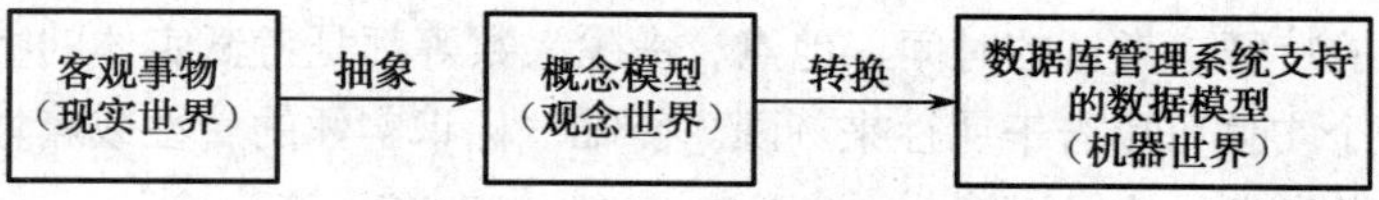

图 1-6 数据抽象的过程

1. 对现实世界的抽象

现实世界就是客观存在的世界，其中存在着各种客观事物及其相互之间的联系，而且每个事物都有自己的特征或性质。计算机处理的对象是现实世界中的客观事物，在对其实施处理的过程中，首先应了解和熟悉现实世界，从对现实世界的调查和观察中抽象出大量描述客观事物的事实，再对这些事实进行整理、分类和规范，进而将规范化的事实数据化，最终实现由数据库系统存储和处理。

2. 观念世界中的概念模型

观念世界是对现实世界的一种抽象，通过对客观事物及其联系的抽象描述，构造出概念模型。概念模型的特征是按用户需求观点对数据进行建模，表达了数据的全局逻辑结构，是系统用户对整个应用项目涉及的数据的全面描述。概念模型主要用于数据库设计，它独立于实现时的数据库管理系统。也就是说，无论选择何种数据库管理系统，都不会影响概念模型的设计。

概念模型的表示方法很多，目前较常用的是实体联系模型（Entity Relationship Model），简称 E-R 模型，用 E-R 图来表示。

3. 机器世界中的逻辑模型和物理模型

机器世界是指现实世界在计算机中的体现与反映。现实世界中的客观事物及其联系，在机器世界中以逻辑模型描述。在选定数据库管理系统后，就要将 E-R 图表示的概念模型转换为具体的数据库管理系统支持的逻辑模型。逻辑模型的特征是按计算机实现的观点对数据进行建模，表达了数据库的全局逻辑结构，是设计人员对整个应用项目数据库的全面描述。逻辑模型服务于数据库管理系统的应用实现。通常，也把数据的逻辑模型直接称为数据模型。数据库系统中主要的逻辑模型有层次模型、网状模型和关系模型。

物理模型是数据库底层的抽象，用以描述数据在物理存储介质上的组织结构，与具体的数据库管理系统、操作系统和硬件有关。

从概念模型到逻辑模型的转换是由数据库设计人员完成的，从逻辑模型到物理模型的转换是由数据库管理系统完成的，一般人员不必考虑物理实现细节，因而逻辑模型是数据库系统的基础，也是应用过程中要考虑的核心问题。

1.3.3 概念模型

当分析某种应用环境所需的数据时，总是首先找出涉及的实体及实体之间的联系，进而得到概念模型，这是数据库设计的先导。

1. 实体

实体（Entity）是现实世界中任何可以相互区分和识别的事物，它可以是能触及的客观对象，如一位教师、一名学生、一种商品等；还可以是抽象的事件，如一场演出、一次考试等。

2. 属性

每个实体都具有一定的特征或性质，这样才能区分不同的实体。例如，学生的学号、姓名、性别等都是学生实体具有的特征，考试的时间、地点、考生人数等都是考试实体的特征。实体的特征称为属性（Attribute），一个实体可用若干属性来刻画。能唯一标识实体的属性或属性集称为实体标识符。例如，学号可以作为学生实体的标识符。

性质相同的同类实体的集合称为实体集（Entity Set），例如，一个学院的所有学生，一个学院的全部期末考试等。在很多时候，实体集也常常简称为实体，例如，学生实体是指全部学生的集合。

3. 类型与值

属性和实体都有类型（Type）和值（Value）之分。属性类型就是属性名及其取值类型，属性值就是属性所取的具体值。例如，教师实体中的“姓名”属性，属性名“姓名”和取字符类型的值是属性类型，而“刘强希”、“章达明”等是属性值。每个属性都有特定的取值范围，即值域（Domain），超出值域的属性值则认为是无实际意义的。例如，“性别”属性的值域为男、女，“职称”属性的值域为助教、讲师、副教授、教授等。由此可见，属性类型是个变量，属性值是变量所取的值，而值域是变量的取值范围。

实体类型就是实体的结构描述，通常是实体名和属性名的集合。具有相同属性的实体，有相同的实体类型。实体值是一个具体的实体，是属性值的集合。

例如，教师实体类型是：

教师（编号，姓名，性别，出生日期，职称，基本工资，研究方向）

教师“章达明”的实体值是：

（T6，章达明，男，09/21/65，教授，2750，数据库技术）

由上可见，属性值所组成的集合表征一个实体，相应的这些属性名的集合表征一个实体类型，同类型实体的集合称为实体集。

在 Access 2010 中，用表来表示同一类实体，即实体集；用记录来表示一个具体的实体；用字段来表示实体的属性。显然，字段的集合组成一条记录，记录的集合组成一个表，实体类型则代表了表的结构。

4. 实体之间的联系

实体之间的联系（Relationship）是指一个实体集中可能出现的每一个实体与另一实体集中多少个具体实体存在联系。实体之间有各种各样的联系，归纳起来有 3 种类型。

（1）一对一联系

如果对于实体集 A 中的每一个实体，实体集 B 中至多只有一个实体与之联系，反之亦然，则称实体集 A 与实体集 B 具有一对一联系，记为 1∶1。例如，一个乘客只能坐一个座位，而一个座位只能被一个乘客占有，乘客与座位之间的联系是一对一的联系，如图 1-7 所示。

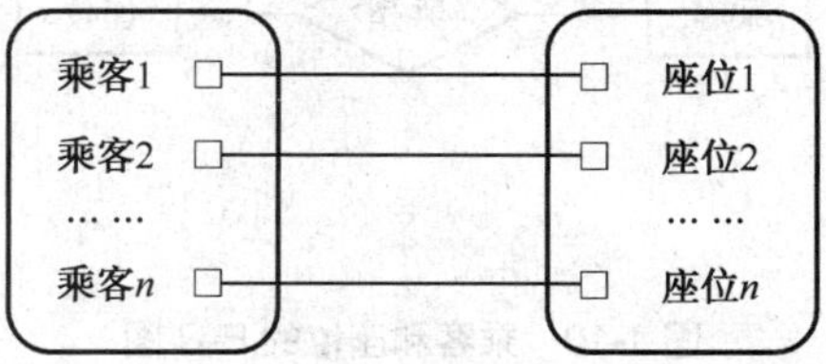

图 1-7　一对一联系

（2）一对多联系

如果对于实体集 A 中的每一个实体，实体集 B 中可以有多个实体与之联系，反之，对于实体集 B 中的每一个实体，实体集 A 中至多只有一个实体与之联系，则称实体集 A 与实体集 B 有一对多的联系，记为 1∶n。例如，一个公司有许多员工，但一个员工只能在一个公司就职，所以公司和员工之间的联系是一对多的联系，如图 1-8 所示。

（3）多对多联系

如果对于实体集 A 中的每一个实体，实体集 B 中可以有多个实体与之联系，而对于实体集 B 中的每一个实体，实体集 A 中也可以有多个实体与之联系，则称实体集 A 与实体集 B 之间有多对多的联系，

记为 $m:n$。例如，一个供应商可以提供多种货物，任何一种货物可以由多个供应商供应，所以供应商与货物之间的联系是多对多的联系，如图 1-9 所示。

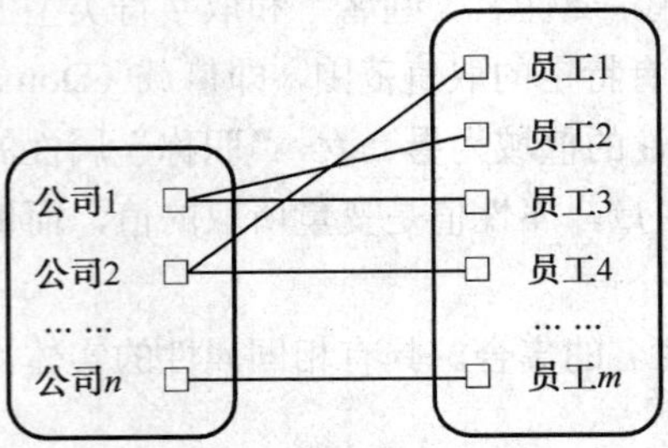

图 1-8　一对多联系

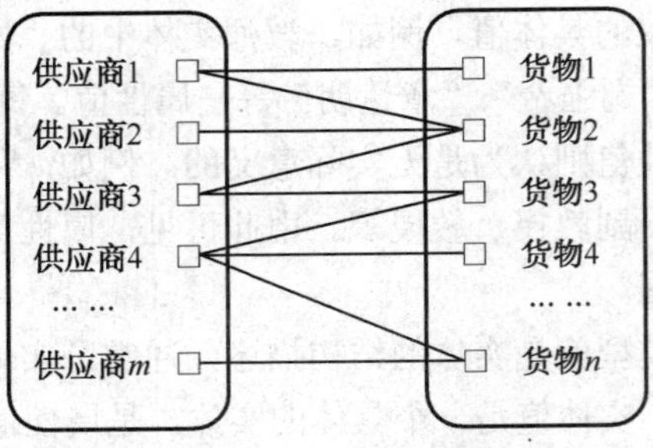

图 1-9　多对多联系

5. E-R 图

概念模型是反映实体及实体之间联系的模型。在建立概念模型时，要逐一给实体命名以示区别，并描述它们之间的各种联系。E-R 图是用一种直观的图形方式建立现实世界中实体及其联系模型的工具，也是数据库设计的一种基本工具。

E-R 图用矩形框表示现实世界中的实体，用菱形框表示实体间的联系，用椭圆形框表示实体和联系的属性，实体名、属性名和联系名分别写在相应框内。对于作为实体标识符的属性，在属性名下画一条横线。实体与相应的属性之间、联系与相应的属性之间用线段连接。联系与其涉及的实体之间也用线段连接，同时在线段旁标注联系的类型（1∶1、1∶n 或 m∶n）。

前述乘客和座位的 E-R 图如图 1-10 所示，其中“身份证号”属性作为乘客实体的标识符（不同乘客的身份证号不同），“座位号”属性作为座位实体的标识符。联系也可以有自己的属性，如乘客实体和座位实体之间的“乘坐”联系具有“乘坐日期”属性。

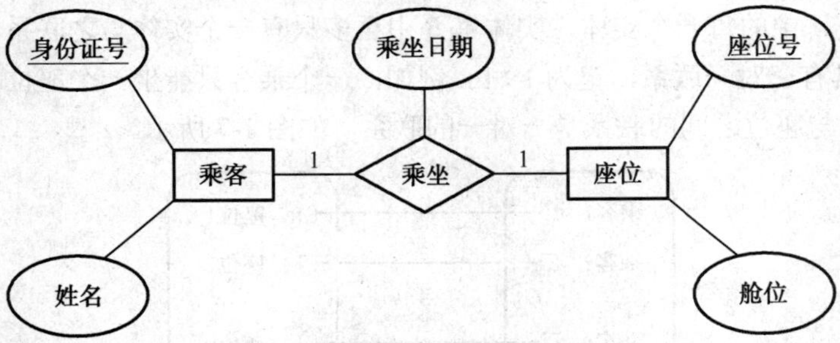

图 1-10　乘客和座位的 E-R 图

公司和员工的 E-R 图如图 1-11 所示，其中“公司名称”属性作为公司实体的标识符，“员工编号”属性作为员工实体的标识符。公司实体和员工实体之间的“拥有”联系具有“数量”属性。

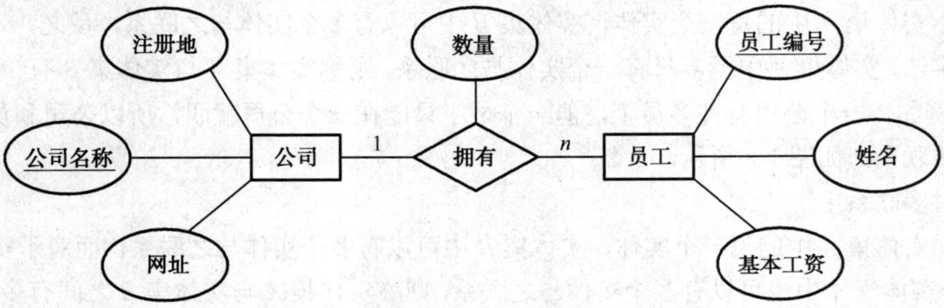

图 1-11　公司和员工的 E-R 图

供应商和货物的E-R图如图1-12所示，其中“供应商号”属性作为供应商实体的标识符，“货物代码”属性作为货物实体的标识符。供应商实体和货物实体之间的“采购”联系可以有“采购日期”属性。

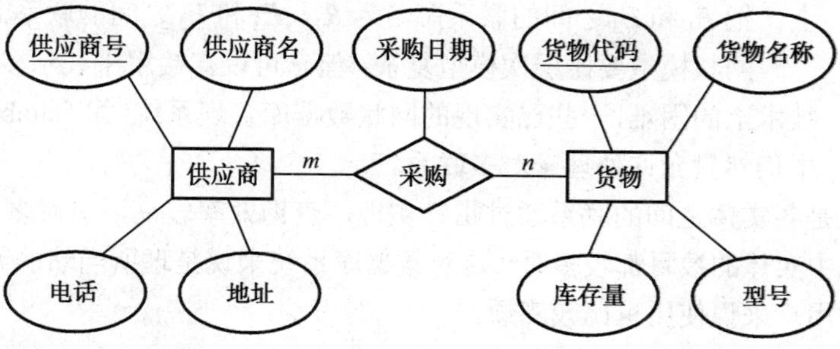

图1-12 供应商和货物的E-R图

1.3.4 逻辑模型

概念模型只能说明实体间语义的联系，还不能进一步说明详细的数据结构。在进行数据库设计时，总是先设计概念模型，然后再把概念模型转换成计算机能实现的逻辑模型，如关系模型。逻辑模型不同，描述和实现的方法也不同，相应的支持软件即数据库管理系统也不同。在数据库系统中，常用的逻辑模型有层次模型、网状模型和关系模型3种。

1. 层次模型

层次模型（Hierarchical Model）用树形结构来表示实体及其之间的联系。在这种模型中，数据被组织成由“根”开始的“树”，每个实体由“根”开始沿着不同的分支放在不同的层次上。树中的每一个结点代表一个实体类型，连线则表示它们之间的联系。根据树形结构的特点，建立数据的层次模型需要满足如下两个条件。

（1）有一个结点没有父结点，这个结点即根结点。

（2）其他结点有且仅有一个父结点。

如图1-13所示的层次模型就像一棵倒置的树，根结点在最上面，其他结点在下，逐层排列。事实上，许多实体间的联系本身就是自然的层次关系，如一个单位的行政机构、一个家庭的世代关系等。

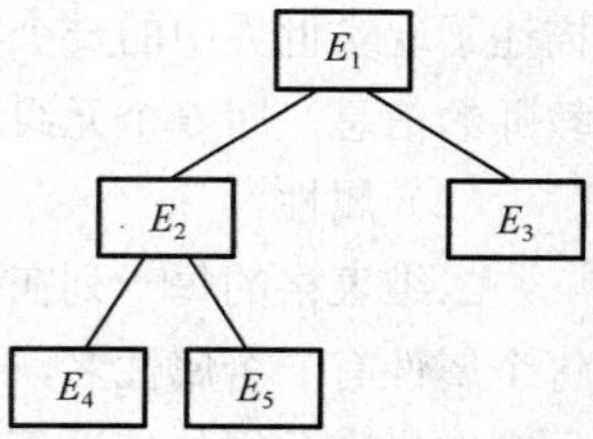

图1-13 层次模型示例

层次模型的特点是各实体之间的联系通过指针来实现，查询效率较高。但由于受到如上所述的两个条件的限制，层次模型可以比较方便地表示出一对一和一对多的实体联系，而不能直接表示出多对多的实体联系，对于多对多联系，必须先将其分解为几个一对多联系，才能表示出来。因此，对于复杂的数据关系，实现起来较为麻烦，这就是层次模型的局限性。

采用层次模型来设计的数据库称为层次数据库。层次模型的数据库管理系统是最早出现的，它的典型代表是IBM公司在1968年推出的IMS（Information Management System），这是世界上最早出现的大型数据库管理系统。

2. 网状模型

网状模型（Network Model）用以实体类型为结点的有向图来表示各实体及其之间的联系，其特点如下。

（1）可以有一个以上的结点无父结点。

（2）至少有一个结点有多于一个的父结点。

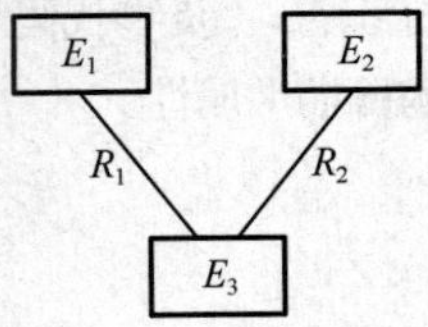

图 1-14 网状模型示例

在网状模型中，子结点与父结点的联系可以不唯一，因此要为每个联系命名，并指出与该联系有关的父结点和子结点。在图 1-14 中，E_3 有 E_1 和 E_2 两个父结点，把 E_1 和 E_3 之间的联系命名为 R_1，E_2 和 E_3 之间的联系命名为 R_2。

网状模型要比层次模型复杂，但它可以直接用来表示多对多联系。然而由于技术上的困难，一些已实现的网状数据库管理系统（如 Database Task Group 系统）中仍然只允许处理一对多联系。

网状模型的特点是各实体之间的联系通过指针实现，查询效率较高，多对多联系也容易实现。但是当实体集和实体集中实体的数目都较多时（这对数据库系统来说是理所当然的），众多的指针使得管理工作相当复杂，对用户来说使用也比较麻烦。

3. 关系模型

关系模型（Relational Model）用二维表格来表示实体及其相互之间的联系。在关系模型中，把实体集看成一个二维表格，每一个二维表格称为一个关系，每个关系均有一个名字，称为关系名。表 1-1 是一个教师关系，教师关系的每一行代表一个教师实体，每一列代表教师实体的一个属性。

表 1-1 教师关系

编 号	姓 名	性 别	出生日期	职 称	基本工资	研究方向
T1	刘强希	女	09/24/56	教授	3 200	软件工程
T2	罗佳旺	男	11/27/73	讲师	1 960	数据库技术
T3	黎达仁	男	12/23/81	助教	1 450	网络技术
T4	顾秋高	男	01/27/63	副教授	2 100	信息系统
T5	黄丹浩	女	07/15/79	助教	1 600	信息安全
T6	章达明	男	09/21/65	教授	2 750	数据库技术

（1）元组

二维表格的每一行在关系中称为元组（Tuple），相当于表的一条记录（Record）。二维表格的一行描述了现实世界中的一个实体。例如，在表 1-1 中，每行描述了一个教师的基本信息，共包含有 6 位教师的信息，即 6 个元组。

（2）属性

二维表格的每一列在关系中称为属性（Attribute），相当于记录中的一个字段（Field）或数据项。每个属性有一个属性名，一个属性在其每个元组上的值称为属性值，因此，一个属性包括多个属性值，只有在指定元组的情况下，属性值才是确定的。同时，每个属性有一定的取值范围，称为该属性的值域，如表 1-1 中的第 3 列，属性名是“性别”，取值是“男”或“女”，不是“男”或“女”的数据应被拒绝存入该表，这就是数据约束条件。同样，在关系数据库中，列是不能重复的，即关系的属性名不允许相同。属性必须是不可再分的，即属性是一个基本的数据项，不能是几个数据项的组合。

（3）关系模式

关系模型是由若干个关系组成的，关系用关系模式（Relational Schema）来描述。关系模式就相当于前面提到的实体类型，它代表了关系的结构，也就是二维表格的框架（表头）。对于教师关系可以表示为：

教师（编号，姓名，性别，出生日期，职称，基本工资，研究方向）

（4）关键字

关系中能唯一区分、确定不同元组的单个属性或属性组合，称为该关系的一个关键字。关键字又称为键或码（Key）。单个属性组成的关键字称为单关键字，多个属性组合的关键字称为组合关键字。

需要强调的是，关键字的属性值不能取空值，因为空值无法唯一地区分、确定元组。所谓空值，就是不知道或不确定的值，通常记为Null。

在如表 1-1 所示的关系中，“性别”属性无疑不能充当关键字，“职称”属性也不能充当关键字，从该关系现有的数据分析，“编号”和“姓名”属性均可单独作为关键字，但“编号”属性作为关键字会更好一些，因为可能会有教师重名的现象，而教师的编号是不会相同的。这也说明，某个属性能否作为关键字，不能仅凭对现有数据进行归纳确定，还应根据该属性的取值范围进行分析判断。

关系中能够作为关键字的属性或属性组合可能不是唯一的。凡在关系中能够唯一区分、确定不同元组的属性或属性组合，称为候选关键字（Candidate Key）。例如，表 1-1 所示关系中的“编号”和“姓名”属性都是候选关键字（假定没有重名的教师）。

在候选关键字中选定一个作为关键字，称为该关系的主关键字或主键（Primary Key）。关系中主关键字的取值是唯一的。

（5）外部关键字

如果关系中某个属性或属性组合是另一个关系的关键字，则称这样的属性或属性组合为本关系的外部关键字或外键（Foreign Key）。在关系数据库中，用外部关键字表示两个表之间的联系。例如，在表 1-1 的教师关系中，增加“部门代码”属性，则“部门代码”属性就是一个外部关键字，该属性是部门关系的关键字，该外部关键字描述了教师和部门两个实体之间的联系。

虽然关系模型比层次模型和网状模型发展得晚，但它的数据结构简单、容易理解，而且它建立在严格的数学理论基础上，所以是目前比较流行的一种数据模型。自 20 世纪 80 年代以来，新推出的数据库管理系统几乎都支持关系模型。本书讨论的 Access 2010 就是一种关系数据库管理系统。

1.4 数据库的体系结构

为了有效地组织和管理数据，提高数据库的逻辑独立性和物理独立性，数据库的体系结构采用三级模式和二级映射结构。三级模式包括外模式、概念模式和内模式，二级映射则分别是概念模式到内模式的映射及外模式到概念模式的映射，如图 1-15 所示。

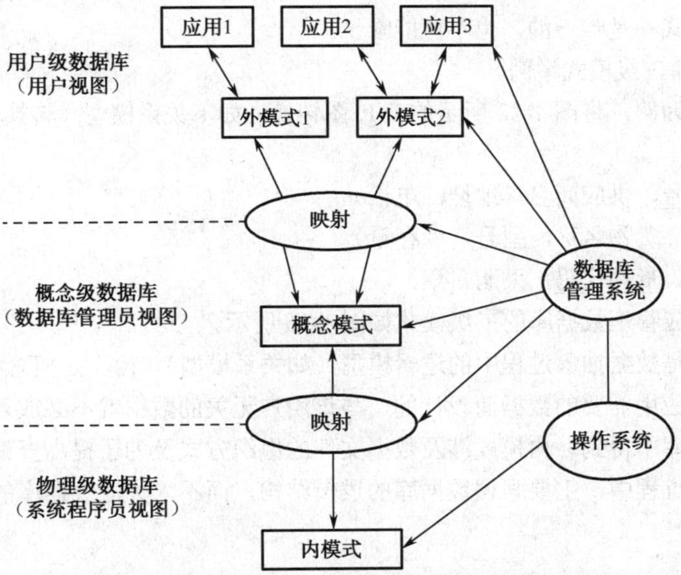

图 1-15　数据库的三级模式及二级映射

1.4.1 数据库的三级模式

三级模式使不同级别的用户对数据库形成不同的视图（View）。所谓视图，就是指观察、认识和理解数据的范围、角度和方法，是数据库在用户中的反映。很显然，不同层次（级别）用户所看到的数据库是不同的，由此形成了面向用户或应用程序的用户级数据库、面向建立和维护数据库人员的概念级数据库及面向系统程序员的物理级数据库。用户级数据库对应外模式（External Schema），概念级数据库对应概念模式（Conceptual Schema），物理级数据库对应内模式（Internal Schema）。

1. 概念模式

概念模式又称逻辑模式，或简称为模式，对应于概念级。它是由数据库设计者综合所有用户的数据，按照统一的观点构造的全局逻辑结构，是对数据库中全部数据的逻辑结构和特征的总体描述，是所有用户的公共数据视图（全局视图）。概念模式是由数据库系统提供的数据定义语言（Data Definition Language，DDL）来描述、定义的，体现并反映了数据库系统的整体观。

2. 外模式

外模式又称子模式或用户模式，对应于用户级。它是某个或某几个用户所看到的数据库的数据视图，是与某一应用有关的数据的逻辑表示。外模式是从概念模式导出的一个子集，包含概念模式中允许特定用户使用的那部分数据。用户可以通过外模式定义语言（外模式 DDL）来描述、定义对应于用户的数据记录（外模式），也可以利用数据操纵语言（Data Manipulation Language，DML）对这些数据记录进行操作。外模式反映了数据库的用户观。

3. 内模式

内模式又称存储模式或物理模式，对应于物理级。它是数据库中全体数据的内部表示或底层描述，是数据库最低一级的逻辑描述，它描述了数据在存储介质上的存储方式（数据文件的结构）、存取方法（主索引和辅助索引机制）及外存的空间分配，对应着实际存储在外存储介质上的数据库。内模式由内模式定义语言（内模式 DDL）来描述、定义，反映了数据库的存储观。

在一个数据库系统中，只有唯一的数据库，因此作为定义、描述数据库存储结构的内模式和定义、描述数据库逻辑结构的概念模式，也是唯一的，但建立在数据库系统之上的应用则是非常广泛、多样的，所以对应的外模式不是唯一的，也不可能唯一。

【例 1-1】 数据库三级模式举例。

以货物供应管理为例，将图 1-12 所示的 E-R 图转换为如下关系模型（转换方法将在 1.6.2 节中介绍）。

供应商（供应商号，供应商名，地址，电话）

货物（货物代码，货物名称，型号，库存量）

采购（供应商号，货物代码，采购日期）

由此得到货物供应管理数据库的三级模式如图 1-16 所示。

概念模式对应的是数据抽象过程中的逻辑模型（如关系模型），而不是概念模型（E-R 模型）。外模式是针对具体用户应用需要的数据而设计的，与该用户无关的数据就不必放入，外模式中的数据可以从逻辑模型的数据库中得到。内模式涉及数据文件的组织方式及为了提高查询速度而引入的索引机制。在应用数据库的过程中，主要强调数据库的逻辑结构，而不太关注数据库的存储结构和数据存储的具体实现方式。

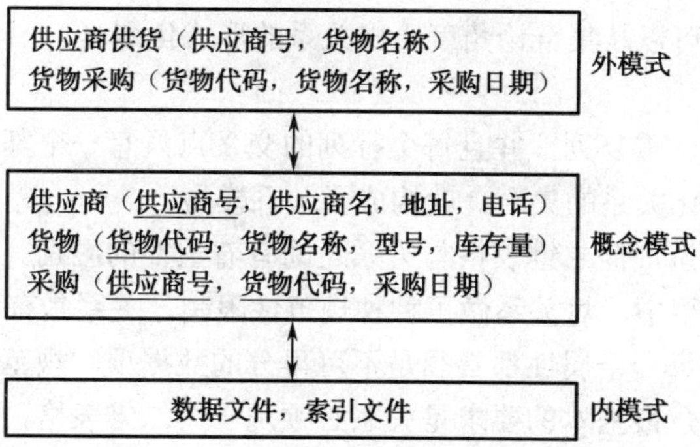

图 1-16　货物供应管理数据库的三级模式

1.4.2　三级模式间的二级映射

数据库的三级模式是数据在 3 个级别（层次）上的抽象，使用户能够逻辑地、抽象地处理数据，而不必关心数据在计算机中的物理表示和存储方式，把数据的具体组织交给数据库管理系统去完成。为了实现这 3 个抽象级别的联系和转换，数据库管理系统在三级模式之间提供了二级映射，正是这二级映射保证了数据库中的数据具有较高的物理独立性和逻辑独立性。

1. 外模式到概念模式的映射

数据库中的同一概念模式可以有多个外模式，对于每一个外模式，都存在一个外模式到概念模式的映射，用于定义该外模式和概念模式之间的对应关系。

当概念模式发生改变时（如增加新的属性或改变属性的数据类型等），只要对外模式到概念模式的映射做相应的修改，外模式（数据的局部逻辑结构）保持不变。由于应用程序是依据数据的局部逻辑结构编写的，所以应用程序不必修改，从而保证了数据与应用程序间的逻辑独立性。

2. 概念模式到内模式的映射

数据库中的概念模式和内模式都只有一个，所以概念模式到内模式的映射是唯一的，它确定了数据的全局逻辑结构与存储结构之间的对应关系。

当数据库的内模式存储结构变化时（如选用了另一种存储结构），概念模式到内模式的映射也应有相应的变化，使其概念模式仍保持不变，即把存储结构变化的影响限制在概念模式之下，这使数据的存储结构和存储方法独立于应用程序，通过映射功能保证数据存储结构的变化不影响数据的全局逻辑结构的改变，从而不必修改应用程序，即确保了数据的物理独立性。

1.5　关系数据库

关系数据库就是采用关系模型描述的数据库。直观地讲，这里的“关系”是一个二维表格，而从关系数据库原理角度，“关系”是一个严格的集合论术语，由此形成了关系数据库的理论基础。正因为关系数据库有严格的理论作为指导，且为用户提供了较为全面的操作支持，所以关系数据库成为当今数据库应用的主流。

1.5.1　关系的数学定义

在关系模型中，数据是以二维表格的形式存在的，这是一种非形式化的定义。关系模型是以集合代数理论为基础的，因此，可以从集合论角度给出关系的形式化定义。

1. 关系的性质

通常将一个没有重复行、重复列，并且每个行列的交叉点只有一个基本数据的二维表格看成一个关系。满足一定条件的规范化关系的集合，就构成了关系模型。

尽管用二维表格表示关系，但二维表格与关系之间有着重要的区别。严格地说，关系是一种规范化了的二维表格。在关系模型中，对关系做了种种规范性限制，关系具有以下 6 条性质。

（1）关系必须规范化，每一个属性都必须是不可再分的数据项。规范化是指关系模型中每个关系模式都必须满足一定的要求，最基本的要求是关系必须是一个二维表格，且每个属性必须是不可分割的最小数据项，即表中不能再包含表。例如，表 1-2 不能直接作为一个关系，因为该表的"成绩"列有两个子列，这与每个属性不可再分割的要求不符。只要去掉"成绩"项，而将"操作测试"、"理论测试"直接作为基本的数据项就可以了。

表 1-2 不能直接作为关系的表格示例

学　号	姓　名	成　绩	
		操作测试	理论测试
S1	刘一	85	90
S2	王二	80	85
S3	张三	90	80
S4	陈四	75	70

（2）列是同质的，即每一列中的数据项是同一类型的数据，来自同一个域。

（3）在同一关系中不允许出现相同的属性名。

（4）关系中不允许有完全相同的元组，但在大多数实际关系数据库产品中，如果用户没有定义有关的约束条件，它们都允许关系中存在两个完全相同的元组。

（5）在同一关系中元组的次序无关紧要。也就是说，任意交换两行的位置并不影响数据的实际含义。

（6）在同一关系中属性的次序无关紧要。也就是说，任意交换两列的位置并不影响数据的实际含义，不会改变关系的结构。

以上是关系的基本性质，也是衡量一个二维表格是否构成关系的基本条件。在这些基本条件中，属性不可再分割是关键，这是构成关系的基本规范。

2. 关系的集合表示

利用集合论的观点，关系是元组的集合，每个元组包含的属性数目相同，其中属性的个数称为元组的维数。通常，元组用圆括号括起来的属性值表示，属性值间用逗号隔开，如（E1，李东，女）是 3 元组。

设 A_1，A_2，…，A_n 是关系 R 的属性，通常用 R（A_1，A_2，…，A_n）来表示这个关系的一个框架，也称为 R 的关系模式。属性的名字唯一，属性 A_i 的取值范围 D_i（i=1，2，…，n）称为值域。

将关系与二维表格进行比较可以看出两者存在简单的对应关系，关系模式对应一个二维表的表头，而关系的一个元组就是二维表格的一行，所有元组组成的集合就是二维表格的内容。在很多时候，甚至会不加区别地使用这两个概念。例如，职工关系（编号，姓名，性别）={（E1，李东，女），（E2，黄南，男），（E3，刘西，男），（E4，严北，女）}，相应的二维表格表示形式如表 1-3 所示。

表 1-3　职工关系

编　号	姓　名	性　别
E1	李东	女
E2	黄南	男
E3	刘西	男
E4	严北	女

1.5.2　关系运算

由于关系是属性个数相同的元组的集合，因此可以从集合论的角度对关系进行集合运算。在关系运算中，并、交、差运算是从元组（二维表格中的一行）的角度来进行的，沿用了传统的集合运算规则，也称为传统的关系运算；而选择、投影、连接运算是关系数据库中专门建立的运算规则，不仅涉及行，而且涉及列，因此称为专门的关系运算。

1. 传统的关系运算

（1）并（Union）

设 R 和 S 同为 n 元关系，且相应的属性取自同一个域，则 R 和 S 的并也是一个 n 元关系，记作 $R \cup S$。$R \cup S$ 包含了所有分属于 R 和 S 或同属于 R 和 S 的元组。因为集合中不允许有重复元素，因此，同时属于 R 和 S 的元组在 $R \cup S$ 中只出现一次。

（2）差（Difference）

设 R 和 S 同为 n 元关系，且相应的属性取自同一个域，则 R 和 S 的差也是一个 n 元关系，记作 $R-S$。$R-S$ 包含了所有属于 R 但不属于 S 的元组。

（3）交（Intersection）

设 R 和 S 同为 n 元关系，且相应的属性取自同一个域，则 R 和 S 的交也是一个 n 元关系，记作 $R \cap S$。$R \cap S$ 包含了所有同属于 R 和 S 的元组。

实际上，交运算可以通过差运算的组合来实现，如 $A \cap B = A-(A-B)$ 或 $B-(B-A)$。

（4）广义笛卡儿积

设 R 是一个包含 m 个元组的 j 元关系，S 是一个包含 n 个元组的 k 元关系，则 R 和 S 的广义笛卡儿积是一个包含 $m \times n$ 个元组的 $j+k$ 元关系，记作 $R \times S$，并定义

$R \times S = \{(r_1, r_2, \cdots, r_j, s_1, s_2, \cdots, s_k) \mid (r_1, r_2, \cdots, r_j) \in R$ 且 $\{s_1, s_2, \cdots, s_k\} \in S\}$

即 $R \times S$ 的每个元组的前 j 个分量是 R 中的一个元组，而后 k 个分量是 S 中的一个元组。

【例 1-2】 设 $R = \{(a_1, b_1, c_1), (a_1, b_2, c_2), (a_2, b_2, c_1)\}$，$S = \{(a_1, b_2, c_2), (a_1, b_3, c_2), (a_2, b_2, c_1)\}$，求 $R \cup S$，$R-S$，$R \cap S$，$R \times S$。

根据运算规则，有如下结果：

$R \cup S = \{(a_1, b_1, c_1), (a_1, b_2, c_2), (a_2, b_2, c_1), (a_1, b_3, c_2)\}$

$R-S = \{(a_1, b_1, c_1)\}$

$R \cap S = \{(a_1, b_2, c_2), (a_2, b_2, c_1)\}$

$R \times S = \{(a_1, b_1, c_1, a_1, b_2, c_2), (a_1, b_1, c_1, a_1, b_3, c_2), (a_1, b_1, c_1, a_2, b_2, c_1), (a_1, b_2, c_2, a_1, b_2, c_2), (a_1, b_2, c_2, a_1, b_3, c_2), (a_1, b_2, c_2, a_2, b_2, c_1), (a_2, b_2, c_1, a_1, b_2, c_2), (a_2, b_2, c_1, a_1, b_3, c_2), (a_2, b_2, c_1, a_2, b_2, c_1)\}$

$R \times S$ 是一个包含 9 个元组的 6 元关系。

2. 专门的关系运算

（1）选择（Selection）

设 $R=\{(a_1, a_2, \cdots, a_n)\}$是一个 n 元关系，F 是关于（a_1，a_2，…，a_n）的一个条件，R 中所有满足 F 条件的元组组成的子关系称为 R 的一个选择，记作 $\sigma_F(R)$，并定义

$$\sigma_F(R)=\{(a_1, a_2, \cdots, a_n) \mid (a_1, a_2, \cdots, a_n) \in R \text{且} (a_1, a_2, \cdots, a_n) \text{满足条件} F\}$$

简言之，对 R 关系按一定规则筛选一个子集的过程就是对 R 施加了一次选择运算。

（2）投影（Projection）

设 $R=R(A_1, A_2, \cdots, A_n)$ 是一个 n 元关系，$\{i_1, i_2, \cdots, i_m\}$是$\{1, 2, \cdots, n\}$的一个子集，并且 $i_1<i_2<\cdots<i_m$，定义

$$\pi(R)=R_1(A_{i_1}, A_{i_2}, \cdots, A_{i_m})$$

即 $\pi(R)$ 是 R 中只保留属性 $A_{i_1}, A_{i_2}, \cdots, A_{i_m}$ 的新的关系，称 $\pi(R)$ 是 R 在 $A_{i_1}, A_{i_2}, \cdots, A_{i_m}$ 属性上的一个投影，通常记作 $\pi_{(A_{i_1}, A_{i_2}, \cdots, A_{i_m})}(R)$。

通俗地讲，关系 R 上的投影是从 R 中选择出若干属性列组成新的关系。

（3）连接（Join）

连接是从两个关系的笛卡儿积中选取属性间满足一定条件的元组，记作 $R \underset{A\theta B}{\bowtie} S$，其中 A 和 B 分别为关系 R 和关系 S 上维数相等且可比的属性组，θ 是比较运算符。连接运算从关系 R 和关系 S 的笛卡儿积 $R\times S$ 中选取（R 关系）在 A 属性组上的值与（S 关系）在 B 属性组上值满足比较关系 θ 的元组。

连接运算中有两种最为重要也最为常用的连接：一种是等值连接，另一种是自然连接。θ 为"="的连接运算称为等值连接，它是从关系 R 与关系 S 的笛卡儿积中选取 A 和 B 属性值相等的那些元组。自然连接是一种特殊的等值连接，它要求在结果中把重复的属性去掉。一般的连接操作是从行的角度进行运算，但自然连接还需要取消重复列，所以是同时从行和列的角度进行运算。

【例 1-3】 一个关系数据库由职工关系 E 和工资关系 W 组成，关系模式如下。

E（编号，姓名，性别）

W（编号，基本工资，标准津贴，业绩津贴）

写出实现以下功能的关系运算表达式。

（1）查询全体男职工的信息。

（2）查询全体男职工的编号和姓名。

（3）查询全体职工的基本工资、标准津贴和业绩津贴。

根据运算规则，写出关系运算表达式如下：

（1）对职工关系 E 进行选择运算，条件是"性别='男'"，关系运算表达式是：

$$\sigma_{\text{性别='男'}}(E)$$

（2）先对职工关系 E 进行选择运算，条件是"性别='男'"，这时得到一个男职工关系，再对男职工关系在属性"编号"和"姓名"上做投影计算，关系运算表达式是：

$$\pi_{(\text{编号，姓名})}(\sigma_{\text{性别='男'}}(E))$$

（3）先对职工关系 E 和工资关系 W 进行连接运算，连接条件是"E.编号=W.编号"，这时得到一个职工工资关系，再对职工工资关系做投影计算，关系运算表达式是：

$$\pi_{(\text{编号，姓名，基本工资、标准津贴，业绩津贴})}(E \underset{E.\text{编号}=W.\text{编号}}{\bowtie} W)$$

1.5.3 关系的完整性

为了防止不符合规则的数据进入数据库，数据库管理系统一般提供了一种对数据的监测控制机制，这种机制允许用户按照具体应用环境定义自己的数据有效性和相容性条件。在对数据进行插入、删除、修改等操作时，数据库管理系统自动按照用户定义的条件对数据实施监测，使不符合条件的数据不能进入数据库，以确保数据库中存储的数据正确、有效、相容。这种监测控制机制称为数据完整性保护，用户定义的条件称为完整性约束条件。在关系模型中，数据完整性包括实体完整性（Entity Integrity）、参照完整性（Referential Integrity）及用户自定义完整性（User Defined Integrity）3 种。

1. 实体完整性

现实世界中的实体是可区分的，即它们具有某种唯一性标识。相应地，关系模型中以主关键字作为唯一性标识。主关键字中的属性即主属性不能取空值。如果主属性取空值，就说明存在某个不可标识的实体，即存在不可区分的实体，这与现实世界的应用环境相矛盾，因此，这个实体一定不是一个完整的实体。

实体完整性就是指关系的主关键字不能取空值，并且不允许两个元组的关键字值相同。也就是一个二维表格中没有两个完全相同的行，因此，实体完整性也称为行完整性。

2. 参照完整性

现实世界中的实体之间往往存在某种联系，在关系模型中实体及实体间的联系都是用关系来描述的，这样就自然存在着关系与关系间的引用。

设 F 是关系 R 的一个或一组属性，它是关系 S 的主关键字，则称 F 是关系 R 的外部关键字，并称关系 R 为参照关系（Referencing Relation），关系 S 为被参照关系（Referenced Relation）。参照完整性规则就是定义外部关键字与主关键字之间的引用规则，即对于 R 中每个元组在 F 上的值必须取空值或等于 S 中某个元组的主关键字值。

在教学管理系统中，选课关系作为参照关系，学生关系作为被参照关系，以“学号”作为两个关系进行关联的属性，则“学号”是学生关系的主关键字，是选课关系的外部关键字。选课关系通过外部关键字“学号”参照学生关系，如图 1-17 所示。

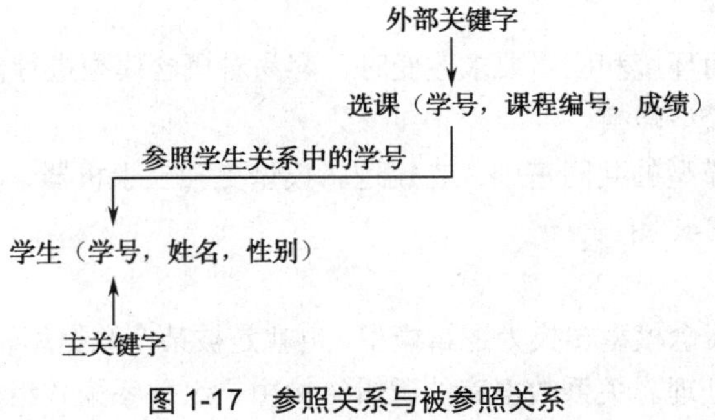

图 1-17　参照关系与被参照关系

3. 用户自定义完整性

实体完整性和参照完整性适用于任何关系数据库系统。除此之外，不同的关系数据库系统根据其应用环境的不同，往往还需要一些特殊的约束条件，用户自定义完整性就是针对某一具体关系数据库的约束条件，它反映某一具体应用所涉及的数据必须满足的语义要求，如规定关系中某一属性的取值范围。

1.6 数据库的设计

数据库设计包括数据库模式设计及围绕数据库模式的应用程序设计两项工作，而数据库模式设计又包括数据结构设计和数据完整性约束条件设计两项工作。本节只介绍数据库模式设计，即如何设计一组关系模式。

1.6.1 数据库设计的基本步骤

考虑数据库及其应用系统开发全过程，可以将数据库设计分为 6 个阶段：需求分析、概念设计、逻辑设计、物理设计、数据库实施、数据库运行和维护。

1. 需求分析阶段

需求分析简单地说就是分析用户的要求，这是设计数据库的起点。需求分析的结果是否准确地反映了用户的实际要求，将直接影响到后面各个阶段的设计，并影响到设计结果是否合理和实用。

需求分析的任务是通过详细调查现实世界要处理的对象（组织、部门、行业等），充分了解用户单位目前的工作状况，明确用户的各种需求，然后在此基础上确定新系统的功能。新系统必须充分考虑今后可能的扩充和改变，不能仅仅按当前应用需求来设计数据库。调查的重点是“数据”和“处理”，通过调查、收集和分析，获得用户对数据库的要求，包括在数据库中需要存储哪些数据，用户要完成什么处理功能，数据库的安全性与完整性要求等。

2. 概念设计阶段

将需求分析得到的用户需求抽象为信息结构即概念模型的过程就是概念设计，它是整个数据库设计的关键。

在需求分析阶段所得到的应用需求应该首先抽象为概念模型，以便更好、更准确地用某一数据库管理系统实现这些需求。概念模型的主要特点如下。

（1）能真实、充分地反映现实世界，包括事物和事物之间的联系，能满足用户对数据的处理要求。

（2）易于理解，从而可以用它和不熟悉计算机的用户交换意见，用户的积极参与是数据库设计成功的关键。

（3）易于更改，当应用环境和应用要求改变时，容易对概念模型进行修改和扩充。

（4）易于向各种逻辑模型转换。

概念模型是各种逻辑模型的共同基础，它比逻辑模型更独立于机器、更抽象，从而更加稳定。描述概念模型的常用工具是 E-R 图。

3. 逻辑设计阶段

数据库逻辑设计是将概念模型转换为逻辑模型，也就是被某个数据库管理系统所支持的数据模型，并对转换结果进行规范化处理。关系数据库的逻辑结构由一组关系模式组成，因此，从概念模型结构到关系数据库逻辑结构的转换就是将 E-R 图转换为关系模型的过程。

4. 物理设计阶段

数据库在物理设备上的存储结构与存取方法称为数据库的物理结构，它依赖于给定的计算机系统。为一个给定的逻辑模型选取一个最适合应用要求的物理结构的过程，就是数据库的物理设计。

数据库的物理设计通常分为两步：

（1）确定数据库的物理结构，在关系数据库中主要指存储结构和存取方法；

（2）对物理结构进行评价，评价的重点是时间和空间效率。

如果评价结果满足原设计要求，则可进入到数据库实施阶段，否则，就需要重新设计或修改物理结构，有时甚至要返回逻辑设计阶段修改逻辑模型。

5. 数据库实施阶段

完成数据库的物理设计之后，就要用数据库管理系统提供的数据定义语言和其他实用程序将数据库逻辑设计和物理设计结果严格地描述出来，成为数据库管理系统可以接收的源代码，再经过调试产生目标代码，然后就可以组织数据入库了，这就是数据库实施阶段。

数据库实施阶段包括两项重要的工作：一是数据的载入；二是应用程序的编码和调试。

一般在数据库系统中，数据量都很大，而且数据来源于各个不同的部门，数据的组织方式、结构和格式都与新设计的数据库系统有相当大的差距，组织数据录入就要将各类源数据从各个局部应用中抽取出来，输入计算机，再分类转换，最后综合成符合新设计的数据库结构的形式输入数据库。为提高数据输入工作的效率和质量，应该针对具体的应用环境设计一个数据录入子系统，由计算机来完成数据入库的任务。

6. 数据库运行和维护阶段

数据库系统经过试运行合格后，数据库开发工作就基本完成，即可投入正式运行了。在数据库系统的运行过程中，对数据库设计进行评价、调整、修改等维护工作是一个长期的任务，也是设计工作的继续和提高。

在数据库运行阶段，对数据库经常性的维护工作主要是由数据库管理员完成的，它包括数据库的备份和恢复、数据库的安全性与完整性控制、数据库性能的分析和改造、数据库的重组织与重构造。当然数据库的维护也是有限的，只能做部分修改。如果应用变化太大，重构也无济于事，说明此数据库应用系统的生命周期已经结束，应该设计新的数据库应用系统。

需要指出的是，设计一个完整的数据库应用系统是不可能一蹴而就的，它往往是上述 6 个阶段的不断反复，而且这个设计步骤既是数据库设计的过程，也包括了数据库应用系统的设计过程。在设计过程中，把数据库的设计和对数据库中数据处理的设计紧密结合起来，将这两个方面的需求分析、系统设计和系统实现在各个阶段同时进行，相互参照，相互补充，以完善两方面的设计。事实上，如果不了解应用环境对数据的处理要求，或没有考虑如何去实现这些处理要求，是不可能设计出一个良好的数据库结构的。

1.6.2 从概念模型到关系模型的转换

用 E-R 图表示的概念模型独立于具体的数据库管理系统所支持的数据模型，它是各种数据模型的共同基础。下面讨论从概念模型到关系模型的转换过程，即如何将 E-R 图转换成关系数据库管理系统所支持的关系模型。

1. 1∶1 联系到关系模型的转换

若实体间的联系是 1∶1 联系，只要在两个实体类型转化成的两个关系模式中任意一个关系模式中增加另一关系模式的关键属性和联系的属性即可。

图 1-10 所示的 E-R 图中有乘客和座位两个实体，两个实体是一对一联系，可以转换为如下两个关系：

乘客（身份证号，姓名，乘坐日期，座位号）

座位（座位号，舱位）

其中，“身份证号”和“座位号”分别是乘客和座位两个关系的关键属性，在乘客关系中，增加了座位关系的关键属性“座位号”作为外部关键属性。

2. 1∶n 联系到关系模型的转换

若实体间的联系是 1∶n 联系，则需要在 n 方实体的关系模式中增加 1 方实体类型的关键属性和联系的属性，1 方的关键属性作为外部关键属性处理。

如图 1-11 所示的公司与员工的联系是 1∶n 联系，对 E-R 图进行转换，得到如下两个关系：

公司（<u>公司名称</u>，注册地，网址）

员工（<u>员工编号</u>，姓名，基本工资，数量，公司名称）

在员工关系中增加公司关系中的关键属性“公司名称”作为外部关键属性，并增加联系的属性“数量”。

3. m∶n 联系到关系模型的转换

若实体间的联系是 m∶n 联系，则除对两个实体分别进行转换外，还要为联系类型单独建立一个关系模式，其属性为两个实体类型的关键属性加上联系的属性，其关键属性是两个实体关键属性的组合。

如图 1-12 所示的供应商与货物的联系是 m∶n 联系，该 E-R 图应转换为如下 3 个关系：

供应商（<u>供应商号</u>，供应商名，地址，电话）

货物（<u>货物代码</u>，货物名称，型号，库存量）

采购（<u>供应商号</u>，<u>货物代码</u>，采购日期）

1.6.3 数据库设计实例

某大学教学管理系统对学生选课、教师讲授等教学活动进行管理，还能提供教师和学生信息查询等功能。按照规定，每名学生只能在某一专业学习，但可同时选修多门课程，每门课程可由多位教师讲授，每位教师可讲授多门课程，同时假定一门课选用一种教材，一种教材也只在一门课中使用。现在先画出系统的 E-R 图，再将 E-R 图转换为关系模型。

系统涉及以下 5 个实体（各个实体的属性不一定全部列出）。

学生（学号，姓名，性别）

课程（课程号，课程名，学时）

教师（教师号，姓名，性别，职称）

专业（专业名，成立年份，专业简介）

教材（教材号，教材名，出版社，定价）

实体之间涉及以下 4 个联系，其中有 1 个 1∶1 联系、1 个 1∶n 联系和 2 个 m∶n 联系。

① 学生与课程的联系是多对多联系（m∶n）。

② 专业与学生的联系是一对多联系（1∶n）。

③ 教师与课程的联系是多对多联系（m∶n）。

④ 课程与教材的联系是一对一联系（1∶1）。

系统的 E-R 图如图 1-18 所示。

将 5 个实体及 2 个 m∶n 联系转换为 7 个关系，具体结构如下：

学生（<u>学号</u>，姓名，性别，专业名）

课程（<u>课程号</u>，课程名，学时）

选课（<u>学号</u>，<u>课程号</u>，平时成绩，考试成绩，总评成绩）

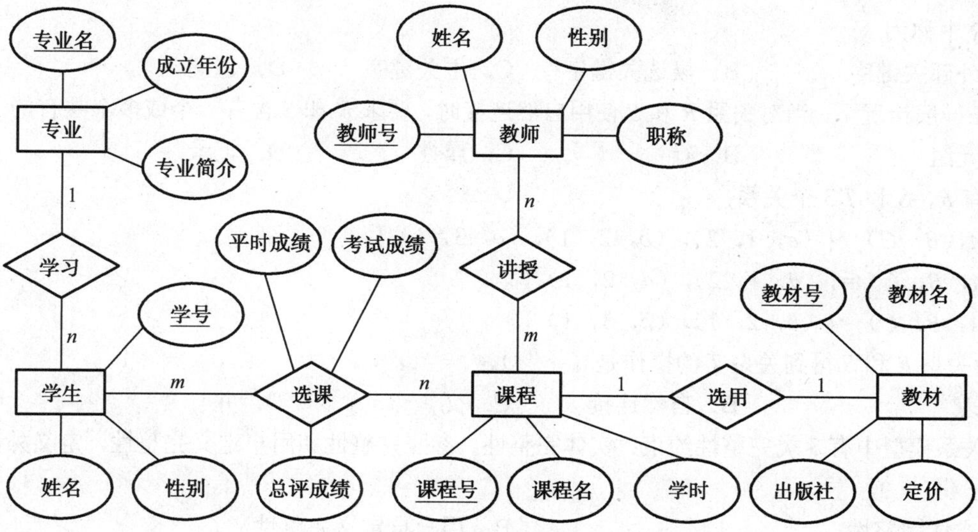

图 1-18　教学管理系统的 E-R 图

教师（<u>教师号</u>，姓名，性别，职称）

讲授（<u>教师号</u>，<u>课程号</u>）

教材（<u>教材号</u>，教材名，出版社，定价，课程号）

专业（<u>专业名</u>，成立年份，专业简介）

习题 1

一、选择题

1．有关信息与数据的概念，下面说法正确的是（　　）。

A．信息和数据是同义词　　B．数据是承载信息的物理符号

C．信息和数据毫不相关　　D．固定不变的数据就是信息

2．通常，一个数据库系统的外模式（　　）。

A．只能有一个　　B．最多只能有一个

C．至少有两个　　D．可以有多个

3．数据库的三级模式之间存在的映射，正确的是（　　）。

A．外模式/模式　　B．外模式/内模式

C．外模式/外模式　　D．模式/模式

4．在关系数据库系统中，当关系模型改变时，用户程序也可以不变，这是（　　）。

A．数据的物理独立性　　B．数据的逻辑独立性

C．数据的位置独立性　　D．数据的存储独立性

5．以下对关系模型性质的描述，不正确的是（　　）。

A．在一个关系中，每个数据项是最基本的数据单位，不可再分

B．在一个关系中，同一列数据具有相同的数据类型

C．在一个关系中，各列的顺序不可以任意排列

D．在一个关系中，不允许有相同的字段名

6．在关系 *R*（R#，RN，S#）和 *S*（S#，SN，SD）中，*R* 的主关键字是 R#，*S* 的主关键字是 S#，

则 S#在 R 中称为（　　）。

A．外部关键字　　B．候选关键字　　C．主关键字　　D．超键

7．在一般情况下，当对关系 R 和 S 使用自然连接时，要求 R 和 S 含有一个或多个共有的（　　）。

A．元组　　B．行　　C．属性　　D．记录

8．有 R，S 和 T 3 个关系：

R（A，B，C）={（a，1，2），（b，2，1），（c，3，1）}

S（A，B，C）={（a，1，2），（d，2，1）}

T（A，B，C）={（b，2，1），（c，3，1）}

则由关系 R 和 S 得到关系 T 的操作是（　　）。

A．差　　B．自然连接　　C．交　　D．并

9．关系模型中有 3 类完整性约束：实体完整性、参照完整性和用户定义完整性，定义外部关键字实现的是（　　）。

A．实体完整性　　B．用户自定义完整性

C．参照完整性　　D．实体完整性、参照完整性和用户自定义完整性

10．在建立表时，将年龄字段值限制在 18～40 之间，这种约束属于（　　）。

A．实体完整性约束　　B．视图完整性约束

C．参照完整性约束　　D．用户自定义完整性约束

11．把 E-R 图转换为关系模型的过程，属于数据库设计的（　　）。

A．概念设计　　B．逻辑设计　　C．需求分析　　D．物理设计

12．如果两个实体集之间的联系是 1 : n，转换为关系时（　　）。

A．将 n 端实体转换的关系中加入 1 端实体转换关系的码

B．将 n 端实体转换的关系的码加入到 1 端的关系中

C．将两个实体转换成一个关系

D．在两个实体转换的关系中，分别加入另一个关系的码

二、填空题

1．在数据管理技术的发展过程中，经历了________、________和________，其中数据库独立性最高的阶段是________。

2．数据库是在计算机系统中按照一定的方式组织、存储和应用的_______。支持数据库各种操作的软件系统叫_______。由计算机硬件、软件、数据库及有关人员等组成的一个整体叫_______。

3．数据库常用的逻辑模型有_______、_______、_______。Access 2010 属于_______。

4．符合一定条件的二维表格在关系数据库中称为_______，在 Access 2010 中称为_______。二维表格的一行和一列在关系中分别称为_______和_______，而在 Access 2010 中分别称为_______和_______。

5．二维表格包括表头和表的内容，表头相当于关系的_______，可以用_______表示，表的内容是关系_______的集合。

6．在关系数据库的基本操作中，从表中取出满足条件元组的操作称为________。从表中抽取属性值满足条件列的操作称为________。把两个关系中相同属性值的元组拼接到一起形成新的关系的操作称为________。

7．关系数据库不允许在主关键字字段中有重复值或________。

8．在现实生活中，每个人都有自己的出生地，实体“出生地”和实体“人”之间的联系是________。

9．已知两个关系：

班级（班级号，专业，人数），其中“班级号”为关键字

学生（学号，姓名，性别，班级号），其中“学号”为关键字

则两个关系的属性中，存在一个外部关键字为______。

10．在将 E-R 图转换到关系模型时，实体和联系都可以表示成________。

三、问答题

1．计算机数据管理技术经过哪几个发展阶段？

2．实体之间的联系有哪几种？分别举例说明。

3．什么是数据独立性？在数据库系统中，如何保证数据的独立性？

4．设 $R(A, B, C)=\{(a_1, b_1, c_1), (a_2, b_2, c_1), (a_3, b_2, c_3)\}$，$S(A, B, C)=\{(a_2, b_2, c_2), (a_3, b_3, c_4), (a_1, b_1, c_1)\}$，计算 $R\cup S$、$R\cap S$、$R-S$ 和 $\pi_{(A, B)}(R)$。

5．设有导师关系和研究生关系，按要求写出关系运算式。

导师（导师编号，姓名，职称）={（S_1，刘东，副教授)，（S_2，王南，讲师)，（S_3，蔡西，教授)，（S_4，张北，副教授）}

研究生（研究生编号，研究生姓名，性别，年龄，导师编号）={（P_1，赵一，男，18，S_1)，（P_2，钱二，女，20，S_3)，（P_3，孙三，女，25，S_3)，（P_4，李四，男，18，S_4)，（P_5，王五，男，25，S_2）}

（1）查找年龄在 25 岁以上的研究生。

（2）查找所有的教授。

（3）查找导师“王南”指导的所有研究生的编号和姓名。

（4）查找研究生“李四”的导师的相关信息。

6．通常，一个科研项目有多个科研人员参加，一个科研人员也可以同时承担两个以上的科研项目，完成以下问题。

（1）画出满足系统需求的 E-R 图。

（2）将 E-R 图转换为关系模型，并写出每个关系的关键字，如果有外部关键字，则写出外部关键字。

（3）写出查询某科研人员参加了哪些科研项目的关系运算。

（4）写出查询某个科研项目的全体参与人员的关系运算。

第 2 章 数据库的操作

Access 是 Microsoft Office 办公系列软件的重要组成部分，它为数据管理提供了简单实用的操作环境，适用于小型数据管理，人称桌面关系数据库管理系统。Access 与 Microsoft Office 系列软件高度集成，具有风格统一的操作界面，使得初学者更加容易掌握，这也使得 Access 成为一种实用的数据库教学操作环境。

Access 对数据库的组织方式有自身的特点，它将所有的数据库对象都存储在一个物理文件中，而这个物理文件被称为数据库文件。也就是说，在 Access 中，一个单独的数据库文件存储一个数据库应用系统中包含的所有数据库对象。开发一个 Access 数据库应用系统的过程几乎就是创建一个数据库文件，并在其中添加所需数据库对象的过程。

本章围绕 Access 2010 数据库的创建与管理操作而展开。通过本章的学习，要掌握 Access 2010 的系统环境、数据库的创建、导航窗格的操作、数据库的维护、安全保护等内容。

2.1 Access 操作基础

Access 诞生于 20 世纪 90 年代初期，历经多次升级改版，其功能越来越强，而操作越来越直观、方便。Access 新的版本除了继承和发扬以前版本的优点之外，还增加了许多新的功能，例如全新的界面、方便的模板，以及在功能方面的诸多改善等。本书以常用的 Access 2010 作为实践环境。

2.1.1 Access 2010 的安装、启动与退出

1. Access 2010 的安装

在使用 Access 2010 之前，首先要安装 Access 2010。通过执行 Microsoft Office 2010 安装盘上的 setup.exe 文件来启动安装过程，然后按照系统提示，逐步进行操作即可。安装完成后，就可以使用 Access 2010 了。

2. Access 2010 的启动

与启动其他 Windows 软件类似，启动 Access 2010 有多种方法。常用的方法有 3 种：使用“开始”菜单、快捷方式和已有的 Access 2010 数据库文件。

（1）使用“开始”菜单启动 Access 2010

在 Windows 桌面中单击“开始”按钮，然后依次选择“所有程序”→“Microsoft Office”→“Microsoft Access 2010”选项。

（2）使用快捷方式启动 Access 2010

先在 Windows 桌面上建立 Access 2010 的快捷方式（方法是单击“开始”按钮，选择“所有程序”→“Microsoft Office”命令选项，然后将鼠标指向“Microsoft Access 2010”命令，按住 Ctrl 键向桌面拖曳，就可以在桌面上建立快捷方式），然后双击 Access 2010 快捷方式图标，启动 Access 2010。

（3）使用已有的数据库文件启动 Access 2010

如果进入 Access 2010 是为了打开一个已有的数据库，那么使用这种方法启动 Access 2010 是很方便的，方法是双击要打开的数据库文件。如果 Access 2010 还没有运行，它将启动 Access 2010，同时打开这个数据库文件；如果 Access 2010 已经运行，它将打开这个数据库文件，并激活 Access 2010。

启动 Access 2010 之后，屏幕显示 Access 2010 的启动窗口，也称作 Microsoft Office Backstage 视图，如图 2-1 所示。但使用第（3）种方法，即双击 Access 2010 数据库文件图标启动 Access 2010，这时进入的界面是 Access 2010 主窗口，参见图 2-6。

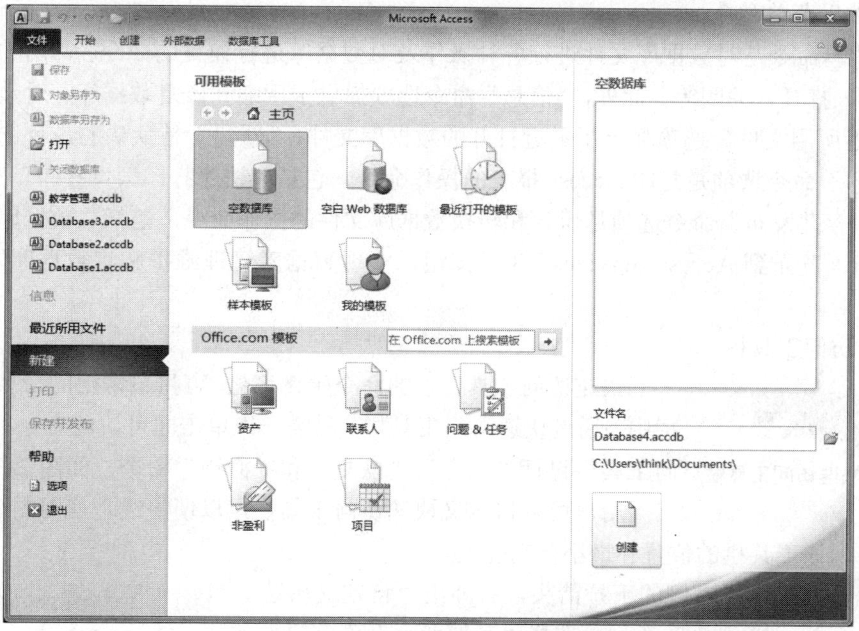

图 2-1 Access 2010 启动窗口

3. Access 2010 的退出

在 Access 2010 的操作完成后，就可以退出 Access 2010 系统的运行。退出的方法主要有如下 4 种。

（1）在 Access 2010 窗口中，选择“文件”→“退出”菜单命令。

（2）单击 Access 2010 窗口右上角的“关闭”按钮。

（3）双击 Access 2010 窗口左上角的控制菜单图标；或单击控制菜单图标，从打开的菜单中选择“关闭”命令；或按组合键 Alt+F4。

（4）右键单击 Access 2010 窗口标题栏，在打开的快捷菜单中，选择“关闭”命令。

在退出系统时，如果正在编辑的数据库对象没有保存，则会弹出一个对话框，提示是否保存对当前数据库对象的更改，这时可根据需要选择保存、不保存或取消这个操作。

注意：在 Access 2010 窗口中选择“文件”→“关闭数据库”菜单命令，只是关闭了数据库而并未关闭 Access 2010 系统。如果当前没有打开的数据库文件，则该菜单命令呈灰色，表示它此时不可用。

2.1.2 Access 2010 工作窗口

与以前的版本相比，尤其是与 Access 2007 之前的版本相比，Access 2010 的用户界面发生了重大变化。Access 2007 中引入了功能区和导航窗格两个主要的用户界面组件，而在 Access 2010 中，不仅对功能区进行了修改，而且还新增加了“文件”选项卡，这是一个特殊的选项卡，它与其他选项卡的结构、布局和功能完全不同。

1. Access 2010 启动窗口

在启动 Access 2010 但尚未打开数据库文件时，可以看到 Backstage 视图，即 Access 2010 启动窗口，参见图 2-1。Access 2010 启动窗口包括标题栏、快速访问工具栏、功能区选项卡等组成部分。默认情况下打开“文件”选项卡，从而将界面分成左右两部分，左侧显示“文件”菜单命令，右侧显示选择不同命令后的结果。

（1）“文件”菜单命令

“文件”菜单命令是对数据库文件进行各种操作及对数据库进行设置的命令。常用的命令包括数据库文件的保存、打开、关闭等。此外，“信息”命令选项提供了压缩和修复数据库、对数据库进行加密的操作；“最近所用文件”选项显示了最近打开的数据库文件；“新建”是默认的命令选项，可以创建数据库；“打印”命令选项是打印 Access 报表的操作命令，包括“快速打印”、“打印”和“打印预览”3 个按钮；“保存并发布”命令选项是保存和转换数据库文件的操作命令，包括“数据库另存为”、“对象另存为”和“发布到 Access Services”3 个按钮，实现数据库管理维护和将数据库发布到 Web 等操作。

（2）快速访问工具栏

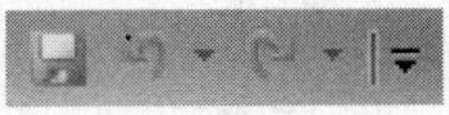

图 2-2　默认的快速访问工具栏

快速访问工具栏中的命令始终可见，可将最常用的命令添加到此工具栏中。通过快速访问工具栏，只需一次单击即可访问命令。默认的快速访问工具栏包括“保存”、“恢复”和“撤销”命令，如图 2-2 所示。

用户可以自定义快速访问工具栏，以便将经常使用的命令加入其中。还可以选择显示该工具栏的位置和最小化功能区。

单击快速访问工具栏右侧的下拉箭头，将弹出“自定义快速访问工具栏”菜单，如图 2-3 所示。选择“其他命令”菜单项，弹出“Access 选项”对话框中的“自定义快速访问工具栏”设置界面，如图 2-4 所示。在其中选择要添加的命令，然后单击“添加”按钮。若要删除命令，在右侧的列表中选择该命令，然后单击“删除”按钮。也可以在列表中双击该命令实现添加或删除，完成后单击“确定”按钮。

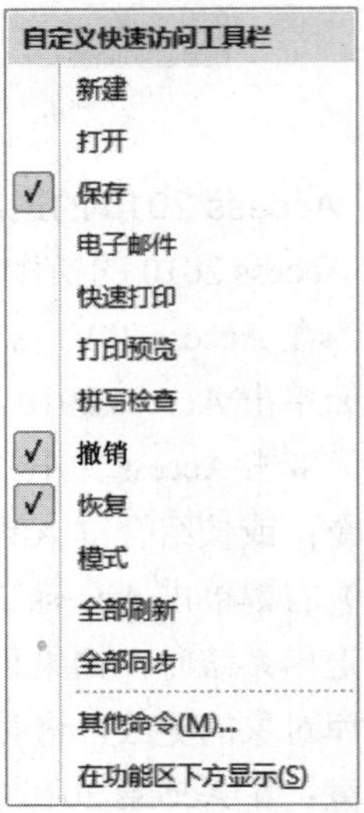

图 2-3　“自定义快速访问工具栏”菜单

添加了若干按钮后的自定义快速访问工具栏如图 2-5 所示。在“自定义快速访问工具栏”设置界面中单击“重置”按钮，可以将快速访问工具栏恢复到默认状态。

用户也可以选择“文件”→“选项”菜单命令，然后在弹出的“Access 选项”对话框的左侧窗格中选择“快速访问工具栏”选项，进入“自定义快速访问工具栏”设置界面。

2. Access 2010 主窗口

在 Access 2010 的启动窗口，提供了创建数据库的导航，当选择新建空白数据库，或新建 Web 数据库，或在选择某种模板后，就进入 Access 2010 主窗口，如图 2-6 所示。

Access 2010 的主窗口包括标题栏、快速访问工具栏、功能区、导航窗格、对象编辑区和状态栏等组成部分。

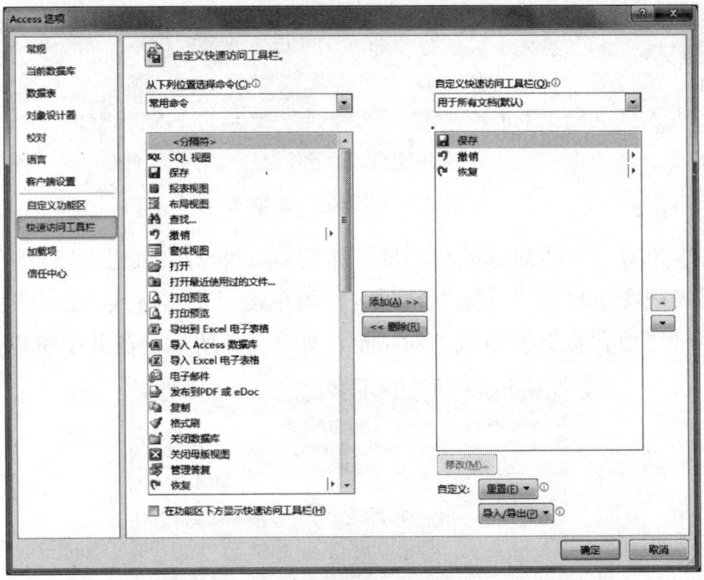

图 2-4 “自定义快速访问工具栏”设置界面

图 2-5 自定义快速访问工具栏

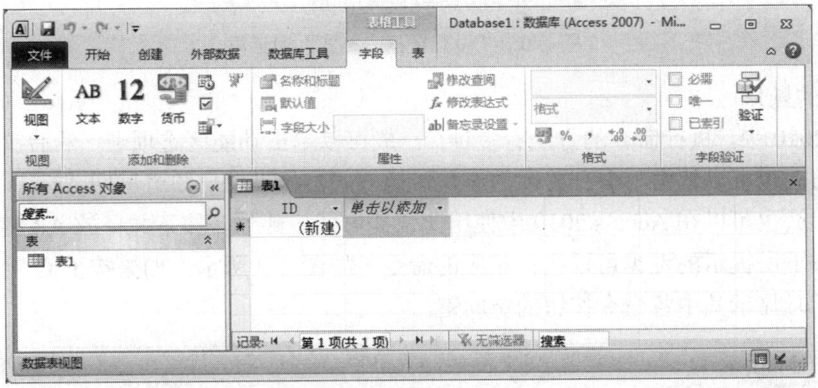

图 2-6 Access 2010 主窗口

（1）功能区

功能区是 Access 2010 中主要的操作界面，它取代了 Access 2007 以前版本中的下拉式菜单和工具栏。功能区的主要优势是，它将通常需要使用菜单、工具栏、任务窗格和其他用户界面组件才能显示的任务或入口点集中在一个地方，这样只需在一个位置查找命令，而不用到处查找命令，从而方便用户使用。

① 功能区的组成

Access 2010 功能区是一个横跨在 Access 2010 主窗口顶部的带状区域，它由选项卡、命令组和各组的命令按钮 3 部分组成。单击选项卡可以打开此选项卡所包含的命令组及各组相应的命令按钮。

Access 2010 的选项卡主要有“文件”、“开始”、“创建”、“外部数据”和“数据库工具”等，每个选项卡都包含多组相关命令。例如，在“创建”选项卡中，从左至右依次为“模板”、“表格”、“查询”、“窗体”、“报表”、“宏与代码”命令组，每组中又有若干个命令按钮，如图 2-7 所示。

图 2-7 “创建”选项卡

有些命令组的右下角有一个“对话框启动器”按钮，单击该按钮可以打开相应的对话框或任务窗格。例如，在数据表视图下单击“开始”选项卡，再单击“文本格式”命令组右下角的“对话框启动器”按钮，将打开“设置数据表格式”对话框，如图 2-8 所示，在其中可以设置数据表的格式。

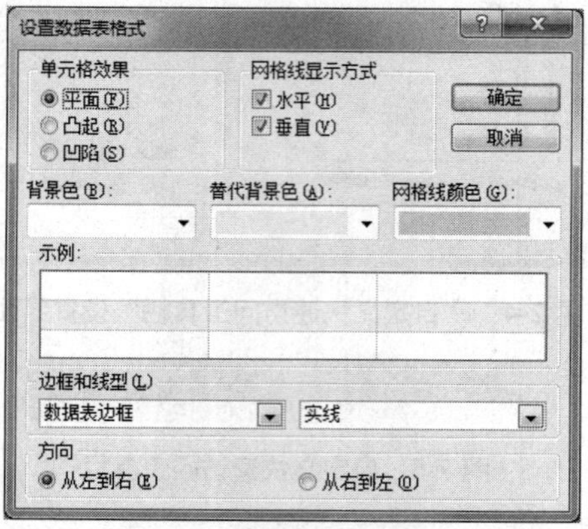

图 2-8 “设置数据表格式”对话框

② 功能区的操作

在 Access 2010 中，执行命令的方法有多种。一般可以单击功能区选项卡，然后在相关命令组中单击相关命令按钮。也可以使用与命令关联的键盘快捷方式，如果用户知道早期 Access 版本中所用的键盘快捷方式，那么也可以在 Access 2010 中使用此快捷方式。此外，按下并释放 Alt 键，将显示命令的访问键，此时按下所提示的键也可以执行相应的命令，如图 2-9 所示。如果按下 C 键，则将选择“创建”选项卡，同时显示其中各命令按钮的访问键。

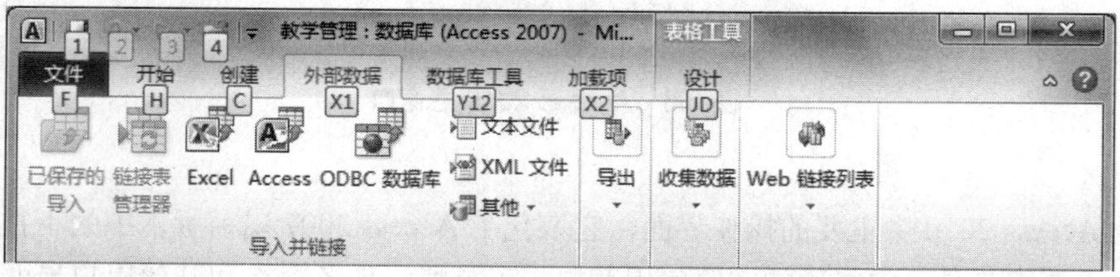

图 2-9 命令的访问键

功能区可以进行折叠或展开，折叠时只保留一个包含选项卡的条形区域。若要折叠功能区，则双击突出显示的活动选项卡。若要再次展开功能区，则再次双击活动选项卡。也可以单击选项卡最右端的“功能区最小化/展开功能区”按钮来折叠或展开功能区。

③ 上下文选项卡

除标准选项卡之外，Access 2010 还有上下文选项卡，即根据正在进行操作的对象及正在执行的操作的不同而在标准选项卡旁边出现的选项卡。例如，如果在设计视图中打开一个表，则出现“表格工具”下的“设计”选项卡，其中包含仅在设计视图中使用表时才能应用的命令，如图 2-10 所示。

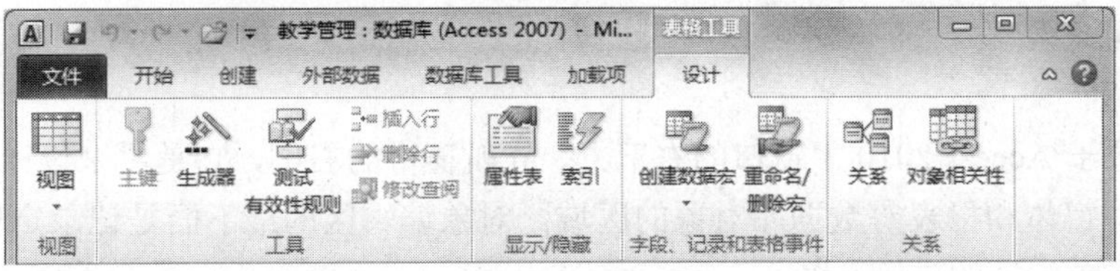

图 2-10 “表格工具”下的“设计”选项卡

上下文选项卡可以根据所选对象状态的不同而自动显示或关闭，具有智能特性，给用户的操作带来很大方便。

（2）导航窗格

在 Access 2010 中打开数据库时，位于主窗口左侧的导航窗格中将显示当前数据库中的各种数据库对象，如表、查询、窗体、报表等。导航窗格可以帮助组织数据库对象，是打开或更改数据库对象设计的主要方式，它取代了 Access 2007 之前版本中的数据库窗口。

① 导航窗格的组成

导航窗格按类别和组对数据库对象进行组织。可以从多种组织选项中进行选择，还可以在导航窗格中创建用户的自定义组织方案。在默认情况下，新数据库使用“对象类型”类别，该类别包含对应于各种数据库对象的组。“对象类型”类别组织数据库对象的方式，与早期版本中的默认“数据库窗口”显示界面相似。

② 打开数据库对象

若要打开数据库对象，则在导航窗格中双击该对象。或在导航窗格中选择对象，然后按 Enter 键。或在导航窗格中右键单击对象，再在快捷菜单中选择菜单命令，该快捷菜单中的命令因对象类型而不同。

③ 显示或隐藏导航窗格

单击“导航窗格”右上角的“百叶窗开/关”按钮 «，将隐藏导航窗格。若要再显示导航窗格，则单击“导航窗格”上面的“百叶窗开/关”按钮 »。

要在默认情况下禁止显示导航窗格，则在 Access 2010 窗口中选择“文件”→“选项”命令，将出现“Access 选项”对话框，如图 2-11 所示。在左侧窗格中单击“当前数据库”选项，然后在右侧窗格的“导航”区域清除“显示导航窗格”复选框，最后单击“确定”按钮。

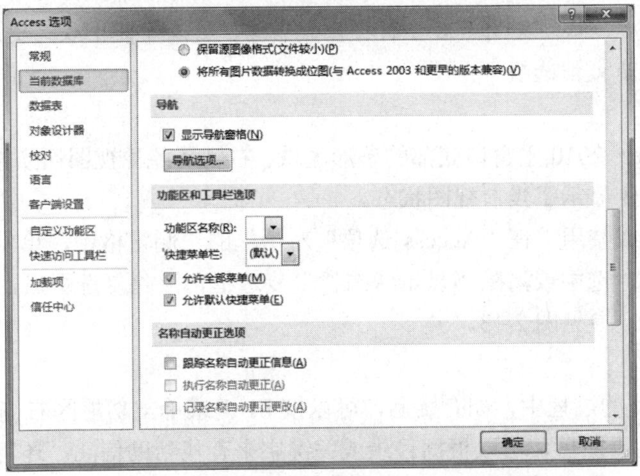

图 2-11 显示或隐藏“导航窗格”的设置界面

（3）其他界面元素

① 对象编辑区

对象编辑区位于 Access 2010 主窗口的右下方、导航窗格的右侧，它是用来设计、编辑、修改，以及显示表、查询、窗体和报表等数据库对象的区域。对象编辑区的最下面是记录定位器，其中显示共有多少条记录，当前编辑的是第几条。

通过折叠导航窗格或功能区，可以扩大对象编辑区的范围。

② 选项卡式文档

启动 Access 2010 后，可以用选项卡式文档代替原来 Access 版本中的重叠窗口来显示数据库对象，如图 2-12 所示。单击选项卡中不同的对象名称，可切换到不同的对象编辑界面。用鼠标右键单击选项卡，将弹出快捷菜单，选择其中的相应命令可以实现对当前数据库对象的各种操作，如保存、关闭及视图切换等。

通过设置 Access 选项可以启用或禁用选项卡式文档。选择“文件”→“选项”命令，将出现“Access 选项”对话框。在“Access 选项”对话框的左侧窗格中单击“当前数据库”选项，如图 2-13 所示。在“应用程序选项”区域的“文档窗口选项”下，选中“选项卡式文档”单选按钮，并选中“显示文档选项卡”复选框。若清除复选框，则文档选项卡将关闭。设置后单击“确定”按钮。

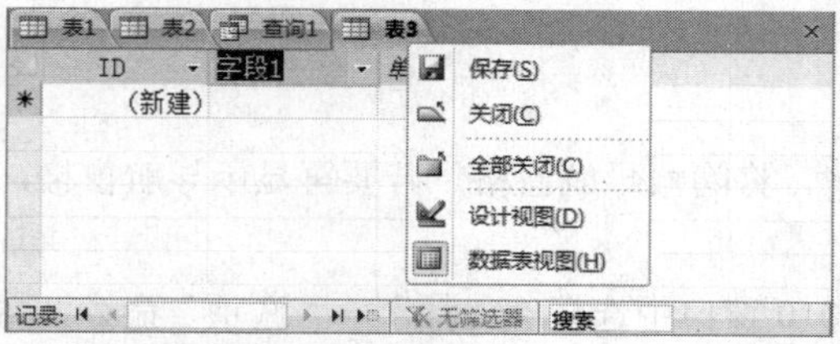

图 2-12 选项卡式文档界面

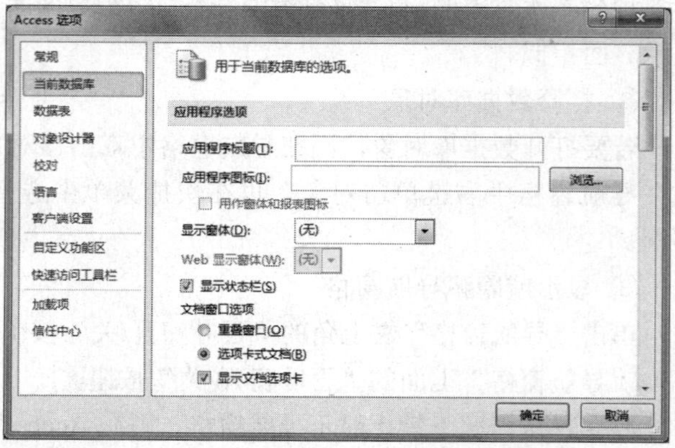

图 2-13 显示或隐藏选项卡式文档设置界面

注意：“显示文档选项卡”设置是针对单个数据库的，必须为每个数据库单独设置此选项。更改“显示文档选项卡”设置之后，必须关闭然后重新打开数据库，更改才能生效。使用 Access 2010 创建的新数据库在默认情况下显示文档选项卡。

③ 状态栏

状态栏是位于 Access 2010 主窗口底部的条形区域。右侧是各种视图切换按钮，单击各个按钮可以快速切换视图状态，左侧显示了当前视图状态。

状态栏也可以启用或禁用。在“Access 选项”对话框的左侧窗格中，单击“当前数据库”按钮，在“应用程序选项”下，选中或清除“显示状态栏”复选框，清除复选框后，状态栏的显示将关闭，最后单击“确定”按钮，参见图 2-13。

④ 获取帮助

在使用 Access 2010 的过程中，如有疑问，可以按 F1 键或单击功能区右侧的问号按钮 ? 来获取帮助。在进入 Access 帮助界面后，可以根据目录或关键字来查找帮助信息。还可以选择“文件”→“帮助”命令，单击按钮进入相关帮助界面。

2.1.3 Access 2010 数据库的组成

Access 2010 将数据库定义为一个扩展名为.accdb 的文件，并包括 6 种不同的对象，它们是表、查询、窗体、报表、宏和模块。不同的数据库对象在数据库中起着不同的作用，数据库可以看成不同对象的容器。

1. 表

表（Table）又称数据表，它是数据库的核心与基础，用于存放数据库中的全部数据。查询、窗体和报表都是从表中获得数据信息，以实现用户的某一特定的需求，如查找、计算统计、打印、编辑修改等。

2. 查询

查询（Query）是按照一定的条件从一个或多个表中筛选出所需要的数据而形成的一个动态数据集，并在一个虚拟的数据表窗口中显示出来。动态数据集虽然也是以二维表的形式显示出来，但它们不是基本表。每个查询只记录该查询的查询操作方式，这样每进行一次查询操作，其结果集显示的都是基本表中当前存储的实际数据，它反映的是查询的那一时刻的数据表存储情况。

执行某个查询后，用户可以对查询的结果进行编辑或分析，并可将查询结果作为其他数据库对象的数据源。

3. 窗体

窗体（Form）是数据库和用户联系的界面。窗体可以提供一种良好的用户操作界面，通过它可以直接或间接地调用宏或模块，并执行查询、打印、预览、计算等功能，还可以对数据库进行编辑修改。

4. 报表

利用报表（Report）可以将数据库中需要的数据提取出来进行分析、整理和计算，并将数据以格式化的方式打印输出。

5. 宏

宏（Macro）是一系列操作命令的集合，其中每个操作命令都能实现特定的功能，如打开窗体、生成报表等。利用宏可以使大量的重复性操作自动完成，从而使管理和维护 Access 数据库更加简单。

6. 模块

模块（Module）是用 VBA 语言编写的程序段，使用模块对象可以完成宏不能完成的复杂任务。一般而言，使用 Access 不需编程就可以创建功能强大的数据库应用程序，但是通过在 Access 中编写 VBA 程序，用户可以编写出性能更好、运行效率更高的数据库应用程序。

在 Access 2007 以前的版本中，Access 数据库中还有一种数据访问页对象，它是一种特殊的 Web 页，是 Access 中唯一独立于 Access 数据库文件之外的对象。与以前版本不同的是，Access 2007 及其以后的版本不再支持数据访问页对象。如果希望在 Web 上部署数据输入窗体并在 Access 中存储所生成的数据，则需要将数据库部署到 Microsoft Windows SharePoint Services 服务器上，使用 Windows SharePoint Services 提供的工具实现。

2.2 数据库的创建与基本操作

在 Access 2010 中，一个单独的数据库文件存储一个数据库应用系统中包含的所有数据库对象，因此，开发一个 Access 数据库应用系统的过程几乎就是创建一个数据库文件并在其中添加所需数据库对象的过程。

2.2.1 创建数据库的方法

Access 2010 提供了两种创建数据库的方法：一种是先创建一个空数据库，然后向其中添加表、查询、窗体和报表等对象；另一种是利用系统提供的模板来创建数据库，用户只需要进行一些简单的选择操作，就可以为数据库创建相应的表、窗体、查询和报表等对象，从而建立一个完整的数据库。

创建数据库的结果是在磁盘上生成一个扩展名为.accdb 的数据库文件。第一种方法比较灵活，但是必须分别定义数据库的每一个对象；第二种方法可以一次性地在数据库中创建所需的数据库对象，这是创建数据库最简单的方法。无论采用哪一种方法，在数据库创建之后，都可以在任何时候修改或扩展数据库。

1. 创建空数据库

在 Access 2010 中创建一个空数据库，即只是建立一个数据库文件，该文件中不包含任何数据库对象，以后可以根据需要在其中创建所需的数据库对象。

【例 2-1】 建立“教学管理”数据库，并将建好的数据库文件保存在“E:\Access”文件夹中。操作步骤如下。

① 在 Access 2010 窗口中选择“文件”→“新建”菜单命令，在“可用模板”区域中单击“空数据库”按钮，此时在窗口右侧出现空数据库文件名区域。

② 在“文件名”文本框中输入数据库文件名，例如“教学管理”，再单击按钮设置数据库的存放位置，如 E:\Access，如图 2-14 所示。然后单击“创建”按钮，将创建新的数据库，并且在数据表视图中将打开一个新表。

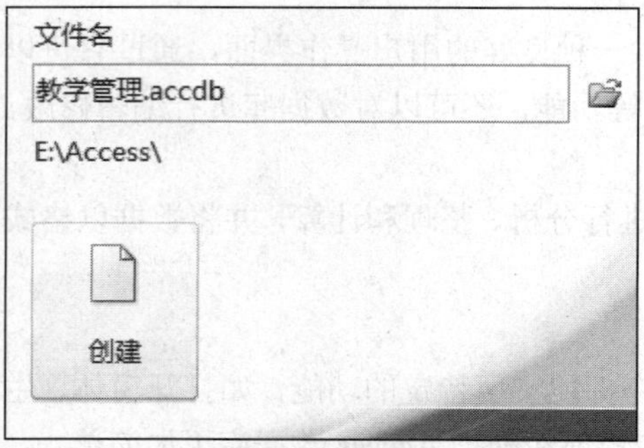

图 2-14 确定空数据库文件名

注意： *在空数据库中并没有任何数据库对象存在，可以根据需要在该数据库中创建所需的数据库对象。还应注意，在创建数据库之前，应先建立用于保存该数据库文件的文件夹。*

2. 利用模板创建数据库

Access 2010 附带很多模板，也可以从 Office.com 下载更多模板。Access 模板是预先设计好的数据库，其中含有专业设计的表、查询、窗体和报表等数据库对象。在 Access 2010 启动窗口的“可用模板”区域中，单击“样本模板”按钮，然后浏览可用模板，可以从中选择所需模板，并利用模板创建数据库。但这些模板不一定完全符合用户的要求，一般情况下，在使用模板之前，应先从 Access 2010 所提供的模板中找出与所建数据库相似的模板。如果所选模板不满足实际要求，可以在建立数据库之后再进行修改。

2.2.2 数据库的基本操作

在创建了数据库后，就可以对其进行各种操作了，如在数据库中添加对象、修改对象的内容、删除对象等。在进行这些操作之前应先打开数据库，操作结束后要关闭数据库。还可以查看数据库的各种属性，更改默认数据库文件夹。

1. 数据库的打开

要打开现有的 Access 2010 数据库，可以从 Windows 资源管理器开始，也可以从 Access 2010 窗口开始。

（1）从 Windows 资源管理器打开 Access 数据库

在 Windows 资源管理器中，进入需要打开的 Access 数据库文件的文件夹，然后双击该数据库文件图标，将启动 Access 并打开该数据库。

（2）从 Access 2010 窗口打开数据库

在 Access 2010 窗口中选择“文件”→“打开”命令，将弹出如图 2-15 所示的“打开”对话框，选择包含所需数据库文件的文件夹，并选中需要打开的数据库文件，然后单击“打开”按钮，将打开该数据库文件。

单击“打开”按钮右边的箭头，将显示打开数据库文件的 4 种方式，如图 2-16 所示。

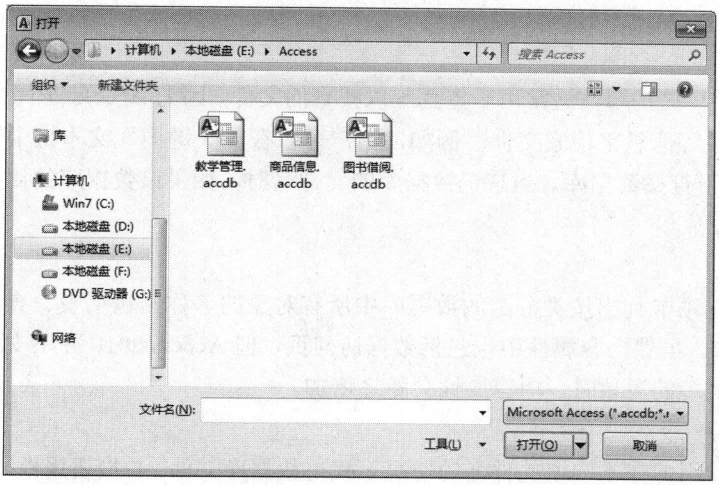

图 2-15 “打开”对话框

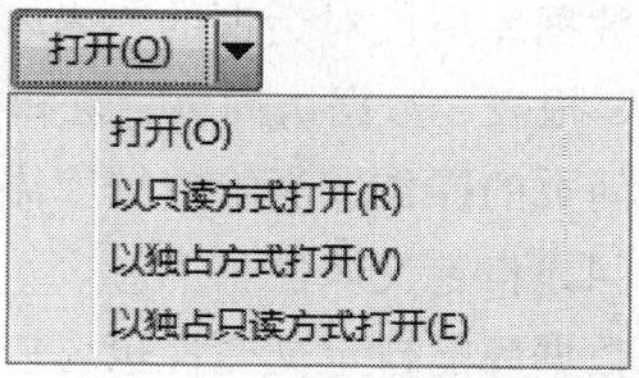

图 2-16 打开数据库文件的方式

打开数据库文件的 4 种方式的含义如下。

① 若要打开数据库以在多用户环境中进行共享访问，以便其他用户都可以读/写数据库，则单击“打开”按钮。

② 若要打开数据库以进行只读访问，以便可查看数据库但不可编辑数据库，则选择“以只读方式打开”命令。如果一个用户以只读方式打开数据库，其他用户可以读/写该数据库。

③ 若要以独占访问方式打开数据库，则选择“以独占方式打开”命令。当以独占访问方式打开数据库时，试图打开该数据库的任何其他用户将收到“文件已在使用中”消息。

④ 若要以只读且独占的方式来打开数据库，则选择“以独占只读方式打开”命令。此时，其他用户仍能打开该数据库，但是被限制为只读方式。

（3）打开最近使用的数据库文件

在打开或创建数据库时，Access 2010 会将该数据库的文件名和位置添加到最近使用文档的内部列表中。此列表显示在“文件”选项卡的“最近所用文件”命令中，以便打开最近使用的数据库。选择“文件”→“最近所用文件”命令，然后在“最近使用的数据库”列表中单击要打开的数据库文件，Access 将打开相应的数据库文件。

2. 数据库的关闭

当完成数据库的操作后，在 Access 2010 窗口中选择“文件”→“关闭数据库”命令可以关闭当前数据库。

3. 查看数据库属性

数据库属性包括文件名、文件类型、文件大小、文件存放位置等，它分为常规、摘要、统计、内容和自定义5类。在Access 2010主窗口中单击“文件”选项卡，再单击右侧的“查看和编辑数据库属性”链接，即可打开相应数据库的属性对话框。在该对话框中切换不同的选项卡，可以查看数据库的属性。

（1）常规和统计属性

常规和统计属性由Access 2010自动设置。常规属性包括文件名、类型、位置、大小和创建时间、修改时间及访问时间。常规属性与该数据库文件在Windows资源管理器中显示的属性一样。统计属性包括创建时间、修改时间等信息。

（2）摘要属性

摘要属性包括数据库的说明信息。这些属性通常用于查找难以找到的文件，因为Access 2010将通过主题、作者、关键词、类别和备注等信息来检索文件。例如，用户可以在“关键词”文本框中输入“罗斯文”字样作为搜索条件，以便于查找数据库。当忘记数据库的文件名时，如果该数据库的摘要属性的信息越多，就越容易找出该数据库。

（3）内容属性

数据库属性对话框的“内容”选项卡列出按类分组的数据库中所有对象的名称，包括表、查询、窗体、报表、数据访问页、宏和模块。虽然内容属性中也包括数据访问页，但Access 2010并不支持数据访问页的操作。当给数据库添加更多的对象时，内容属性会随之增加。

（4）自定义属性

数据库的自定义属性也可以帮助用户在不知道文件名的情况下找出数据库文件。与摘要属性一样，用户可以设置自定义属性，并把这些属性用作高级搜索的条件。要设置自定义属性，可以在“名称”列表框中选择一个名称，或在“名称”文本框中输入一个名字。在“类型”下拉列表框中选择一个类型，包括“文本”、“日期”、“数字”或“是/否”，然后在“取值”文本框中输入属性的值，并单击“添加”按钮，该属性就被添加到“属性”列表中。在Access 2010中，对文件属性的多少没有限制，添加完毕后单击“确定”按钮即可存储这些属性，并关闭数据库属性对话框。

2.2.3 更改默认数据库文件夹

在创建数据库时，Access 会自动将数据库文件保存到默认的文件夹中。可以在保存新数据库时选择另一个位置，也可以选择一个新的默认文件夹位置以用于自动保存所有新数据库。

更改默认文件夹的操作步骤如下。

① 在Access 2010窗口选择“文件”→“选项”命令，此时出现“Access选项”对话框。

② 在“Access选项”对话框左侧单击“常规”选项，在右侧的“创建数据库”区域，将新的文件夹位置输入到“默认数据库文件夹”框中（如输入E:\Access），如图2-17所示，或单击“浏览”按钮选择新的文件夹位置，然后单击“确定”按钮。

在这里还可以对另外两个设置进行更改。在“空白数据库的默认文件格式”下拉列表框中，默认的格式是“Access 2007”格式，通过下拉选项可以将文件更改为“Access 2000”或“Access 2002-2003”格式。在“新建数据库排序次序”选项中，默认的次序是按汉语拼音，通过下拉选项可以进行修改。

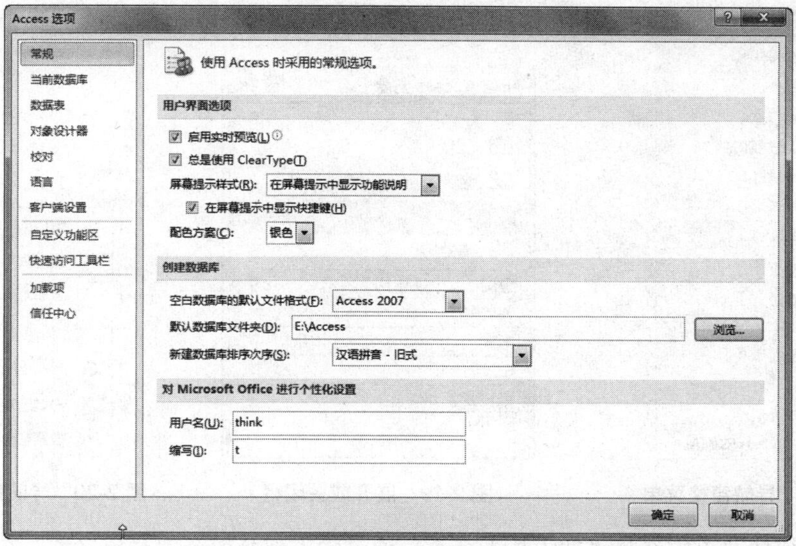

图 2-17　更改默认数据库文件夹界面

2.3 数据库对象的组织和管理

在创建或打开数据库后即进入 Access 2010 主窗口，对数据库对象的操作都是在该界面下进行的，导航窗格就是组织和管理数据库对象的工具。

2.3.1 导航窗格的操作

在 Access 2007 以前的版本中是通过数据库窗口来使用数据库中的对象。例如，使用数据库窗口打开要使用的对象，在修改对象设计时也是使用该窗口打开对象。在 Access 2010 中，则是使用导航窗格来完成这些操作。

1. 导航窗格菜单

导航窗格菜单用于设置或更改对数据库对象分组依据的类别，单击“所有 Access 对象”右侧的下拉箭头，将弹出导航窗格菜单，从中可以查看正在使用的类别及展开的对象，如图 2-18 所示。可以按“对象类型”、“表和相关视图”、“创建日期”、“修改日期”来组织对象，或将对象组织在创建的自定义组中。

导航窗格会以不同的类别作为数据库对象的分组方式。若要展开或关闭组，则单击或按钮，如图 2-19 所示。当更改浏览类别时，组名会随着发生改变。在给定组中只会显示逻辑上属于该位置的数据库对象，如按“对象类型”分组时，“表”组仅显示表对象，“查询”组仅显示查询对象。

2. 导航窗格快捷菜单

右击导航窗格中“所有 Access 对象”栏，将弹出导航窗格快捷菜单，如图 2-20 所示。利用这些命令可以执行其他任务，如可以更改类别、对窗格中的项目进行排序、查看组中对象的详细信息、启动“导航选项”对话框等。在导航窗格底部的空白处右击也可以弹出此快捷菜单。

在导航窗格快捷菜单中选择“导航选项”命令，将弹出“导航选项”对话框，其中左侧显示类别，右侧显示类别所对应的组，如图 2-21 所示。选中组中的一项，将改变该组的显示情况，如选中“对象类型”选项，并清除“报表”复选框，则将在导航窗格中不再显示“报表”组。

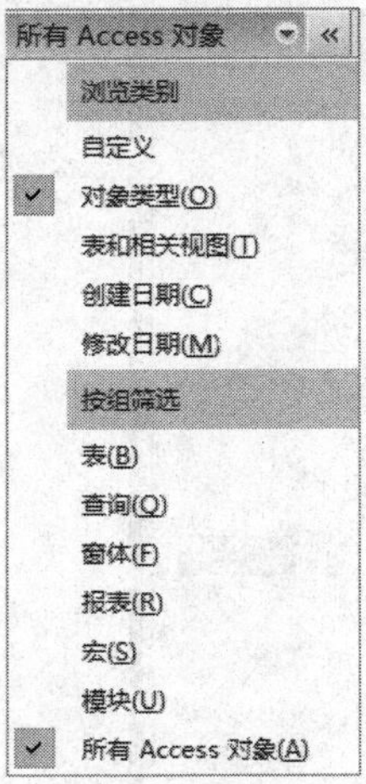

图 2-18　导航窗格菜单

图 2-19　展开或关闭组

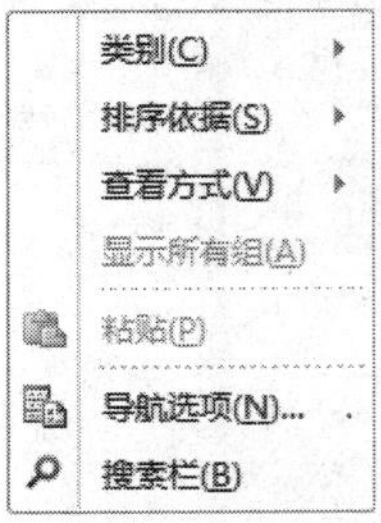

图 2-20　导航窗格快捷菜单

在导航窗格快捷菜单中选择“搜索栏”命令，通过输入部分或全部对象名称，在导航窗格将隐藏任何不包含与搜索文本匹配的对象的组，如图 2-22 所示。在大型数据库中，“搜索栏”命令可用于快速查找对象。

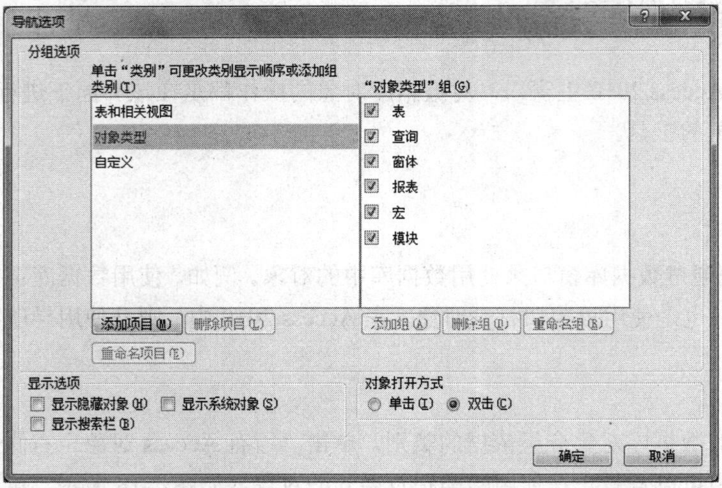

图 2-21　“导航选项”对话框

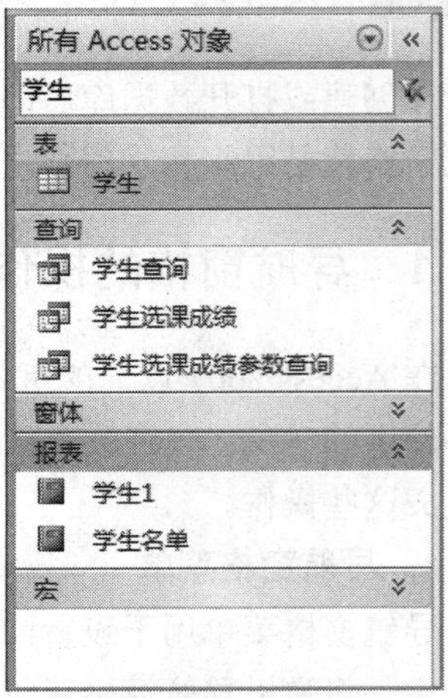

图 2-22　导航窗格的搜索栏

2.3.2　在导航窗格中对数据库对象的操作

创建一个数据库后，通常还需要对数据库中的对象进行操作，如数据库对象的打开、复制、删除和重命名等。

右击导航窗格中的任何对象将弹出快捷菜单，可以进行一些相关的操作，所选对象的类型不同，快捷菜单命令也会不同。例如，右击导航窗格中的表对象，将出现如图 2-23 所示的快捷菜单，其中的命令与表的操作有关。

1. 打开与关闭数据库对象

当需要打开数据库对象时，可以在导航窗格中选择一种组织方式，然后双击对象将其直接打开。例如，需要打开“罗斯文”数据库中的“员工”表，先打开“罗斯文”数据库，在导航窗格中双击“员工”表，“员工”表即被打开。也可以在数据库对象的快捷菜单中选择“打开”命令。

如果打开了多个对象，则这些数据库对象都会出现在选项卡式文档窗口中，只要单击需要的文档选项卡就可以将数据库对象的内容显示出来。

若要关闭数据库对象，可以单击相应对象文档窗口右端的“关闭”按钮，也可以右击相应对象的文档选项卡，在弹出的快捷菜单中选择“关闭”命令。

2. 添加数据库对象

如果需要在数据库中添加一个表或其他数据库对象，可以采用新建的方法。如果要添加表，还可以采用导入数据的方法创建一个表，即在表对象快捷菜单中选择“导入”命令，可以将 Access 数据库中的表、文本文件、Excel 工作簿和其他有效数据源导入 Access 数据库中。

3. 复制数据库对象

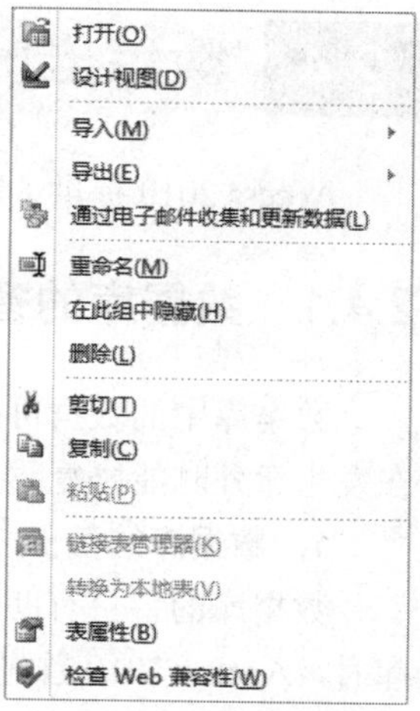

图 2-23　表操作的快捷菜单

一般在修改某个数据库对象的设计之前，创建一个副本可以避免因操作失误而造成的损失。一旦操作发生差错，可以使用副本还原数据库对象。例如，要复制表对象，可以打开数据库，然后在导航窗格中的表对象中右击需要复制的表，在弹出的快捷菜单中选择“复制”命令，随后再右击，在快捷菜单中选择“粘贴”命令，即生成一个表的副本。

4. 数据库对象的其他操作

通过数据库对象的快捷菜单，还可以进行数据库对象的重命名、删除、查看数据库对象属性等操作。注意在删除数据库对象前必须先关闭此数据库对象。

2.3.3 数据库视图的切换

在创建和使用数据库对象的过程中，经常需要利用不同的视图方式来查看数据库对象，而且不同的数据库对象有不同的视图方式。以表对象为例，Access 2010 提供了数据表视图、数据透视表视图、数据透视图视图和设计视图 4 种视图模式，其中前三种用于表中数据的显示，后一种用于表的设计。

针对数据库对象性质的不同，视图方式也有所不同，但有些视图方式是共同的。数据表视图用来显示数据表中的数据，也可用来查看查询的输出结果等；数据透视表视图可以用来查看一些比较复杂的数据表，数据将以数据透视表视图方式展现；数据透视图视图以图表的形式直观地将数据表的数据展现出来；设计视图用于创建和自定义数据库对象，不同的数据库对象有不同的操作方法，这也是后续各章要进一步介绍的内容。

在进行视图切换之前，首先要打开一个数据库对象（如打开一个表），然后可采用以下 3 种方法切换视图。

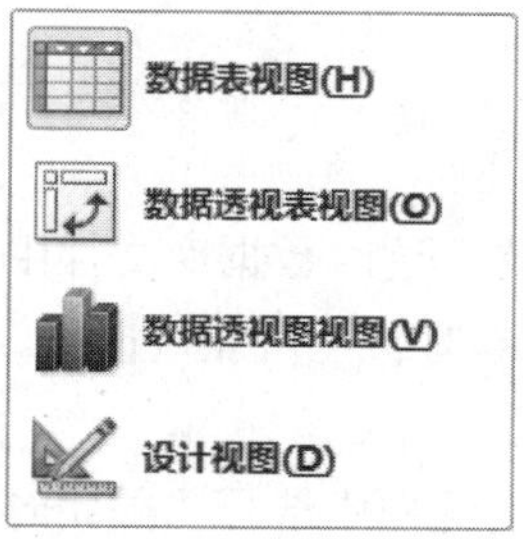

图 2-24　表的视图方式

① 单击“开始”选项卡，在“视图”命令组中单击“视图”下拉按钮，此时弹出如图 2-24 所示的下拉菜单，选择不同的视图方式即可实现视图的切换。此外，在相应对象的上下文选项卡中也可以找到“视图”下拉按钮。

② 在选项卡式文档中右击相应对象的名称，然后在弹出的快捷菜单中选择不同的视图方式。

③ 单击状态栏右侧的视图切换按钮来选择不同的视图方式。

2.4 数据库的维护

Access 2010 提供了许多维护和管理数据库的有效方法，利用这些方法能够实现数据库的优化管理。

2.4.1 数据库的备份与还原

数据库中的数据可能遭到破坏或丢失，这就有必要制作数据库副本，即进行数据库的备份，以便在发生意外时能修复数据库，即时进行数据库的还原。

1. 数据库的备份

数据库的备份有助于保护数据库，以防因出现系统故障或操作失误而引起的数据丢失。备份数据库时，Access 2010 首先会保存并关闭在设计视图中打开的所有对象，然后可以使用指定的名称和位置保存数据库副本。

备份数据库的操作步骤如下。

① 打开要备份的数据库，选择“文件”→“保存并发布”命令，然后在“数据库另存为”区域中双击“备份数据库”按钮。

② 在弹出的“另存为”对话框的“文件名”下拉列表框中输入数据库副本的名称，选择要保存数据库副本的位置，然后单击“保存”按钮。数据库副本的默认名称是在原数据库名称的后面加上执行备份的日期，一般建议使用默认名称。

2. 数据库的还原

对数据库进行备份后可以还原数据库，既可以还原整个数据库，也可以有选择地还原数据库中的对象。

还原整个数据库时，将用整个数据库的备份从整体上替换原来的数据库。若要还原某个数据库对象，可将该数据库对象从备份中导入到包含要还原的数据库对象的数据库中，可以一次还原多个数据库对象。

还原数据库的操作步骤如下。

① 打开要将对象还原到其中的数据库，单击“外部数据”选项卡，在“导入并链接”命令组中单击“Access”命令按钮，弹出“获取外部数据”对话框。

② 单击“浏览”按钮来查找备份数据库，并选中“将表、查询、窗体、报表、宏和模块导入当前数据库”单选按钮，然后单击“确定”按钮，出现“导入对象”对话框。

③ 在“导入对象”对话框中单击与要还原的对象类型相对应的选项卡，如果要还原表，则单击“表”选项卡，然后选中所需对象，并单击“确定”按钮，出现导入提示对话框。

④ 确定是否需要保存导入步骤，并单击“关闭”按钮。

2.4.2 数据库的压缩与修复

在使用数据库的过程中，要经常对数据库对象进行创建、修改、删除等操作，这时数据库文件中就可能包含相应的“碎片”，从而使得数据库文件迅速增大，影响其使用性能，有时甚至可能被损坏。在 Access 2010 中，可以使用“压缩和修复数据库”功能来防止或修复这些问题。

如果要在数据库关闭时自动执行压缩和修复操作，可以在“Access 选项”对话框中选择“关闭时压缩”数据库选项，操作步骤如下。

① 打开数据库文件，选择“文件”→“选项”命令。

② 在“Access 选项”对话框左侧单击“当前数据库”选项，在右侧“应用程序选项”区域中选中“关闭时压缩”复选框。

除了使用“关闭时压缩”数据库选项外，还可以使用“压缩和修复数据库”命令，操作步骤是：打开数据库文件，选择“文件”→“信息”命令，单击“压缩和修复数据库”按钮。

2.4.3 数据库的拆分

所谓数据库的拆分是指将当前数据库拆分为后端数据库和前端数据库。后端数据库包含所有表并存储在文件服务器上；与后端数据库相链接的前端数据库包含所有查询、窗体、报表、宏和模块，前端数据库将分布在用户的工作站中。

当需要与网络上的多个用户共享数据库时，如果直接将未拆分的数据库存储在网络共享位置中，则在用户打开查询、窗体、报表、宏和模块时，必须通过网络将这些对象发送到使用该数据库的每个用户。如果对数据库进行拆分，每个用户都可以拥有自己的查询、窗体、报表、宏和模块副本，仅有表中的数据才需要通过网络发送。因此，拆分数据库可大大提高数据库的性能。进行数据库的拆分还能提高数据库的可用性，增强数据库的安全性。

拆分数据库之前最好先备份数据库，这样在拆分数据库后如果决定撤销拆分操作，则可以使用副本还原原始数据库。

拆分备份的数据库，其操作步骤如下。

① 打开备份的数据库文件，单击“数据库工具”选项卡，在“移动数据”命令组中单击“Access 数据库”命令按钮，将弹出“数据库拆分器”对话框。

② 单击“拆分数据库”按钮，弹出“创建后端数据库”对话框，指定后端数据库文件的名称、文件类型和位置，单击“拆分”按钮。

数据库拆分成功后，在浏览数据库中的数据表时，可以发现每个数据表的前面多了一个向右的箭头。

2.5 数据库的安全保护

数据库的安全保护是指防止非法用户使用或访问系统中的数据。在 Access 2010 中可以通过设置数据库访问密码来避免数据库的非法使用，还可以选择信任（启用）或禁用数据库中不安全的操作。

2.5.1 设置数据库密码

在 Access 2010 中可以通过密码来保护数据库，它的安全性比以前的版本更强。在 Access 2010 中要对数据库设置密码，必须以独占的方式打开数据库。

为数据库设置密码的操作步骤如下。

① 选择“文件”→“打开”命令，在“打开”对话框中通过浏览找到要打开的数据库文件。单击“打开”按钮旁边的箭头，然后单击“以独占方式打开”命令。

② 选择“文件”→“信息”命令，单击“用密码进行加密”按钮，弹出“设置数据库密码”对话框，如图 2-25 所示。

图 2-25 “设置数据库密码”对话框

③ 在“密码”文本框中输入数据库密码，在“验证”文本框中输入确认密码后单击“确定”按钮。此时的“罗斯文”数据库就被加上了密码，如果要打开该数据库则必须输入所设置的密码。

在保存密码时，系统将弹出对话框，提示“使用分组加密进行加密与行级别锁定不兼容。行级别锁定将被忽略。”。这是因为 Access 2010 默认的加密方法与旧版加密方法不同，这里可以在“Access 选项”中选中左侧的“客户端设置”选项，在右侧的“加密方法”区域中切换为旧版的加密方法进行加密，或直接单击“确定”按钮使用默认的加密方法加密。两种方法都可以加密成功并正常使用。

注意： *设置密码后一定要记住密码，如果忘记了密码，Access 2010 系统将无法找回。*

2.5.2 解密数据库

当不需要密码时，可以对数据库进行解密。操作步骤如下。

① 以独占方式打开加密的数据库。

② 选择“文件”→“信息”命令，单击“解密数据库”按钮，弹出“撤销数据库密码”对话框，如图 2-26 所示。

图 2-26 “撤销数据库密码”对话框

③ 输入设置的密码，然后单击“确定”按钮。如果输入的密码不正确，撤销将无效。

注意： *设置和删除数据库密码时必须以独占方式打开，否则将出现错误提示对话框。*

2.5.3 启用数据库中禁用的内容

在默认情况下，Access 2010 会禁用所有可能不安全的操作，即可能允许用户修改数据库或对数据库以外的资源获得访问权限的任何操作。当 Access 2010 禁用数据库的部分或全部内容时，它会在消息栏显示“安全警告”信息来通知用户所执行的操作，如图 2-27 所示。

图 2-27 消息栏的“安全警告”信息提示

1. 打开数据库时启用禁用的内容

如果知道文件内容是可靠的，在消息栏单击“启用内容”按钮，打开该文件，使其成为受信任的文档。该文件成为受信任的文档，但发布者并没有设为受信任。若要查看发布者详细信息，可选择“文件”→“信息”命令，再单击“启用内容”按钮，选择“高级选项”命令，系统将弹出“Microsoft Office安全选项”对话框，选中“有助于保护我避免未知内容风险（推荐）”单选按钮，然后单击“确定”按钮，Access将禁用所有可能存在危险的组件，选中“启用此会话的内容”单选按钮，然后单击“确定”按钮，则在当前会话中信任数据库。

2. 使用受信任位置中的数据库

将数据库放在受信任位置时，所有代码或组件都会在数据库打开时运行，用户不必在数据库打开时做出信任决定。使用受信任位置中的数据库需要经过3个步骤，即使用信任中心创建受信任位置、将数据库保存或复制到受信任位置、打开并使用数据库。其中创建受信任位置的操作步骤如下。

① 选择“文件”→“选项”命令，此时出现“Access选项”对话框。

② 在“Access选项”对话框左侧选择“信任中心”选项，然后在右侧单击“信任中心设置”按钮，将出现“信任中心”对话框。

③ 在“信任中心”对话框左侧选择“受信任位置”选项，然后在右侧单击“添加新位置”按钮，将出现“Microsoft Office 受信任位置”对话框。

④ 在该对话框的“路径”框中输入要设置为受信任位置的文件路径和文件夹名称，也可以单击“浏览”按钮定位文件夹。在默认情况下，该文件夹必须位于本地驱动器上。如果要允许受信任的网络位置，则在“信任中心”对话框中选中“允许网络上的受信任位置（不推荐）”复选框。

⑤ 依次单击“确定”按钮关闭所有对话框。

习题2

一、选择题

1．Access中表和数据库的关系是（　　）。

A．一个数据库可以包含多个表　　B．一个数据库只能包含一个表

C．一个表可以包含多个数据库　　D．数据库就是数据表

2．以下不能退出Access 2010系统的操作方法是（　　）。

A．按Alt+F4组合键

B．双击Access 2010窗口标题栏控制按钮

C．在Access 2010窗口中选择“文件”→“关闭数据库”命令

D．单击Access 2010窗口的“关闭”按钮

3．在Access 2010窗口中，功能区由（　　）组成。

A．选项卡、命令组和命令按钮　　B．菜单、工具栏和命令按钮

C．选项卡、菜单命令和工具按钮　　D．选项卡、工具栏和命令按钮

4．在Access 2010中，随着打开数据库对象的不同而不同的操作区域称为（　　）。

A．命令选项卡　　B．上下文选项卡

C．导航窗格　　D．工具栏

5．下列说法中正确的是（　　）。

A．在Access中，数据库中的数据存储在表和查询中

B. 在 Access 中，数据库中的数据存储在表和报表中

C. 在 Access 中，数据库中的数据存储在表、查询和报表中

D. 在 Access 中，数据库中的全部数据都存储在表中

6. 在 Access 2010 中，建立数据库文件可以选择“文件”选项卡中的（　　）命令。

A.“新建”　　B.“创建”　　C.“Create”　　D.“New”

7. 在 Access 2010 系统环境下，在同一时间可打开（　　）个数据库。

A. 1　　B. 2　　C. 3　　D. 4

8. 打开数据库文件的方法有（　　）。

A. 使用“文件”→“打开”命令　　B. 单击最近使用过的数据库文件

C. 在文件夹中双击数据库文件　　D. 以上方法都可以

9. 在 Access 2010 中，要设置数据库的默认文件夹，可以选择“文件”选项卡中的（　　）命令。

A.“信息”　　B.“选项”　　C.“保存并发布”　　D.“打开”

10. 在修改某个数据库对象的设计之前，一般先创建一个对象副本，这时可以使用对象的（　　）操作来实现。

A. 重命名　　B. 重复创建　　C. 备份　　D. 复制

11. 对数据库进行压缩时，（　　）。

A. 采用压缩算法把文件进行编码，以达到压缩的目的

B. 把不需要的数据剔除，从而使文件变小

C. 把数据库文件中多余的没有使用的空间还给系统

D. 把很少用的数据存到其他地方

12. 拆分后的数据库后端文件的扩展名是（　　）。

A. accdb　　B. accdc　　C. accde　　D. accdr

13. 对数据库设置密码后，需要在（　　）再输入密码。

A. 打开表时　　B. 关闭数据库时

C. 打开数据库时　　D. 修改数据库的内容时

14. 信任中心中的受信任位置是指（　　）。

A. 计算机上用来存放来自可靠来源的受信任文件的文件夹

B. 可以存放个人信息的文件夹

C. 可以存放隐私信息的数据库区域

D. 数据库中可以存放和查看受保护信息的表

15. 将数据库放在受信任位置时，所有 VBA 代码、宏和安全表达式都会在（　　）运行。

A. 数据库打开时　　B. 数据库关闭时

C. 数据表打开时　　D. 数据表关闭时

二、填空题

1. 在 Access 2010 中，所有对象都存放在一个扩展名为________的数据库文件中。

2. 空数据库是指该文件中________。

3. 在 Access 2010 中，数据库的核心对象是________，用于和用户进行交互的数据库对象是________。

4. 在 Access 2010 主窗口中，从________选项卡中选择“打开”命令可以打开一个数据库文件。

5. 在对数据库进行操作之前应先________数据库，操作结束后要________数据库。

6．打开数据库文件的4种方式是共享方式、只读方式、________方式、________方式。

7．数据库属性分为5类：________、摘要、________、内容和自定义。在Access 2010主窗口中单击“文件”选项卡，再单击右侧的________链接，可以查看数据库的属性。

8．对于表对象，Access 2010提供了________视图、数据透视表视图、数据透视图视图和________视图4种视图模式。

9．数据库的拆分，是指将当前数据库拆分为________和________。前者包含所有表并存储在文件服务器上，后者包含所有查询、窗体、报表、宏和模块，将分布在用户的工作站中。

10．设系统日期为2016年1月10日，则对“商品信息”数据库进行备份，默认的备份文件名是________。

11．在Access 2010中要对数据库设置密码，必须以________的方式打开数据库。

三、问答题

1．启动和退出Access 2010系统各有哪些方法？

2．Access 2010的主窗口由哪几部分组成？

3．Access 2010功能区有何优点？

4．Access 2010导航窗格有何特点？

5．Access 2010的数据库对象有哪些？它们有何作用？

6．在Access 2010中建立数据库的方法有哪些？

7．数据库对象的操作有哪些？简述其操作方法。

8．什么叫数据库对象的视图？如何在不同的视图之间进行切换？

9．数据库备份有何作用？数据库备份要注意什么？

10．为什么要压缩和修复数据库？

11．数据库的拆分有何作用？

12．如何对数据库进行加密和解密？

13．使用受信任位置中的数据库，有哪些操作步骤？

第 3 章 表的操作

表是数据库的基本对象，是创建其他对象的基础。Access 是一种关系数据库，它由一系列表组成，表又由一系列行和列组成，每一行是一个记录，每一列是一个字段。表与表之间可以建立关联，以便查询相关联的信息。表用来存储数据库的数据，故又称数据表。在 Access 数据库应用系统的开发过程中，通常首先在数据库中创建表，并建立各表之间的关系，然后逐步创建其他数据库对象，最终形成完整的数据库。

本章围绕 Access 2010 表的创建、维护和操作而展开。通过本章的学习，应掌握表的组成、表的创建、向表中输入数据的方法、定义表之间的关联，以及对表的维护与操作等内容。

3.1 表结构的设计

Access 表由表的结构和表的内容两部分组成。表的结构相当于表的框架或表头，表的内容相当于表中的数据或记录。要创建表，首先要设计表结构，也就是要确定表中有多少个字段，以及每个字段的名称、类型和字段大小等参数。

3.1.1 字段参数

字段参数表示字段所具有的特性，它包括每个字段的名称、字段类型、字段大小、格式、输入掩码、有效性规则等。例如，通过设置文本字段的字段大小属性来控制允许输入的最多字符数；通过定义字段的有效性规则属性来防止在该字段中输入非法数据，如果输入的数据违反了规则，将显示提示信息。字段名、字段类型和字段大小是最基本的参数。

1. 字段名

在 Access 2010 中，字段名最多可以包含 64 个字符，其中可以使用字母、汉字、数字、空格和其他字符，但不能以空格开头。字段名中不能包含点（.）、惊叹号（!）、方括号（[]）和单引号（'）。

2. 字段类型

根据关系的基本性质，一个表中的同一列数据应具有相同的数据特征，称为字段的数据类型。数据类型决定了数据的存储方式和使用方式。例如，数字型字段只能接收数值，而不能接收文本，它可以参与数值运算；而文本型字段能够接收任何形式的字符，代表的是一串字符，但不能进行数值运算。

Access 2010 提供了文本、备注、数字、日期/时间、货币、自动编号、是/否、OLE 对象、超链接、计算、查阅向导和附件等字段类型，以满足不同性质的数据定义需要。例如，“姓名”字段的数据类型可以定义为文本型，“基本工资”字段的数据类型可以定义为数字型或货币型。

3. 字段大小

通过“字段大小”属性，可以控制字段使用的存储空间大小。该属性只适用于文本型或数字型的字段，其他类型的字段大小均由系统统一规定。

注意：如果文本型字段中已经有数据，那么减小字段大小会丢失数据，将截去超长的字符。如果在数字型字段中包含小数，那么将字段大小设置为整数时，数据将自动取整。因此，在改变字段大小时要非常谨慎。

3.1.2 字段的数据类型

字段的数据类型是必须定义的字段参数。在设计表结构时，可以根据字段的性质、取值规则来确定表中各字段的类型。下面说明 Access 2010 中各种字段类型的含义与用途。

1. 文本型

文本型（Text）字段可以保存字符数据，如姓名、籍贯等；也可以是不需要计算的数字，如电话号码、邮政编码等。设置“字段大小”属性可控制文本型字段能输入的最大字符个数，最多为 255 个字符。如果取值的字符个数超过了 255，则可使用备注型。

注意：在 Access 2010 中，每一个汉字和所有特殊字符（包括中文标点符号）都算为一个字符。例如，如果定义一个文本型字段的字段大小为 10，则在该字段最多可输入的汉字数和英文字符数都是 10 个。

在 Access 2010 中，文本型常量要用英文单引号（'）或英文双引号（"）括起来。例如，'两型社会'、"88830062"等。

2. 备注型

备注型（Memo）字段可保存较长的文本，允许存储的最大字符个数为 65 536（64KB）。在备注型字段中可以搜索文本，但搜索速度较在有索引的文本型字段中慢。不能对备注型字段进行排序和索引。

3. 数字型

数字型（Number）字段用来存储进行算术运算的数值数据，一般可以通过设置“字段大小”属性定义一个特定的数字型字段。通常按字段大小分为字节、整型、长整型、单精度型和双精度型，分别占 1，2，4，4 和 8 个字节，其中单精度的小数位精确到 7 位，双精度的小数位精确到 15 位。

4. 日期/时间型

日期/时间型（Date/Time）字段用来存储日期、时间或日期时间的组合，占 8 个字节。在 Access 2010 中，日期/时间型常量要用英文字符“#”括起来。例如，2016 年 1 月 15 日晚上 10 点 30 分可以表示成“#2016-01-15 22:30#”或“#2016-01-15 10:30pm#”。其中，日期和时间之间要留有一个空格。也可以单独表示日期或时间，如“#2016-01-15#”、“#01/15/2016#”、“#22:30#”、“#10:30pm#”都是合法的表示方法。

在 Access 2010 中，“日期/时间”型字段附有内置日历控件，输入数据时，日历按钮会自动出现在字段的右侧，可供输入数据时查找和选择日期。

5. 货币型

货币型（Currency）是一种特殊的数字型数据，所占字节数和具有双精度属性的数字型类似，占 8 个字节，可精确到小数点左边 15 位和小数点右边 4 位，在计算时禁止四舍五入。向货币型字段输入数据时，不必输入美元符号和千位分隔符，Access 2010 会自动显示这些符号。

6. 自动编号型

对于自动编号型（Auto-number）字段，每当向表中添加一条新记录时，Access 2010 会自动插入一个唯一的顺序号。最常见的自动编号方式是每次增加 1 的顺序编号，也可以随机编号。自动编号型字段不能更新，每个表只能包含一个自动编号型字段。

7. 是/否型

是/否型（Yes/No）是针对只包含两种不同取值的字段而设置的，如性别、婚姻情况等字段。是/

否型字段占 1 个字节，通过设置它的格式特性，可以选择是/否型字段的显示形式，使其显示为 Yes/No、True/False 或 On/Off。

8. OLE 对象型

OLE 对象型是指字段允许单独链接或嵌入 OLE 对象。可以链接或嵌入到表中的 OLE 对象是指其他使用 OLE 协议程序创建的对象，如 Word 文档、Excel 电子表格、图像、声音或其他二进制数据。OLE 对象型字段最大为 1GB，受磁盘空间限制。

9. 超链接型

超链接型（Hyperlink）字段用来保存超链接地址，最多存储 64 KB 个字符。超链接地址的一般格式为：

```
DisplayText#Address
```

其中，DisplayText 表示在字段中显示的文本，Address 表示链接地址。例如，超链接字段的内容为“学校主页#http://www.csu.edu.cn”，表示链接的目标是“http://www.csu.edu.cn”，而字段中显示的内容是“学校主页”。

10. 计算型

计算型（Computed）字段是指该字段的值是通过一个表达式计算得到的，这是 Access 2010 新增加的数据类型，使用这种数据类型可以使原本必须通过查询的计算任务，在数据表中就可以完成。例如，假设“选课”表中有“平时成绩”、“考试成绩”和“总评成绩”字段，其中“总评成绩”字段就可以定义为计算型，其值是在“平时成绩”和“考试成绩”字段的基础上计算得到。

11. 查阅向导型

查阅向导（Lookup Wizard）用于创建一个查阅列表字段，该字段可以通过组合框或列表框选择来自其他表或值列表的值。该字段实际的数据类型和大小取决于数据的来源。

12. 附件型

Access 2010 新增了附件（Attachment）数据类型。使用附件可以将整个文件嵌入到数据库当中，这是将图片、文档及其他文件和与之相关的记录存储在一起的重要方式，但所添加的单个文件的大小不得超过 256MB，且附件总的大小最大为 2GB。使用附件可以将多个文件存储在单个字段之中，甚至还可以将多种类型的文件存储在单个字段之中。例如“学生”表，可以将学生的一份或几份代表性作品附加到每位学生的记录中，还可以加上学生的照片。

参照有关字段参数的规定，确定“教学管理”数据库中“学生”表、“课程”表、“选课”表和“专业”表的结构分别如表 3-1～表 3-4 所示。

表 3-1 “学生”表的结构

字段名称	字段类型	字段大小	字段名称	字段类型	字段大小
学号	文本	8	姓名	文本	10
性别	文本	1	出生日期	时间/日期	
是否为少数民族	是/否		籍贯	文本	20
入学成绩	数字	单精度型	专业名	文本（查询向导）	10
简历	备注		主页	超链接	
吉祥物	OLE 对象		代表性作品	附件	

表 3-2 “课程”表的结构

字段名称	字段类型	字段大小	字段名称	字段类型	字段大小
课程号	文本	8	课程名	文本	20
学时	数字	整型			

表 3-3 “选课”表的结构

字段名称	字段类型	字段大小	字段名称	字段类型	字段大小
学号	文本	8	课程号	文本	8
平时成绩	数字	单精度型	考试成绩	数字	单精度型
总评成绩	计算				

表 3-4 “专业”表的结构

字段名称	字段类型	字段大小	字段名称	字段类型	字段大小
专业名	文本	10	成立年份	数字	整型
专业简介	备注				

需要说明的是，字段类型的定义不是绝对的。例如，将“学生”表中的“性别”字段定义为是/否型也未尝不可，但区别在于定义为文本型时取值为“男”或“女”，定义为是/否型时取值为 True 或 False，显然前者含义更直观，而且数据类型一个为文本型，一个为是/否型，以后对它们进行引用时其运算规则是不同的。所以，确定字段类型时应以字段的用途、取值规则和方便今后对数据的使用为原则。

3.2 表的创建

在第 2 章中已经创建了“教学管理”数据库，这是一个无任何对象的空数据库。下面讨论如何在这个数据库中创建表。以表作为基础，就可以进一步创建其他数据库对象。

3.2.1 创建表的方法

在创建表时，先要创建表的结构，再往表中添加数据。创建表的结构就是输入字段名、字段类型和字段大小及其他字段属性，然后存盘形成一个空的表。创建了一个空的表之后，就可以往表中添加数据了。

在 Access 2010 中，创建表的方法通常有 5 种，即使用设计视图创建表、使用数据表视图创建表、使用表模板创建表、使用字段模板创建表和通过导入外部数据创建表。

1. 使用设计视图创建表

使用设计视图创建表是一种比较常见的方法。对于较为复杂的表，通常都是在设计视图中创建的。

【例 3-1】 在“教学管理”数据库中创建“学生”表，表的结构如表 3-1 所示。操作步骤如下。

① 打开“教学管理”数据库，单击“创建”选项卡，在“表格”命令组中单击“表设计”命令按钮，打开表的设计视图，如图 3-1 所示。

设计视图上半部分是字段输入区，从左至右分别为字段选定器、“字段名称”列、“数据类型”列和“说明”列。字段选定器用来选择某一字段；“字段名称”列用来设定字段的名称；“数据类型”列用来定义该字段的数据类型；如果需要，可以在“说明”列中对字段进行必要的说明，起到提示和备忘的作用。设计视图的下半部分是字段属性区，用来设置字段的属性值，包括常规属性和查阅属性。

② 添加字段。按照表 3-1 的内容，在“字段名称”列中输入字段名称，在“数据类型”列中选择相应的数据类型，并在常规属性窗格中设置字段大小，如图 3-2 所示。

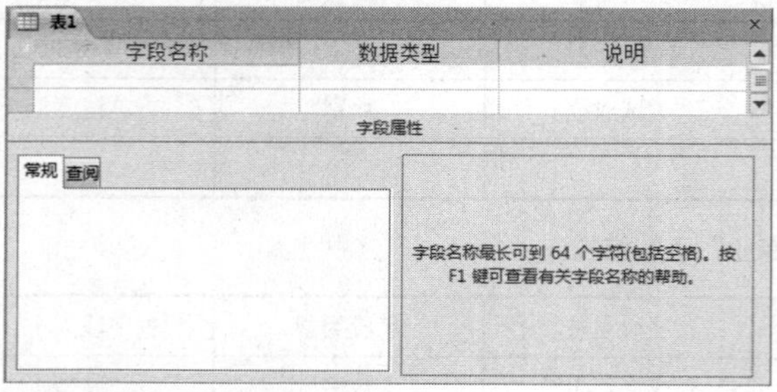

图 3-1　表的设计视图

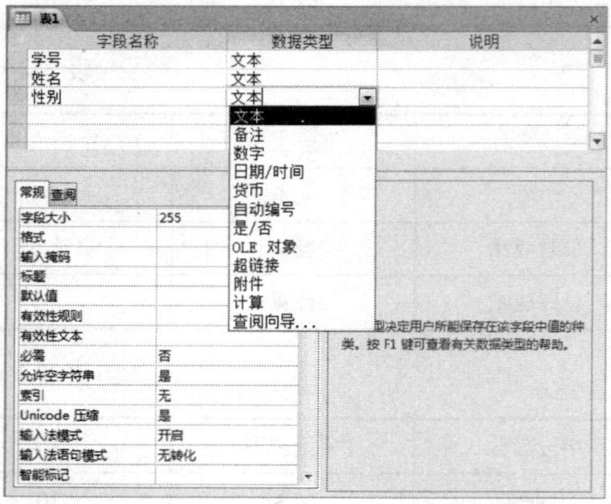

图 3-2　添加字段

③ 将“学号”字段设置为表的主键。右击“学号”字段，在出现的快捷菜单中选择“主键”命令，或单击“表格工具/设计”上下文选项卡，在“工具”命令组中单击“主键”命令按钮。设置完成后，在“学号”字段的字段选定器上将出现钥匙图标，表示该字段是主键。

在 Access 2010 中，主键有 3 种类型，即自动编号、单字段和多字段。将自动编号型字段指定为表的主键是最简单的定义主键的方法。如果在保存新建的表之前未设置主键，则 Access 2010 会询问是否要创建主键，如果单击“是”按钮，Access 2010 将创建自动编号型的主键。如果表中某一字段的值可以唯一标识一条记录，例如“学生”表的“学号”字段，那么就可以将该字段指定为主键。如果表中没有一个字段的值可以唯一标识一条记录，那么就可以考虑选择多个字段组合在一起作为主键，来唯一标识记录，例如在“选课”表中，可以把“学号”和“课程号”两个字段组合起来作为主键。

将多个字段同时设置为主键的方法是：先选中一个字段行，然后在按住 Ctrl 键的同时选择其他字段行，这时多个字段被选中。单击“表格工具/设计”上下文选项卡，在“工具”命令组中单击“主键”命令按钮。设置完成后，在各个字段的字段选定器上都将出现钥匙图标，表示这些字段的组合是该表的主键。

④ 选择“文件”→“保存”菜单命令，或在快速访问工具栏中单击“保存”按钮，在打开的“另存为”对话框中输入表的名称“学生”，然后单击“确定”按钮，就可以“学生”为名称保存表。

2. 使用数据表视图创建表

在数据表视图中，可以新创建一个空表，并可以直接在新表中进行字段的添加、删除和编辑。新建一个数据库时，将创建名为“表 1”的新表，并自动进入数据表视图中。

【例 3-2】 在“教学管理”数据库中建立“课程”表，其结构如表 3-2 所示。操作步骤如下。

① 打开“教学管理”数据库，单击“创建”选项卡，在“表格”命令组中单击“表”命令按钮，进入一个空表的数据表视图，如图 3-3 所示。

图 3-3　数据表视图

② 选中 ID 字段列，在“表格工具/字段”选项卡中的“属性”命令组中，单击“名称和标题”命令按钮，出现“输入字段属性”对话框。

③ 在“输入字段属性”对话框的“名称”文本框中，输入字段名“课程号”（如图 3-4 所示），单击“确定”按钮。或双击 ID 字段列，使其处于可编辑状态，再将其改为“课程号”。

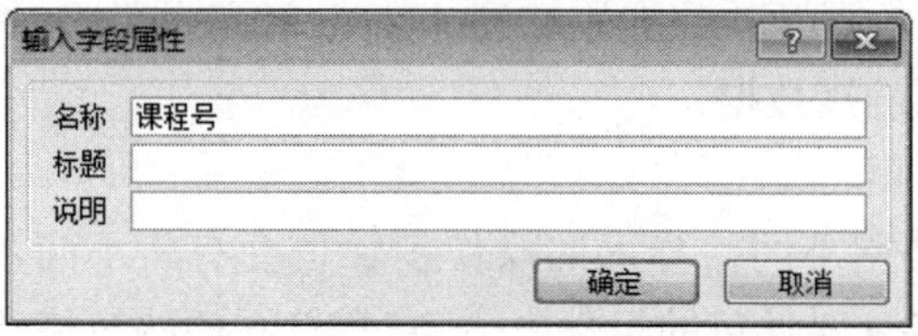

图 3-4 “输入字段属性”对话框

④ 选中“课程号”字段列，在“表格工具/字段”选项卡中的“格式”命令组中，把“数据类型”由“自动编号”改为“文本”，在“属性”命令组中把“字段大小”设置为 8。

⑤ 单击“单击以添加”列标题，选择字段类型，然后在其中输入新的字段名并修改字段大小，这时在右侧又添加了一个“单击以添加”列。用这样的方法输入“课程名”、“学时”等字段，这时的数据表视图如图 3-5 所示。

图 3-5 在数据表视图创建表

⑥ 选择“文件”→“保存”菜单命令，或在快速访问工具栏中单击“保存”按钮，就可以“课程”为名称保存表。

3. 使用表模板创建表

对于一些常见的表，如“联系人”、“任务”、“问题”等，可以使用 Access 2010 内置的，与这些主题相关的表模板来创建。操作步骤如下。

① 新建一个空数据库。

② 单击“创建”选项卡，在“模板”命令组中单击“应用程序部件”下拉按钮，打开表模板列表。

③ 从中选择需要的表模板，如“联系人”模板，此时弹出对话框，提示“是否要 Microsoft Access 关闭所有打开的对象？”，单击“是”按钮，则基于该表模板所创建的表就被插入到当前数据库中。

利用表模板创建表，会比手动创建方式更方便、快捷。如果使用模板所创建的表不能完全满足需要，还可以对表进行修改。

4. 使用字段模板创建表

Access 2010 提供了一种新的创建表的方法，即通过 Access 2010 自带的字段模板创建表。模板中已经设计好了各种字段属性，可以直接使用该字段模板中的字段。操作步骤如下。

① 打开数据库，单击“创建”选项卡，在“表格”命令组中单击“表”命令按钮，进入一个空表的数据表视图。

② 单击“表格工具/字段”选项卡，在“添加和删除”命令组中，单击“其他字段”按钮右侧的下拉按钮，出现要建立的字段类型菜单。

③ 选择需要的字段类型，并在表中输入字段名即可。

5. 通过导入外部数据创建表

在 Access 2010 中，可以直接从某个外部数据源获取数据来创建新表或追加到已有的表中，也可以将表或查询中的数据输出到其他格式的文件中。前者称为数据的导入，后者称为数据的导出。

外部数据源可以是一个文本文件、电子表格（如 Excel）文件或其他数据库文件，也可以是另一个 Access 数据库文件等。将外部数据源的数据添加到 Access 2010 数据库中，有两种处理方法：从外部数据源导入数据和从外部数据源链接数据。

（1）从外部数据源导入数据

由于导入的外部数据的类型不同，导入的操作步骤也会有所不同，但基本步骤是类似的。Excel 电子表格软件是 Microsoft Office 软件包的组件之一，它有着方便的表格计算和数据处理功能。在 Access 2010 数据库和 Excel 2010 电子表格之间相互导入和导出是常见的操作，因为它们具有各自的特点和优势。下面以 Excel 2010 电子表格为例，说明导入外部数据的操作过程。

【例 3-3】 Excel 文件“选课.xlsx”的内容如图 3-6 所示，将“选课.xlsx”导入“教学管理”数据库中，生成“选课”表。操作步骤如下。

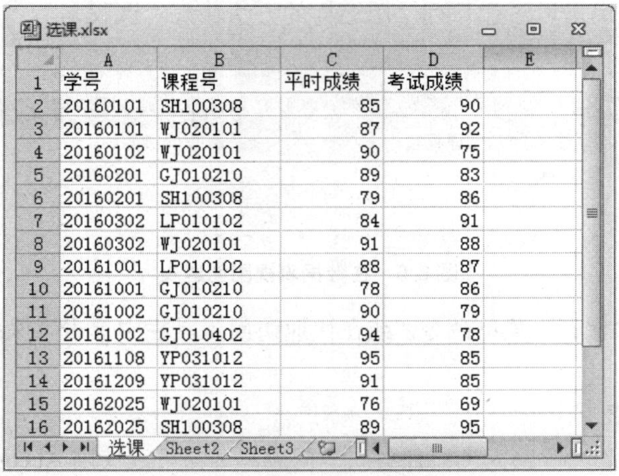

	A	B	C	D	E
1	学号	课程号	平时成绩	考试成绩	
2	20160101	SH100308	85	90	
3	20160101	WJ020101	87	92	
4	20160102	WJ020101	90	75	
5	20160201	GJ010210	89	83	
6	20160201	SH100308	79	86	
7	20160302	LP010102	84	91	
8	20160302	WJ020101	91	88	
9	20161001	LP010102	88	87	
10	20161001	GJ010210	78	86	
11	20161002	GJ010210	90	79	
12	20161002	GJ010402	94	78	
13	20161108	YP031012	95	85	
14	20161209	YP031012	91	85	
15	20162025	WJ020101	76	69	
16	20162025	SH100308	89	95	

图 3-6 “选课.xlsx”的内容

① 打开“教学管理”数据库，单击“外部数据”选项卡，在“导入并链接”命令组中单击“Excel”命令按钮，弹出“获取外部数据-Excel 电子表格”对话框。

② 单击“浏览”按钮，并在“打开”对话框中找到需导入的数据源文件“选课.xlsx”，单击“打开”按钮，返回到“获取外部数据-Excel 电子表格”对话框中，选中“将源数据导入当前数据库的新表中”单选按钮，并单击“确定”按钮。

③ 弹出“导入数据表向导”第 1 个对话框，要求选择工作表或区域，这里选择“选课”工作表，然后单击“下一步”按钮。

④ 弹出“导入数据表向导”第 2 个对话框，要求确定指定的第一行是否包含列标题。本例选中“第一行包含列标题”复选框，然后单击“下一步”按钮。

⑤ 弹出“导入数据表向导”第 3 个对话框，要求指定字段信息，包括设置字段数据类型、索引等，这里选择默认选项，即“学号”字段和“课程号”字段是文本型，“平时成绩”字段和“考试成绩”字段是双精度型，各字段均无索引，然后单击“下一步”按钮。

⑥ 弹出“导入数据表向导”第 4 个对话框，要求对新表定义一个主键，如选中“我自己选择主键”单选按钮，则可以选定主键字段。由于“选课”表的主键是“学号”和“课程号”的组合，这里选择

“不要主键”单选按钮，然后单击“下一步”按钮。

⑦ 弹出“导入数据表向导”第 5 个对话框，在“导入到表”文本框中，输入表的名称“选课”，然后单击“完成”按钮。至此，完成使用导入方法创建表的过程。

⑧ 在弹出的对话框中选择“保存导入步骤”复选框，单击“关闭”按钮。对于经常进行相同导入操作的用户而言，把导入步骤保存下来，下一次可以快速地完成同样的导入。

从以上操作过程可以看出，导入数据的操作是在导入向导的提示下逐步完成的。从不同的数据源导入数据，Access 2010 将启动与之对应的导入向导，其操作步骤基本相同。

（2）从外部数据源链接数据

从外部数据源链接数据是指在数据库中形成一个链接表对象，每次在 Access 中操作数据时都是即时从外部数据源获取数据，这意味着链接的数据将随着外部数据源数据的变化而变化。

从外部数据源链接数据的操作与导入数据的操作非常相似，以链接 Excel 文件为例，操作方法如下。

① 打开数据库，单击“外部数据”选项卡，在“导入并链接”命令组中单击“Excel”命令按钮，弹出“获取外部数据-Excel 电子表格”对话框。

② 选中“通过创建链接表来链接到数据源”单选按钮并选择需要链接的外部文件，单击“确定”按钮。

③ 接下来的操作在“链接数据表向导”的引导下完成，最后就会在当前数据库中建立一个与外部数据链接的表。若想取消链接的表，只需在导航窗格中将该链接表删除即可。

链接的表对象与导入的表对象是完全不同的。导入的表对象就如同在数据库中新建的表一样，是一个与外部数据源没有任何联系的 Access 表，即导入表的过程是从外部数据源获取数据的过程，而一旦导入操作完成，这个表就不再与外部数据源继续存在任何联系。而链接表则不同，它只是在 Access 数据库内创建了一个表链接对象，数据本身并不存在于 Access 数据库中，而是保存在外部数据源处。因此，在 Access 2010 数据库中通过链接对象对数据所做的任何修改，实质上都是在修改外部数据源中的数据。同样，在外部数据源中对数据所做的任何改动也都会通过该链接对象直接反映到 Access 2010 数据库中。若移动或删除了这些外部数据文件，将导致链接失败。

（3）表中数据的导出

将 Access 2010 数据库中的数据导出到其他格式的文件中，其操作方法有如下两种。

① 在导航窗格中右击要导出的表，并在快捷菜单中选择“导出”命令，在弹出的菜单中选择文件的类型，再在弹出的对话框中选择存储位置和文件名，最后单击“确定”按钮。

② 在导航窗格中选择要导出的表，单击“外部数据”选项卡，在“导出”命令组中选择文件的类型，再在弹出的对话框中选择存储位置和文件名，最后单击“确定”按钮。

3.2.2 设置字段属性

表中的每一个字段都有一系列的属性描述，不同类型的字段有不同的属性。当选择某一字段时，表设计视图的字段属性区就会显示出该字段的相应属性，这时可以对该字段的属性进行设置和修改。

1. “格式”属性

“格式”属性只影响数据的显示格式，并不影响其在表中的存储格式。不同数据类型的字段，其显示格式有所不同。数字型、货币型、自动编号型字段的格式如图 3-7 所示，其中“固定”是指小数的位数不变，其长度由“小数位数”说明。日期/时间型字段的格式如图 3-8 所示，是/否型字段的格式如图 3-9 所示。

利用“格式”属性可以使数据的显示统一美观。但应注意，显示格式只有在输入的数据被保存之后才能应用。如果需要控制数据的输入格式并按输入时的格式显示，则应设置“输入掩码”属性。

常规数字	3456.789
货币	¥3,456.79
欧元	€3,456.79
固定	3456.79
标准	3,456.79
百分比	123.00%
科学记数	3.46E+03

图 3-7 数字型、货币型、自动编号型字段的显示格式

常规日期	2007/6/19 17:34:23
长日期	2007年6月19日
中日期	07-06-19
短日期	2007/6/19
长时间	17:34:23
中时间	5:34 下午
短时间	17:34

图 3-8 日期/时间型字段的显示格式

真/假	True
是/否	Yes
开/关	On

图 3-9 是/否型字段的显示格式

2. “输入掩码”属性

在输入数据时，有些数据有相对固定的书写格式。例如，电话号码的书写格式为“(0731)88830062”。如果手工重复输入这种固定格式的数据，显然非常麻烦。此时可以利用输入掩码（Input Mask）强制实现某种输入模式，使数据的输入更方便。定义输入掩码时，将格式中不变的符号定义为输入掩码的一部分，这样在输入数据时，只需输入变化的值即可。

对于文本、数字、日期/时间、货币等数据类型的字段，都可以定义输入掩码。Access 2010 为文本型和日期/时间型字段提供了输入掩码的向导，而对于数字和货币型字段只能使用字符直接定义“输入掩码”属性。当然，文本和日期/时间型字段的输入掩码也可以直接使用字符进行定义。“输入掩码”属性所用字符及其含义如表 3-5 所示。

表 3-5 “输入掩码”属性所用字符及其含义

字 符	描 述	输入掩码示例	示 例 数 据
0	必须输入 0~9 的数字，不允许使用加号和减号	(0000)00000000	(0731)88830062
9	可以选择输入数字或空格，不允许使用加号和减号	9999999999999	0731 88830062
#	可以选择输入数字或空格。在编辑状态时，显示空格，但在保存时，空格被删除，允许使用加号和减号	#############	0731-88830062
L	必须输入 A~Z 的字母	L0L0L0	a2B8C4
?	可以选择输入 A~Z 的字母	?????????	Jasmine
A	必须输入字母或数字	(000)AAA-AAAA	(021)555-TELE
a	可以选择输入字母或数字	(000)aaa-aaaa	(021)555-TELE
&	必须输入任一字符或空格	&&&	3xy
C	可以选择输入任一字符或空格	CCC	3x
. , : ; - /	小数点占位符和千分位、日期与时间的分隔符。实际显示的字符根据 Windows 控制面板的“区域和语言”中的设置而定	000,000	121,273
<	使其后所有的字符转换成小写	<??????????	maria
>	使其后所有的字符转换成大写	>L0L0L0	A2B8C4

续表

字　符	描　述	输入掩码示例	示例数据
!	使输入掩码从右到左显示。输入掩码中的字符都是从左向右输入的，感叹号可以出现在输入掩码的任何地方	!??????	xxx
\	使其后的字符原样显示	\T000	T123
密码	输入的字符以字面字符保存，但显示为星号（*）		

注意：如果为字段定义了输入掩码，同时又设置了它的“格式”属性，显示数据时，“格式”属性将优先于输入掩码的设置。即使保存了输入掩码，在数据设置格式显示时，也会忽略输入掩码。

3．“标题”属性

字段标题（Caption）用于指定通过从字段列表中拖动字段而创建的控件所附标签上的文本，并作为表或查询数据表视图中字段的列标题。如果没有为表字段指定标题，则用字段名作为控件附属标签的标题，或作为数据表视图中的列标题。

4．“默认值”属性

默认值（Default）是在输入新记录时自动取定的数据内容。在一个数据库中，往往会有一些字段的数据内容相同或包含有相同的部分，为减少数据输入量，可以将出现较多的值作为该字段的默认值。

【例 3-4】 将“学生”表中“性别”字段的“默认值”属性设置为“男”。操作步骤如下。

① 打开“教学管理”数据库，右击“导航窗格”中的“学生”表，在弹出的快捷菜单中选择“设计视图”命令，在设计视图中打开“学生”表。

② 选择“性别”字段，在字段属性区域的“默认值”文本框中输入“男”，如图 3-10 所示。输入文本值时，可以不加引号，系统会自动添加。

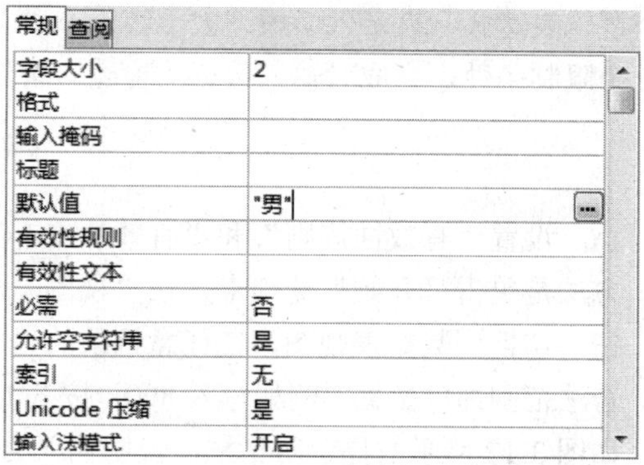

图 3-10　“默认值”属性设置

设置默认值后，在生成新记录时，将这个默认值插入到相应的字段中。例如，此时单击“开始”选项卡，在“视图”命令组中单击“视图”下拉按钮，选择“数据表视图”选项，切换到数据表视图，这时会弹出对话框提示“是否立即保存表？”，单击“是”按钮保存表。可以看到，在新记录行的“性别”字段列上显示了该默认值，可以直接使用该值，也可以输入新值来取代该默认值。

同时还可以通过单击“默认值”文本框右边的省略号按钮 ... 来启动“表达式生成器”对话框，利用表达式生成器输入默认值。

注意：设置默认属性时，必须与字段中所设的数据类型相匹配，否则会出现错误。

5．“有效性规则”和“有效性文本”属性

有效性规则（Validation Rule）是给字段输入数据时所设置的约束条件。在输入或修改字段数据时，将检查输入的数据是否符合条件，从而防止将不合理的数据输入到表中。当输入的数据违反了有效性规则时，可以通过定义“有效性文本”属性来给出提示。

【例 3-5】 将“学生”表中“入学成绩”字段的取值范围设定在 0～750 之间，如超过范围则提示“请输入 0～750 之间的数据！”。操作步骤如下。

① 打开“教学管理”数据库，右击“导航窗格”中的“学生”表，在弹出的快捷菜单中单击“设计视图”命令，在设计视图中打开“学生”表。

② 选择“入学成绩”字段，在字段属性区中的“有效性规则”文本框中输入表达式“>=0 And <=750”，在“有效性文本”文本框中输入文本“请输入 0～750 之间的数据！”，如图 3-11 所示。

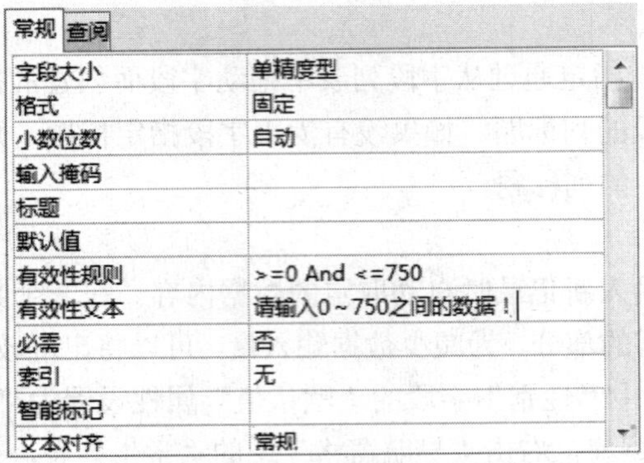

图 3-11 “有效性规则”属性设置

也可以单击“有效性规则”文本框右边的省略号按钮来启动表达式生成器，利用表达式生成器输入有效性规则表达式。

这里输入的表达式是一个逻辑表达式，表示入学成绩大于等于 0 并且小于等于 750，即在 0～750 之间。有效性规则的实质是一个限制条件，完成对输入数据的检查。条件的描述方法将在第 4 章中详细介绍。

③ 保存“学生”表。

图 3-12 测试有效性文本设置

设置“有效性规则”和“有效性文本”属性后，可对其进行检验。方法是单击“开始”选项卡，在“视图”命令组中单击“视图”下拉按钮，切换到数据表视图，在任意记录的“入学成绩”列中输入一个不在合法范围内的数据，例如输入 800，按 Enter 键，这时屏幕上会立即显示如图 3-12 所示的提示对话框，说明输入的数据与有效性规则发生冲突，系统拒绝接收此数据。有效性规则能够检查错误的输入或不符合逻辑的输入。

6. “必需”属性

“必需”属性即表示必须填写内容的重要字段。“必需”属性的取值有“是”和“否”两种，当取值为“是”时，表示该字段的内容不能为空值，必须填写。在一般情况下，作为主键的字段的“必需”属性为“是”，其他字段的“必需”属性为“否”。

7. “索引”属性

当表中的数据量很大时，为了提高查找和排序的速度，可以设置“索引”属性。例如，如果想在“姓名”字段中搜索某一学生的姓名，可以创建该字段的索引，以加快搜索具体姓名的速度。此外，“索引”属性能对表中的记录进行唯一性控制。

在 Access 2010 中，“索引”属性提供了以下 3 种取值。

① 无：表示该字段不建立索引（默认值）。

② 有（有重复）：表示以该字段建立索引，且字段中的值可以重复。

③ 有（无重复）：表示以该字段建立索引，且字段中的值不能重复。当字段被设定为主键时，字段的“索引”属性被自动设为“有（无重复）”。

【例 3-6】 为“学生”表创建索引，索引字段为“性别”。操作步骤如下。

① 用设计视图打开“学生”表，选择“性别”字段。

② 在“常规”字段属性中选择“索引”属性框，然后单击右侧的下拉按钮，从打开的下拉列表框中选择“有（有重复）”选项。

如果经常需要对两个或更多的字段同时进行搜索或排序，可以创建多字段索引。使用多字段索引进行排序时，将首先用定义在索引中的第 1 个字段排序，如果第 1 个字段有重复值，再用索引中的第 2 个字段排序，以此类推。

【例 3-7】 为“学生”表创建多字段索引，索引字段包括“学号”，“姓名”、“性别”和“出生日期”。操作步骤如下。

① 用设计视图打开“学生”表，单击“表格工具/设计”上下文选项卡，在“显示/隐藏”命令组中单击“索引”命令按钮，打开“索引：学生”对话框，如图 3-13 所示。

② 单击“字段名称”列的第 1 个空白行，然后单击右侧的下拉按钮，从打开的下拉列表中选择“姓名”字段，将光标移到下一行，用同样方法将“性别”字段、“出生日期”字段加入到“字段名称”列。“排序次序”列都沿用默认的“升序”排列方式，设置结果如图 3-14 所示。

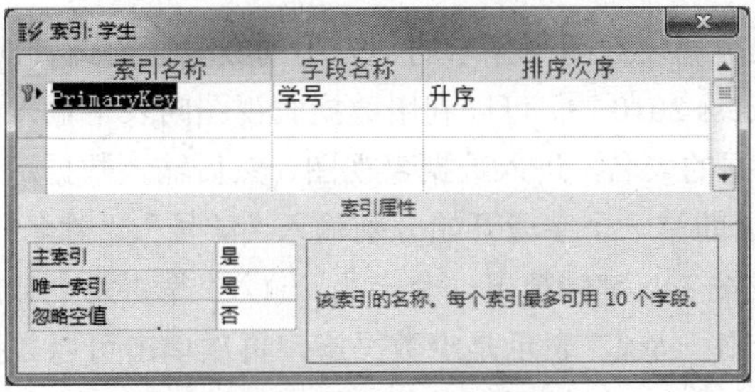

图 3-13 “索引”对话框

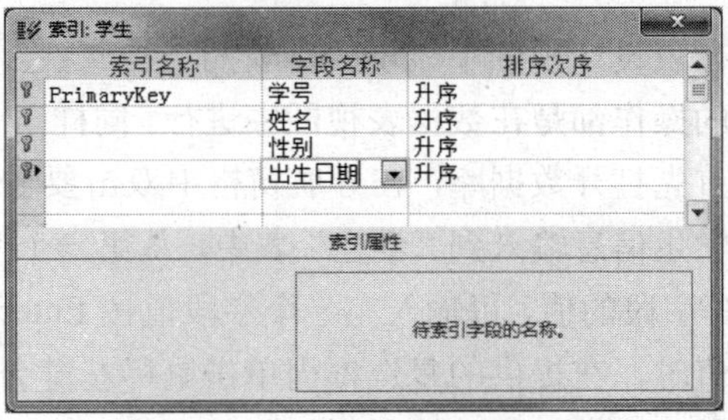

图 3-14 设置多字段索引

8. 计算型字段的“表达式”属性

计算型是 Access 2010 新增加的数据类型，使用这种数据类型可以使原本必须通过查询的计算任务在数据表中就可以完成。

在“选课”表中增加“总评成绩”字段，可以将它定义为计算型，而且约定平时成绩占总评成绩的 30%，考试成绩占总评成绩的 70%。在设置计算字段类型时，自动打开“表达式生成器”对话框。在“表达式类别”区域双击一个字段名，该字段就被添加到表达式编辑窗格中。这里输入表达式“平时成绩*30/100+考试成绩*70/100”，如图 3-15 所示。

在输入表达式后，单击“确定”按钮，返回到表设计视图，在“总评成绩”字段的“表达式”属性中将显示输入的表达式，设置“结果类型”为“双精度型”，如图 3-16 所示。

选中“表达式”属性，单击右边的省略号按钮[...]，可以打开“表达式生成器”对话框，从而对“表达式”属性进行修改。

除上面介绍的字段属性外，Access 2010 还提供了很多其他字段属性，可以根据需要进行选择和设置。

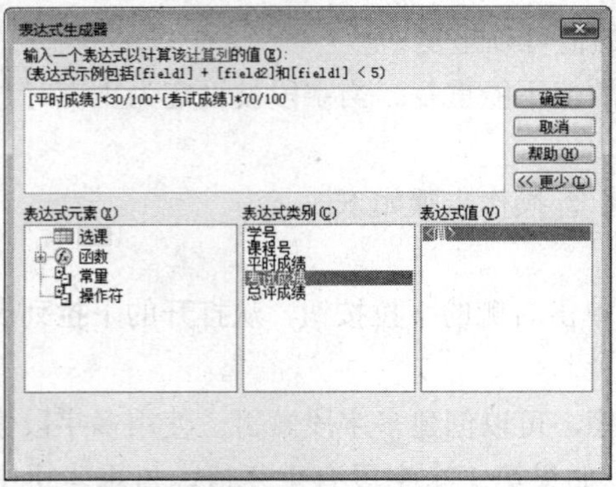

图 3-15　在“表达式生成器”对话框中输入计算表达式

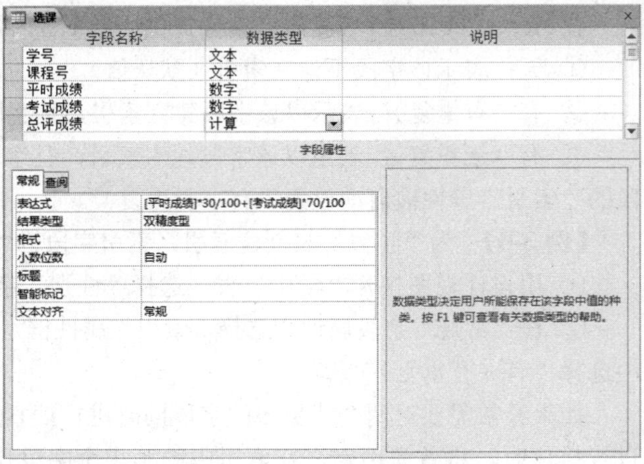

图 3-16　计算型字段的定义

3.3 表中数据的输入

在创建了表的结构之后，就可以向表中输入数据了。向表中输入数据就好像在一个空白表格中填写表格内容。

3.3.1 使用数据表视图输入数据

在表设计视图中显示的是表的结构属性，而在数据表视图中显示的是表中的数据，因此针对表中数据的操作都是在数据表视图中进行。同样，在 Access 2010 中，可以利用数据表视图向表中输入数据。

首先打开数据库，在导航窗格中双击要输入数据的表名，进入数据表视图，然后输入数据。例如，要将学生信息输入到“学生”表中，从第一个空记录的第一个字段开始分别输入“学号”、“姓名”、“性别”等字段的值，每输入完一个字段值按 Enter 键或按 Tab 键转至下一个字段。输入“是否为少数民族”字段值时，在提供的复选框内单击鼠标左键会显示出一个√，表示是少数民族，再次单击可以去掉√，表示不是少数民族。输入完一条记录后，按 Enter 键或 Tab 键转至下一条记录，继续输入第二条记录。直到输入完所有记录后，“学生”表的数据表视图如图 3-17 所示。单击“学生”表数据表视图右上角的“关闭”按钮，则会保存该表数据，并关闭该表的数据表视图。

图 3-17　在数据表视图输入表中的数据

当向表中输入数据而未对其中的某些字段指定值时，该字段将出现空值（用 Null 表示）。空值不同于空字符串或数值零，而是表示未输入、未知或不可用，它表示需在以后添加的数据。例如，某个学生进校时尚未确定专业，故在输入该生的信息时，“专业名”字段不能输入，系统将用空值（Null）

标识该生记录的“专业名”字段。

第一个字段列左边的小方块是记录选定器，用于选定该记录。通常在输入一条记录的同时，Access 2010 将自动添加一条新的空记录，并且该记录的选定器上显示一个星号*，当前正在输入的记录选定器上则显示铅笔符号。当鼠标指针指向记录选定器时，显示向右箭头，此时单击，则选中该记录，该记录成为当前记录。

3.3.2 特殊类型字段的输入方法

有些类型的字段，如备注型字段、OLE 对象型字段、附件型字段等，它们的输入方法有些特殊，下面将逐一介绍。

1. 备注型字段的输入

备注型字段包含的数据量很大，而表中字段列的数据输入空间有限，可以使用 Shift+F2 组合键打开“缩放”窗口，在该窗口中输入和编辑备注型数据。该方法同样适用于文本、数字等类型数据的输入。

2. OLE 对象型字段的输入

“学生”表有“吉祥物”字段，这是 OLE 对象型字段。输入时，右击该记录的“吉祥物”字段列，在打开的快捷菜单中选择“插入对象”命令，打开“Microsoft Access”对话框。在该对话框中，选中“由文件创建”单选按钮，再单击“浏览”按钮，打开“浏览”对话框，找到并选中所需图片文件，如图 3-18 所示，然后单击“确定”按钮。

注意：OLE 对象字段只支持 Windows 位图文件（.bmp 文件），其他文件（如.jpg、.gif 文件等）在字段中显示为 Package（包），在窗体、报表中只能作为图标显示。非位图文件只有转换成位图文件才能在窗体、报表中显示。

3. 附件型字段的输入

附件型字段相应的列标题会显示曲别针图标，而不是字段名。右击附件型字段，在弹出的快捷菜单中选择“管理附件”命令，弹出“附件”对话框，如图 3-19 所示。双击表中的附件型字段，也可以直接从该字段中打开此对话框。使用“附件”对话框可添加、编辑并管理附件，附件添加成功后，附件型字段列中会显示附件的个数。

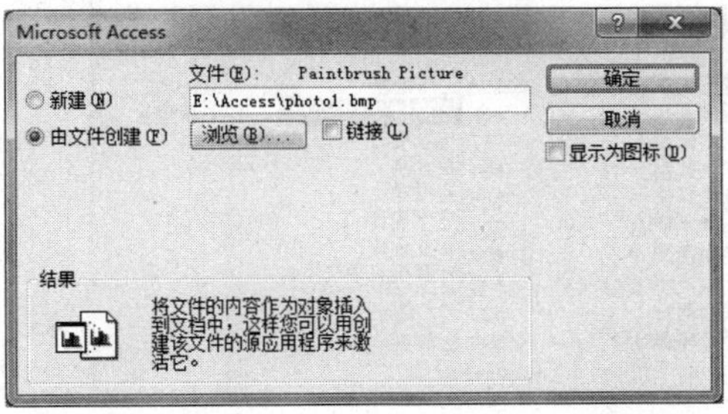

图 3-18 “Microsoft Access”对话框

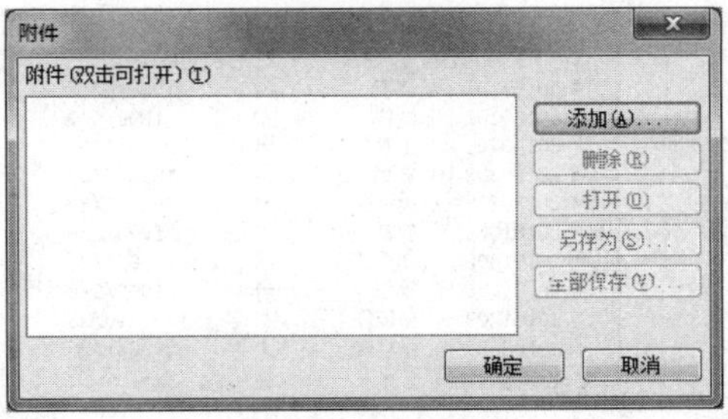

图 3-19 “附件”对话框

3.3.3 创建查阅列表字段

在利用设计视图创建表的过程中，在设置字段的数据类型时会发现数据类型的列表中还包含一种“查阅向导”数据类型。使用“查阅向导”可以方便地把字段定义为一个组合框，并定义列表中的选项，这样便于统一地向数据表中添加数据。

具有“查阅向导”数据类型的字段建立了一个字段内容列表，可在列表中选择所列内容作为输入字段的内容。使用“查阅向导”可以显示两种列表：一是从已有的表或查询中查阅数据列表，表或查询的所有更新都将反映在列表中；二是存储了一组不可更改的固定值的列表。

【例 3-8】 为“学生”表的“专业名”字段创建查阅列表，列表中显示“工商管理”、“电子商务”、“会计学”、“金融学”、“艺术设计”、“工业设计”和“计算机科学与技术”等值。操作步骤如下。

① 用设计视图打开“学生”表，选择“专业名”字段。在“数据类型”列中选择“查阅向导”，弹出“查阅向导”第 1 个对话框，选中“自行键入所需的值”单选按钮（如图 3-20 所示），单击“下一步”按钮。

② 弹出“查阅向导”第 2 个对话框，在“第 1 列”的每行中依次输入“工商管理”、“电子商务”、“会计学”、“金融学”、“艺术设计”、“工业设计”和“计算机科学与技术”等值，每输入完一个值按向下光标移动键或 Tab 键转至下一行，列表设置结果如图 3-21 所示，然后单击“下一步”按钮。

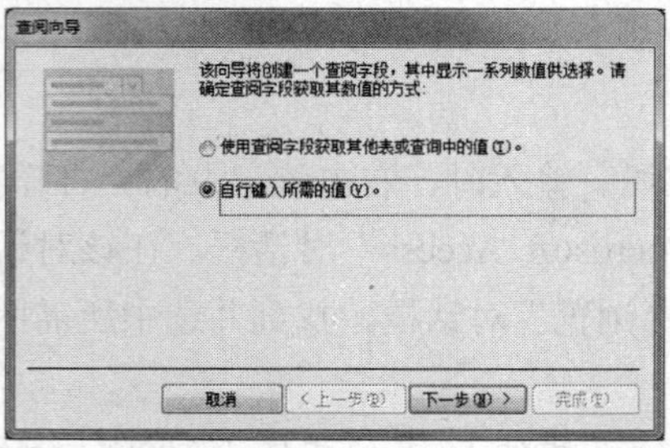

图 3-20　获取数据方式设置

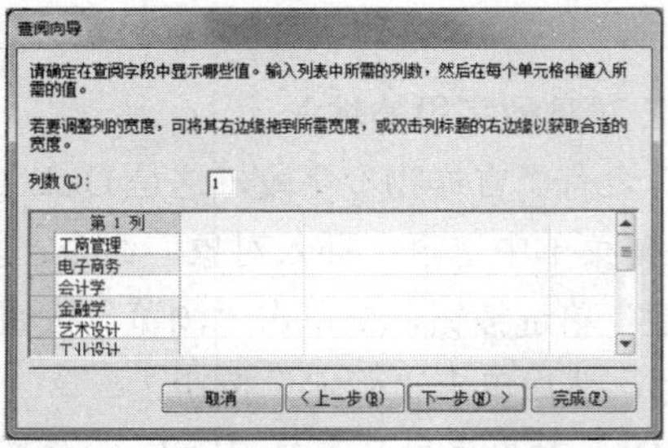

图 3-21　查阅列表设置

③ 弹出“查阅向导”第 3 个对话框。在该对话框的“请为查阅字段指定标签”文本框中输入名称，本例使用默认值，单击“完成”按钮。

这时“专业名”的查阅列表设置完成，切换到“学生”表的数据表视图，可以看到“专业名”字段值右侧出现下拉按钮，单击该下拉按钮，会弹出一个下拉列表，列表中列出了“工商管理”、“电子商务”、“会计学”、“金融学”、“艺术设计”、“工业设计”、“计算机科学与技术”7 个值，如图 3-22 所示。输入“专业名”字段的值时，直接从列表中选择即可。

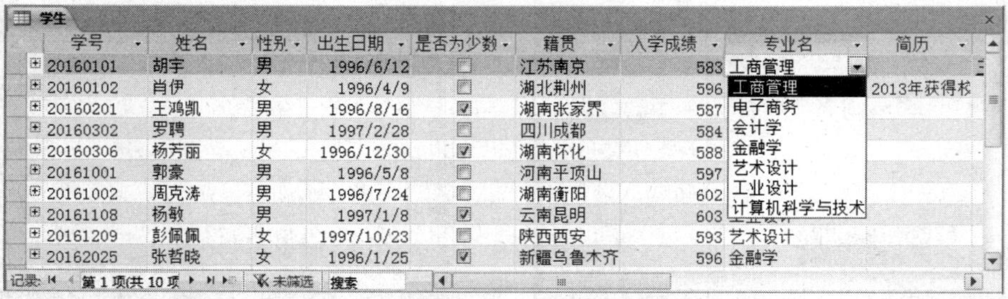

图 3-22　查阅列表字段设置效果

【例 3-9】 使用“查阅向导”将“选课”表中的“课程号”字段设置为查阅“课程”表中的“课程号”字段，即该字段组合框的下拉列表中仅出现“课程”表中已有的课程信息。操作步骤如下。

① 用设计视图打开“选课”表，选择“课程号”字段，在“数据类型”列的下拉列表中选择“查阅向导”，打开“查阅向导”第 1 个对话框。选中“使用查阅字段获取其他表或查询中的值”单选按钮（如图 3-23 所示），然后单击“下一步”按钮。

② 弹出“查阅向导”第 2 个对话框，在对话框中列出了可以选择的已有的表和查询，选定字段列表内容的来源“课程”表后（如图 3-24 所示），单击“下一步”按钮。

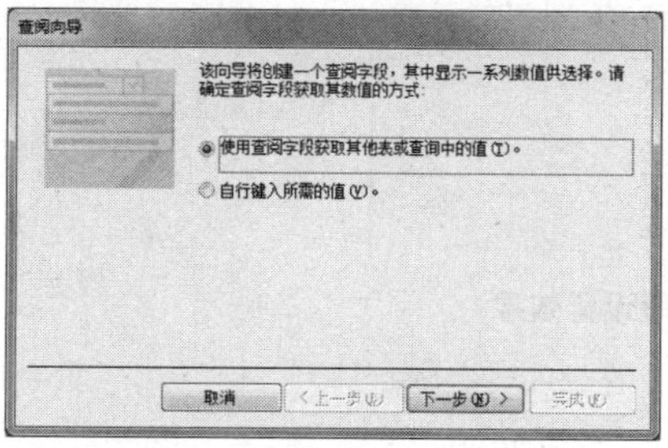

图 3-23　获取数据方式设置

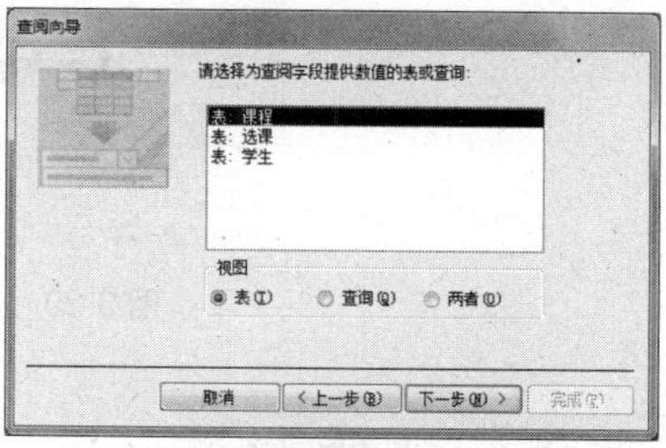

图 3-24　选择“课程”表作为列表内容的来源

③ 弹出“查阅向导”第 3 个对话框，在该对话框中列出了“课程”表中所有的字段，通过双击左侧列表中的字段名将“课程号”和“课程名”字段添加至右侧列表中（如图 3-25 所示），然后单击“下一步”按钮。

④ 弹出“查阅向导”第 4 个对话框，确定列表使用的排序次序（如图 3-26 所示），然后单击“下一步”按钮。

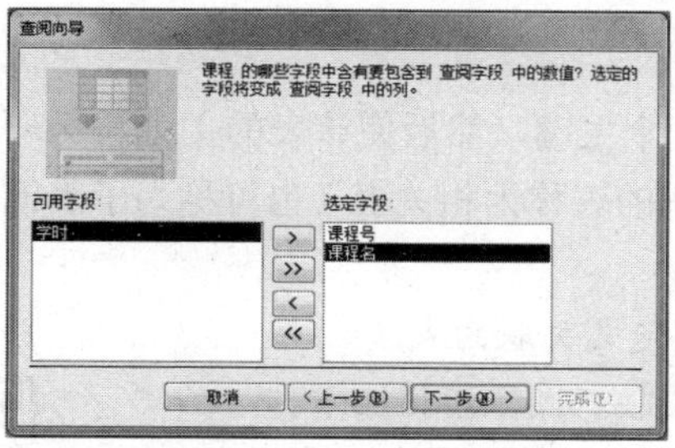

图 3-25　选择列表中的字段

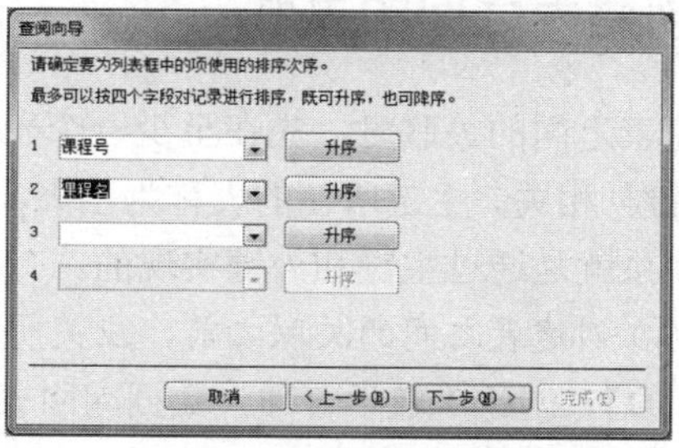

图 3-26　列表使用的排序次序

⑤ 弹出“查阅向导”第 5 个对话框，对话框中列出了“课程”表中的所有数据，因为要使用“课程号”字段，所以取消隐藏键列（如图 3-27 所示），然后单击“下一步”按钮。

⑥ 弹出“查阅向导”第 6 个对话框，确定“课程”表哪一列含有准备在“选课”表的“课程号”字段中使用的数值，按照要求选择“课程号”字段（如图 3-28 所示），然后单击“下一步”按钮。

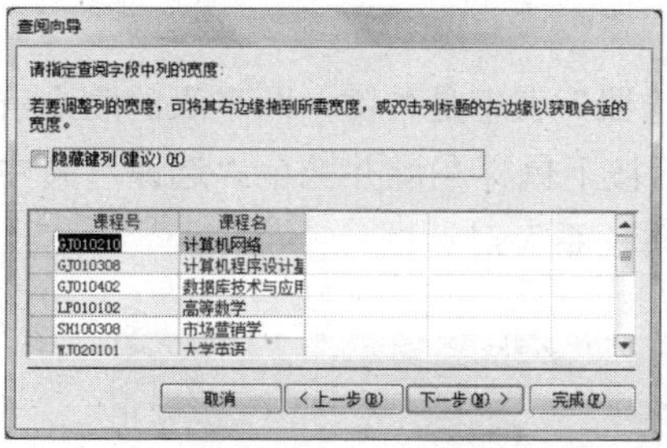

图 3-27　取消隐藏键列

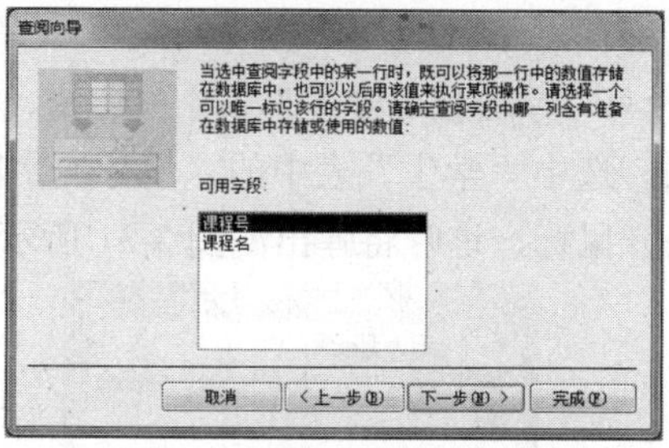

图 3-28　确定准备表中存储的查阅列字段

⑦ 弹出“查阅向导”第 7 个对话框，为查阅字段输入名称，单击“完成”按钮，这时“课程号”字段的查阅列表设置完成。

切换到数据表视图，结果如图 3-29 所示，可以从下拉列表中选择有效的“课程号”，而“课程名”列作为对“课程号”的说明提示，帮助用户操作选择。

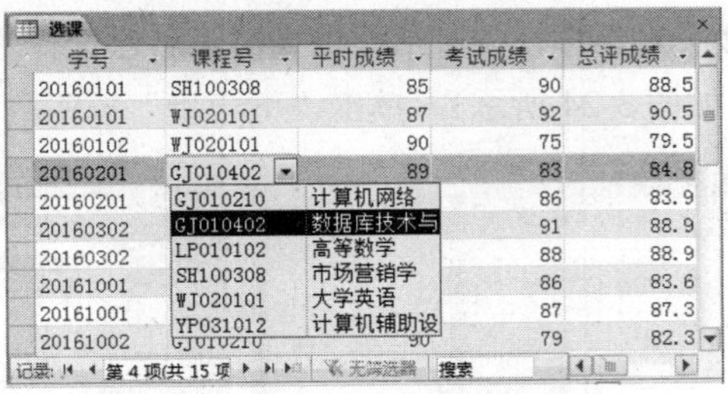

图 3-29　查阅列表字段设置效果

3.4 表之间的关联

数据库中的表之间往往存在着相互的联系。例如，“教学管理”数据库中的“学生”表和“选课”表之间、“课程”表和“选课”表之间均存在一对多联系。在 Access 2010 中，可以通过创建表之间的关联来表达这个联系。两个表之间一旦建立了关联，就可以很容易地从中找出所需要的数据，也为建立查询、窗体和报表打下基础。

3.4.1 创建表之间的关联

在创建表之间的关联时，先在至少一个表中定义一个主键，然后使该表的主键与另一表的对应列（一般为外键）相关。主键所在的表称为主表，外键所在的表称为相关表（也可称为子表或子数据表）。两个表的联系就是通过主键和外键实现的。

注意：*在创建表之间的关联之前，应关闭所有需要定义关联的表。*

【例 3-10】 创建“教学管理”数据库中表之间的关联。操作步骤如下。

① 打开“教学管理”数据库，单击“数据库工具”选项卡，在“关系”命令组中单击“关系”命令按钮，打开“关系”窗口。此时将出现“关系工具/设计”上下文选项卡，在该选项卡的“关系”命令组中单击“显示表”命令按钮，打开“显示表”对话框，如图 3-30 所示。

② 在“显示表”对话框中，单击“学生”表，然后单击“添加”按钮，将“学生”表添加到“关系”窗口，同样将“课程”表和“选课”表添加到“关系”窗口中，再单击“关闭”按钮，关闭“显示表”对话框。

③ “学号”字段在“学生”表中是主键，而在“选课”表中是外键，两个表的联系就是通过这个字段实现的。选中“学生”表中的“学号”字段，然后按下鼠标左键并拖至“选课”表中的“学号”字段上，松开鼠标，这时将弹出如图 3-31 所示的“编辑关系”对话框。

图 3-30　“显示表”对话框

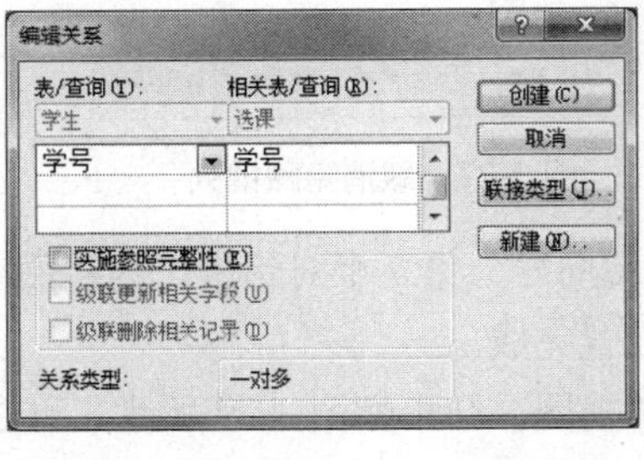

图 3-31　“编辑关系”对话框

在“编辑关系”对话框中的“表/查询”列表框中，列出了“学生”表（主表）的相关字段“学号”，在“相关表/查询”列表框中，列出了“选课”表（相关表）的相关字段“学号”。可以检查显示在两个表字段列中的字段名称以确保正确性，必要时可以进行更改。

注意：在建立两个表之间的关联时，相关联的两个字段必须具有相同的数据类型，但字段名不一定相同。

在一般情况下，选中“编辑关系”对话框左下方的 3 个复选框，系统将自动识别关联类型，然后单击“创建”按钮，就完成了关联的创建。

④ 用同样的方法，可以建立“课程”表和“选课”表的关联。同样，“专业”表和“学生”表之间构成一对多关系，可以先创建“专业”表，再建立“专业”表和“学生”表之间的关联。表之间关联的结果如图 3-32 所示。

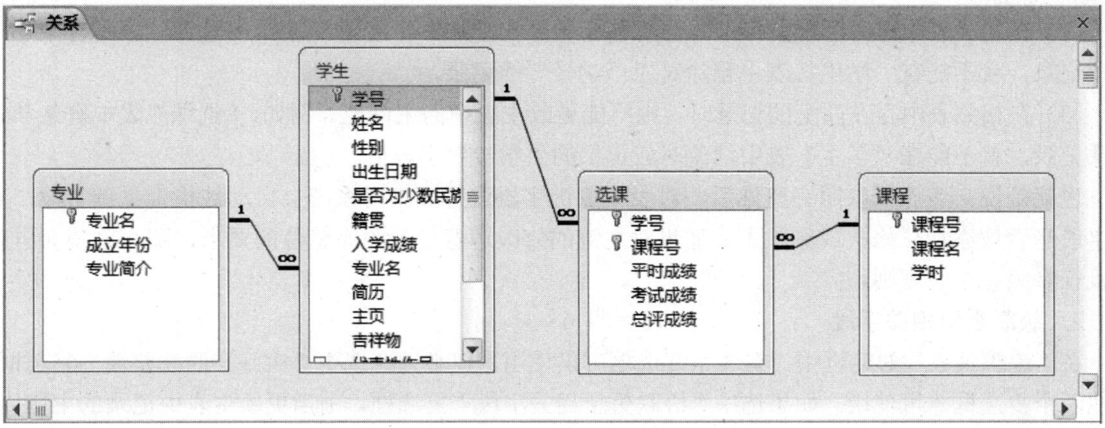

图 3-32　建立表之间的关联

⑤ 单击“关系”窗口的“关闭”按钮，这时 Access 2010 系统询问是否保存布局的更改，单击“是”按钮保存更改。

3.4.2　编辑表之间的关联

在定义了关联以后，有时还需要重新编辑已有的关联，其操作步骤如下。

① 单击“数据库工具”选项卡，在“关系”命令组中单击“关系”命令按钮，打开“关系”窗口。

② 如果要编辑修改已建立的两个表之间的关联，可以单击“关系工具/设计”上下文选项卡，在“工具”命令组中单击“编辑关系”命令按钮，或双击两个表之间的连线，或右击两个表之间的连线，在弹出的快捷菜单中选择“编辑关系”命令，如图 3-33 所示。在该对话框中，重新选择复选框，然后单击“创建”按钮。

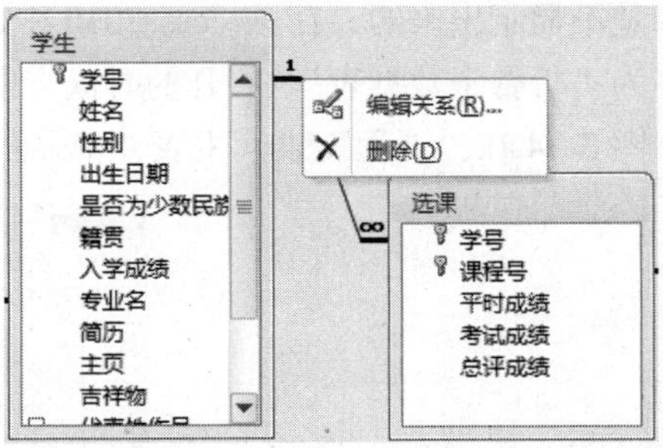

图 3-33　编辑或删除表关联的快捷菜单

如果要删除已建立的两个表之间的关联，可以在弹出的快捷菜单中选择“删除”命令。

3.4.3 设置参照完整性

参照完整性是指在输入或删除表的记录时，主表和相关表之间必须保持一种联动关系。因此，在定义表之间的关系时，应设立一些准则，从而保证各个表之间数据的一致性。

1. 实施参照完整性

在建立表之间的关联时，在“编辑关系”对话框中有一个“实施参照完整性”复选框，选中它之后，表明主表和相关表中不能出现“学号”不相等的记录。如果设置了“实施参照完整性”，则会有如下关联规则。

（1）主表中没有的记录就不能添加到相关表中。例如，“选课”表中的“学号”字段值必须存在于“学生”表中的“学号”字段，或为空值。

（2）在相关表中存在匹配的记录时，则不能从主表中删除该记录。例如，“选课”表中有某学生的选课记录，就不能在“学生”表中删除对应“学号”的记录。

（3）在相关表中存在匹配的记录时，则不能更改主表中的主键值。例如，“选课”表中有某学生的选课记录，就不能在“学生”表中修改对应记录的“学号”字段值。

也就是说，实施了参照完整性后，对表中主键字段进行操作时系统会自动地检查主键字段，查看该字段是否被添加、修改或删除了。如果对主键的修改违背了参照完整性的要求，那么系统会自动强制执行参照完整性规则。

2. 级联更新相关字段

在“编辑关系”对话框中，有 3 个复选框可供使用，但必须在选中“实施参照完整性”复选框时，其他两个复选框才可使用。如果选中“级联更新相关字段”复选框，则当更新主表中记录的主键值时，Access 2010 就会自动更新相关表所有相关记录的主键值。

3. 级联删除相关记录

在选中了“实施参照完整性”复选框后，如果选中了“级联删除相关记录”复选框，则当删除主表中的记录时，Access 2010 将自动删除相关表中的相关记录。

3.4.4 在主表中显示子数据表

通常在建立表之间的关联以后，Access 会自动在主表中插入子数据表，但这些子数据表一开始都是不显示出来的。在 Access 2010 中，让子数据表显示出来称为“展开子数据表”，让子数据表隐藏称为“折叠子数据表”。展开的时候方便查阅子数据表信息，而折叠起来以后可以比较方便地管理主表。图 3-34 在“课程”表（主表）中显示了“选课”表（子数据表）。

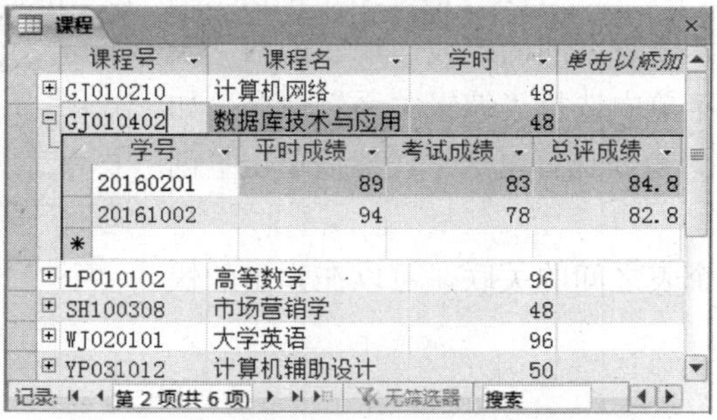

图 3-34　子数据表的显示

在主表的数据表视图中，每条记录左侧都有一个关联标记，在未显示子数据表时，关联标记内为一个“+”，单击关联标记则“+”变成了“-”，可以显示该记录对应的子数据表记录，如图 3-34 所示。如果再一次单击关联标记，就可以把这一格的子数据表记录折叠起来，“-”也变回到“+”。

如果一个表与两个以上的表建立了主-子关系，那么在主表中展开子数据表时，自然会出现展开哪个子数据表的问题。在实际操作中，会弹出“插入子数据表”对话框，以选择在主表中展开哪个子数据表。

3.5 表的维护

在创建表之后，可能由于种种原因，使表的结构不合适，或表的内容不能满足实际需要。因此，需要对表结构和表内容进行维护，从而更好地实现表的操作。

3.5.1 表结构的修改

修改表的结构主要包括修改字段、添加字段、删除字段和移动字段等操作。对表结构的修改，会影响与之相关的查询、窗体和报表等其他对象，因此一定要慎重，提前做好备份。

1. 修改字段

修改字段包括修改字段的名称、数据类型、说明和字段属性等内容。Access 2010 允许通过设计视图或数据表视图对表的结构进行修改。

在设计视图中，如果要修改字段名，则单击该字段的“字段名称”列，然后修改字段名称；如果要修改字段数据类型，则单击该字段“数据类型”列右侧的下拉按钮，然后从打开的下拉列表中选择需要的数据类型；如果要修改字段属性，则选中该字段，在“字段属性”区域进行修改。

在数据表视图中，要修改字段名，其方法是：双击需要修改的字段名进入修改状态，或右击需要修改的字段名，在弹出的快捷菜单中选择“重命名字段”命令。如果还要修改字段数据类型或定义字段的属性，可以选择“表格工具/字段”上下文选项卡中的有关命令。

2. 添加字段

添加字段也是通过设计视图或数据表视图对表的结构进行修改。

用设计视图打开需要添加字段的表，然后将光标移动到要插入新字段的字段行，单击“表格工具/设计”上下文选项卡，在“工具”命令组中单击“插入行”命令按钮，或右击某字段，在弹出的快捷菜单中选择“插入行”命令，则在当前字段的上面插入一个空行，在空行中依次输入字段名称、字段数据类型等。

用数据表视图打开需要添加字段的表，右击某一列标题，在弹出的快捷菜单中选择“插入字段”命令，双击新列中的字段名“字段 1”，为该列输入唯一的名称。再选择“表格工具/字段”上下文选项卡中的相关命令修改字段数据类型或定义字段的属性。

3. 删除字段

与添加字段操作相似，删除字段也有以下两种方法。

用设计视图打开需要删除字段的表，然后将光标移动到要删除的字段行上。如果要选择一组连续的字段，可用鼠标指针拖过所选字段的字段选定器。然后单击“表格工具/设计”上下文选项卡，在“工具”命令组中单击“删除行”命令按钮，或右击某字段，在弹出的快捷菜单中选择“删除行”命令。

用数据表视图打开需要删除字段的表，右击要删除的字段列，在弹出的快捷菜单中选择“删除字段”命令。

4. 移动字段

移动字段可以在设计视图中进行。用设计视图打开需要移动字段的表，单击字段选定器，选中需要移动的字段，然后再次单击并按住鼠标左键不放，拖动鼠标即可将该字段移动到新的位置。

3.5.2 表中内容的修改

修改表中的内容是一项经常性的操作，主要包括定位记录、添加记录、删除记录、修改数据等操作。

1. 定位记录

要修改表中数据，选择所需记录是首要操作。常用的定位记录方法有两种：一是使用记录号定位，二是使用全屏幕编辑的快捷键定位。

根据记录号定位所需记录，可以使用数据表视图窗口下端的记录定位器，如图 3-35 所示。例如，要将指针定位到“学生”表中的第 7 条记录上，可以使用数据表视图打开“学生”表，然后双击记录定位器中的“当前记录号”文本框，在该文本框中输入“7”并按 Enter 键，这时光标将定位在第 7 条记录上。在“搜索”框中输入搜索的内容并按 Enter 键，可以在全部记录中查找该内容。还可以使用记录定位器中的其他按钮实现快速记录定位。

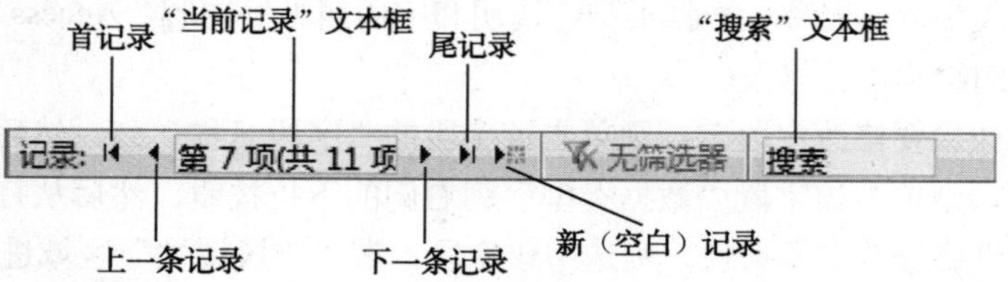

图 3-35　记录定位器

使用全屏幕编辑的快捷键也可以快速定位记录或字段，其操作方法与一般全屏幕操作方法类似。快捷键及其定位功能如表 3-6 所示。

表 3-6　快捷键及其定位功能

快　捷　键	定位功能
Tab、Enter、右箭头	下一字段
Shift＋Tab、左箭头	上一字段
Home	当前记录中的第一个字段
Ctrl＋Home	第一条记录中的第一个字段
End	当前记录中的最后一个字段
Ctrl＋End	最后一条记录中的最后一个字段
上箭头	上一条记录中的当前字段
Ctrl＋上箭头	第一条记录中的当前字段
下箭头	下一条记录中的当前字段
Ctrl＋下箭头	最后一条记录中的当前字段
Page Dn	下移一屏
Page Up	上移一屏

续表

快 捷 键	定位功能
Ctrl+Page Dn	右移一屏
Ctrl+Page Up	左移一屏

2. 添加记录

添加记录时，使用数据表视图打开要编辑的表，可以将光标直接移动到表的最后一行，直接输入要添加的数据；也可以单击记录定位器中的“新（空白）记录”按钮，或单击“开始”选项卡，在“记录”命令组中单击“新建”命令按钮，待光标移到表的最后一行后输入要添加的数据。

3. 删除记录

删除记录时，使用数据表视图打开要编辑的表，选定要删除的记录，然后单击“开始”选项卡，在“记录”命令组中单击“删除”命令按钮，在弹出的删除记录提示框中，单击“是”按钮执行删除，单击“否”按钮取消删除。

在数据表中，可以一次删除多条相邻的记录。如果要一次删除多条相邻的记录，则在选择记录时，先单击第1条记录的记录选定器，然后拖动鼠标经过要删除的每条记录，最后执行删除操作。

注意： 删除操作是不可恢复的操作，在删除记录前要确认该记录是否要删除。

4. 修改数据

在数据表视图中修改数据的方法非常简单，只要将光标移到要修改数据的相应字段直接修改即可。其操作方法与一般文字处理软件中的编辑修改类似。

在输入或编辑数据时，可以使用复制和粘贴操作将某字段中的数据复制到另一个字段中。操作步骤如下。

① 使用数据表视图打开要修改数据的表。

② 将鼠标指针指向要复制数据字段的最左侧，在鼠标指针变为空心十字时，单击鼠标左键选中整个字段。如果要复制部分数据，将鼠标指针指向要复制数据的开始位置，然后拖动鼠标到结束位置，选中要复制的部分数据。

③ 单击“开始”选项卡，在“剪贴板”命令组中单击“复制”命令按钮。再选定目标字段，单击“开始”选项卡，在“剪贴板”命令组中单击“粘贴”命令按钮。

3.5.3 表中数据的查找与替换

在对表进行操作时，如果表中存放的数据非常多，那么当希望查找某一数据时就比较困难。Access 2010提供了非常方便的查找和替换功能，使用它可以快速地找到所需要的数据，必要时，还可以将找到的数据替换为新的数据。

1. 查找指定数据

前面已经介绍了定位记录操作，实际上，查找数据的操作也是一种定位记录的方法，它能将光标快速地移到查找到的数据位置，从而可以对查找到的数据进行编辑修改。

【例3-11】 查找“学生”表中“性别”为“男”的学生记录。操作步骤如下。

① 用数据表视图打开“学生”表，将鼠标指针定位在“性别”字段列的字段名上，鼠标指针会变成一个粗体黑色向下箭头，单击鼠标左键，此时“性别”字段列被选中。

② 单击“开始”选项卡，在“查找”命令组中单击“查找”命令按钮，弹出“查找和替换”对话框，如图3-36所示。

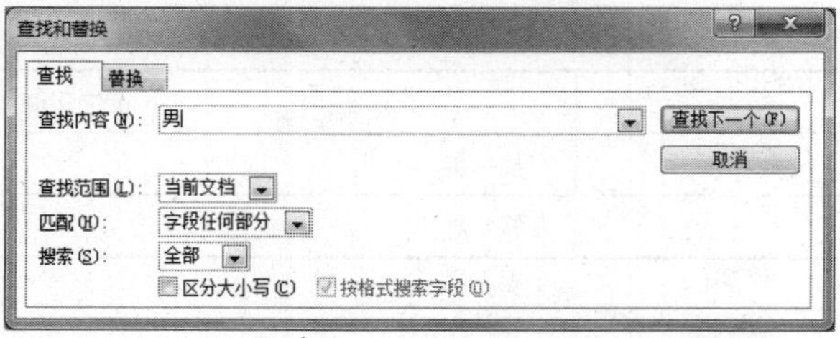

图 3-36　查找操作

③ 在对话框的“查找内容”下拉列表框中自动显示第 1 条记录“性别”字段的值，即“男”，也可以输入要查找的内容。如果需要，可进一步设置其他选项。可以在“查找范围”下拉列表框中选择“当前文档”选项，将整个表作为查找的范围。“查找范围”下拉列表中所包含的字段是在进行查找之前光标所在的字段。在查找之前最好将光标移到所要查找的字段上，这样比对整个表进行查找效率更高。在“匹配”下拉列表框中，除“字段任何部分”匹配范围外，也可以选择其他的匹配范围，如“整个字段”、“字段开头”等。

④ 单击“查找下一个”按钮，这时将查找下一个指定的内容，Access 将反相显示找到的数据。连续单击“查找下一个”按钮，可以将全部指定的内容查找出来。

⑤ 单击“取消”按钮或对话框的“关闭”按钮，结束查找。

在指定查找内容时，如果希望在只知道部分内容的情况下对表中数据进行查找，或按照特定的要求查找记录，可以使用通配符作为其他字符的占位符。在“查找和替换”对话框中，可以使用如表 3-7 所示的通配符。

表 3-7　通配符的使用

字　符	说　明	示　例
*	与任意个数的字符匹配	A*B 可以找到以 A 开头、以 B 结尾的任意长度的字符串
?	与任何单个字符匹配	A?B 可以找到以 A 开头、以 B 结尾的任意 3 个字符组成的字符串
[]	与方括号内任何单个字符匹配	A[XYZ]B 可以找到以 A 开头、以 B 结尾，且中间包含 X、Y、Z 之一的 3 个字符组成的字符串
!	匹配任何不在方括号之内的字符	A[！XYZ]B 可以找到以 A 开头、以 B 结尾，且中间包含除 X、Y、Z 之外的任意 1 个字符的 3 个字符组成的字符串
-	与某个范围内的任意 1 个字符匹配。必须从 A 到 Z 按升序指定范围	A[X-Z]B 可以找到以 A 开头、以 B 结尾，且中间包含 X～Z 之间任意 1 个字符的 3 个字符组成的字符串
#	与任何单个数字字符匹配	A#B 可以找到以 A 开头、以 B 结尾，且中间为数字字符的任意 3 个字符组成的字符串

注意：当*、？、#、[或-等通配符当普通字符时，必须将搜索的符号放在方括号内。例如，若要搜索问号，在“查找内容”下拉列表框中输入“[?]”；若要搜索连字号，在“查找内容”下拉列表框中输入“[-]”。如果搜索惊叹号或右方括号(])，则不需要将其放在方括号内。要特别注意方括号的使用方法，虽然比较实用，但是有时候也会使得查找发生歧义。例如，要搜索“[text]”字符串，查找内容就不能写成“[text]”，这样它会搜索所有包含 t 或 e 或 x 的字符串，必须写成“[[]text]”才行。

2. **替换指定数据**

在对表进行修改时，如果多处相同的数据要做相同的修改，就可以使用 Access 2010 的替换功能，自动将查找到的数据更新为新数据。

【例 3-12】 将“学生”表中“籍贯”字段中的“湖南”改为“湖南省”。操作步骤如下。

① 用数据表视图打开“学生”表，选中“籍贯”字段列。

② 单击“开始”选项卡，在“查找”命令组中单击“替换”命令按钮，弹出“查找和替换”对话框。

③ 在“查找内容”下拉列表框中输入“湖南”，在“替换为”下拉列表框中输入“湖南省”，在“查找范围”下拉列表框中选中“当前字段”选项，在“匹配”下拉列表框中选中“字段任何部分”选项，如图 3-37 所示。

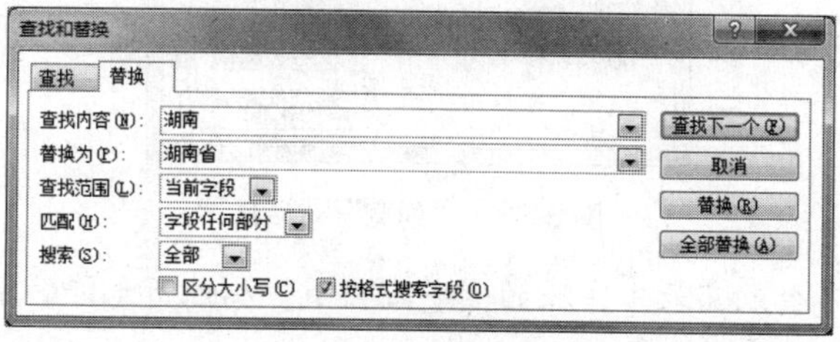

图 3-37 查找和替换操作

④ 如果一次替换一个，单击“查找下一个”按钮，找到后，单击“替换”按钮。如果不替换当前找到的内容，则继续单击“查找下一个”按钮。如果要一次替换出现的全部指定内容，则单击“全部替换”按钮。如果单击“全部替换”按钮，屏幕将显示一个提示框，提示将不能撤销该替换操作，询问是否继续。单击“是”按钮，进行替换操作。

3.5.4 表的修饰

在操作数据时，有时需要重新设置数据在表中的显示形式，使表看上去更加清楚、美观。表的修饰包括调整行高与列宽、改变字段的显示次序、隐藏与显示列、冻结列、设置数据表格式等操作。

1. **调整行高与列宽**

调整行显示高度有两种方法：使用鼠标和菜单命令。

使用鼠标调整行高的操作方法是：使用数据表视图打开要调整的表，然后将鼠标指针放在表中任意两个记录选定器之间，当鼠标指针变为双箭头时，按住鼠标左键不放，拖动鼠标上下移动，调整到所需高度后，松开鼠标左键。改变行高后，整个表的行高都得到了调整。

使用菜单命令调整行高的操作方法是：使用数据表视图打开要调整的表，单击表中任意单元格，然后单击“开始”选项卡，在“记录”命令组中单击“其他”命令按钮，在弹出的下拉菜单中选择“行高”命令，最后在弹出的如图 3-38 所示的“行高”对话框中输入所需的行高值，单击“确定”按钮。

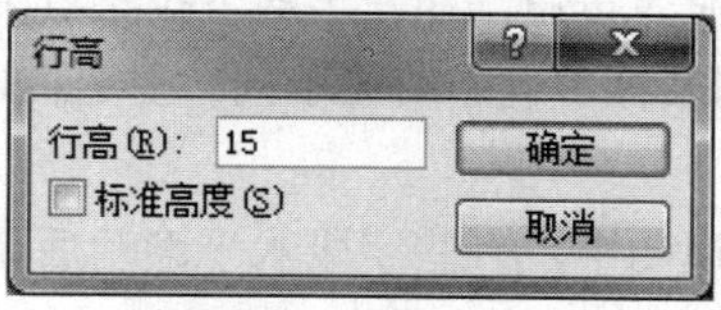

图 3-38 “行高”对话框

与调整行高的操作一样，调整列宽也有两种方法，即鼠标和菜单命令。

使用鼠标调整时，首先将鼠标指针放在要改变宽度的两列字段名中间，当鼠标指针变为双箭头时，按住鼠标左键不放，并拖动鼠标左右移动，当调整到所需宽度时，松开鼠标左键。在拖动字段列中间的分隔线时，如果将分隔线往左拖动超过上一个字段列的右边界时，将会隐藏该列。

使用菜单命令调整列宽时，先选择要改变宽度的字段列，然后单击“开始”选项卡，在“记录”命令组中单击“其他”命令按钮，在弹出的下拉菜单中选择“字段宽度”命令。最后在弹出的如图 3-39 所示的“列宽”对话框中输入所需的列宽值，单击“确定”按钮。如果在“列宽”对话框中输入的值为“0”，则隐藏该字段列。

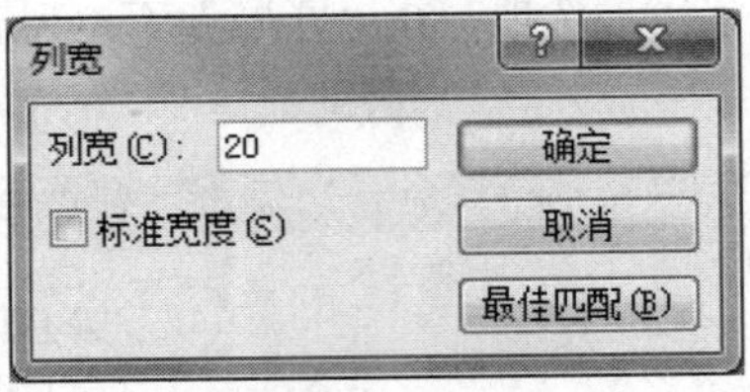

图 3-39　“列宽”对话框

注意： 重新设定列宽不会改变表中字段的“字段大小”属性所允许的字符数，它只是简单地改变字段列所包含数据的显示空间。

2. 改变字段的显示顺序

在默认情况下，表中字段的显示顺序与创建表时的输入顺序相同。但是，在使用数据表视图时，往往需要移动某些列来满足查看数据的要求。此时，可以改变字段的显示顺序。

假定要将“学生”表中的“姓名”字段和“学号”字段互换位置，其操作方法是：使用数据表视图打开“学生”表，将鼠标指针定位在“姓名”字段列的字段名上，鼠标指针会变成一个粗体黑色向下箭头⬇，单击鼠标左键，此时“姓名”字段列被选中。将鼠标指针移动到“姓名”字段列的字段名上，然后按下鼠标左键并拖动鼠标到“学号”字段前，释放鼠标左键。

注意： 使用此方法，可以移动任何单独的字段或所选的多个字段。移动数据表视图中的字段，不会改变表设计视图中字段的排列顺序，而只是改变在数据表视图中字段的显示顺序。

3. 隐藏与显示列

为了便于查看表中的主要数据，可以在数据表视图中将某些字段列暂时隐藏起来，需要时再将其显示出来。

假设要将“学生”表中的“性别”字段列隐藏起来，其操作方法是：用数据表视图打开“学生”表，选中“性别”字段列。如果要一次隐藏多列，单击要隐藏的第 1 列字段选定器，然后按住鼠标左键不放，拖动鼠标到最后一个需要选择的列。单击“开始”选项卡，在“记录”命令组中单击“其他”命令按钮，在弹出的下拉菜单中选择“隐藏字段”命令，将选定的列隐藏起来。

如果希望将隐藏的列重新显示出来，可以在数据表视图中打开“学生”表，单击“开始”选项卡，在“记录”命令组中单击“其他”命令按钮，在弹出的下拉菜单中选择“取消隐藏字段”命令，弹出“取消隐藏列”对话框，在“列”列表框中选中要显示列的复选框，单击“关闭”按钮。

4. 冻结列

当表的字段较多时，在数据表视图中，有些字段水平滚动后无法看到，这就影响了数据的查看。此时，可以利用 Access 2010 提供的冻结列功能，冻结某字段列或某几个字段列，此后，无论怎样水平滚动窗口，这些字段总是可见的，并且总是显示在窗口的最左侧。

例如，冻结“学生”表中的“姓名”列，具体操作方法是：用数据表视图打开“学生”表，选中

“姓名”字段列，然后单击“开始”选项卡，在“记录”命令组中单击“其他”命令按钮，在弹出的下拉菜单中选择“冻结字段”命令。此时水平滚动窗口时，可以看到“姓名”字段列始终显示在窗口的最左侧。要取消冻结列可以在弹出的下拉菜单中选择“取消冻结所有字段”命令。

5. 设置数据表格式

在数据表视图中，一般在水平方向和垂直方向都显示网格线，网格线采用银色，表格的背景采用白色。如果需要，可以改变单元格的显示效果，也可以选择网格线的显示方式、颜色和表格的背景颜色等。设置数据表格式的操作方法是：用数据表视图打开要设置格式的表，根据需要设置的项目，单击“开始”选项卡，在“文本格式”命令组中单击相应命令按钮。例如，如果要去掉水平方向的网格线，可以单击“网格线”命令按钮，并选择“网格线：纵向”命令。如果要将背景颜色设置为其他颜色，可以单击“背景色”命令按钮右侧的下拉按钮，并从打开的列表中选择所需颜色。如果要设置字体，可以在“字体”下拉列表框中选择所需字体。

3.6 表的操作

创建表以后，常常需要对表中数据进行各种操作，主要包括按升序或降序排列记录和对表中数据进行筛选。

3.6.1 将表中的记录排序

在数据库中，当打开一个表时，表中的记录默认按主键字段升序排列。若表中未定义主键，则按输入数据的先后顺序排列记录。有时为了方便数据的查找和操作，需要重新整理数据，为此可以使用对数据进行排序的方法。

1. 排序规则

排序是根据当前表中的一个或多个字段的值对整个表中的所有记录进行重新排列，可按升序或降序排列。记录排序时，不同的字段类型，排序规则有所不同，具体规则如下。

（1）对于文本型字段，英文字母按 A 到 Z 的顺序从小到大，且同一字母的大小写视为相同；中文按拼音字母的顺序排列，靠后的为大；文本中出现的其他字符（如数字字符）按照 ASCII 码值的大小进行比较排列。西文字符比中文字符要小。

（2）对于数字型、货币型字段，按数值的大小排序。

（3）对于日期/时间型字段，按日期的先后顺序排序，靠后的日期为大，如“#2016-1-15#”比“#2015-1-15#”要大。

（4）数据类型为备注型、超链接型、OLE 对象型或附件型的字段不能排序。

（5）按升序排列字段时，如果字段的值为“空值”，则将包含“空值”的记录排列在最前面。

2. 按一个字段排序

按一个字段排序可以在数据表视图中进行，操作简单。例如，对“学生”表按“姓名”字段升序排列记录，操作方法是：用数据表视图打开“学生”表，选中“姓名”字段列，再单击“开始”选项卡，在“排序和筛选”命令组中单击“升序”命令按钮。执行上述操作步骤后，就可以改变表中原有的排列次序，而变为新的次序。保存表时，将同时保存排序结果。

还可以利用“降序”命令按钮实现降序排列，利用“取消排序”命令按钮取消所有排序。

3. 按多个字段排序

按多个字段进行排序时，首先根据第 1 个字段，按照指定的顺序进行排序，当第 1 个字段具有相同值时，再按照第 2 个字段进行排序，以此类推，直到按全部指定的字段排好序为止。例如，在“学生”表中首先按“性别”字段升序排序，性别相同时再按“出生日期”字段降序排序。操作步骤是：用数据表视图打开“学生”表，设置按“性别”字段升序排列，再设置按“出生日期”字段降序排列，排序结果如图 3-40 所示。

学号	姓名	性别	出生日期	是否为少数	籍贯	入学成绩	专业名	简历
20160302	罗聘	男	1997/2/28	☐	四川成都	584	会计学	
20161108	杨敏	男	1997/1/8	☑	云南昆明	603	工业设计	
20160201	王鸿凯	男	1996/8/16	☑	湖南张家界	587	电子商务	
20161002	周克涛	男	1996/7/24	☐	湖南衡阳	602	计算机科学与技术	
20160101	胡宇	男	1996/6/12	☐	江苏南京	583	工商管理	三
20161001	郭豪	男	1996/5/8	☐	河南平顶山	597	计算机科学与技术	
20161209	彭佩佩	女	1997/10/23	☐	陕西西安	593	艺术设计	
20160306	杨芳丽	女	1996/12/30	☑	湖南怀化	588	会计学	
20160102	肖伊	女	1996/4/9	☐	湖北荆州	596	工商管理	2013年获得校
20162025	张哲晓	女	1996/1/25	☑	新疆乌鲁木齐	596	金融学	

图 3-40　按多个字段排序的结果

从结果可以看出，Access 2010 先按性别升序排序，在性别相同的情况下再按出生日期从大到小排序。因此，按多个字段进行排序时，必须注意字段的先后顺序。

3.6.2　对表中的记录进行筛选

从表中挑选出满足某种条件的记录称为记录的筛选，经过筛选后的表，只显示满足条件的记录，而那些不满足条件的记录将被隐藏起来。Access 2010 提供了 4 种筛选记录的方法，分别是按内容筛选、按条件筛选、按窗体筛选及高级筛选。

1. 按内容筛选

按内容筛选是一种最简单的筛选方法，使用它可以很容易地找到包含某字段值的记录。

【例 3-13】 在“学生”表中筛选出非 1997 年出生的男生的记录。操作步骤如下。

① 用数据表视图打开“学生”表，选中“性别”字段列，然后单击“开始”选项卡，在“排序和筛选”命令组中单击“筛选器”命令按钮。或直接单击“性别”字段列标题右侧的下拉按钮，都将弹出如图 3-41 所示的筛选器菜单。

② 仅选中“男”复选框，然后单击“确定”按钮，则表中仅保留男生记录。

③ 继续选中“出生日期”字段列，用同样的方法对其进行筛选。这一次在筛选器菜单中要取消所有的“1997 年”的日期数据，然后单击“确定”按钮，这时，Access 2010 将根据所选的内容筛选出相应的记录，结果如图 3-42 所示。

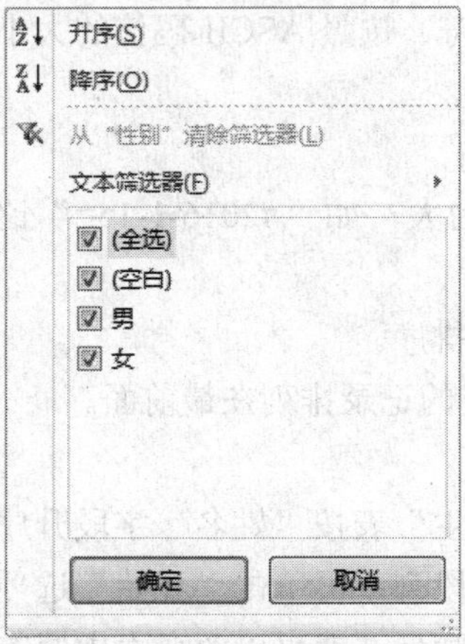

图 3-41　筛选器菜单

如果要取消筛选效果，恢复被隐藏的记录，只需在“排序和筛选”命令组中单击“切换筛选”命令按钮。

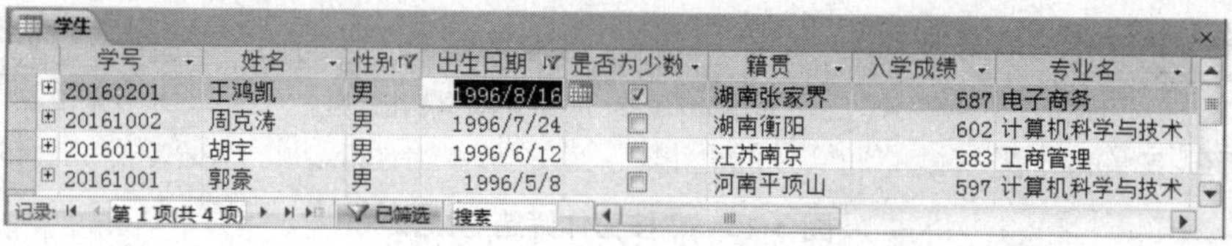

图 3-42 按内容筛选的结果

按内容筛选时，首先要在表中找到一个在筛选产生的记录中必须包含的值。如果这个值不容易找，则最好不使用这种方法。

2. 按条件筛选

按条件筛选是一种较灵活的方法，根据输入的条件进行筛选。

【例 3-14】 在“学生”表中筛选“入学成绩”在 590 分以上的记录。操作步骤如下。

① 用数据表视图打开“学生”表，选中“入学成绩”字段列，然后打开筛选器菜单。

② 选择“数字筛选器”→“大于”命令，弹出“自定义筛选”对话框，如图 3-43 所示。

图 3-43 “自定义筛选”对话框

③ 在对话框中输入 590，单击“确认”按钮。筛选结果如图 3-44 所示。

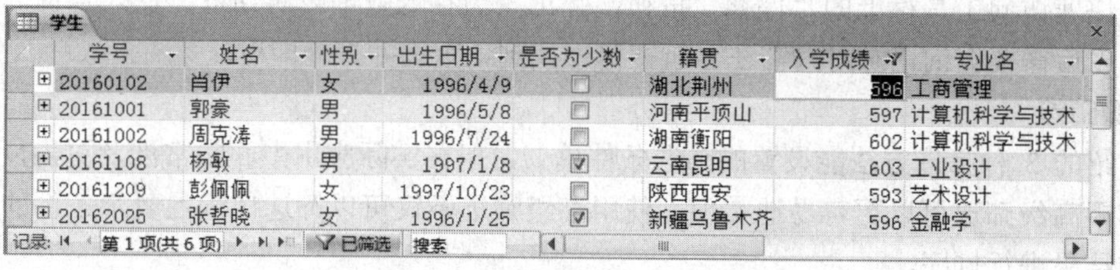

图 3-44 按条件筛选的结果

3. 按窗体筛选

按窗体筛选是一种快速的筛选方法，使用它不用浏览整个表中的记录，还可以同时对两个以上字段值进行筛选。

【例 3-15】 使用按窗体筛选操作在“学生”表中筛选出非 1997 年出生的男生的记录。操作步骤如下。

① 用数据表视图打开“学生”表，单击“开始”选项卡，在“排序和筛选”命令组中单击“高级”命令按钮，将弹出如图 3-45 所示的高级筛选菜单。

② 选择“按窗体筛选”命令，此时数据表视图变成“学生：按窗体筛选”窗口，在该窗口中为字段设定条件。

③ 单击要进行筛选的字段，这里选择“性别”字段，然后单击右侧的下拉按钮，在弹出的下拉列表中选择“男”，再选择“出生日期”字段，在其中输入“<#1997-1-1# Or >#1997-12-31#”，如图 3-46 所示。这是一个逻辑表达式，表示出生日期小于 1997-1-1 或大于 1997-12-31，即非 1997 年出生的学生记录。关于逻辑表达式的书写规则将在第 4 章详细介绍。

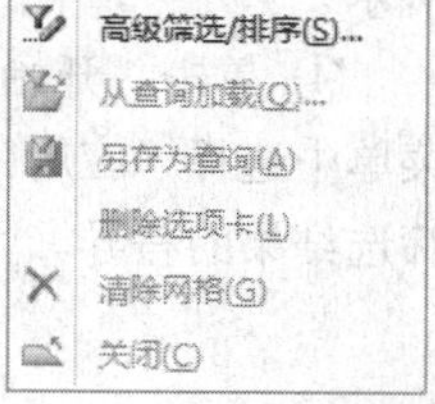

图 3-45 高级筛选菜单

图 3-46　“按窗体筛选”窗口

④ 在高级筛选菜单中选择“应用筛选/排序”命令，筛选的记录结果与图 3-42 相同。单击“切换筛选”命令按钮，则取消筛选效果。

如果选择两个以上的值，还可以通过“学生：按窗体筛选”窗口底部的“或”标签来确定两个字段值之间的关系。例如，保持上述筛选条件设置不变，再选择“学生：按窗体筛选”窗口底部的“或”标签，选择“籍贯”字段，然后单击右侧的下拉按钮，在弹出的下拉列表中选择“云南昆明”，则筛选结果如图 3-47 所示，即筛选出非 1997 年出生的男生或云南昆明籍的所有学生的记录。

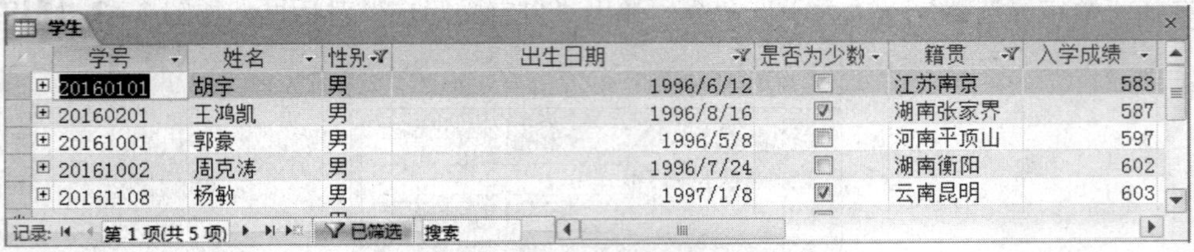

图 3-47　设置“或”条件的筛选结果

还可以把筛选作为查询对象存放起来，以备今后使用。操作方法是：在“学生：按窗体筛选”窗口中，单击快速访问工具栏上的“保存”按钮，弹出“另存为查询”对话框。输入查询名后单击“确定”按钮，以后需要查询记录时只需在导航窗格中找到该查询并打开即可。

4. 高级筛选

前面介绍的 3 种筛选方法能设置的筛选条件单一，但在实际应用中，常常涉及更为复杂的筛选条件，此时使用高级筛选可以更容易地实现。使用高级筛选不仅可以筛选出满足复杂条件的记录，还可以对筛选的结果进行排序。

【例 3-16】 使用高级筛选操作在“学生”表中筛选出非 1997 年出生的男生的记录，且将记录按“出生日期”降序排列。操作步骤如下。

① 用数据表视图打开“学生”表，单击“开始”选项卡，在“排序和筛选”命令组中单击“高级”命令按钮，在弹出的高级筛选菜单中选择“高级筛选/排序”命令，此时出现“学生筛选 1”窗口，在该窗口中为字段设定条件。

② 单击设计网格中第 1 列的“字段”行，并单击右侧的下拉按钮，从打开的列表中选择“性别”字段，然后用同样的方法在第 2 列的“字段”行选择“出生日期”字段。

③ 在“性别”列的“条件”行中输入“男”，在“出生日期”列的“条件”行中输入“<#1997-1-1# Or >#1997-12-31#”。在“出生日期”列的“排序”行选择“降序”选项。设置结果如图 3-48 所示。

④ 单击“开始”选项卡，在“排序和筛选”命令组中单击“高级”命令按钮，在弹出的高级筛选菜单中选择“应用筛选/排序”命令，筛选的记录结果如图 3-49 所示。可以和图 3-42 进行比较，看看筛选结果的差异。

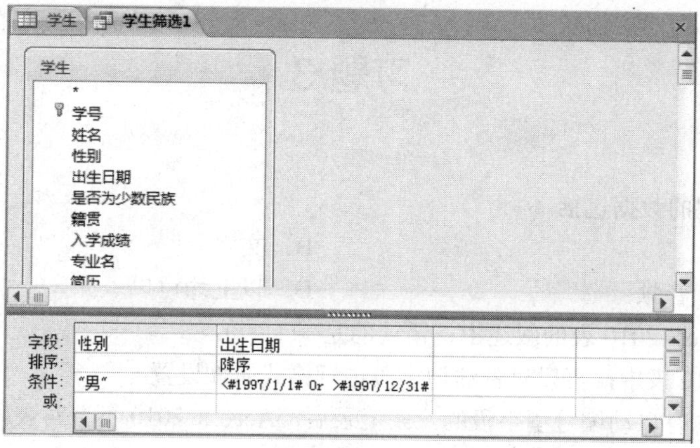

图 3-48 高级筛选窗口

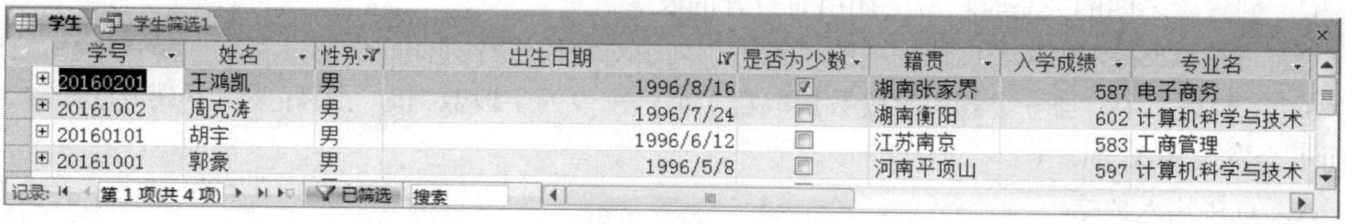

图 3-49 高级筛选结果

3.6.3 对表中的行进行汇总统计

对表中的行进行汇总统计是一项经常性而又非常有用的操作。例如，在“学生”表中求全体学生的平均入学成绩、平均年龄等。Access 2010 通过向表中添加汇总行来实现表中项目的统计，显示汇总行时，可以从下拉列表中选择汇总函数来实现有关统计。

1. 向表中添加汇总行

在 Access 2010 中，对表中不同类型字段的汇总内容不同，对文本型字段可以计数，对数字型字段可以实现最大值、最小值、合计、计数、平均值、标准偏差和方差等统计计算。

【例 3-17】 求“学生”表中全体学生的平均入学成绩。操作步骤如下。

① 用数据表视图打开“学生”表，单击“开始”选项卡，在“记录”命令组中单击“合计”命令按钮，这时将在“学生”表的最后一条记录下添加一个汇总行。

② 单击汇总行中“入学成绩”字段列，出现一个下拉按钮，单击下拉按钮，在出现的汇总函数列表中选择“平均值”，如图 3-50 所示。这时平均入学成绩将显示在单元格中。

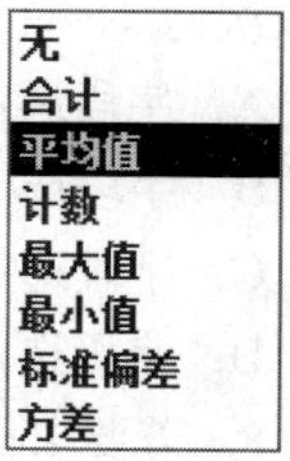

图 3-50 汇总函数列表

2. 隐藏汇总行

如果暂时不需要显示汇总行，但不从表中删除汇总行，则可隐藏汇总行。当再次显示汇总行时，会显示原来的汇总结果。

隐藏汇总行的操作步骤是：在数据表视图中打开表，单击“开始”选项卡，在“记录”命令组中单击“合计”命令按钮，Access 2010 将隐藏汇总行。

汇总行是 Access 2010 新增加的功能，它简化了对表中行的统计计算过程，使原来在查询中才能实现的计算，在表的数据表视图中就可以简单实现。

习题 3

一、选择题

1．Access 能处理的数据包括（　　）。

A．数字　　B．文字

C．图片、动画、音频　　D．以上均可以

2．下面关于 Access 2010 表的叙述中，错误的是（　　）。

A．在 Access 2010 表中，可以对备注型字段进行格式属性设置

B．若删除表中含有自动编号型字段的一条记录后，Access 2010 不会对表中自动编号型字段重新编号

C．创建表之间的关系时，应关闭所有打开的表

D．可在 Access 2010 表设计视图的“说明”列中对字段进行具体的说明

3．在数据库中，当一个表的字段数据取自于另一个表的字段数据时，最好采用下列方法来输入数据而不会发生输入错误（　　）。

A．直接输入数据

B．把该字段的数据类型定义为查阅向导，利用另一个表的字段数据创建一个查阅列表，通过选择查阅列表的值进行输入数据

C．不能用查阅列表值输入，只能直接输入数据

D．只能用查阅列表值输入，不能直接输入数据

4．Access 表中不正确的字段类型是（　　）。

A．文本型　　B．双精度型　　C．主键型　　D．长整型

5．如果要在“职工”表中建立“简历”字段，其数据类型最好采用（　　）型。

A．文本或备注　　B．备注或附件

C．日期或字符　　D．数字或文本

6．要求主表中没有相关记录时就不能将记录添加到相关表中，则应该在表关系中设置（　　）。

A．参照完整性　　B．有效性规则

C．输入掩码　　D．级联更新相关字段

7．表设计视图上半部分的表格用于设计表中的字段，表格的每一行均由 4 部分组成，它们从左到右依次为（　　）。

A．字段选定器、字段名称、数据类型、说明区

B．字段选定器、字段名称、数据类型、字段属性

C．字段选定器、字段名称、数据类型、字段特性

D．字段选定器、字段名称、数据类型、字段大小

8．若要求日期/时间型的“出生年月”字段只能输入包括 1998 年 1 月 1 日在内的以后的日期，则在该字段的“有效性规则”文本框中，应该输入（　　）。

A．<=#1998-1-1#　　B．>=1998-1-1

C．<=1998-1-1　　D．>=#1998-1-1#

9．在 Access 中，利用“查找和替换”对话框可以查找到满足条件的记录，要查找当前字段中所有第一个字符为 y，最后一个字符为 w 的数据，下列选项中通配符使用正确的是（　　）。

A．y[abc]w　　B．y*w　　C．y?w　　D．y#w

10．在数据表视图的方式下，用户可以进行许多操作，这些操作包括（　　）。

① 对表中的记录进行查找、排序、筛选和打印

② 修改表中记录的数据

③ 更改数据表的显示方式

A．①②　　B．①③　　C．①②③　　D．②③

二、填空题

1．Access表由________和________两部分组成。

2．在“学生”表中有“助学金”字段，其数据类型可以是数字型或________。

3．在“学生”表中有“性别”字段，其数据类型除文本型外，还可以是________。

4．学生的学号由6位数字组成，其中不能包含空格，则“学号”字段正确的输入掩码是________。

5．用于建立两表之间关系的两个字段必须具有相同的________。

6．字段输入掩码是给字段输入数据时设置的某种特定的________。

7．________的作用是规定输入到字段中的数据的范围，________的作用是当输入的数据不在规定范围时显示相应的提示信息。

8．要在表中使某些字段不移动显示位置，可用________字段的方法；要在表中不显示某些字段，可用________字段的方法。

三、问答题

1．文本型字段和备注型字段有什么区别？OLE对象型字段和附件型字段有什么区别？

2．在Access 2010中，创建表的方法有哪些？

3．在表之间的关联中，“参照完整性”的作用是什么？“级联更新相关字段”和“级联删除相关字段”各起什么作用？

4．举例说明字段的“有效性规则”属性和“有效性文本”属性的意义和使用方法。

5．记录的排序和筛选各有什么作用？如何取消对记录的筛选/排序？

6．导入数据和链接数据有什么联系和区别？

第 4 章　查询的操作

所谓查询，是指根据用户指定的条件，在表中查找满足条件的记录，并将查询的设计作为一个对象存储起来。利用查询不仅可以从表中查找出符合条件的数据，而且能对表中的数据进行统计、分析和计算，还可以根据需要对数据进行排序并显示出来。可以将查询对象作为窗体、报表的数据源，也可以在查询的基础上再设置条件进行查询。通过查询还可以直接编辑数据库中的数据。

本章围绕 Access 2010 数据库的查询操作而展开。通过本章的学习，应掌握 Access 查询的基本概念、查询条件的书写方法，以及在 Access 2010 中创建选择查询、交叉表查询、参数查询和操作查询的方法。

4.1 查询概述

一个 Access 查询不是数据记录的集合，而是操作命令的集合。创建查询后，保存的是查询的操作，只有在运行查询时才会从查询数据源中抽取数据，并创建动态的记录集合，只要关闭查询，查询的动态数据集就会自动消失。所以，可以将查询的运行结果看成一个临时表，称为动态的数据集。它从形式上很像一个表，但实质是完全不同的，这个临时表并没有存储在数据库中。

4.1.1 查询的功能

在 Access 2010 中，利用查询可以实现多种功能。

1. 选择字段

在查询中，可以只选择表中的部分字段。例如，建立一个查询，只显示“学生”表中每名学生的姓名、性别、入学成绩和专业名。利用此功能，可以选择一个表中的不同字段来生成所需的其他表。

2. 选择记录

在查询中，可以根据指定的条件查找所需的记录，并显示找到的记录。例如，建立一个查询，显示“学生”表中 1997 年出生的学生记录。

3. 编辑记录

编辑记录包括添加、修改和删除记录等操作。在 Access 2010 中，可以利用查询来添加、修改和删除表中的记录。例如，删除“学生”表中姓名为空（Null）的记录。

4. 实现计算

利用查询不仅可以找到满足条件的记录，而且还可以在建立查询的过程中进行各种统计计算。还可以建立一个计算字段，利用计算字段保存计算的结果。例如，根据“学生”表的“出生日期”字段计算每名学生的年龄。

5. 建立新表

利用查询得到的结果可以建立一个新表。例如，查询 1997 年出生的学生记录并存放在一个新表中。

6. **为窗体和报表提供数据**

为了从一个或多个表中选择合适的数据显示在窗体或报表中，可以先建立一个查询，然后将该查询的结果作为数据源。每次打开窗体或打印报表时，该查询就从它的基表中检索出符合条件的最新记录。

4.1.2 查询的类型

在 Access 2010 中，根据对数据源操作方式和操作结果的不同，可以把查询分为 5 种类型，分别是选择查询、交叉表查询、参数查询、操作查询和 SQL 查询。

1. **选择查询**

选择查询是最常用，也是最基本的一种查询。它是从一个或多个数据源中提取数据并显示结果，还可以使用它对记录进行分组，并且对分组的记录进行总计、计数、求平均值，以及其他类型的计算。

2. **交叉表查询**

交叉表查询实际上是一种对数据字段进行汇总计算的方法，计算的结果显示在一个行列交叉的表中。这类查询将表中的字段进行分类，一类放在交叉表的左侧，一类放在交叉表的上部，然后在行与列的交叉处显示表中某个字段的统计值。例如，统计每个专业男、女学生的人数，此时，可以将“专业名”作为交叉表的行标题，“性别”作为交叉表的列标题，统计的人数显示在交叉表行与列的交叉位置。

3. **参数查询**

参数查询是利用对话框来提示用户输入查询数据，然后根据所输入的数据来检索记录。它是一种交互式查询，提高了查询的灵活性。

将参数查询作为窗体和报表的数据源，可以方便地显示和打印所需要的信息。例如，可以用参数查询为基础来创建某个专业的成绩统计报表，打印报表时，Access 弹出对话框来询问报表所需显示的专业，在输入专业后，Access 便打印该专业的成绩报表。

4. **操作查询**

操作查询与选择查询相似，都需要指定查找记录的条件，但选择查询是检索符合条件的一组记录，而操作查询是在一次查询操作中对检索出的记录进行操作。

操作查询共有 4 种类型：生成表查询、删除查询、更新查询和追加查询。生成表查询是利用一个或多个表中的数据建立一个新表；删除查询是用来从一个或多个表中删除记录；更新查询可以对一个或多个表中的记录进行更新和修改；追加查询是将一个或多个表中符合特定条件的记录添加到另一个表的末尾。

5. **SQL 查询**

SQL 查询是使用 SQL 语句创建的查询。有一些特定的 SQL 查询无法使用查询设计视图进行创建，而必须使用 SQL 语句创建。这类查询将在第 5 章介绍。

4.1.3 查询视图

在 Access 2010 中，查询有 5 种视图，分别为数据表视图、数据透视表视图、数据透视图视图、SQL 视图和设计视图。打开一个查询以后，单击“开始”选项卡，在“视图”命令组中单击下拉按钮，在其下拉菜单中可以看到如图 4-1 所示的查询视图命令。选择不同的命令，可以在不同的查询视图间相互切换。

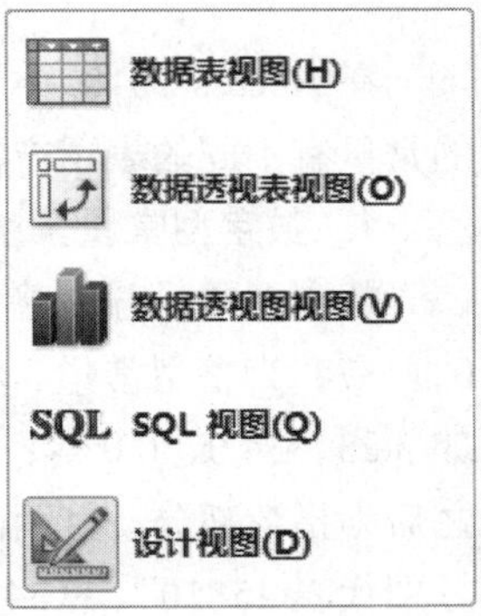

图 4-1 查询视图命令

1. 数据表视图

数据表视图是查询的浏览器，通过该视图可以查看查询的运行结果。

查询的数据表视图看起来很像表，但它们之间有着本质的区别。在查询数据表中无法添加或删除列，而且不能修改查询字段的字段名。这是因为由查询所生成的数据值并不是真正存在的值，而是动态地从表中调来的，是表中数据的一个镜像。查询只是告诉 Access 需要什么样的数据，而 Access 就会从表中查出这些数据的值，并将它们反映到查询数据表中来罢了，也就是说这些值只是查询的结果。

在查询数据表中虽然不能插入列，但是可以移动列，移动的方法和在数据表中移动列的方法是相同的。在查询数据表中也可以改变列宽和行高，还可以隐藏和冻结列。

2. 数据透视表视图和数据透视图视图

数据透视表视图是指用于汇总并分析表或查询中数据的视图，而数据透视图视图则以各种图形方式来显示表或查询中数据的分析和汇总结果。在这些视图中，可以动态地更改查询的版面，从而以各种不同的方法分析数据。

3. SQL 视图

通过 SQL 视图可以编写 SQL 语句完成一些特殊的查询，这些查询是用各种查询向导和查询设计器都无法设计出来的。

4. 设计视图

查询设计视图就是查询设计器，通过该视图可以设计除 SQL 查询之外的任何类型的查询。打开查询设计器窗口后，Access 2010 主窗口的功能区发生了变化。在功能区上添加了“查询工具/设计”上下文选项卡，包含了一些查询操作专用的命令，如“运行”、“查询类型”和“查询设置”等。

在导航窗格中，每单击一种数据库对象都会对功能区做一些相应调整，以便在使用这种对象时能更加方便、快捷。在查询设计视图下的功能区就比较适合进行查询操作。

4.2 查询的条件

在查询操作中，往往需要设置查询条件。例如，查找 1997 年出生的男生的记录，“1997 年出生的男生”就是一个条件，如何表示这个条件是需要了解和学习的问题。

查询条件是用各种运算符把常量、字段名、函数等运算对象连接起来的一个表达式，在创建带条件的查询时经常用到。因此，掌握查询条件的书写规则非常重要。

4.2.1 Access 常量

在 Access 2010 中，常量有数字型常量、文本型常量、日期/时间型常量、是/否型常量，不同类型的常量有不同的表示方法。

1. 数字型常量

数字型常量分为整型常量和实型常量，其表示方法和数学中整数、实数的表示方法类似。如 120、0、−374 为整型常量。实型常量有小数和指数两种表示形式，小数形式的实数由数字和小数点组成，如 3.23、34.0、0.0 等；指数形式的实数用字母 e（或 E）表示以 10 为底的指数，e 之前为数字部分，之后为指数部分，且两部分必须同时出现，指数必须为整数，如 45e−4、9.34e2 等是合法的实型常量，分别代表 45×10^{-4}、9.34×10^{2}，而 e4、3.4e4.5、34e 等是非法的实型常量。

2. 文本型常量

文本型常量也称字符型常量或字符串常量，是用英文单引号或双引号括起来的一串字符，如'Central South University'、"信息系统"等。

3. 日期/时间型常量

日期/时间型常量是用“#”括起来的一个日期或时间，如将2016年1月21日表示成“#2016-1-21#”或“#2016/1/21#”。还可以表示时间，如#2016-1-21 23:12:54#，#23:12:54#。

4. 是/否型常量

是/否型常量也称逻辑型常量，在Access中用True、Yes或-1表示“是”（逻辑真），用False、No或0表示“否”（逻辑假）。

4.2.2 Access常用函数

Access 2010提供了大量的标准函数，这些函数为更好地表示查询条件提供了方便，也为进行数据的统计、计算和处理提供了有效的方法。表4-1～表4-4列举了一些常用函数，函数详细的用法可以查阅系统帮助文档。

表4-1 常用算术函数

格式	功能
Abs(<数值表达式>)	返回“数值表达式”的绝对值
Sqr(<数值表达式>)	返回“数值表达式”的平方根值
Sin(<数值表达式>)	返回“数值表达式”的正弦值
Cos(<数值表达式>)	返回“数值表达式”的余弦值
Tan(<数值表达式>)	返回“数值表达式”的正切值
Atn(<数值表达式>)	返回“数值表达式”的反正切值
Exp(<数值表达式>)	将“数值表达式”的值作为指数 x，返回 e^x 的值
Log(<数值表达式>)	返回“数值表达式”的自然对数值
Rnd(<数值表达式>)	返回一个0～1之间的随机数
Round(<数值表达式>,*n*)	对“数值表达式”求值并保留 n 位小数，从 $n+1$ 位小数起进行四舍五入。例如，Round(3.1415,3)输出的函数值为3.142
Fix(<数值表达式>)	返回“数值表达式”的整数部分，即截掉小数部分
Int(<数值表达式>)	返回不大于“数值表达式”的最大整数

表4-2 常用日期和时间函数

格式	功能
Date()	返回系统日期
Time()	返回系统时间
Now()	返回系统日期和时间
DateDiff(<间隔方式>,<日期表达式1>,<日期表达式2>)	返回“日期表达式2”与“日期表达式1”之间的间隔。例如，DateDiff("d","2013-5-1","2013-6-1")返回两个日期之间相差的天数31，其中d可以换为yyyy，m，w等，分别返回两个日期之间相差的年数、月数和周数

续表

格　　式	功　　能
Year(<日期表达式>)	返回“日期表达式”的年份
Month(<日期表达式>)	返回“日期表达式”的月份
Day(<日期表达式>)	返回“日期表达式”所对应月份的日期，即该月的第几天
Hour(<日期/时间表达式>)	返回“日期/时间表达式”的小时（按 24 小时制）
Minute(<日期/时间表达式>)	返回“日期/时间表达式”的分钟部分
Second(<日期/时间表达式>)	返回“日期/时间表达式”的秒数部分
Weekday(<日期表达式>)	返回某个日期的当前星期（星期天为 1，星期一为 2，星期二为 3，……）

表 4-3　条件函数

格　　式	功　　能
IIf(逻辑表达式,表达式 1,表达式 2)	如果“逻辑表达式”的值为真，取“表达式 1”的值为函数值，否则取“表达式 2”的值为函数值。例如，IIf(7>5,"AAA","BBB")返回“AAA”

表 4-4　常用字符函数

格　　式	功　　能
Asc(<字符表达式>)	返回“字符表达式”首字符的 ASCII 码值。例如，Asc("A")返回 65
Chr(<字符的 ASCII 码值>)	将 ASCII 码值转换成字符。例如，Chr(65)返回字符 A
Len(<字符表达式>)	返回“字符表达式”的字符个数。例如，Len("中南大学")返回 4
Left(<字符表达式>,<数值表达式>)	从“字符表达式”的左边截取若干个字符，字符的个数由“数值表达式”的值确定。例如，Left("中南大学",2)返回“中南”
Right(<字符表达式>,<数值表达式>)	从“字符表达式”的右边截取若干个字符，字符的个数由“数值表达式”的值确定。例如，Right("中南大学",2)返回“大学”
Mid(<字符表达式>,<数值表达式 1>,<数值表达式 2>)	从“字符表达式”的某个字符开始截取若干个字符，起始字符的位置由“数值表达式 1”的值确定，字符的个数由“数值表达式 2”的值确定。例如，Mid("ABCDEFG",3,4)返回“CDEF”
Space(<数值表达式>)	产生空字符串，空格的个数由“数值表达式”的值确定。例如，Space(5)返回 5 个空格
Ucase(<字符表达式>)	将字符串中的小写字母转换为相应的大写字母。例如，Ucase("abCDEF")返回“ABCDEF”
Lcase(<字符表达式>)	将字符串中的大写字母转换为相应的小写字母。例如，Lcase("abCDEF")返回“abcdef”
Format(<表达式>[,<格式串>])	对“表达式”的值进行格式化。例如，Format(5/3,"0.0000")返回 1.6667，Format(#05/04/2013#,"yyyy-mm-dd")返回“2013-05-04”
InStr(<字符表达式 1>,<字符表达式 2>)	查询“字符表达式 2”在“字符表达式 1”中的位置。例如，InStr("数据库Access","e")返回 7，InStr("abc","f")返回 0
LTrim(<字符表达式>)	删除字符串的前导空格
RTrim(<字符表达式>)	删除字符串的尾部空格
Trim(<字符表达式>)	删除字符串的前导和尾部空格

4.2.3　Access 运算

Access 2010 提供了算术运算、字符运算、日期运算、关系运算和逻辑运算，每种运算有各自不同的运算符，这些运算符遵循相应的运算规则。

1. 算术运算

Access 2010 的算术运算符有：^（乘方）、*（乘）、/（除）、\（整除）、Mod（求余）、+（加）、-（减）。

各运算符运算的优先顺序和数学中的算术运算规则完全相同，即乘方运算的优先级最高，接下来是乘、除，最后是加、减。同级运算按自左向右的方向进行运算。

各运算符的运算规则也和一般算术运算规则相同，其中，求余运算符 Mod 的作用是求两个数相除的余数，如 5 Mod 3 的结果为 2。“/”与“\”的运算含义不同，前者是进行除法运算，后者是进行除法运算后将结果取整，如 5/2 的结果为 2.5，而 5\2 的结果为 2。

2. 字符运算

Access 2010 的字符运算可以将两个字符连接起来得到一个新的字符，其运算符有“+”和“&”两个。

（1）“+”运算的功能是将两个字符连接起来形成一个新的字符，要求连接的两个量必须是字符。例如，"Access"+"数据库"的结果是“Access 数据库”。

（2）“&”连接的两个量可以是字符、数值、日期/时间或逻辑型数据，当不是字符时，Access 2010 先把它们转换成字符，再进行连接运算。例如，"ABC" & "XYZ"的结果是“ABCXYZ”，123 & 456 的结果是“123456”，True & False 的结果是“-10”，"总计：" & 5*6 的结果是“总计：30”。

3. 日期运算

Access 2010 的日期运算符有“+”和“-”两种，它们的运算规则如下。

（1）一个日期型数据加上或减去一个整数（代表天数）将得到将来或过去的某个日期。例如，#2016-3-21#+10 的结果是“2016-3-31”。

（2）一个日期型数据减去另一个日期型数据将得到两个日期之间相差的天数。例如，#2016-3-21#-#2015-3-21#的结果是 366（2016 年是闰年）。

4. 关系运算

Access 2010 的关系运算表示两个量之间的比较，其值是一个逻辑量。关系运算符有：<（小于）、<=（小于等于）、>（大于）、>=（大于等于）、=（等于）、<>（不等于）。

关系运算符的运算规则和记录排序时字段的比较规则相同，详见 3.6.1 节。例如，"助教">"教授"的结果为 True，"abc"<"a"的结果为 False，#2016-2-22#>=#2013-2-22#的结果为 True。

在数据库操作中，经常还需用到一组特殊的关系运算符，包括如下 4 种。

（1）Between A And B：判断左侧表达式的值是否介于 A 和 B 两值之间（包括 A 和 B，且 A≤B）。如果是，结果为 True，否则为 False。例如，Between 10 And 20 判断是否在[10, 20]区间范围内。

（2）In：判断左侧表达式的值是否在右侧的各个值中。如果在，结果为 True，否则为 False。例如，In("优","良","中","及格") 判断是否等于“优”、“良”、“中”和“及格”中的一个。

（3）Like：判断左侧表达式的值是否符合右侧指定的模式。如果符合，结果为 True，否则为 False。例如，Like "Ma*"表示以“Ma”开头的字符串。

（4）Is Null：判断字段是否为“空值”，而“Is Not Null”则判断字段是否“非空”。

注意：“空值”（Null）表示未定义值，而不是空格或 0。

5. 逻辑运算

逻辑运算符可以将逻辑型数据连接起来，能表示更复杂的条件，其值仍是逻辑量。常用的逻辑运算符有：Not（逻辑非）、And（逻辑与）、Or（逻辑或）。

（1）逻辑非运算符是单目运算符，只作用于后面的一个逻辑型数据，若操作数为 True，则返回 False；若操作数为 False，则返回 True。例如，Not Like "Ma*"表示不是以“Ma”开头的字符串。

（2）逻辑与运算符将两个逻辑量连接起来，只有两个逻辑量同时为 True 时，结果才为 True，只要其中有一个为 False，结果即为 False。例如，“>=10 And <=20”与“Between 10 And 20”等价。

（3）逻辑或运算符将两个逻辑量连接起来，两个逻辑量中只要有一个为 True，结果即为 True，只有两个逻辑量均为 False 时，结果才为 False。例如，“<10 Or >20”表示小于 10 或大于 20。

4.2.4 查询条件举例

在对表进行查询时，常常要表达各种条件，即对满足条件的记录进行操作，此时就要综合运用 Access 2010 各种数据对象的表示方法，写出条件表达式。表 4-5 列举了一些查询条件示例。

表 4-5 查询条件示例

字 段 名	条 件	功 能
籍贯	"湖南长沙" Or "云南昆明"	查询籍贯是“湖南长沙”或“云南昆明”学生的记录
	In("湖南长沙","云南昆明")	
姓名	Like "刘*"	查询姓“刘”学生的记录
	Left([姓名],1)="刘"	
	Mid([姓名],1,1)="刘"	
	InStr([姓名],"刘")=1	
出生日期	Date()-[出生日期]<=20*365	查询 20 岁以下学生的记录
	Year(Date())-Year([出生日期])<=20	
	Year([出生日期])=1997	查询 1997 年出生的学生的记录
	Between #1997-1-1# And #1997-12-31#	
是否为少数民族	Not [是否为少数民族]	查询汉族学生的记录
入学成绩	>=560 And <=650	查询入学成绩在[560,650]之间的记录
	Between 560 And 650	

其中，查询“籍贯”为湖南长沙或云南昆明的学生记录的查询条件可以表示为“="湖南长沙" Or ="云南昆明"”，但为了输入方便，Access 2010 允许在表达式中省略“=”，所以直接表示为“"湖南长沙" Or "云南昆明"”。输入字符时，如果没有加双引号，Access 2010 会自动加上。

在条件中，字段名可以用方括号括起来。在引用字段时，字段名和字段类型应遵循字段定义时的规则，否则会出现错误。

4.3 创建选择查询

选择查询的目的是用来挑选表中的记录，并组合成动态数据集。该动态数据集既可供数据的查看或编辑使用，又可作为窗体或报表的数据源。选择查询的另一个目的是对记录进行分组，以及对字段进行各种计算。

在 Access 2010 主窗口，“创建”选项卡的“查询”命令组中包括“查询向导”和“查询设计”两个命令按钮，都可用于创建查询。其中“查询向导”命令能提示并引导用户快速创建查询，但不能设置查询条件。而在“查询设计”命令中，不仅可以完成新建查询的设计，而且可以修改已有查询。两种方法各具特点，“查询向导”操作简单、方便，而“查询设计”功能丰富、灵活，可以根据实际需要进行选择。

4.3.1 使用查询向导创建选择查询

Access 2010 提供了简单查询向导、交叉表查询向导、查找重复项查询向导和查找不匹配项查询向导来创建查询。其中，交叉表查询向导用于创建交叉表查询，而其他查询向导创建的都是选择查询。

1. 简单查询向导

简单查询向导可以从一个或多个表中检索数据，并可对记录进行计算。创建查询时，先要确定数据源，即确定创建查询所需要的字段由哪些表或查询提供，然后确定查询中要使用的字段。

【例 4-1】 查找“学生”表中的记录，并显示“姓名”、“性别”、“出生日期”和“专业名”4 个字段。操作步骤如下。

① 打开“教学管理”数据库，单击“创建”选项卡，在“查询”命令组中单击“查询向导”命令按钮，弹出“新建查询”对话框（如图 4-2 所示），选择“简单查询向导”选项，单击“确定”按钮。

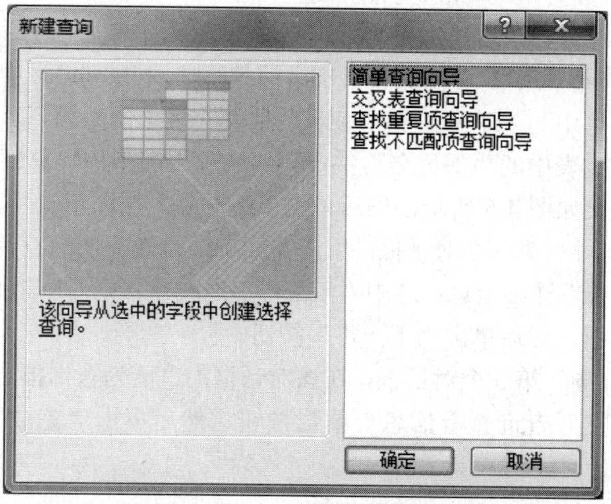

图 4-2 “新建查询”对话框

② 弹出“简单查询向导”第 1 个对话框，在其“表/查询”下拉列表框中选择“学生”表作为选择查询的数据源。这时，“可用字段”列表框中显示“学生”表中包含的所有字段，双击“姓名”字段，将该字段添加至“选定字段”列表框中。使用同样方法将“性别”、“出生日期”和“专业名”字段添加到“选定字段”列表框中，结果如图 4-3 所示，然后单击“下一步”按钮。

在选择字段时，也可以使用 > 和 >> 按钮。使用 > 按钮一次选择一个字段，使用 >> 按钮一次选择全部字段。若对已选择的字段不满意，可以使用 < 和 << 按钮删除所选字段。

③ 弹出“简单查询向导”第 2 个对话框，在“请为查询指定标题”文本框中输入查询名称，也可以使用默认标题“学生 查询”，本例使用默认名称。如果要修改查询设计，则选中“修改查询设计”单选按钮。本例选中“打开查询查看信息”单选按钮，最后单击“完成”按钮，此时完成查询设置，并同时显示查询结果，如图 4-4 所示。

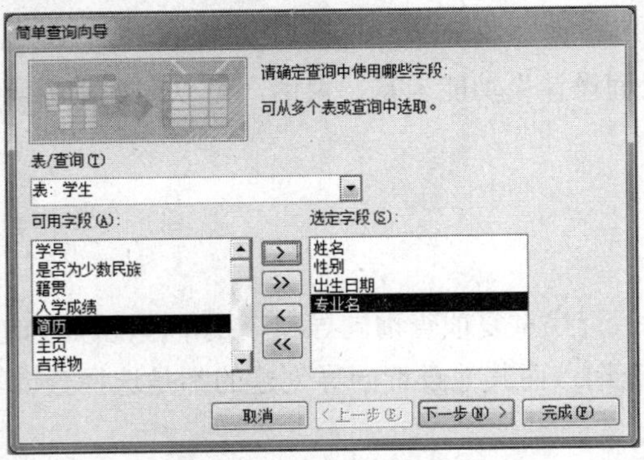

图 4-3　字段选定结果

图 4-4　学生信息查询结果

在例4-1中，查询的内容来自于一个表，但有时需要查询的记录可能不在一个表中，因此必须建立多表查询才能找出满足要求的记录。

【例 4-2】 查询学生所选课程的成绩，并显示“学号”、“姓名”、“课程名”和“总评成绩”字段。

这个查询要涉及“学生”、“课程”和“选课”3 个表，要求必须已建立好 3 个表之间的关联。操作步骤如下。

① 打开“教学管理”数据库，单击“创建”选项卡，在“查询”命令组中单击“查询向导”命令按钮，弹出“新建查询”对话框，选择“简单查询向导”选项，单击“确定”按钮。

② 弹出“简单查询向导”第 1 个对话框，在“表/查询”下拉列表框中选择“学生”表，然后分别双击“可用字段”列表框中的“学号”和“姓名”字段，将它们添加到“选定字段”列表框中。使用相同的方法，将“课程”表中的“课程名”字段和“选课”表中的“总评成绩”字段添加到“选定字段”列表框中，选择结果如图 4-5 所示，然后单击“下一步”按钮。

③ 弹出“简单查询向导”第 2 个对话框，用户需要确定是建立明细查询，还是建立汇总查询。选中“明细”单选按钮，则查看详细信息；选中“汇总”单选按钮，则对一组或全部记录进行各种统计。本例选中“明细”单选按钮，然后单击“下一步”按钮。

④ 弹出“简单查询向导”第 3 个对话框，在该对话框的“请为查询指定标题”文本框中输入“学生选课成绩”，并选中“打开查询查看信息”单选按钮，然后单击“完成”按钮，查询结果显示如图 4-6 所示。

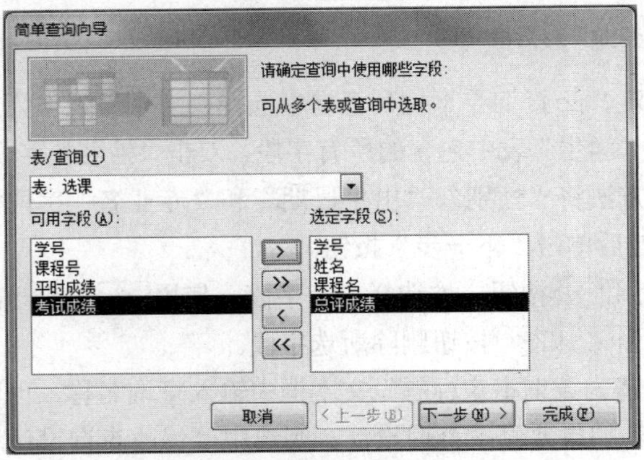

图 4-5　确定查询中所需的字段

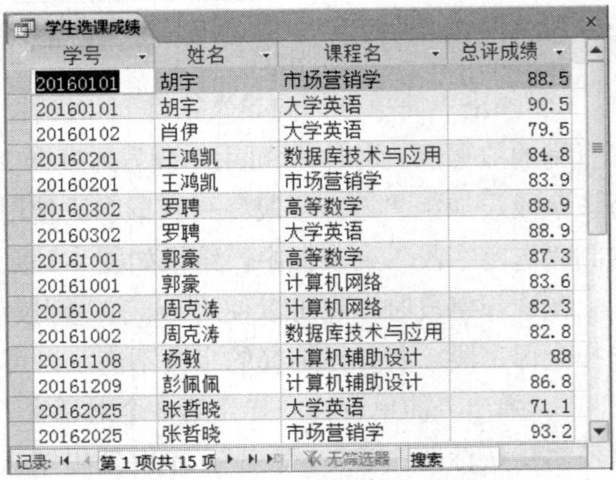

图 4-6 “学生选课成绩”查询结果

2. 查找重复项查询向导

查找重复项是指查找一个或多个字段的值相同的记录，其数据源只能有一个。

【例 4-3】 查找学时相同的课程，要求显示课程名和学时。

课程名和学时都包含在“课程”表中，因此“课程”表就是该查询的数据源。操作步骤如下。

① 参考简单查询向导的操作步骤，在“新建查询”对话框时双击“查找重复项查询向导”选项，在弹出的对话框中选择“课程”表（如图 4-7 所示），单击“下一步”按钮。

② 确定可能包含重复信息的字段，即要求哪些字段取值相同，这里将“学时”字段添加到“重复值字段”列表框中（如图 4-8 所示），然后单击“下一步”按钮。

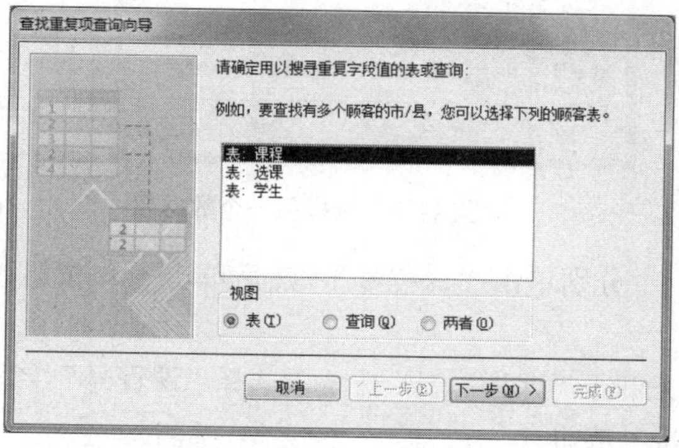

图 4-7 选择“课程”表作为数据源

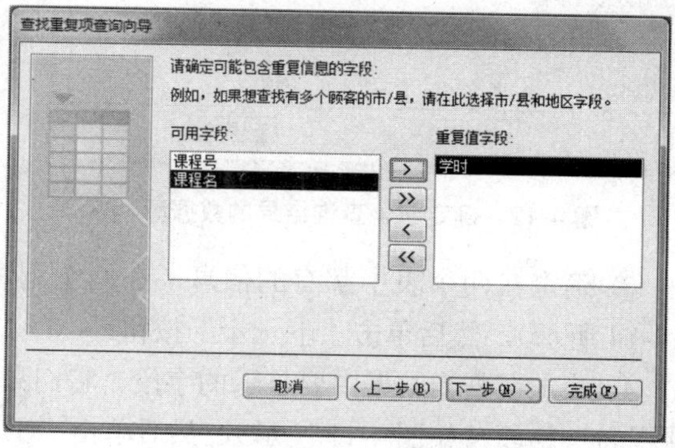

图 4-8 确定重复值字段

③ 确定在查询结果中除了显示上一步选择的带有重复值的字段外，还需要显示哪些字段。按要求将“课程名”字段添加到“另外的查询字段”列表框中（如图 4-9 所示），然后单击“下一步”按钮。

④ 在出现的对话框中输入查询的名称，如图 4-10 所示。单击“完成”按钮，即可看到如图 4-11 所示的结果。

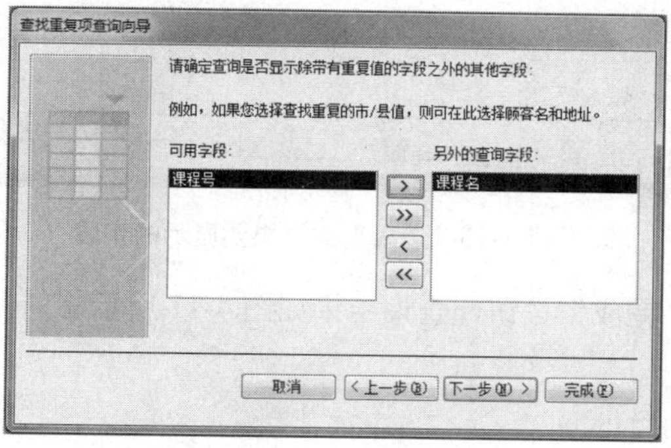

图 4-9 确定另外的查询字段

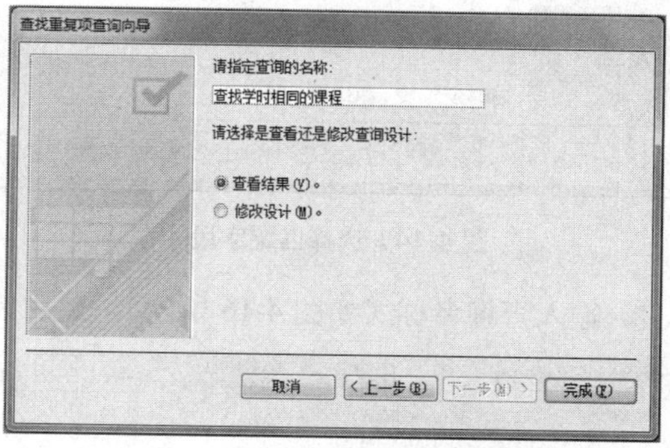

图 4-10 输入查找重复项查询的名称

3. 查找不匹配项查询向导

查找不匹配项是指查找一个表和另一个表不匹配的记录，其数据源必须是两个。

【例 4-4】 查找没有考试成绩的课程信息，即没有在“选课”表中出现的课程，要求显示课程号和课程名。操作步骤如下。

① 参考简单查询向导的操作步骤，在“新建查询”对话框时双击“查找不匹配项查询向导”选项，在弹出的对话框中要求确定包

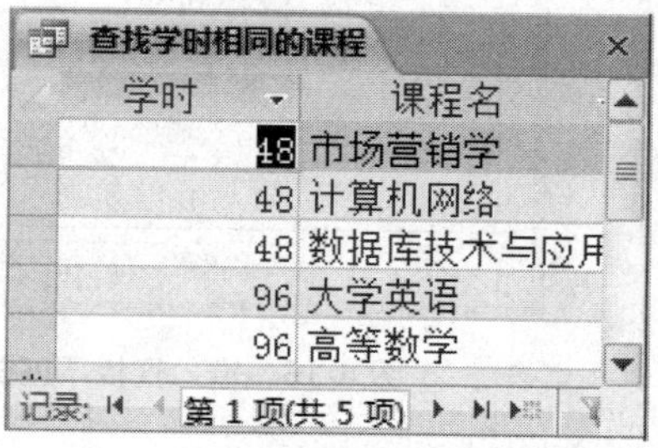

图 4-11 查找重复项查询结果

含在查询结果中的表或查询，这里选择“课程”表（如图 4-12 所示），然后单击“下一步”按钮。

② 确定查询结果中的哪些记录在所选的表中没有相关记录，这里选择“选课”表（如图 4-13 所示），然后单击“下一步”按钮。

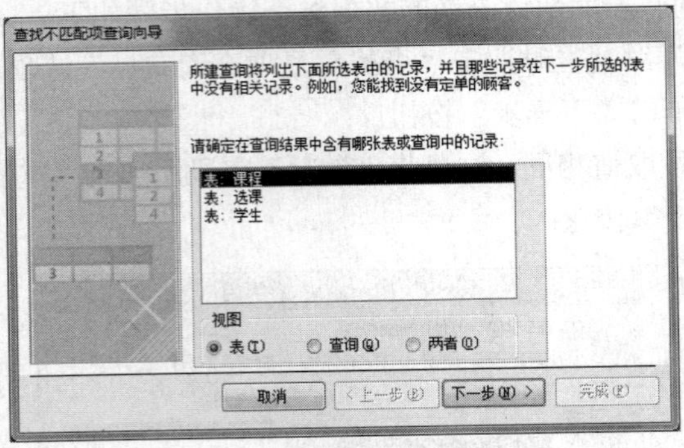

图 4-12　确定包含查询结果的数据源

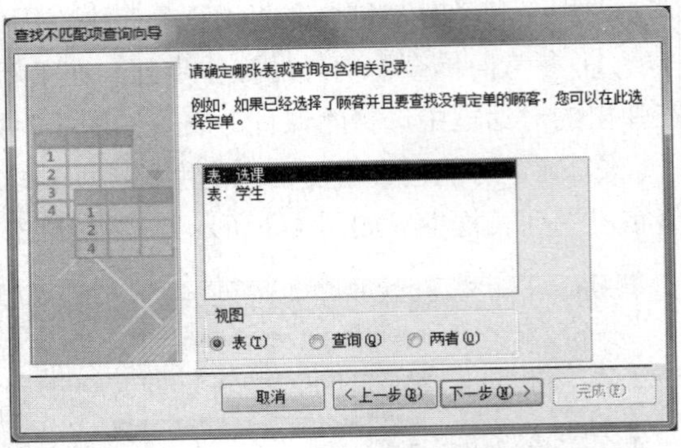

图 4-13　选择另一个数据源

③ 确定在两个表中都有的信息，在两个列表框中分别单击“课程号”，然后单击 <=> 按钮（如图 4-14 所示），然后单击“下一步”按钮。

④ 确定在查询结果中要显示的字段，它们只能来源于“课程”表。按要求选择“课程号”字段和“课程名”字段（如图 4-15 所示），然后单击“下一步”按钮。

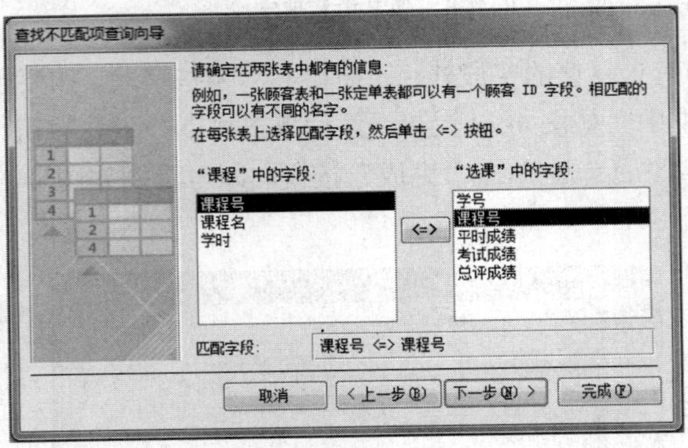

图 4-14　选择匹配字段

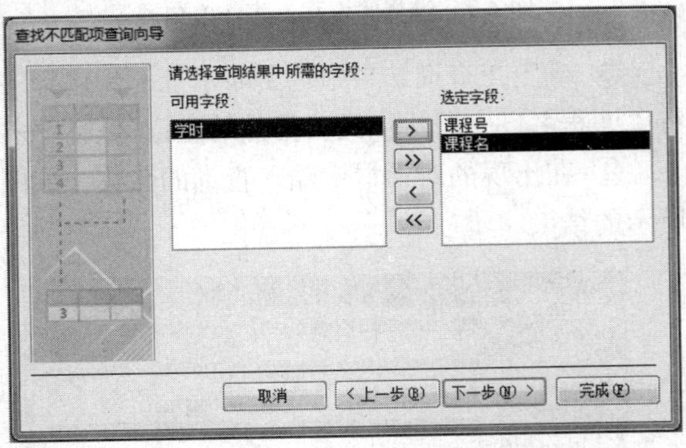

图 4-15　选择查询结果要显示的字段

⑤ 输入查询名称（如图 4-16 所示），然后单击“完成”按钮，查询结果如图 4-17 所示。

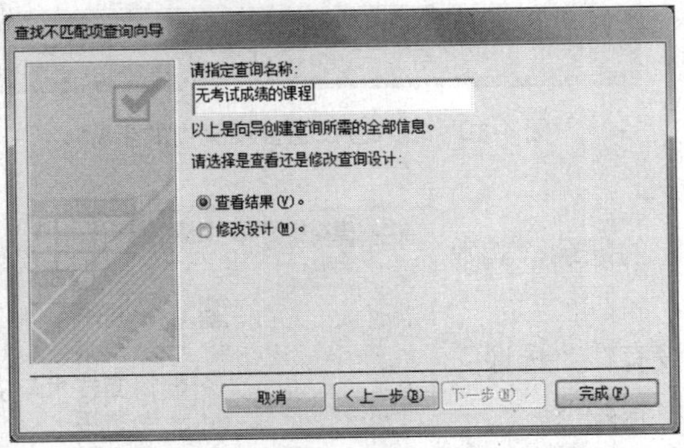

图 4-16　输入查找不匹配项查询名称

图 4-17　查找不匹配项查询结果

4.3.2 在查询设计视图中创建选择查询

使用“查询设计”命令是建立和修改查询最主要的方法。在查询设计视图中，既可以创建不带条件的查询，也可以创建带条件的查询，还可以对已创建的查询进行修改。这种由用户自主设计查询的方法比采用查询向导创建查询更加灵活。

1. 查询设计视图窗口

打开“教学管理”数据库，单击“创建”选项卡，在查询命令组中单击“查询设计”命令按钮，可以打开查询设计视图窗口，并弹出“显示表”对话框，关闭“显示表”对话框可以得到空白的查询设计窗口，如图 4-18 所示。

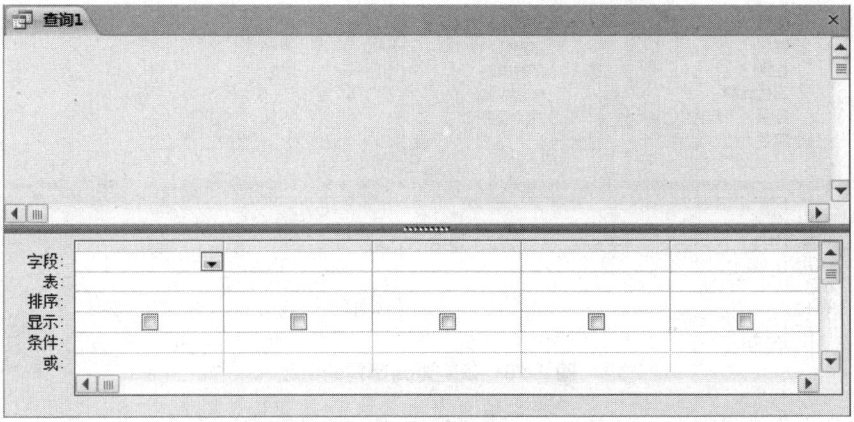

图 4-18 查询设计视图窗口

查询设计视图窗口分为上下两部分。上半部分是字段列表区，其中显示所选表的所有字段；下半部分是设计网格，其中的每一列对应查询动态集中的一个字段，每一行代表查询所需要的一个参数。其中，“字段”行设置查询要选择的字段，“表”行设置字段所在的表或查询的名称，“排序”行定义字段的排序方式，“显示”行定义选择的字段是否在数据表视图（查询结果）中显示出来，“条件”行设置字段限制条件，“或”行设置“或”条件来限制记录的选择。汇总时还会出现“总计”行，用于定义字段在查询中的计算方法。

打开查询设计视图窗口后，会自动显示“查询工具/设计”上下文选项卡，利用其中的命令按钮可以实现查询过程中的相关操作。

2. 创建不带条件的查询

创建不带条件的查询就是要确定查询的数据源，并将查询字段添加到查询设计视图窗口，但不需要设置查询条件。

【例 4-5】 使用查询设计视图创建例 4-2 的“学生选课成绩”查询。操作步骤如下。

① 打开“教学管理”数据库，单击“创建”选项卡，在“查询”命令组中单击“查询设计”命令按钮，打开查询设计视图窗口，并显示“显示表”对话框。

② 双击“学生”表，将“学生”表的字段列表添加到查询设计视图上半部分的字段列表区中，同样分别双击“课程”表和“选课”表，也将它们的字段列表添加到查询设计视图的字段列表区中。然后单击“关闭”按钮关闭“显示表”对话框。

③ 在表的字段列表中选择字段并添加到设计网格的“字段”行上，其方法有以下 3 种：

- 单击某字段，按住鼠标左键不放将其拖到设计网格中的“字段”行上；
- 双击选中的字段；
- 单击设计网格中“字段”行上要放置字段的列，单击右侧的下拉按钮，并从下拉列表中选择所需的字段。

这里分别双击“学生”表中的“学号”和“姓名”字段，“课程”表中的“课程名”字段，“选课”表中的“总评成绩”字段，将它们添加到“字段”行的第1～4列上，这时“表”行上显示了这些字段所在表的名称，结果如图4-19所示。

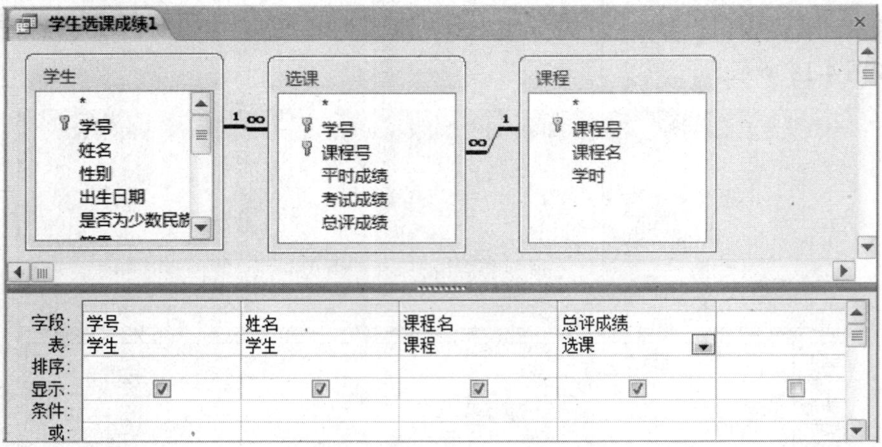

图4-19　确定查询所需的字段

④ 选择“文件”→“保存”菜单命令，或在快速访问工具栏中单击“保存”按钮，打开“另存为”对话框，在“查询名称”文本框中输入“学生选课成绩1”，单击“确定”按钮。

⑤ 在“查询工具/设计”上下文选项卡的“结果”命令组里单击“视图”下拉按钮，再在下拉菜单中选择“数据表视图”命令，或在“结果”命令组里单击“运行”命令按钮，可以看到“学生选课成绩1”查询的运行结果，结果与图4-6相同。

3. 创建带条件的查询

在查询操作中，带条件的查询是大量存在的，这时可以在查询设计视图中设置条件来创建带条件的查询。

【例4-6】 查找1997年出生的男生信息，要求显示“学号”、“姓名”、“性别”、“是否为少数民族”等字段内容。操作步骤如下。

① 打开“教学管理”数据库，单击“创建”选项卡，在“查询”命令组中单击“查询设计”命令按钮，打开查询设计视图窗口，在“显示表”对话框中将“学生”表添加到字段列表区中。

② 查询结果没有要求显示“出生日期”字段，但由于查询条件需要使用这个字段，因此，在确定查询所需的字段时必须选择该字段。分别双击“学号”、“姓名”、“性别”、“是否为少数民族”、“出生日期”字段，将它们添加到设计网格的“字段”行的第1～5列中。

③ 按要求，“出生日期”字段只作为查询条件，不显示其内容，因此应该取消“出生日期”字段的显示。单击“出生日期”字段的“显示”行上的复选框，这时复选框内变为空白。

④ 在“性别”字段列的“条件”行中输入条件“男”，在“出生日期”字段列的“条件”行中输入条件“Year([出生日期])=1997”，设置结果如图4-20所示。

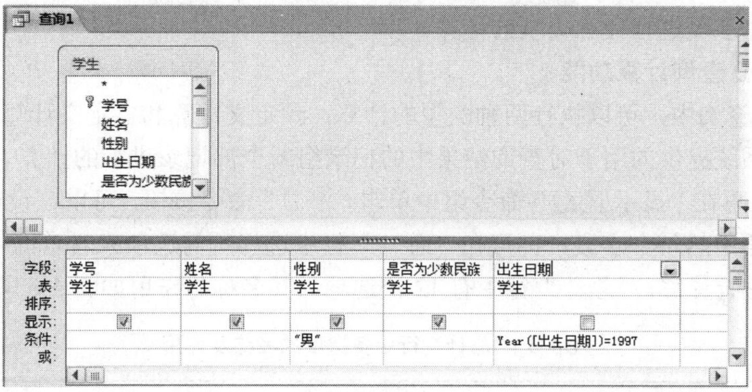

图 4-20　设置查询条件

“出生日期”字段的条件还有多种描述方法，如 Between #1997-1-1# And #1997-12-31#、>=#1997-1-1# And <=#1997-12-31#、Like "1997*"等。

⑤ 保存查询，查询名称为“1997 年出生的男生信息”，然后单击“确定”按钮。

⑥ 运行该查询，或切换到数据表视图，查询结果如图 4-21 所示。

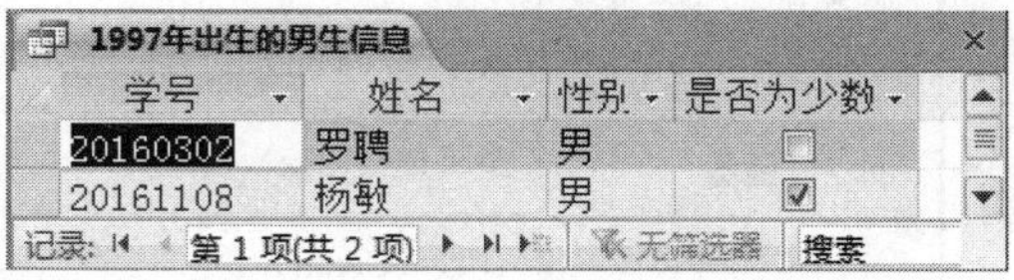

图 4-21　带条件查询的结果

在例 4-6 所建查询中，查询条件涉及“性别”和“出生日期”两个字段，要求两个字段值均等于条件给定值，此时，应将两个条件同时写在“条件”行上。若两个条件是“或”关系，应将其中一个条件放在“或”行。例如，查找少数民族学生或成绩大于等于 90 分的女生，显示“姓名”、“性别”和“总评成绩”字段，则查询设计视图中的设置结果如图 4-22 所示。

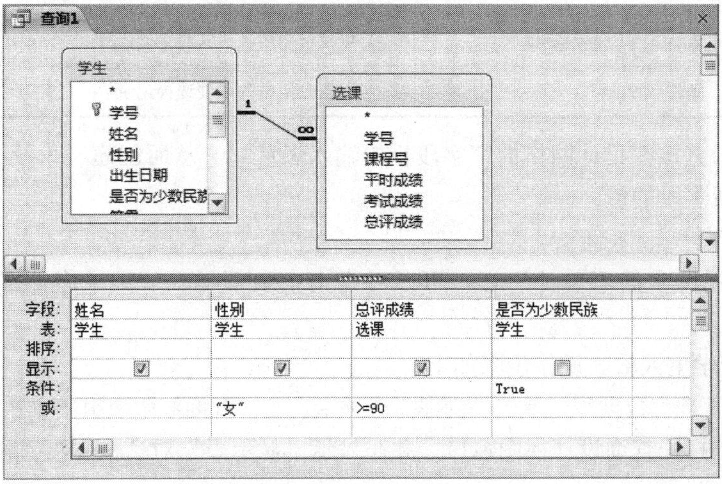

图 4-22　使用“或”行设置条件

4.3.3　在查询中进行计算

在查询中还可以对数据进行计算，从而生成新的查询数据。常用的计算方法有求和、计数、求最大值、最小值和平均值等。在查询时可以利用查询设计视图中的设计网格的“总计”行进行各种统计，还可以通过创建计算字段进行任意类型的计算。

1. Access 2010 查询计算功能

在 Access 2010 查询中，可以执行两种类型的计算：预定义计算和自定义计算。

预定义计算是系统提供的用于对查询结果中的记录组或全部记录进行的计算。单击“查询工具/设计”上下文选项卡，再在“显示/隐藏”命令组中单击“汇总”命令按钮，可以在设计网格中显示出“总计”行。对设计网格中的每个字段，都可在“总计”行中选择所需选项来对查询中的全部记录、一条记录或多条记录组进行计算。“总计”行中有 12 个选项，其名称与作用如表 4-6 所示。

表 4-6 “总计”行中各选项的名称及作用

选项名称		作　用
函数	合计（Sum）	计算字段中所有记录值的总和
	平均值（Avg）	计算字段中所有记录值的平均值
	最小值（Min）	取字段中所有记录值的最小值
	最大值（Max）	取字段中所有记录值的最大值
	计数（Count）	计算字段中非空记录值的个数
	标准差（StDev）	计算字段记录值的标准偏差
	变量（Var）	计算字段记录值的方差
其他选项	分组（Group By）	将当前字段设置为分组字段
	第一条记录（First）	找出表或查询中第一个记录的字段值
	最后一条记录（Last）	找出表或查询中最后一个记录的字段值
	表达式（Expression）	创建一个用表达式产生的计算字段
	条件（Where）	设置分组条件以便选择记录

自定义计算是指直接在设计网格的空字段行中输入表达式，从而创建一个新的计算字段，以所输入表达式的值作为新字段的值。

2. 创建计算查询

使用查询设计视图中的“总计”行，可以对查询中全部记录或记录组计算一个或多个字段的统计值。

【例 4-7】 统计学生人数。操作步骤如下。

① 打开“教学管理”数据库，单击“创建”选项卡，在“查询”命令组中单击“查询设计”命令按钮，打开查询设计视图窗口，并在显示“显示表”对话框中将“学生”表添加到其字段列表区中。

② 双击“学生”表字段列表中的“学号”字段，将其添加到“字段”行的第 1 列。

③ 在“显示/隐藏”命令组中单击“汇总”命令按钮，在设计网格中插入一个“总计”行，并自动将“学号”字段的“总计”行设置成 Group By。

④ 单击“学号”字段的“总计”行，并单击其右侧的下拉按钮，从打开的下拉列表中选择“计数”函数，如图 4-23 所示。

⑤ 保存查询，查询名称为“学生人数”，然后单击“确定”按钮。

⑥ 运行查询，或切换到数据表视图，查询结果如图 4-24 所示。

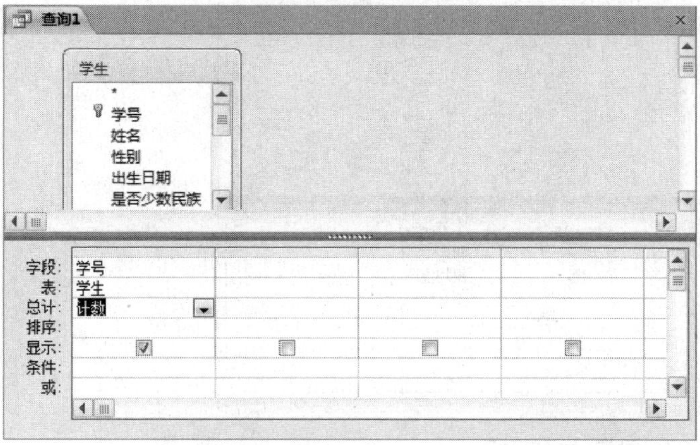

图 4-23　设置“总计”项

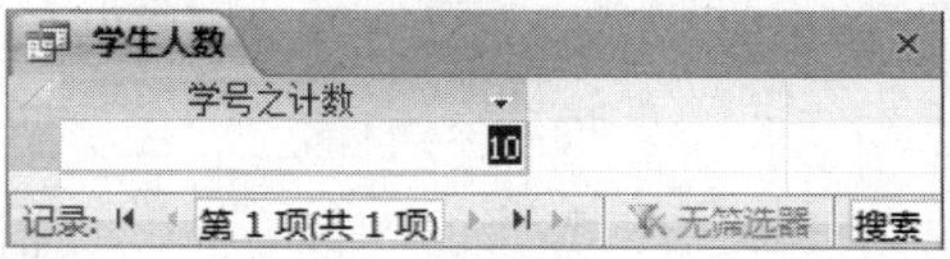

图 4-24　总计查询结果

此例完成的是最基本的统计计算，不带有任何条件。在实际应用中，往往需要对符合某个条件的记录进行统计计算。

【例 4-8】 统计 1997 年出生的男生人数。

该查询的数据源是“学生”表，要实施的总计方式是计数，选择“学号”字段作为计数对象。由于“出生日期”字段和“性别”字段只能作为条件，因此，在两个字段的“总计”行选择 Where 选项。Access 2010 规定，在“总计”行指定条件选项的字段不能出现在查询结果中，因此，查询结果中只显示学生人数。将查询设计存盘，查询设计视图和运行结果分别如图 4-25 和图 4-26 所示。

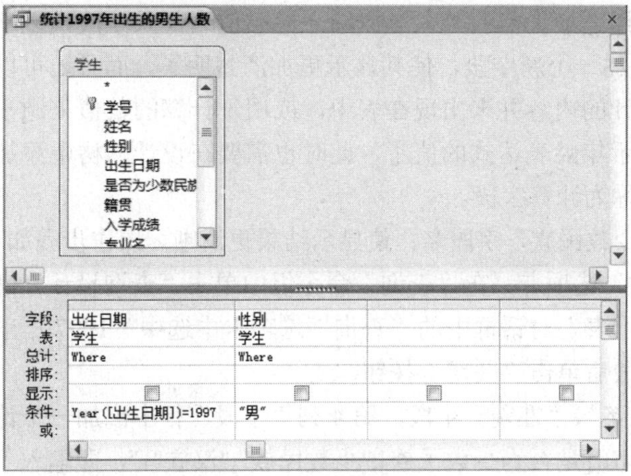

图 4-25　设置查询条件及总计项

图 4-26　带条件的总计查询结果

3. 创建分组统计查询

在查询中，如果需要对记录进行分类统计，可以使用分组统计功能。分组统计时，只需在查询设计视图中将用于分组字段的“总计”行设置成 Group By 即可。

【例 4-9】 统计男女学生入学成绩的最高分、最低分和平均分。

该查询的数据源是“学生”表，分组字段是“性别”（性别相同的是一组），选择“入学成绩”字段作为计算对象。将查询设计存盘，查询的设计视图和运行结果分别如图 4-27 和图 4-28 所示。

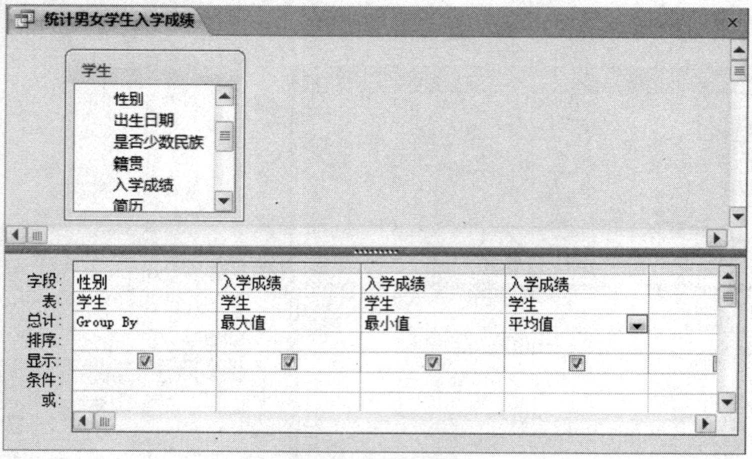

图 4-27　设置分组总计项

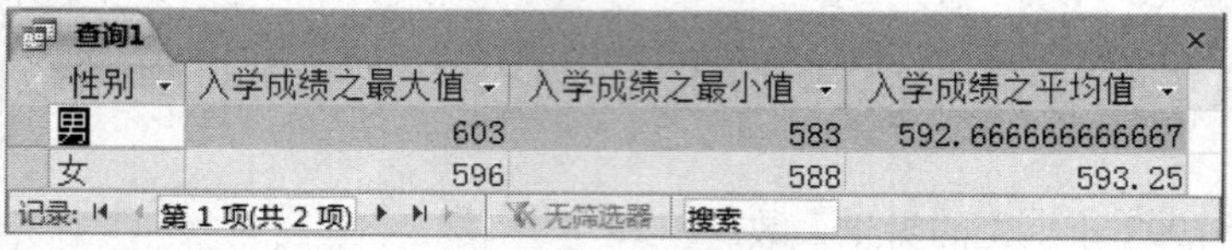

性别	入学成绩之最大值	入学成绩之最小值	入学成绩之平均值
男	603	583	592.666666666667
女	596	588	593.25

图 4-28　分组统计查询结果

4. 创建计算字段

有时候，如果在查询结果中直接显示字段名作为每一列的标题，或在统计时默认显示字段标题，往往不太直观。例如，例 4-6 中直接显示“是否为少数民族”字段名，显然含义不清晰；如图 4-28 所示的查询结果中统计字段标题显示为“入学成绩之最大值”、“入学成绩之最小值”、“入学成绩之平均值”，也不符合习惯的表达方式。此时，可以增加一个新字段，使其显示更加清楚明了，而且还可以进行相应的计算。另外，在有些统计中，需要统计的内容并未出现在表中，或用于计算的数值来源于多个字段。例如，要显示学生的年龄，就只能显示年龄表达式的值了，此时也需要在设计网格中添加一个新字段。新字段的值使用表达式计算得到，称为计算字段。

【例 4-10】 修改例 4-6 中显示的“是否为少数民族”字段名，使显示结果更清晰。操作步骤如下。

① 打开“教学管理”数据库，单击“创建”选项卡，在“查询”命令组中单击“查询设计”命令按钮，打开查询设计视图窗口，在弹出的“显示表”对话框中的“查询”选项卡中选中“1997 年出生的男生信息”查询，然后单击“添加”按钮，最后单击“关闭”按钮。

② 在设计网格的前 3 列添加“学号”、“姓名”、“性别”字段，第 4 列“字段”行中添加一个计算字段，显示的字段标题为“民族”，表达式为“IIf([是否为少数民族],"少数民族","汉族")”，即输入“民族:IIf([是否为少数民族],"少数民族","汉族")”，结果如图 4-29 所示。

③ 切换到数据表视图，查询结果如图 4-30 所示。

【例 4-11】 显示学生的姓名、出生日期和年龄。

查询中的年龄并未直接包含在“学生”表中，而只能根据“出生日期”字段用一个表达式来计算。这时在查询设计视图的“字段”行的第 3 列中添加一个计算字段，字段标题为“年龄”，表达式为“Year(Date())-Year([出生日期])”，即输入“年龄:Year(Date())-Year([出生日期])”。将查询设计存盘，查询的设计视图和运行结果分别如图 4-31 和图 4-32 所示。

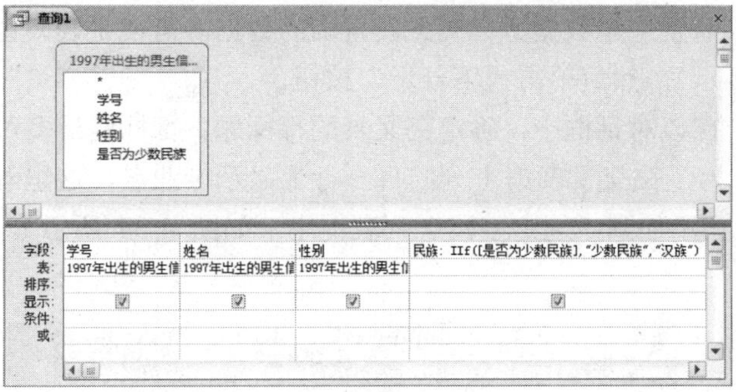

图 4-29　新增计算字段

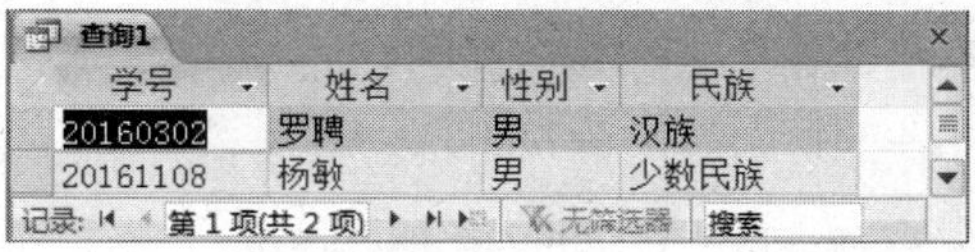

图 4-30　新增计算字段查询结果

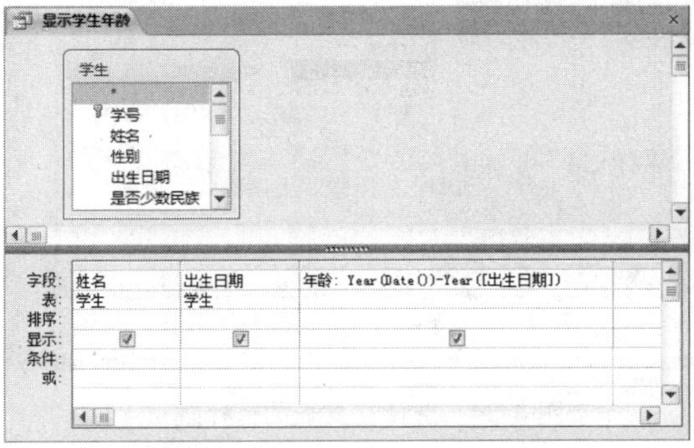

图 4-31　查询中的“年龄”计算字段

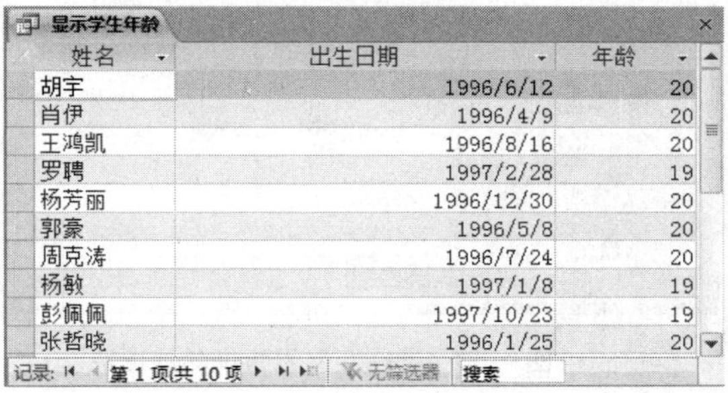

图 4-32　“年龄”计算字段查询结果

4.4　创建交叉表查询

交叉表查询是一种常用的统计表格，它显示来自于表中某个字段的计算值（包括总计、平均值、计数或其他类型的计算），并将它们分组，一组为行标题，显示在表格的左侧，另一组为列标题，显示在表格的顶端，在表格行和列的交叉位置处显示表中某个字段的各种计算值。

创建交叉表查询可以使用交叉表查询向导和查询设计视图两种方法。在创建过程中，需要指定 3 种字段：作为列标题的字段、作为行标题的字段及放在表格行与列交叉位置上的字段，并为该字段指定一个总计项。

4.4.1　使用交叉表查询向导创建交叉表查询

使用交叉表查询向导创建交叉表查询时，数据源只能来自于一个表或一个查询，如果要包含多个表中的字段，就需要首先创建一个含有全部所需字段的查询对象，然后再用这个查询作为数据源创建交叉表查询。

【例 4-12】 统计各专业男女生的人数。

查询中要显示学生的专业名和性别，它们均来源于“学生”表。作为行标题的是“专业名”字段的取值，而作为列标题的是“性别”字段的取值。行和列的交叉点采用“计数”方式计算字段取值非空的记录个数，因此可选取不允许为空的“学号”字段进行计算。操作步骤如下。

① 打开“教学管理”数据库，单击“创建”选项卡，在“查询”命令组中单击“查询向导”命令按钮，打开“新建查询”对话框，选择“交叉表查询向导”选项，然后单击“确定”按钮。

② 弹出“交叉表查询向导”第 1 个对话框，需要选择数据源。交叉表查询的数据源可以是表，也可以是查询。这里选择“学生”表（如图 4-33 所示），然后单击“下一步”按钮。

③ 弹出“交叉表查询向导”第 2 个对话框，在该对话框中，确定交叉表的行标题。行标题最多可以选择 3 个字段，这里只需要 1 个行标题字段。为了在交叉表第 1 列的每一行上显示专业名，这里双击“可用字段”列表框中的“专业名”字段，将它添加到“选定字段”列表框中（如图 4-34 所示），然后单击“下一步”按钮。

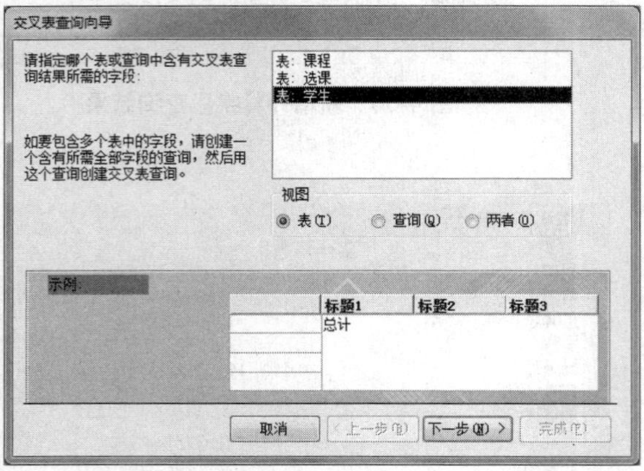

图 4-33　选择交叉表查询的数据源

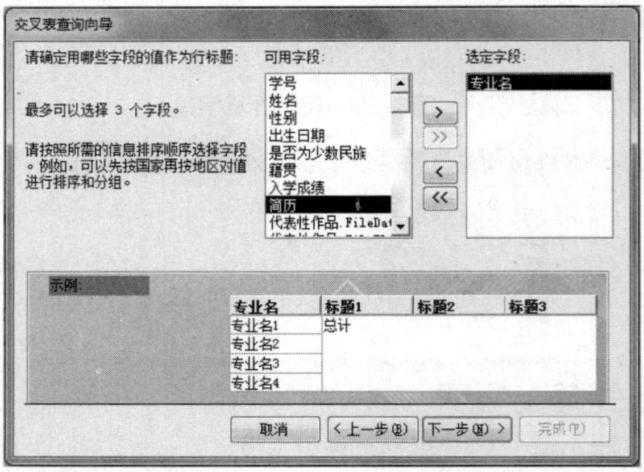

图 4-34　选择交叉表的行标题

④ 弹出“交叉表查询向导”第 3 个对话框，在该对话框中，确定交叉表的列标题。列标题最多只能选择 1 个字段，为了在交叉表的每一列最上端显示性别，这里选择“性别”字段（如图 4-35 所示），然后单击“下一步”按钮。

⑤ 弹出“交叉表查询向导”第 4 个对话框，确定计算字段和计算函数。为了使交叉表显示各专业男女生的人数，这里在“字段”列表框中选择“学号”字段，在“函数”列表框中选择 Count 选项。若不在交叉表的每行前面显示总计数，应取消选中“是，包括各行小计”复选框（如图 4-36 所示），然后单击“下一步”按钮。

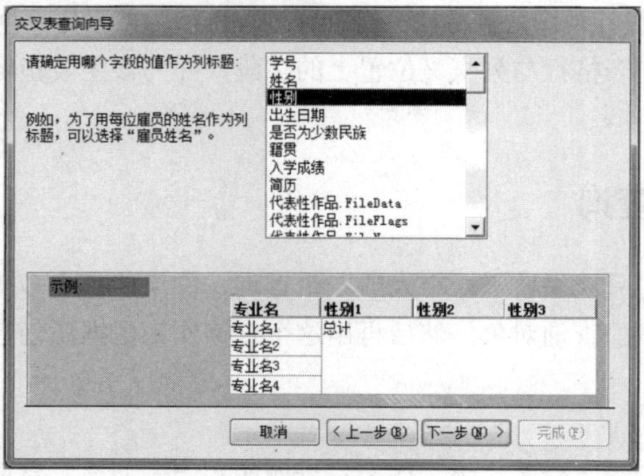

图 4-35　选择交叉表的列标题

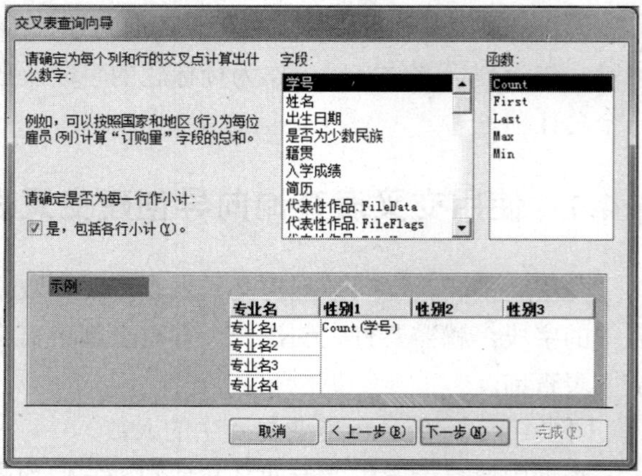

图 4-36　选择交叉表的计算字段和计算函数

⑥ 弹出“交叉表查询向导”的最后一个对话框，输入“统计各专业男女生的人数”作为查询的名称，然后选中“查看查询”单选按钮，最后单击“完成”按钮，系统以数据表视图方式显示查询结果，如图 4-37 所示。

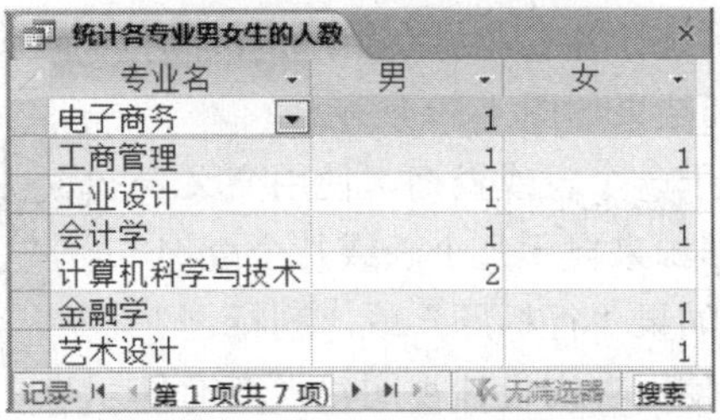

统计各专业男女生的人数

专业名	男	女
电子商务	1	
工商管理	1	1
工业设计	1	
会计学	1	1
计算机科学与技术	2	
金融学		1
艺术设计		1

记录：第 1 项(共 7 项) 无筛选器 搜索

图 4-37 交叉表查询的结果

4.4.2 在查询设计视图中创建交叉表查询

使用查询向导创建交叉表查询需要先将所需的数据放在一个表或查询里，然后才能创建此查询，有时查询所需数据来自于多个表，这时可以使用查询设计视图来创建交叉表查询。

【例 4-13】使用查询设计视图创建交叉表查询，用于统计各专业男女生的平均成绩。

查询所需数据来自于“学生”表和“选课”表，可以使用查询设计视图来创建交叉表查询。操作步骤如下。

① 打开“教学管理”数据库，单击“创建”选项卡，在“查询”命令组中单击“查询设计”命令按钮，打开查询设计视图窗口，在“显示表”对话框中将“学生”表和“选课”表添加到查询设计视图上半部分的字段列表区中。

② 双击“学生”表中的“专业名”和“性别”字段，将其放到“字段”行的第 1 列和第 2 列，双击“选课”表中的“总评成绩”字段，将其放到“字段”行的第 3 列。

③ 在“查询类型”命令组中单击“交叉表”命令按钮。

④ 为了将“专业名”放在第 1 列，应单击“专业名”字段的“交叉表”行，然后单击其右侧的下拉按钮，从打开的下拉列表中选择“行标题”选项。为了将“性别”放在第 1 行，应单击“性别”字段的“交叉表”行，然后单击其右侧的下拉按钮，从打开的下拉列表中选择“列标题”选项。为了在行和列交叉处显示总评成绩的平均值，应单击“总评成绩”字段的“交叉表”行，然后单击其右侧的下拉按钮，从打开的下拉列表中选择“值”。单击“总评成绩”字段的“总计”行，然后单击其右侧的下拉按钮，从打开的下拉列表中选择“平均值”选项。设置结果如图 4-38 所示。

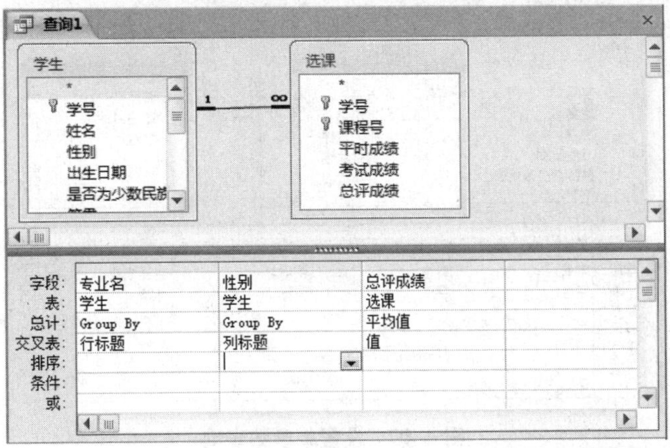

图 4-38 设置交叉表中的字段

⑤ 保存查询，查询名称为“统计各专业男女生平均成绩”，单击“确定”按钮。

⑥ 切换到数据表视图，查询结果如图 4-39 所示。

显然，如果所用数据源来自于一个表或查询，使用交叉表查询向导比较简单。如果所用数据源来自于几个表或几个查询，使用设计视图则更方便。另外，如果“行标题”或“列标题”需要通过建立新字段得到，那么使用查询设计视图建立查询是最好的选择。

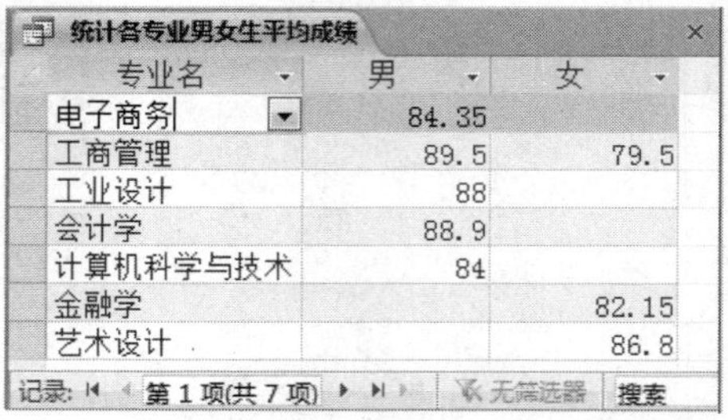

专业名	男	女
电子商务	84.35	
工商管理	89.5	79.5
工业设计	88	
会计学	88.9	
计算机科学与技术	84	
金融学		82.15
艺术设计		86.8

图 4-39　统计各专业男女生平均成绩

4.5 创建参数查询

前面创建的查询，无论是内容，还是条件都是固定的，如果希望根据某个或几个字段不同的值来查找记录，就需要不断地更改所创建查询的条件，显然很麻烦。为了更灵活地实现查询，可以使用 Access 2010 提供的参数查询。参数查询利用对话框，提示用户输入参数，并检索符合所输入参数的记录。

设置参数查询在很多方面类似于设置选择查询。可以使用简单查询向导，先从要包括的表和字段开始设置，然后在查询设计视图中添加查询条件，也可以直接在查询设计视图中设置表、字段和查询条件。

对于参数查询，可以创建一个参数提示的单参数查询，也可以创建多个参数提示的多参数查询。

4.5.1 单参数查询

创建单参数查询，就是在字段中指定一个参数，在执行单参数查询时，输入一个参数值。

【例 4-14】 以创建的“学生选课成绩 1”查询为基础建立一个参数查询，按照学生姓名查看某学生的成绩，并显示“学号”、“姓名”、“课程名”和“总评成绩”等字段。操作步骤如下。

① 打开“教学管理”数据库，在导航窗格的“查询”对象中右击“学生选课成绩 1”查询，在弹出的快捷菜单中选择“设计视图”命令，打开“学生选课成绩 1”查询设计视图。

② 在“姓名”字段的“条件”行中输入“[请输入学生姓名]”，结果如图 4-40 所示。

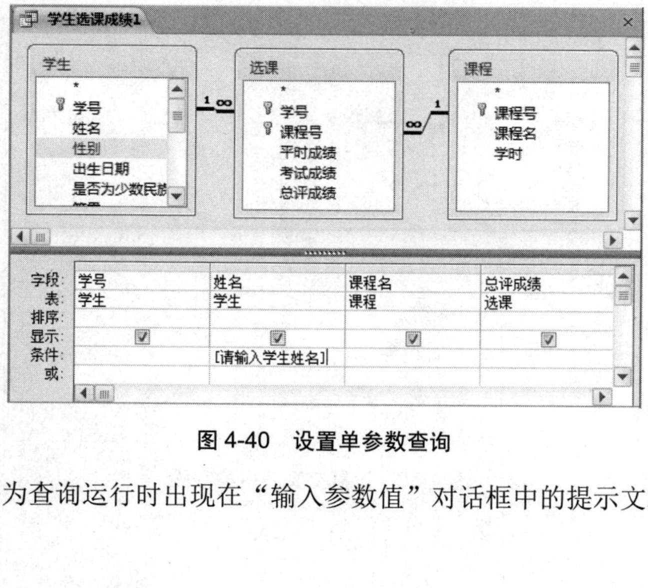

图 4-40　设置单参数查询

方括号中的内容即为查询运行时出现在“输入参数值”对话框中的提示文本，提示文本不能与字段名完全相同。

③ 选择“文件”→“对象另存为”菜单命令，将查询另存为“按姓名查找学生选课成绩”，单击“确定”按钮。

④ 在“查询工具/设计”上下文选项卡的“结果”命令组中单击“运行”命令按钮，显示“输入参数值”对话框，在“请输入学生姓名”文本框中输入“周克涛”，如图 4-41 所示。

⑤ 单击“确定”按钮，这时就可以看到所建参数查询的查询结果，如图 4-42 所示。

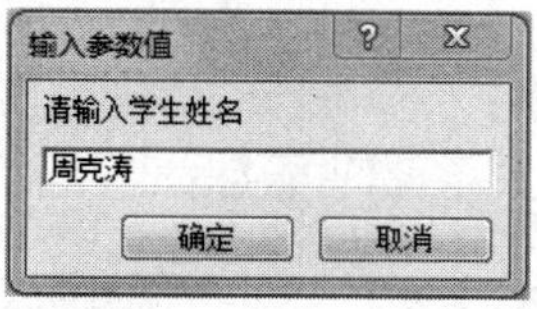

图 4-41　运行查询时输入参数值

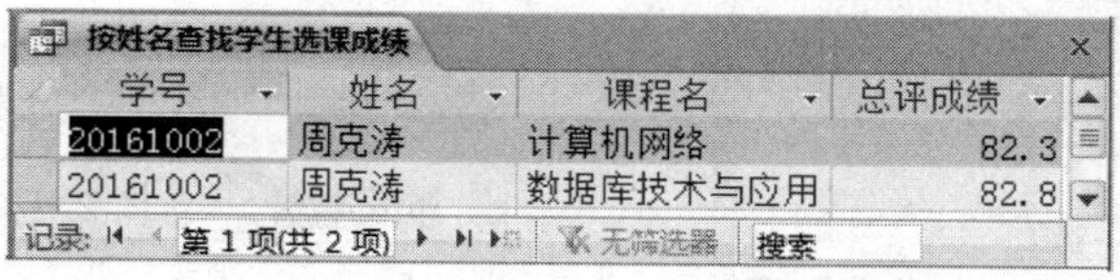

图 4-42　参数查询的查询结果

注意：如果在一个已建的查询中创建参数查询，则直接在查询设计视图中打开该查询，然后在其基础上输入参数条件即可。存盘时，应选择“文件”→“另存为”菜单命令，以保留原查询。

4.5.2　多参数查询

创建多参数查询，即指定多个参数。在执行多参数查询时，需要依次输入多个参数值。

【例 4-15】 建立一个多参数查询，用于显示指定出生日期范围内的女生信息，要求显示“学号”、“姓名”、“性别”和“出生日期”字段的值。

这里选择“学生”表作为数据源，需要输入开始日期和结束日期两个参数。操作步骤如下。

① 打开“教学管理”数据库，单击“创建”选项卡，在“查询”命令组中单击“查询设计”命令按钮，打开查询设计视图窗口，在“显示表”对话框中选择“表”选项卡，并将“学生”表添加到查询设计视图的字段列表区中。

② 双击“学生”表字段列表中的“学号”、“姓名”、“性别”和“出生日期”字段，将它们添加到设计网格中“字段”行的第 1 列至第 4 列中。

③ 在“出生日期”字段的“条件”行中输入“Between [请输入开始日期:] And [请输入结束日期:]”，在“性别”字段的“条件”行中输入“女”。“条件”行方括号中的内容即为查询运行时出现在“输入参数值”对话框中的提示文本。在运行查询时，系统将提示用户按照从左至右的顺序逐个输入参数。此外，为了方便查看结果，这里还设置按照“出生日期”字段升序排列记录。此时的查询设计视图如图 4-43 所示。

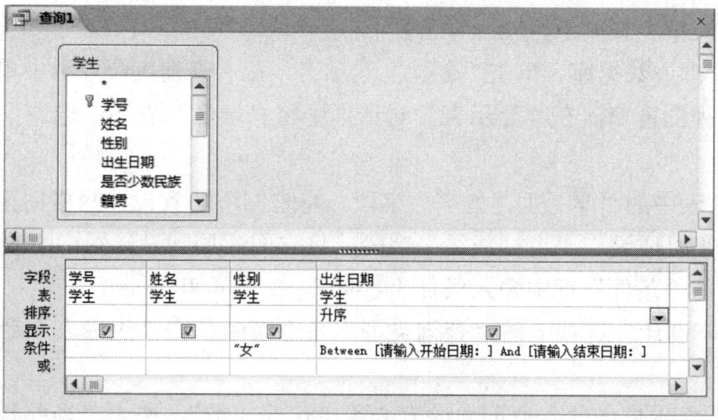

图 4-43　多参数查询的设计视图

④ 保存查询，查询名称为“查找指定出生日期范围内的女生信息”，单击“确定”按钮完成保存。

⑤ 在“查询工具/设计”上下文选项卡的“结果”命令组中单击“运行”命令按钮，这时屏幕会先提示输入开始日期“1997-1-1”（如图 4-44 所示），输入后单击“确定”按钮，在下一个对话框中输入结束日期“1997-12-31”，单击“确定”按钮，运行结果如图 4-45 所示。

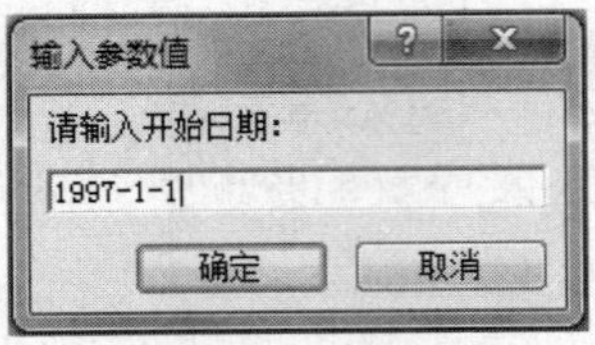

图 4-44 “输入参数值”对话框

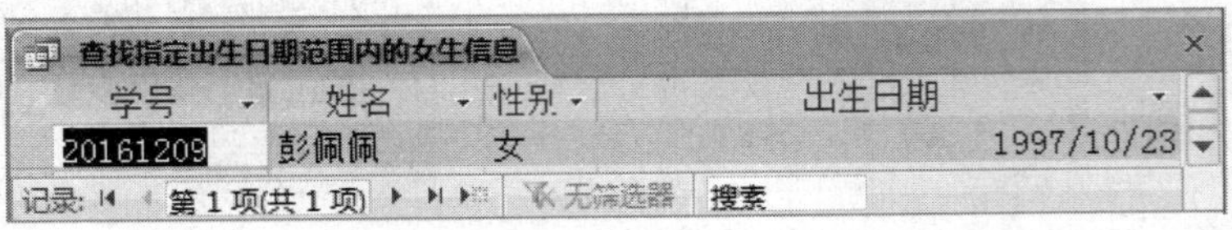

图 4-45 多参数查询结果

4.6 创建操作查询

操作查询用于对数据库进行复杂的数据管理操作，可以根据需要利用操作查询在数据库中增加一个新的表及对数据库中的数据进行增加、删除和修改等操作。也就是说，操作查询不像选择查询那样只是查看、浏览满足检索条件的记录，而是可以对满足条件的记录进行更改。

操作查询包括生成表查询、删除查询、更新查询和追加查询 4 种。操作查询会引起数据库中数据的变化，因此，一般先对数据库进行备份后再运行操作查询。

4.6.1 生成表查询

生成表查询是利用从一个或多个表中提取的数据来创建新表的一种查询，这种由表生成查询，再由查询来生成表的方法，使得数据的组织更加灵活、方便。生成表查询所创建的表继承源表的字段数据类型，但并不继承源表的字段属性及主键设置。

在 Access 2010 中，从表中访问数据要比从查询中访问数据快得多，因此，如果经常要从几个表中提取数据，最好的方法是使用生成表查询，将从多个表中提取的数据组合起来生成一个新表。

【例 4-16】 将考试成绩在 90 分以上的学生的“学号”、“姓名”、“平时成绩”和“考试成绩”字段存储到“优秀成绩”表中。

查询的数据源是“学生”表和“选课”表，“考试成绩”字段都需要设置条件，然后运行生成表查询。操作步骤如下。

① 打开“教学管理”数据库，单击“创建”选项卡，在“查询”命令组中单击“查询设计”命令按钮，打开查询设计视图窗口，在“显示表”对话框中将“学生”表和“选课”表添加到查询设计视图的字段列表区中。

② 双击“学生”表中的“学号”、“姓名”字段，将它们添加到设计网格的第 1 列和第 2 列中，双击“选课”表中的“平时成绩”、“考试成绩”字段，将它们添加到设计网格中的第 3 列和第 4 列中。在“考试成绩”字段的“条件”行中输入条件“>=90”，如图 4-46 所示。

③ 在“查询工具/设计”选项卡的“查询类型”命令组中单击“生成表”命令按钮，打开“生成表”对话框。

④ 在“表名称”文本框中输入要创建的表名称“优秀成绩”，选中“当前数据库”单选按钮，将

新表放入当前打开的“教学管理”数据库中（如图 4-47 所示），单击“确定”按钮。

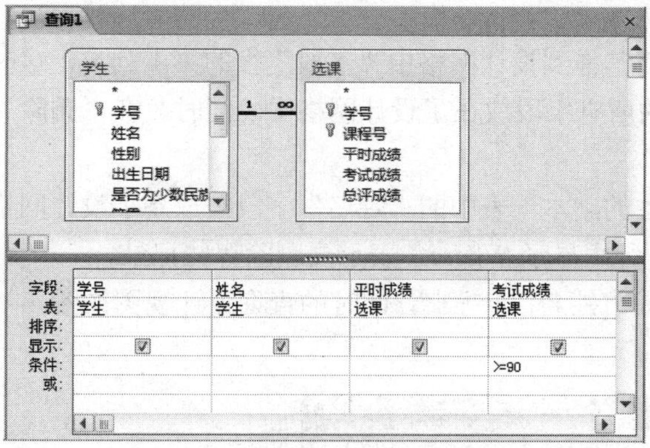

图 4-46　生成表查询设置

图 4-47　“生成表”对话框

⑤ 切换到查询的数据表视图，预览利用生成表查询新建的表。如果需要修改，则在“视图”命令组中单击下拉按钮，选择“设计视图”命令，对查询进行修改。

⑥ 单击“查询工具/设计”选项卡，在“结果”命令组中单击“运行”命令按钮，这时屏幕上显示一个提示框，单击“是”按钮开始建立“优秀成绩”表，注意生成新表后不能撤销所做的更改；单击“否”按钮，不建立新表。本例单击“是”按钮。

⑦ 保存查询，在“另存为”对话框中输入查询名，单击“确定”按钮完成保存。

⑧ 在导航窗格中双击新建的“优秀成绩”表，结果如图 4-48 所示。

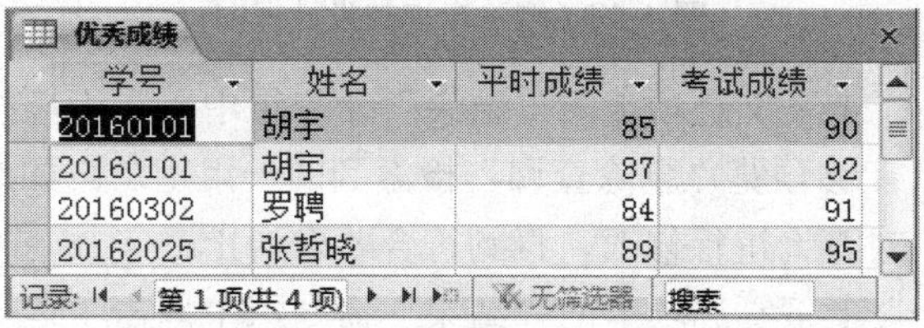

图 4-48　利用生成表查询创建的“优秀成绩”表

4.6.2 删除查询

如果要成批删除记录，使用删除查询比在表中删除记录的效率更高。删除查询可以从一个或多个表中删除符合条件的记录。如果删除的记录来自多个表，必须已经定义了相关表之间的关联，并且在“关系”窗口中选中“实施参照完整性”复选框和“级联删除相关记录”复选框，这样就可以在相关联的表中删除记录了。

删除查询将永久删除指定表中的记录，并且无法恢复，因此，在运行删除查询时要十分慎重，最好对要删除记录所在的表进行复制，以防由于误操作而引起数据丢失。

【例 4-17】 创建删除查询，将“学生”表中姓“张”学生的记录删除。

先对“学生”表进行复制，得到“学生的副本”表，然后对“学生的副本”表进行操作，其步骤如下。

① 打开“教学管理”数据库，单击“创建”选项卡，在“查询”命令组中单击“查询设计”命令按钮，打开查询设计视图窗口，在“显示表”对话框中将“学生的副本”表添加到查询设计视图的字段列表区中。

② 在“查询工具/设计”上下文选项卡的“查询类型”命令组中单击“删除”命令按钮，这时设计网格中显示一个“删除”行。

③ 单击“学生的副本”字段列表中的“*”，并将其拖到设计网格中“字段”行的第 1 列上，这时第 1 列上显示“学生的副本．*”，表示已将该表中的所有字段放在了设计网格中。同时，在“删除”行中显示 From，表示从何处删除记录。

④ 双击字段列表中的“姓名”字段，这时“学生的副本”表中的“姓名”字段被放到了设计网格中“字段”行的第 2 列。同时，在该字段的“删除”行中显示 Where，表示要删除哪些记录。

⑤ 在“姓名”字段的“条件”行中输入条件“Left([姓名],1)='张'”，此时的查询设计视图如图 4-49 所示。

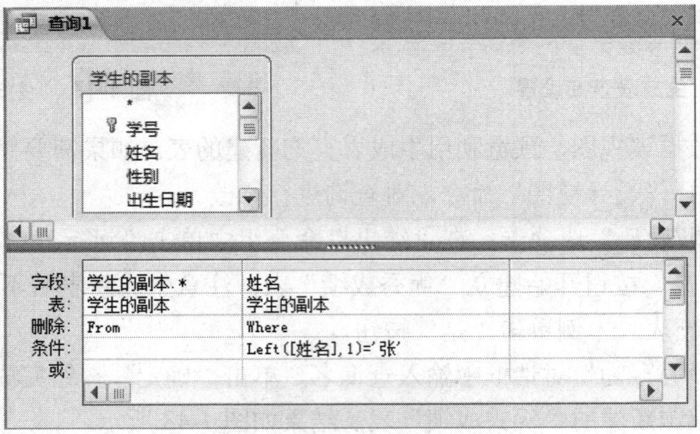

图 4-49　删除查询的设计视图

⑥ 在“查询工具/设计”上下文选项卡的“结果”命令组中单击下拉按钮，在弹出的下拉菜单里选择“数据表视图”命令，能够预览“删除查询”检索到的一组记录。如果预览到的记录不是要删除的，可以返回到设计视图，对查询进行修改，直到符合要求为止。

⑦ 在“查询工具/设计”上下文选项卡的“结果”命令组中单击“运行”命令按钮，这时将弹出提示准备运行删除查询的对话框，单击“是”按钮完成删除查询的运行。

⑧ 保存查询，在“另存为”对话框中输入查询名，单击“确定”按钮完成保存。

⑨ 打开“学生的副本”表查看其变化。如果有级联删除的关联，相关表中也会有记录被删除。

删除查询每次删除整条记录，而不是指定字段中的数据。如果只删除指定字段中的数据，可以使用更新查询将该值改为“空值”。

4.6.3　更新查询

在数据表视图中可以对记录进行修改，但当需要修改符合一定条件的批量记录时，使用更新查询是更有效的方法，它能对一个或多个表中的一组记录进行批量修改。如果建立表间关联时设置了级联更新，那么运行更新查询也可能引起多个表的变化。

【例 4-18】 创建更新查询，将少数民族学生的入学成绩增加 20 分。

在本例中，查询的数据源是“学生”表，在“是否为少数民族”字段设置条件，需要更新的字段是“入学成绩”。操作步骤如下。

① 打开“教学管理”数据库，单击“创建”选项卡，在“查询”命令组中单击“查询设计”命令按钮，打开查询设计视图窗口，在“显示表”对话框中将“学生”表添加到查询设计视图的字段列表区中。

② 在“查询工具/设计”上下文选项卡的“查询类型”命令组中单击“更新”命令按钮，这时设计网格中显示一个“更新到”行。

③ 双击“学生”表字段列表中的“是否为少数民族”字段和“入学成绩”字段，将它们添加到设计网格中“字段”行的第 1 列和第 2 列中。

④ 在“是否为少数民族”字段的“条件”行中输入条件 True，在“入学成绩”字段的“更新到”行中输入欲更新的内容“[入学成绩]＋20”，此时的查询设计视图如图 4-50 所示。

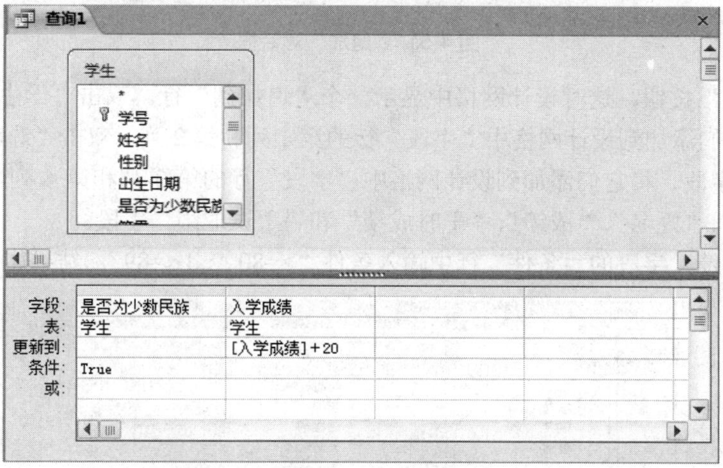

图 4-50　更新查询的设置

⑤ 在“查询工具/设计”上下文选项卡的“结果”命令组中单击“视图”下拉按钮，选择“数据表视图”命令，能够预览到要更新的一组记录。单击“视图”下拉按钮，选择“设计视图”命令可返回到设计视图。

⑥ 在“查询工具/设计”上下文选项卡的“结果”命令组中单击“运行”命令按钮，这时将弹出提示准备运行更新查询的对话框，单击“是”按钮，Access 2010 将开始更新属于同一组的所有记录。

⑦ 保存查询，在“另存为”对话框中输入查询名，单击“确定”按钮完成保存。

⑧ 打开“学生”表可以查看到入学成绩发生了变化。

Access 2010 除了可以更新一个字段的值外，还可以更新多个字段的值，只要在设计网格中指定要修改字段的内容即可。

4.6.4　追加查询

追加查询能够将一个或多个表中符合条件的记录追加到另一个表的尾部。

【例 4-19】 建立一个追加查询，将考试成绩在 80～89 分之间的学生信息添加到已建立的“优秀成绩”表中。操作步骤如下。

① 打开“教学管理”数据库，单击“创建”选项卡，在查询命令组中单击“查询设计”命令按钮，打开查询设计视图窗口，在“显示表”对话框中将“学生”表和“选课”表添加到查询设计视图的字段列表区中。

② 在“查询工具/设计”上下文选项卡的“查询类型”命令组中单击“追加”命令按钮，这时屏幕上显示“追加”对话框。

③ 在“表名称”下拉列表框中输入“优秀成绩”或从下拉列表框中选择“优秀成绩”表，表示将

查询的记录追加到“优秀成绩”表中，并选中“当前数据库”单选按钮，如图 4-51 所示。

图 4-51 “追加”对话框

④ 单击“确定”按钮，这时设计网格中显示一个“追加到”行。双击“学生”表中的“学号”、“姓名”字段，将它们添加到设计网格中“字段”行的第 1 列和第 2 列。双击“选课”表中的“平时成绩”、“考试成绩”字段，将它们添加到设计网格中“字段”行的第 3 列和第 4 列，并在“追加到”行中自动填上“学号”、“姓名”、“成绩”、“平时成绩”和“考试成绩”字段。

⑤ 在“考试成绩”字段的“条件”行中输入条件“>=80 And <=89”，结果如图 4-52 所示。

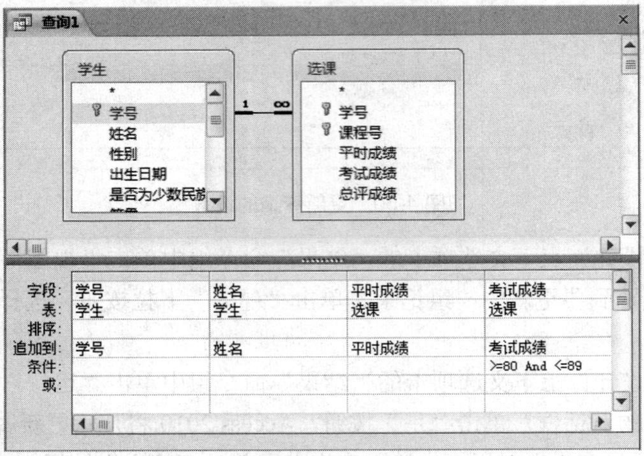

图 4-52 追加查询设置

⑥ 在“查询工具/设计”上下文选项卡的“结果”命令组中单击“视图”下拉按钮，选择“数据表视图”命令，能够预览到要追加的一组记录。单击“视图”下拉按钮，选择“设计视图”命令，可返回到设计视图。

⑦ 在“查询工具/设计”上下文选项卡的“结果”命令组中单击“运行”命令按钮，这时将弹出提示准备运行追加查询的对话框，单击“是”按钮，Access 2010 将开始追加符合条件的所有记录。

⑧ 保存查询，在“另存为”对话框中输入查询名，单击“确定”按钮完成保存。

⑨ 打开“优秀成绩”表就可以看到增加了 80～89 分学生的情况。

通过操作查询不仅可以检索表中的数据，而且可以对表中数据进行修改。由于运行一个操作查询时，可能会对数据库中的表进行许多修改，并且这种修改不能恢复，因此，在执行操作查询之前，先要预览即将更改的记录，以避免因误操作引起不必要的改变。另外，在使用操作查询之前，应该备份数据。由于操作查询的危险性，在导航窗格中可以看到，每个操作查询图标之后显示一个惊叹号，以引起注意。

习题 4

一、选择题

1．以下关于查询的叙述，正确的是（　　）。

A．只能根据数据表创建查询　　B．只能根据已建查询创建查询

C．可以根据数据表和已建查询创建查询　　D．不能根据已建查询创建查询

2．若用“学生”表中的“出生日期”字段计算每个学生的年龄（取整），那么正确的计算公式为（　　）。

A．Year(Date())-Year([出生日期])　　B．(Date()-[出生日期])/365

C．Date()-[出生日期]/365　　D．Year([出生日期])/365

3．条件 Like t[iou]p 能查找到的内容是（　　）。

A．tap　　B．top　　C．tioup　　D．tiup

4．假设表中有一个“姓名”字段，查找“姓名”为“张三”或“李四”的记录的条件是（　　）。

A．In("张三","李四")　　B．"张三" And "李四"

C．Like("张三","李四")　　D．Like"张三" And Like "李四"

5．查询设计视图窗口中通过设置（　　）行，可以让某个字段只用于设定条件，而不出现在查询结果中。

A．排序　　B．显示　　C．字段　　D．条件

6．在查询设计视图中，对一个字段指定的多个条件的取值之间满足（　　）关系。

A．And　　B．Or　　C．Not　　D．Like

7．要统计“学生”表中各专业学生人数，应在查询设计视图中将“学号”字段“总计”单元格设置为（　　）。

A．Sum　　B．Count　　C．Where　　D．Total

8．在 Access 查询中，（　　）能够减少源数据表的数据。

A．选择查询　　B．生成表查询　　C．追加查询　　D．删除查询

9．如果用户希望根据某个可以临时变化的值来查找记录，则最好使用的查询是（　　）。

A．选择查询　　B．交叉表查询　　C．参数查询　　D．操作查询

10．在 Access 中，删除查询操作中被删除的记录属于（　　）。

A．逻辑删除　　B．物理删除　　C．可恢复删除　　D．临时删除

二、填空题

1．假定“教师”表有“工作日期”字段，要查找去年参加工作的教师记录，查询条件为________。

2．查询“学生”表中专业名称为“会计学”或“金融学”的记录的条件为________。

3．操作查询共有 4 种类型，分别是生成表查询、删除查询、更新查询和________。

4．创建交叉表查询，必须对行标题和列标题进行________操作。

5．设计查询时，设置在同一行的条件之间是______的关系，设置在不同行的条件之间是________的关系。

6．如果要求通过输入学号查询学生基本信息，可以采用________查询。如果在“教师”表中按年龄生成“青年教师”表，可以采用________查询。

三、问答题

1．查询有几种类型？创建查询的方法有几种？

2．查询和表有什么区别？查询和筛选有什么区别？

3．查询对象中的数据源有哪些？

4．在 Access 2010 查询中，如何进行计算？

5．对“教学管理”数据库完成以下查询操作：

（1）显示全体学生的平均年龄；

（2）查询湖南籍或湖北籍学生的选课情况；

（3）创建统计各专业男女生人数的交叉表查询；

（4）将近 5 年来成立的专业信息存入到“新专业”表中。

第 5 章　SQL 查询的操作

SQL 是 Structured Query Language（结构化查询语言）的缩写，它是通用的关系数据库标准语言，可以用来执行数据查询、数据定义、数据操纵和数据控制等操作。SQL 结构简洁，功能强大，在关系数据库中得到了广泛的应用，目前流行的关系数据库管理系统都支持 SQL。

本章围绕 SQL 查询操作和 SQL 语句而展开，是第 4 章的继续。通过本章的学习，应掌握 Access 2010 查询设计视图和 SQL 查询的关系，在 Access 2010 系统环境中查看、输入和执行 SQL 语句的方法及 SELECT 语句的用法。

5.1 SQL 与 SQL 查询

从本质上讲，Access 是以 SQL 语句为基础来实现查询功能。在查询设计视图中创建查询时，Access 将生成等价的 SQL 语句，可以在 Access 的 SQL 视图窗口中查看和编辑当前查询对应的 SQL 语句，也可直接输入 SQL 语句创建查询。

5.1.1 SQL 的发展与功能

SQL 最早是在 20 世纪 70 年代由 IBM 公司开发出来的，并被应用在 DB2 关系数据库系统中，主要用于关系数据库中的信息检索。

SQL 提出以后，由于它具有功能丰富、使用灵活、语言简洁易学等突出优点，在计算机工业界和计算机用户中备受欢迎。1986 年 10 月，美国国家标准协会（ANSI）的数据库委员会批准了 SQL 作为关系数据库语言的美国标准。1987 年 6 月，国际标准化组织（ISO）将其采纳为国际标准，这个标准也称为 SQL86。SQL 标准的出台使 SQL 作为标准关系数据库语言的地位得到了加强。随后，SQL 标准几经修改和完善，其间经历了 SQL89，SQL92，SQL99，SQL2003 等多个版本，每个新版本都较前面的版本有重大改进。随着数据库技术的发展，还会有更新的 SQL 标准。

目前流行的关系数据库管理系统，如 Access，SQL Server，Oracle，Sybase 等都采用了 SQL 标准，而且很多数据库都对 SQL 语句进行了再开发和扩展。

尽管设计 SQL 的最初目的是查询，数据查询也是其最重要的功能之一，但 SQL 绝不仅仅是一个查询工具，它可以独立完成数据库的全部操作。按照其实现的功能可以将 SQL 语句划分为 4 类。

（1）数据查询语言（Data Query Language，DQL）：按一定的查询条件从数据库对象中检索符合条件的数据，如 SELECT 语句。

（2）数据定义语言（Data Definition Language，DDL）：用于定义数据的逻辑结构及数据项之间的关系，如 CREATE，DROP，ALTER 语句等。

（3）数据操纵语言（Data Manipulation Language，DML）：用于增加、删除、修改数据等，如 INSERT，UPDATE，DELETE 语句等。

（4）数据控制语言（Data Control Language，DCL）：在数据库系统中，具有不同角色的用户执行不同的任务，并且应该被给予不同的权限。数据控制语言用于设置或更改用户的数据库操作权限，如GRANT，REVOKE 语句等。

可见 SQL 是一种关系数据库操作语言，但 SQL 并不是一种像 Visual Basic，C，C++，Java 等语言那样完整的程序设计语言，它没有用于程序流程控制的语句。不过，SQL 可以嵌入到 Visual Basic，C，C++，Java 等语言中使用，为数据库应用开发提供了方便。

Access 支持 SQL 的数据定义、数据查询和数据操纵功能，但在具体实现上也存在一些差异。另外，由于 Access 自身在安全控制方面的缺陷，所以它没有提供数据控制功能。

5.1.2　SQL 视图

使用查询设计视图建立查询，是在可视化界面实现的操作，非常直观、方便，但使用 SQL 语句创建查询更加快捷。从 SQL 的通用性和在数据库中的核心地位上讲，学习 SQL 也是学习其他大型数据库的基础。

实际上，在使用查询设计视图创建查询时，Access 会自动将操作步骤转化为一条条等价的 SQL 语句，只要打开查询，并进入该查询的 SQL 视图就可以看到系统生成的 SQL 语句。

例如，查询男生信息的查询设计视图窗口如图 5-1 所示，在该查询设计视图窗口中，单击“查询工具/设计”上下文选项卡，再在“结果”命令组中单击“视图”下拉按钮，在下拉菜单中选择“SQL 视图”命令，即进入该查询的 SQL 视图窗口，从中可以看到相应的 SQL 语句，如图 5-2 所示。其中显示了男生信息查询的 SQL 语句，这是一个 SELECT 语句，该语句给出了查询所需要显示的字段、数据源及查询条件。两种视图设置的内容是等价的。

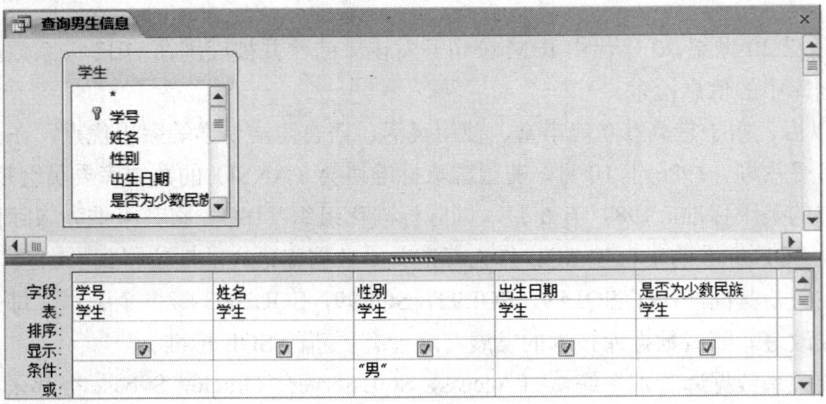

图 5-1　查询设计视图

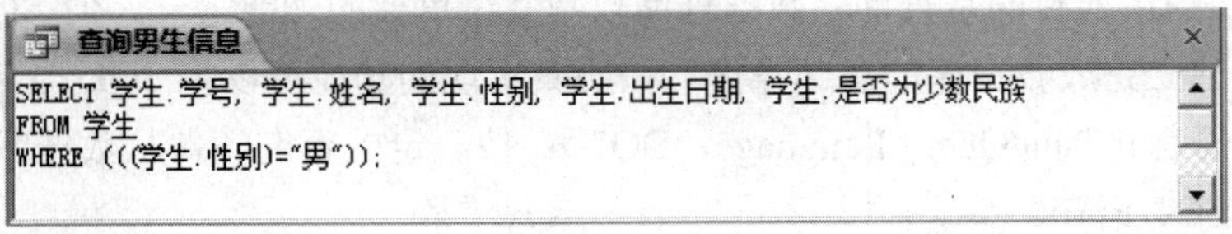

图 5-2　在 SQL 视图中查看和修改查询

如果想修改该查询，如将查询条件由性别为“男”改为性别为“女”，只要在 SQL 视图的语句中将“男”改为“女”即可。相应地，查询设计视图中的“条件”行会发生改变，运行查询后的结果也会改变。所有的 SQL 语句都可以在 SQL 视图窗口中输入、编辑和运行。

5.1.3 创建 SQL 查询

SQL 查询包括联合查询、传递查询和数据定义查询。

联合查询将两个或多个表或查询中的字段合并到查询结果的一个字段中。使用联合查询可以合并两个表中的数据，并可以根据联合查询创建生成表查询，以生成一个新表。

当不使用 Access 数据库引擎时，可利用传递查询将未编译的 SQL 语句发送给后端数据库系统，由后端数据库系统对 SQL 语句进行编译执行并返回查询结果。在传递查询中，Access 数据库引擎不对 SQL 语句进行任何语法检查和分析，也不编译 SQL 语句，而是直接发送给后端数据库系统在后端执行。

利用数据定义查询可以创建、删除或更改表，也可以在数据库表中创建索引。在数据定义查询中要输入 SQL 语句，每个数据定义查询只能由一个数据定义语句组成。

创建 SQL 查询的步骤如下。

① 打开“教学管理”数据库，单击“创建”选项卡，在“查询”命令组中单击“查询设计”命令按钮，打开查询设计视图窗口，并在“显示表”对话框中单击“关闭”按钮，不添加任何表或查询，进入空白的查询设计视图窗口。

② 在“查询工具/设计”上下文选项卡的“结果”命令组中单击“视图”下拉按钮，选择“SQL 视图”命令，进入 SQL 视图并输入 SQL 语句。也可以在“查询工具/设计”上下文选项卡的“查询类型”命令组中选择“联合”、“传递”或“数据定义”命令，即打开相应的特定查询窗口，在窗口中输入合适的 SQL 语句。

③ 将创建的查询存盘并运行查询。

5.2 SQL 数据查询

SQL 数据查询通过 SELECT 语句实现。SELECT 语句中包含的子句很多，其基本语法格式为：

```
SELECT [ALL|DISTINCT|TOP n]
[<别名>.]<选项>[AS <显示列名>][，[<别名>.]<选项>[AS <显示列名>…]]
FROM <表名 1> [<别名 1>][，<表名 2> [<别名 2>…]]
[WHERE <条件>]
[GROUP BY <分组选项 1>[，<分组选项 2>…]][HAVING <分组条件>]
[UNION[ALL] SELECT 语句]
[ORDER BY <排序选项 1>[ASC|DESC][，<排序选项 2>[ASC|DESC]…]]
```

以上格式中“<>”中的内容是必选的，“[]”中的内容是可选的，“|”表示多个选项中只能选择其中之一。为了更好地理解 SELECT 语句各项的含义，下面按照先简单后复杂，逐步细化的原则介绍 SELECT 语句的用法。

5.2.1 基本查询

SELECT 语句的基本框架是 SELECT…FROM…WHERE，各子句分别指定输出字段、数据来源和查询条件。在这种固定格式中，可以不要 WHERE 子句，但 SELECT 子句和 FROM 子句是必需的。

1. 简单的查询语句

简单的 SELECT 语句只包含 SELECT 子句和 FROM 子句，其格式为：

```
SELECT [ALL|DISTINCT|TOP n]
[<别名>.]<选项>[AS <显示列名>][，[<别名>.]<选项>[AS <显示列名>…]]
FROM <表名 1> [<别名 1>][，<表名 2> [<别名 2>…]]
```

各选项的含义如下。

① ALL 表示输出所有记录，包括重复记录；DISTINCT 表示输出无重复结果的记录；TOP *n* 表示输出前 *n* 条记录。

② <选项>表示输出的内容，可以是字段名、函数或表达式。当选择多个表中的字段时，可使用别名来区分不同的表。如果要输出全部字段，选项用“*”表示。在输出结果中，如果不希望显示字段名，可以使用 AS 后面的<显示列名>设置一个显示名称。

③ FROM 子句用于指定要查询的表，可以同时指定表的别名。

【例 5-1】 对“学生”表进行如下操作，写出操作步骤和 SQL 语句。

① 列出全部学生信息。

② 列出前 5 个学生的姓名和年龄。

操作 1 的操作步骤如下。

① 打开“教学管理”数据库，单击“创建”选项卡，在“查询”命令组中单击“查询设计”命令按钮，打开查询设计视图窗口，然后在“显示表”对话框中单击“关闭”按钮，不添加任何表或查询，进入空白的查询设计视图。

② 在“查询工具/设计”上下文选项卡的“结果”命令组中单击“视图”下拉按钮，选择“SQL 视图”选项，此时进入 SQL 视图。

③ 在 SQL 视图中输入如下 SELECT 语句：

```
SELECT * FROM 学生
```

④ 在“查询工具/设计”上下文选项卡的“结果”命令组中单击“运行”命令按钮，此时进入该查询的数据表视图，显示查询结果。

⑤ 将查询存盘。

操作 2 的操作步骤与操作 1 类似，SELECT 语句如下：

```
SELECT TOP 5 姓名,Year(Date())-Year(出生日期) AS 年龄 FROM 学生
```

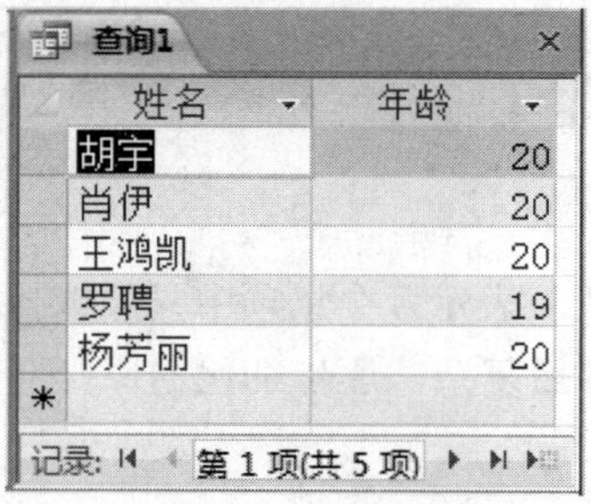

图 5-3 显示前 5 个学生的姓名和年龄

“学生”表中没有“年龄”字段，要显示年龄，只能通过“出生日期”字段来求年龄。查询结果如图 5-3 所示。

SELECT 语句中的选项，不仅可以是字段名，还可以是表达式，也可以是一些函数。有一类函数可以针对几个或全部记录进行数据汇总，它常用来计算 SELECT 语句查询结果集的统计值。例如，求一个结果集的平均值、最大值、最小值或求全部元素之和等。这些函数称为统计函数，也称为集合函数或聚集函数。表 5-1 中列出了常用的统计函数，除 Count(*)函数外，其他函数在计算过程中均忽略“空值”。

表 5-1 SELECT 语句中的常用统计函数

函　数	功　能	函　数	功　能
Avg(<字段名>)	求该字段的平均值	Min(<字段名>)	求该字段的最小值
Sum(<字段名>)	求该字段的和	Count(<字段名>)	统计该字段值的个数
Max(<字段名>)	求该字段的最大值	Count(*)	统计记录的个数

【例 5-2】 求出所有学生的平均入学成绩。

SELECT 语句如下：

```
SELECT Avg(入学成绩) AS 入学成绩平均分 FROM 学生
```

语句中利用 Avg 函数求入学成绩的平均值，其作用范围是全部记录，即求所有学生的入学成绩平均值。

2. 带条件查询

WHERE 子句用于指定查询条件，其格式为：

```
WHERE <条件表达式>
```

其中，“条件表达式”是指查询的结果集合应满足的条件，如果某行条件为真就包括该行记录。

【例 5-3】 列出入学成绩在 580 分以上的学生记录。

```
SELECT * FROM 学生 WHERE 入学成绩>580
```

该语句的执行过程是，从“学生”表中取出一条记录，测试该记录的“入学成绩”字段的值是否大于 580，如果大于，则取出该记录的全部字段值在查询结果中产生一条输出记录，否则跳过该记录，取出下一条记录。

在 4.2.3 节中曾介绍过用于条件表达式中的几个特殊运算符的使用方法，如 Between A And B、In、Like、Is Null 等。这类条件运算的基本使用方法是：左边是一个字段名，右边是一个特殊的条件运算符，语句执行时测定字段值是否满足条件。

【例 5-4】 写出对“教学管理”数据库进行如下操作的语句。

① 列出籍贯是湖南衡阳和江苏南京的学生名单。

② 列出入学成绩在 560～650 分之间的学生名单。

③ 列出所有姓张学生的名单。

④ 列出所有考试成绩为“空值”的学生学号和课程号。

操作 1：

```
SELECT 学号,姓名,籍贯 FROM 学生 WHERE 籍贯 In("湖南衡阳","江苏南京")
```

语句中的 WHERE 子句还有如下等价的形式：

```
WHERE 籍贯="湖南衡阳" Or 籍贯="江苏南京"
```

操作 2：

```
SELECT 学号,姓名,入学成绩 FROM 学生 WHERE 入学成绩 Between 560 And 650
```

语句中的 WHERE 子句还有如下等价的形式：

```
WHERE 入学成绩>=560 And 入学成绩<=650
```

操作 3：

```
SELECT 学号,姓名 FROM 学生 WHERE 姓名 Like "张*"
```

语句中的 WHERE 子句还有如下等价的形式：

```
WHERE Left(姓名,1)="张"
```

或

```
WHERE Mid(姓名,1,1)="张"
```

或

```
WHERE InStr(姓名,"张")=1
```

操作 4：

```
SELECT 学号,课程号 FROM 选课 WHERE 考试成绩 Is Null
```

语句中使用了运算符“Is Null”，该运算符是测试字段值是否为“空值”。

注意：在查询时用“字段名 Is Null”的形式，而不能写成“字段名=Null”。

3. 查询结果处理

使用 SELECT 语句完成查询工作后，所查询的结果默认显示在屏幕上，若需要对这些查询结果进行处理，则需要 SELECT 语句的其他子句配合操作。

（1）排序输出（ORDER BY）

SELECT 语句的查询结果是按查询过程中的自然顺序给出的，因此查询结果通常无序，如果希望查询结果有序输出，需要使用 ORDER BY 子句配合，其格式为：

```
ORDER BY <排序选项 1> [ASC|DESC][，<排序选项 2>[ASC|DESC]…]
```

其中，<排序选项>可以是字段名或表达式，也可以是数字。字段名或表达式必须是 SELECT 语句的输出选项，数字是排序选项在 SELECT 语句输出选项中的序号。ASC 表示指定的排序项按升序排列，DESC 表示指定的排序项按降序排列。

【例 5-5】 对“教学管理”数据库，按性别顺序列出学生的学号、姓名、性别、年龄及籍贯，性别相同的再按年龄由大到小排序。

```
SELECT 学号,姓名,性别,Year(Date())-Year(出生日期) AS 年龄,籍贯 FROM 学生
  ORDER BY 性别,Year(Date())-Year(出生日期) DESC
```

语句执行结果如图 5-4 所示。

学号	姓名	性别	年龄	籍贯
20161002	周克涛	男	20	湖南衡阳
20161001	郭豪	男	20	河南平顶山
20160201	王鸿凯	男	20	湖南张家界
20160101	胡宇	男	20	江苏南京
20161108	杨敏	男	19	云南昆明
20160302	罗聘	男	19	四川成都
20162025	张哲晓	女	20	新疆乌鲁木齐
20160306	杨芳丽	女	20	湖南怀化
20160102	肖伊	女	20	湖北荆州
20161209	彭佩佩	女	19	陕西西安

图 5-4　查询结果的排序输出

要注意语句中“年龄”的表达方法。在该语句中，由于两个排序选项是第 3 个和第 4 个输出选项，所以 ORDER BY 子句也可以写成

```
ORDER BY 3,4 DESC
```

（2）分组统计（GROUP BY）与筛选（HAVING）

使用 GROUP BY 子句可以对查询结果进行分组，其格式为：

```
GROUP BY <分组选项 1>[，<分组选项 2>…]
```

其中，<分组选项>是作为分组依据的字段名。

GROUP BY 子句可以将查询结果按指定列进行分组，每组在列上具有相同的值。要注意的是，如果使用了 GROUP BY 子句，则查询输出选项要么是分组选项，要么是统计函数，因为分组后每个组只返回一行结果。

若在分组后还要按照一定的条件进行筛选，则需使用 HAVING 子句，其格式为：

```
HAVING <分组条件>
```

HAVING 子句与 WHERE 子句一样，也可以起到按条件选择记录的功能，但两个子句作用的对象不同。WHERE 子句作用于表，而 HAVING 子句作用于组，必须与 GROUP BY 子句连用，用来指定每一分组内应满足的条件。HAVING 子句与 WHERE 子句不矛盾，在查询中先用 WHERE 子句选择记录，然后进行分组，最后再用 HAVING 子句选择记录。当然，GROUP BY 子句也可单独出现。

【例 5-6】 写出对“教学管理”数据库进行如下操作的语句。

① 分别统计男女生人数。

② 分别统计男女生中少数民族学生人数。

③ 列出平均考试成绩大于 80 分的课程号，并按平均考试成绩升序排序。

④ 统计每个学生选修课程的门数（超过 1 门的学生才统计），要求输出学生学号和选修门数，查询结果按选修门数降序排序，若门数相同，按学号升序排序。

操作 1：

```
SELECT 性别,Count(*) AS 人数 FROM 学生 GROUP BY 性别
```

该语句对查询结果按“性别”字段进行分组，性别相同的为一组，对每一组应用 Count 函数求该组的记录个数，即该组学生人数。每一组在查询结果中产生一条记录。

操作 2：

```
SELECT 性别,Count(*) AS 人数 FROM 学生 WHERE 是否为少数民族 GROUP BY 性别
```

该语句是对少数民族学生按“性别”字段进行分组统计，所以相对于操作 1 而言，增加了 WHERE 子句，限定了查询操作的记录范围。

操作 3：

```
SELECT 课程号,Avg(考试成绩) AS 平均考试成绩 FROM 选课
  GROUP BY 课程号 HAVING Avg(考试成绩)>=80 ORDER BY Avg(考试成绩) ASC
```

该语句先用 GROUP BY 子句按“课程号”字段进行分组，然后计算出每一组的平均考试成绩。HAVING 子句指定选择组的条件，最后满足条件“Avg(考试成绩)>=80”的组作为最终输出结果被输出，输出时按平均考试成绩排序。语句的执行结果如图 5-5 所示。

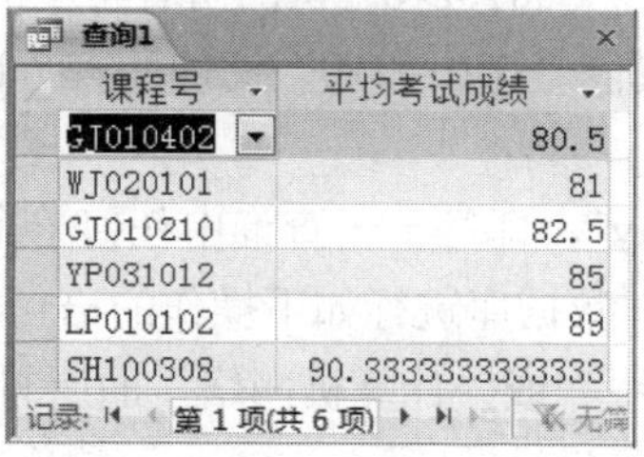

查询1

课程号	平均考试成绩
GJ010402	80.5
WJ020101	81
GJ010210	82.5
YP031012	85
LP010102	89
SH100308	90.3333333333333

记录：第 1 项(共 6 项)

图 5-5　平均考试成绩大于 80 的课程号

操作 4：

```
SELECT 学号,Count(课程号) AS 选课门数 FROM 选课
  GROUP BY 学号 HAVING Count(课程号)>1 ORDER BY 2 DESC,1
```

5.2.2　嵌套查询

有时候一个 SELECT 语句无法完成查询任务，而需要一个子 SELECT 语句的结果作为查询的条件，即需要在一个 SELECT 语句的 WHERE 子句中出现另一个 SELECT 语句，这种查询称为嵌套查询。

1. 返回单值的子查询

【例 5-7】 对“教学管理”数据库，列出选修“数据库技术与应用”的所有学生的学号。

```
SELECT 学号 FROM 选课 WHERE 课程号=
  (SELECT 课程号 FROM 课程 WHERE 课程名="数据库技术与应用")
```

语句的执行分两个阶段，首先在“课程”表中找出“数据库技术与应用”的课程号(“GJ010402”)，然后在“选课”表中找出课程号等于“GJ010402”的记录，列出这些记录的学号。

2. 返回一组值的子查询

若某个子查询的返回值不止一个，则必须指明在 WHERE 子句中应怎样使用这些返回值。通常使用条件运算符 Any（或 Some）、All 和 In。

（1）Any 运算符的用法

Any 运算符可以找出满足子查询中任意一个值的记录，使用格式为：

```
<字段> <比较符> Any(<子查询>)
```

【例 5-8】 对“教学管理”数据库，列出选修“GJ010402”课的学生中考试成绩比选修“GJ010210”课的最低考试成绩高的学生的学号和考试成绩。

```
SELECT 学号,考试成绩 FROM 选课 WHERE 课程号="GJ010402" And 考试成绩>Any
  (SELECT 考试成绩 FROM 选课 WHERE 课程号="GJ010210")
```

该查询必须做两件事，首先找出选修“GJ010210”课的所有学生的考试成绩，然后在选修“GJ010402”课的学生中选出其考试成绩高于选修“GJ010210”课的任何一个学生的考试成绩的那些学生。

（2）All 运算符的用法

All 运算符可以找出满足子查询中所有值的记录，使用格式为：

```
<字段> <比较符> All(<子查询>)
```

【例 5-9】 对“教学管理”数据库，列出选修“GJ010402”课的学生中考试成绩比选修“GJ010210”课的最高考试成绩还要高的学生的学号和考试成绩。

```
SELECT 学号,考试成绩 FROM 选课 WHERE 课程号="GJ010402" And 考试成绩>All
  (SELECT 考试成绩 FROM 选课 WHERE 课程号="GJ010210")
```

该查询的含义是：首先找出选修“GJ010210”课的所有学生的考试成绩，然后在选修“GJ010402”课的学生中选出其考试成绩中高于选修“GJ010210”课的所有考试成绩的那些学生。

（3）In 运算符的用法

In 是属于的意思，等价于“=Any”，即等于子查询中任何一个值。

【例 5-10】 写出对“教学管理”数据库进行如下操作的语句。

① 列出选修“数据库技术与应用”或“计算机网络”的所有学生的学号。

② 显示“选课”表的第 6～10 号记录。

操作 1：

```
SELECT 学号 FROM 选课 WHERE 课程号 In
  (SELECT 课程号 FROM 课程 WHERE 课程名="数据库技术与应用" Or 课程名="计算机网络")
```

该查询首先在“课程”表中找出“数据库技术与应用”或“计算机网络”的课程号，然后在“选课”表中查找课程号属于所指两门课程的那些记录。

操作 2：

```
SELECT TOP 5 * FROM 选课 WHERE 学号 Not In
  (SELECT TOP 5 学号 FROM 选课)
```

该查询首先找到“选课”表中第 1～5 号记录的“学号”字段的值，然后列出“选课”表的 5 条记录，要求这些记录的“学号”字段不属于第 1～5 号记录的“学号”，也就是属于第 6～10 号记录。

5.2.3 多表查询

前面所述查询的数据源均来自一个表，而在实际应用中，许多查询需要将多个表的数据组合起来。也就是说，查询的数据源来自多个表，使用 SELECT 语句能够完成此类查询操作。

【例 5-11】 写出对“教学管理”数据库进行如下操作的语句。

① 输出所有学生的成绩单，要求给出学号、姓名、课程号、课程名和成绩。

② 列出少数民族学生的选课情况，要求列出学号、姓名、课程号、课程名和成绩。

③ 求选修“GJ010402”课的男生的平均年龄。

操作 1：

```
SELECT a.学号,姓名,b.课程号,课程名,平时成绩,考试成绩,总评成绩
  FROM 学生 a,选课 b,课程 c WHERE a.学号=b.学号 And b.课程号=c.课程号
```

语句执行结果如图 5-6 所示。由于此查询的数据源来自 3 个表，因此，在 FROM 子句中列出了 3 个表，同时使用 WHERE 子句指定连接表的条件。这里还应注意，在涉及多表查询中，如果字段名在两个表中出现，应在所用字段的字段名前加上表名（如果字段名是唯一的，可以不加表名），但表名一般输入时比较麻烦，所以在 FROM 子句中给相关表定义了别名，以便在查询语句的其他部分中使用。

查询1

学号	姓名	课程号	课程名	平时成绩	考试成绩	总评成绩
20160101	胡宇	SH100308	市场营销学	85	90	88.5
20160101	胡宇	WJ020101	大学英语	87	92	90.5
20160102	肖伊	WJ020101	大学英语	90	75	79.5
20160201	王鸿凯	GJ010402	数据库技术与应用	89	83	84.8
20160201	王鸿凯	SH100308	市场营销学	79	86	83.9
20160302	罗聘	LP010102	高等数学	84	91	88.9
20160302	罗聘	WJ020101	大学英语	91	88	88.9
20161001	郭豪	LP010102	高等数学	88	87	87.3
20161001	郭豪	GJ010210	计算机网络	78	86	83.6
20161002	周克涛	GJ010210	计算机网络	90	79	82.3
20161002	周克涛	GJ010402	数据库技术与应用	94	78	82.8
20161108	杨敏	YP031012	计算机辅助设计	95	85	88
20161209	彭佩佩	YP031012	计算机辅助设计	91	85	86.8
20162025	张哲晓	WJ020101	大学英语	76	69	71.1
20162025	张哲晓	SH100308	市场营销学	89	95	93.2

记录：第 1 项(共 15 项) 无筛选器 搜索

图 5-6 学生成绩查询结果

操作 2：

```
SELECT a.学号,a.姓名,b.课程号,课程名,平时成绩,考试成绩,总评成绩 FROM 学生 a,选课 b,
  课程 c WHERE a.学号=b.学号 And b.课程号=c.课程号 And a.是否为少数民族=True
```

语句执行结果如图 5-7 所示。

查询1

学号	姓名	课程号	课程名	平时成绩	考试成绩	总评成绩
20160201	王鸿凯	GJ010402	数据库技术与应用	89	83	84.8
20160201	王鸿凯	SH100308	市场营销学	79	86	83.9
20161108	杨敏	YP031012	计算机辅助设计	95	85	88
20162025	张哲晓	WJ020101	大学英语	76	69	71.1
20162025	张哲晓	SH100308	市场营销学	89	95	93.2

记录：第 1 项(共 5 项) 无筛选器 搜索

图 5-7 少数民族学生选课情况查询结果

操作 3：

```
SELECT Avg(Year(Date())-Year(出生日期)) AS 平均年龄 FROM 学生,选课
  WHERE 学生.学号=选课.学号 And 课程号="GJ010402" And 性别="男"
```

5.2.4 联合查询

联合查询实际是将两个或更多个表或查询中的记录纵向合并成为一个查询结果。数据合并（UNION）子句的格式为：

```
[UNION [ALL] <SELECT 语句>]
```

其中，ALL 表示结果全部合并。若没有 ALL，则重复的记录将被自动去掉。合并的规则如下：

① 不能合并子查询的结果；

② 两个 SELECT 语句必须输出同样的列数；

③ 两个表各相应列的数据类型必须相同，数字和字符不能合并；

④ 仅最后一个 SELECT 语句中可以用 ORDER BY 子句，且排序选项必须用数字说明。

【例 5-12】 对“教学管理”数据库，列出选修“GJ010210”课或“GJ010402”课的所有学生的学号和姓名，要求建立联合查询。操作步骤如下。

① 打开“教学管理”数据库，单击“创建”选项卡，在“查询”命令组中单击“查询设计”命令按钮，打开查询设计视图窗口，再在“显示表”对话框中单击“关闭”按钮，不添加任何表或查询，进入空白的查询设计视图。

② 在“查询工具/设计”上下文选项卡的“查询类型”命令组中单击“联合”命令按钮，在联合查询窗口中输入如下 SQL 语句。

```
SELECT  学生.学号,学生.姓名  FROM  选课,学生
  WHERE  选课.课程号="GJ010210" And  选课.学号=学生.学号
UNION SELECT  学生.学号,学生.姓名  FROM  选课,学生
  WHERE  选课.课程号="GJ010402" And  选课.学号=学生.学号
```

③ 在“查询工具/设计”上下文选项卡的“结果”命令组中单击“运行”命令按钮并保存查询，查询结果如图 5-8 所示。

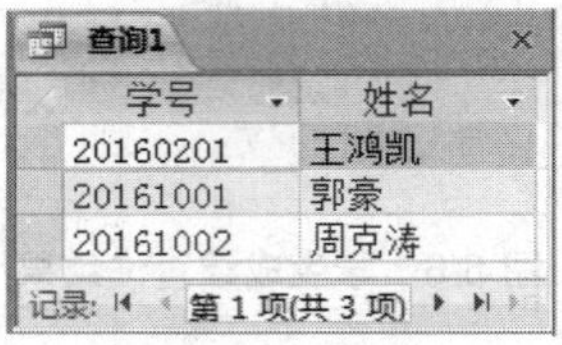

图 5-8　联合查询的运行结果

5.3 SQL 数据定义

有关数据定义的 SQL 语句分为 3 组，它们是建立（CREATE）数据库对象、修改（ALTER）数据库对象和删除（DROP）数据库对象。每一组语句针对不同的数据库对象分别有不同的语句。例如，针对表对象的 3 个语句是建立表结构语句 CREATE TABLE、修改表结构语句 ALTER TABLE 和删除表语句 DROP TABLE。本节以表对象为例介绍 SQL 数据定义功能。

5.3.1 建立表结构

在 SQL 中可以通过 CREATE TABLE 语句建立表结构，其语句格式为：

```
CREATE TABLE <表名>
( <字段名 1> <数据类型 1> [字段级完整性约束 1]
  [，<字段名 2> <数据类型 2> [字段级完整性约束 2]]
  [，…]
  [，<字段名 n> <数据类型 n> [字段级完整性约束 n]]
  [，<表级完整性约束>]
 )
```

语句中各参数的含义如下。

① <表名>是要建立的表的名称。

② <字段名 1>，<字段名 2>，…，<字段名 *n*>是要建立的表的字段名。在语法格式中，每个字段名后的语法成分是对该字段的属性说明，其中字段的数据类型是必需的。表 5-2 列出了 Microsoft Access SQL 中支持的主要数据类型。应当注意，不同系统中所支持的数据类型并不完全相同，使用时可查阅系统说明。

表 5-2 Microsoft Access SQL 常用数据类型

数据类型	字段宽度	说　明
Smallint		短整型，按 2 个字节存储
Integer		长整型，按 4 个字节存储
Real		单精度浮点型，按 4 个字节存储
Float		双精度浮点型，按 8 个字节存储
Money		货币型，按 8 个字节存储
Char(*n*)	*n*	字符型（存储 0～255 个字符）
Text(*n*)	*n*	备注型
Bit		是/否型，按 1 个字节存储
Datetime		日期/时间型，按 8 个字节存储
Image		用于 OLE 对象

③ 定义表时还可以根据需要定义字段的完整性约束，用于在输入数据时对字段进行有效性检查。当多个字段需要设置相同的约束条件时，可以使用“表级完整性约束”。关于约束的选项有很多，最常用的有如下 3 种。

- 空值约束（Null 或 Not Null）：指定该字段是否允许“空值”，其默认值为 Null，即允许“空值”。
- 主键约束（PRIMARY KEY）：指定该字段为主键。
- 唯一性约束（UNIQUE）：指定该字段的取值唯一，即每条记录在此字段上的值不能重复。

【例 5-13】 在“教学管理”数据库中建立“教师”表：教师（教师号，姓名，性别，职称），其中允许“职称”字段为“空值”。操作步骤如下。

① 打开“教学管理”数据库，单击“创建”选项卡，在“查询”命令组中单击“查询设计”命令按钮，打开查询设计视图窗口，再在“显示表”对话框中单击“关闭”按钮，不添加任何表或查询，进入空白的查询设计视图。

② 在“查询工具/设计”上下文选项卡的“查询类型”命令组中单击“数据定义”命令按钮，在“数据定义查询”窗口中输入如下 SQL 语句。

```
CREATE TABLE 教师
 (教师号 Char(8),
  姓名 Char(8),
  性别 Char(2),
  职称 Char(6) Null
  )
```

③ 在“查询工具/设计”上下文选项卡的“结果”命令组中单击“运行”命令按钮，将在“教学管理”数据库中创建“教师”表，在导航窗格中双击“教师”表，得到的结果如图 5-9 所示。

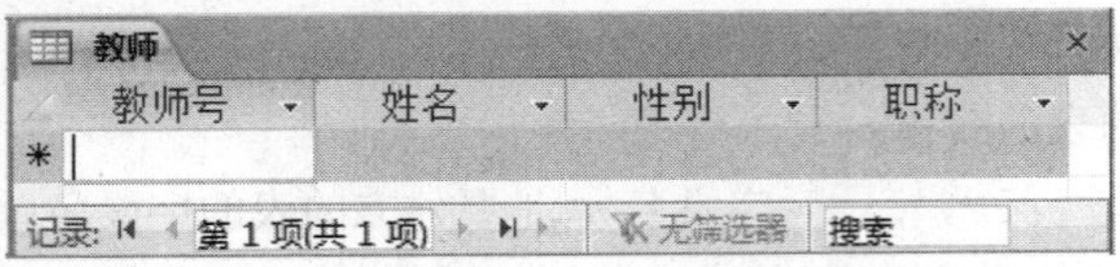

图 5-9　利用数据定义查询创建的表

④ 保存该数据定义查询。

5.3.2　修改表结构

如果表不满足要求，就需要进行修改。可以使用 ALTER TABLE 语句修改已建表的结构，其语句格式为：

```
ALTER TABLE <表名>
[ADD <字段名> <数据类型> [字段级完整性约束条件]]
[DROP [<字段名>]…]
[ALTER <字段名> <数据类型>]
```

该语句可以添加（ADD）新的字段、删除（DROP）指定字段或修改（ALTER）已有的字段，各选项的用法基本可以与 CREATE TABLE 的用法相对应。

【例 5-14】 对"课程"表的结构进行修改，写出操作语句。

① 为"课程"表增加一个整数类型的"学分"字段。

② 删除"课程"表中的"学分"字段。

操作 1：

```
ALTER TABLE 课程 ADD 学分 Smallint
```

操作 2：

```
ALTER TABLE 课程 DROP 学分
```

5.3.3　删除表

如果希望删除某个不需要的表，可以使用 DROP TABLE 语句，其语句格式为：

```
DROP TABLE <表名>
```

其中，<表名>是指要删除的表的名称。

【例 5-15】 在"教学管理"数据库中删除已建立的"教师"表。

```
DROP TABLE 教师
```

注意：表一旦被删除，表中数据将自动被删除，并且无法恢复，因此，执行删除表的操作时一定要慎重。

5.4　SQL 数据操纵

数据操纵是完成数据操作的语句，它由 INSERT（插入）、DELETE（删除）和 UPDATE（更新）3 种语句组成。

5.4.1　插入记录

INSERT 语句实现数据的插入功能，可以将一条新记录插入到指定表中，其语句格式为：

```
INSERT INTO <表名> [(<字段名 1>[，<字段名 2>…])]
VALUES(<字段值 1>[，<字段值 2>…])
```

其中，<表名>指定要插入记录的表的名称，<字段名>指定要添加字段值的字段名称，<字段值>指定具体的字段值。当需要插入表中所有字段的值时，表名后面的字段名可以默认，但插入数据的格式及顺序必须与表的结构完全一致。若只需要插入表中某些字段的值，就需要列出插入数据的字段名，当然相应字段值的数据类型应与之对应。

【例 5-16】 向“学生”表中添加记录。

```
INSERT INTO 学生(学号,姓名,出生日期) VALUES("20160812","成达科",#1992-09-10#)
```

注意： 文本数据应用单引号或双引号括起来，日期数据应用“#”括起来。

5.4.2 更新记录

UPDATE 语句对表中某些记录的某些字段进行修改，实现记录更新，其语句格式为：

```
UPDATE <表名>
  SET <字段名 1>=<表达式 1>[，<字段名 2>=<表达式 2>…] [WHERE <条件表达式>]
```

其中，<表名>指定要更新数据的表的名称，<字段名>=<表达式>是用表达式的值替代对应字段的值，并且一次可以修改多个字段。一般使用 WHERE 子句来指定被更新记录字段值所满足的条件，如果不使用 WHERE 子句，则更新全部记录。

【例 5-17】 写出对“教学管理”数据库进行如下操作的语句。

① 将“学生”表中“周克涛”同学的籍贯改为“湖南长沙”。

② 将所有少数民族学生的各科考试成绩加 20 分。

操作 1：

```
UPDATE 学生 SET 籍贯="湖南长沙" WHERE 姓名="周克涛"
```

操作 2：

```
UPDATE 选课 SET 考试成绩 = 考试成绩+20
  WHERE 学号 In(SELECT 学号 FROM 学生 WHERE 是否为少数民族)
```

语句中的 SELECT 语句在“学生”表中列出少数民族学生的学号，然后在“选课”表中对相关学生的考试成绩进行更新。

5.4.3 删除记录

DELETE 语句可以删除表中的记录，其语句格式为：

```
DELETE FROM <表名> [WHERE <条件表达式>]
```

其中，FROM 子句指定从哪个表中删除数据，WHERE 子句指定被删除的记录所满足的条件。如果不使用 WHERE 子句，则删除该表中的全部记录。

【例 5-18】 删除“学生”表中所有男生的记录。

```
DELETE FROM 学生 WHERE 性别="男"
```

完成以上操作后，“学生”表中所有男生的记录将被删除。

习题 5

一、选择题

1．在 SQL 语句中，要检索去掉重复的所有元组，则应在 SELECT 中使用（　　）。

A．All　　B．UNION　　C．LIKE　　D．DISTINCT

2．在 SELECT 语句中，需显示的内容使用"*"，则表示（　　）。

A．选择任何属性　　B．选择所有属性

C．选择所有元组　　D．选择主键

3．查询近 5 天内的记录应该使用的条件是（　　）。

A．<Date()-5　　B．>Date()-5

C．Between Date() And Date()-5　　D．Between Date() And Date()+5

4．有如下 SQL SELECT 语句：

```
SELECT * FROM Member WHERE InStr([简历],"篮球")>0
```

下列查询语句中与该语句功能相同的语句是（　　）。

A．SELECT * FROM Member WHERE 简历 Like"篮球"

B．SELECT * FROM Member WHERE 简历 Like"*篮球"

C．SELECT * FROM Member WHERE Member.简历 Like"*篮球*"

D．SELECT * FROM Member WHERE Member.简历 Like"篮球*"

5．有如下 SQL SELECT 语句：

```
SELECT * FROM stock WHERE 单价 Between 12.76 And 15.20
```

与该语句等价的是（　　）。

A．SELECT * FROM stock WHERE 单价<=15.20 And 单价>=12.76

B．SELECT * FROM stock WHERE 单价<15.20 And 单价>12.76

C．SELECT * FROM stock WHERE 单价>=15.20 And 单价<=12.76

D．SELECT * FROM stock WHERE 单价>15.20 And 单价<12.76

6．"借阅"表中有"借阅编号"、"学号"和"借阅图书编号"等字段，每名学生每借阅一本书生成一条记录，要求按学生学号统计出每名学生的借阅次数，下列 SQL 语句中，正确的是（　　）。

A．SELECT 学号, Count(学号) FROM 借阅

B．SELECT 学号, Count(学号) FROM 借阅 GROUP BY 学号

C．SELECT 学号, Sum(学号) FROM 借阅 GROUP BY 学号

D．SELECT 学号, Sum(学号) FROM 借阅 ORDER BY 学号

7．使用 SELECT 语句进行分组检索时，为了去掉不满足条件的分组，应当（　　）。

A．使用 WHERE 子句

B．在 GROUP BY 后面使用 HAVING 子句

C．先使用 WHERE 子句，再使用 HAVING 子句

D．先使用 HAVING 子句，再使用 WHERE 子句

8．某一个查询的设计视图如图 5-10 所示。

下列 SQL 查询语句中，与图 5-10 所示查询设计视图的查询结果等价的是（　　）。

A．SELECT 姓名,性别 FROM 学生 WHERE Left([姓名],1)="张" Or 性别="男"

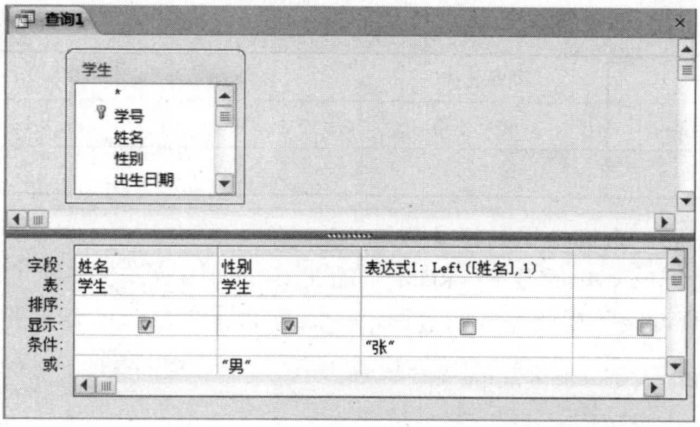

图 5-10 某一个查询的设计视图

B. SELECT 姓名,性别 FROM 学生 WHERE Left([姓名],1)="张" And 性别="男")

C. SELECT 姓名,性别,Left([姓名],1) FROM 学生 WHERE Left([姓名],1)="张" Or 性别="男"

D. SELECT 姓名,性别,Left([姓名],1) FROM 学生 WHERE Left([姓名],1)="张" And 性别="男"

9. SQL 中用于在已有表中添加或改变字段的语句是（ ）。

A. CREATE　　B. ALTER　　C. UPDATE　　D. DROP

10. 若要在表 S 中增加一列 CN（课程名），可用语句（ ）。

A. ADD TABLE S (CN Char(8))

B. ADD TABLE S ALTER (CN Char(8))

C. ALTER TABLE S ADD (CN Char(8))

D. ALTER TABLE S (ADD CN Char(8))

二、填空题

1. 在 SQL SELECT 语句中用________子句对查询的结果进行排序，________子句指出的是查询条件。

2. 用 SQL 语句查询“图书”表的所有记录，应该使用的 SELECT 语句是________。

3. 设“职工”表有工资字段，计算工资合计的 SQL 语句是：SELECT ________ FROM 职工。

4. 语句“SELECT 选课.* FROM 选课 WHERE 选课.考试成绩>(SELECT Avg(选课.考试成绩) FROM 选课)”查询的结果是________。

5. 要将“学生”表中女生的入学成绩加 10 分，可使用的语句是________。

6. 有 SQL 语句：

```
SELECT * FROM 工资 WHERE Not (基本工资>3000 Or 基本工资<2000)
```

与该语句等价的 SQL 语句是________。

7. 有“商品”表如表 5-3 所示。

表 5-3 “商品”表

部门号	商品号	商品名称	单价	数量	产地
4	G11	A 牌电风扇	150	10	广东
4	G14	A 牌微波炉	1200	15	上海
2	G15	C 牌打印机	2100	30	北京
4	G22	A 牌电视机	4500	4	上海

续表

部　门　号	商　品　号	商品名称	单　　价	数　　量	产　　地
3	G141	B 牌电冰箱	3500	12	广东
3	G24	C 牌电冰箱	2100	21	上海

执行以下 SQL 语句后，查询结果的记录数是________。

```
SELECT 部门号, MAX(单价*数量) FROM 商品表 GROUP BY 部门号
```

8．图 5-11 是使用查询设计视图完成的查询，与该查询等价的 SQL 语句是________。

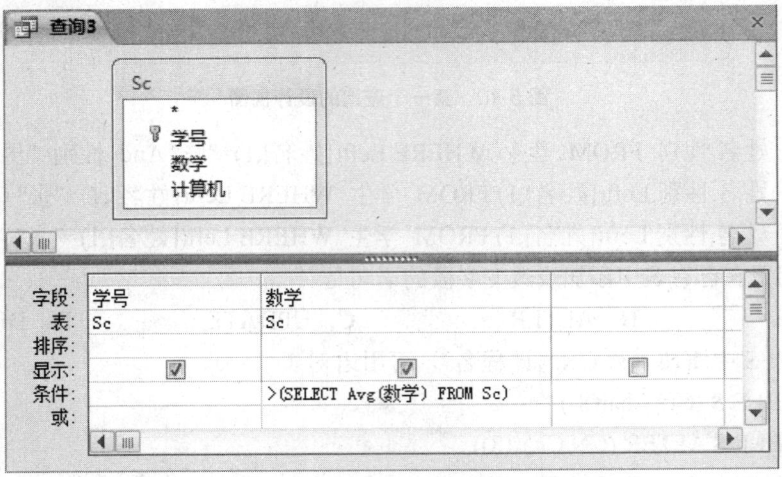

图 5-11　使用查询设计视图完成的查询

三、问答题

1．SQL 语句有哪些功能？在 Access 2010 查询中如何使用 SQL 语句？

2．在 SELECT 语句中，对查询结果进行排序的子句是什么？能消除重复行的关键字是什么？

3．在一个包含集合函数的 SELECT 语句中，GROUP BY 子句有哪些用途？

4．HAVING 与 WHERE 同时用于指出查询条件，说明各自的应用场合。

5．设有如下 4 个关系模式：

书店（书店号，书店名，地址）

图书（书号，书名，定价）

图书馆（馆号，馆名，城市，电话）

图书发行（馆号，书号，书店号，数量）

试回答下列问题：

（1）用 SQL 语句定义图书关系。

（2）用 SQL 语句插入一本图书信息：（“B1001”，“数据库技术与应用”，32）。

（3）用 SQL 语句检索已发行的图书中最贵和最便宜的书名和定价。

（4）检索“数据库”类图书的发行量。

（5）写出下列 SQL 语句的功能。

```
SELECT 馆名 FROM 图书馆 WHERE 馆号 IN
  (SELECT 馆号 FROM 图书发行 WHERE 书号 IN
    (SELECT 书号 FROM 图书 WHERE 书名='数据库技术与应用'))
```

第 6 章　窗体的操作

窗体就是一个 Windows 窗口，是用户和数据库应用系统之间联系的桥梁。通过窗体可对数据库中的数据进行输入、编辑、浏览、排序、筛选、显示及应用程序的执行控制。通过对窗体的设计和设置，可以创建出形象、美观的操作界面，从而使数据库的各种操作变得更加直观、方便。窗体设计的好坏反映了数据库应用系统界面的友好性和可操作性。

本章围绕 Access 2010 窗体的操作而展开。通过本章的学习，应掌握 Access 2010 窗体的功能、类型及组成，掌握创建 Access 2010 窗体的各种方法、窗体控件的作用与操作，以及窗体的应用。

6.1 窗体概述

窗体是用户与数据库系统交互的重要对象，在一个 Access 数据库应用系统开发完成后，对数据库的所有操作都可以通过窗体来完成。

6.1.1 窗体的功能

在窗体中，通常需要添加各种窗体元素，在术语上称为控件。在建立一个窗体时，往往需要设置窗体的“记录源”属性及控件的“控件来源”属性，这样窗体就具备了显示和编辑“记录源”中记录的能力。通过窗体可以实现以下基本功能。

1. 显示数据

利用窗体，可以根据需求显示表和查询中的数据字段。在窗体中，通过窗体控件显示数据，同时可以显示数据字段的名称，使数据显示更加直观。另外，根据需要，窗体还可以通过纵栏式、表格式和数据表式等方式显示数据。

2. 编辑数据

在窗体中，利用数据绑定控件，可以直接修改数据库中的数据，包括录入新记录。在编辑数据时，可以利用宏或 VBA 代码提示编辑数据的规则，避免数据录入错误。

3. 查找数据

利用窗体的命令按钮及宏命令可以快速地在数据表中查找记录，并跳转到相应记录。

4. 分析数据

利用窗体可以对数据进行排序、筛选及汇总等操作，通过建立数据透视图和数据表视图能够更加直观地分析数据。

5. 控制应用程序流程

窗体能够与函数、过程相结合，可以通过编写宏或 VBA 代码完成各种复杂的控制功能。

6.1.2 窗体的类型

窗体上包含许多称为控件的界面元素，通过这些控件来实现窗体的功能。根据窗体上控件的布局，

Access 2010 把窗体分为 7 种类型，分别是纵栏式窗体、表格式窗体、数据表窗体、主/子窗体、图表窗体、数据透视表窗体和数据透视图窗体。

1. 纵栏式窗体

纵栏式窗体一页显示表或查询中的一条记录，记录中的各字段以列的形式排列在屏幕上，每一个字段显示在一个独立的行上，左边显示字段名，右边显示对应的值。

2. 表格式窗体

在表格式窗体中一页显示表或查询中的多条记录，每条记录显示为一行，每个字段显示为一列。字段的名称显示在每一列的顶端。

3. 数据表窗体

数据表窗体从外观上看与数据表和查询显示数据的界面相同，通常是用来作为一个窗体的子窗体。数据表窗体与表格式窗体都以行列格式显示数据，但表格式窗体是以立体形式显示的。

4. 主/子窗体

窗体中的窗体被称为子窗体，包含子窗体的窗体称为主窗体。主窗体和子窗体通常用于显示多个表或查询中的数据，当主窗体中的数据发生变化时，子窗体中的数据也跟着发生相应的变化。因此，主窗体中的数据源与子窗体中的数据源要建立联系，并且表或查询中的数据之间的联系一般为一对多联系。

5. 图表窗体

图表窗体以折线图、柱形图、饼图等图表方式显示表中数据。可以单独使用图表窗体，也可以在子窗体中使用图表窗体来增加窗体的功能。

6. 数据透视表窗体

数据透视表窗体是 Access 2010 为了以指定的数据表或查询为数据源产生一个按行和列统计分析的表格而建立的一种窗体形式。数据透视表窗体允许用户对表格内的数据进行操作，用户也可以改变数据透视表的布局，以满足不同的数据分析方式和要求。

7. 数据透视图窗体

数据透视图窗体是用于显示数据表和查询中数据的图形分析窗体。数据透视图窗体允许通过拖动字段或通过显示和隐藏字段的下拉列表选项，查看不同级别的详细信息或指定布局。

实际上，除了以上 7 种窗体类型外，还可以通过空白窗体自由创建窗体。根据实际需求可以在空白窗体中添加各种控件。自由创建的窗体可以不属于上面的任何类型。

另外，窗体还可以从别的角度进行分类，如按窗体的作用，窗体可以分为数据输入窗体、切换面板窗体和自定义对话框。在数据输入窗体上可以使用多种类型的控件，完成数据添加、删除等功能；切换面板窗体的主要作用是实现各种数据库对象之间的切换；自定义对话框用于向用户显示提示信息。

6.1.3 窗体的视图

窗体的视图就是窗体的外观表现形式，窗体的不同视图具有不同的功能和应用范围。在 Access 2010 中，窗体有 6 种视图，分别为窗体视图、数据表视图、数据透视表视图、数据透视图视图、布局视图和设计视图。打开窗体以后，单击“开始”选项卡，在“视图”命令组中单击“视图”下拉按钮，从打开的下拉菜单中选择所需视图命令，如图 6-1 所示。或右击窗体名称选项卡，在弹

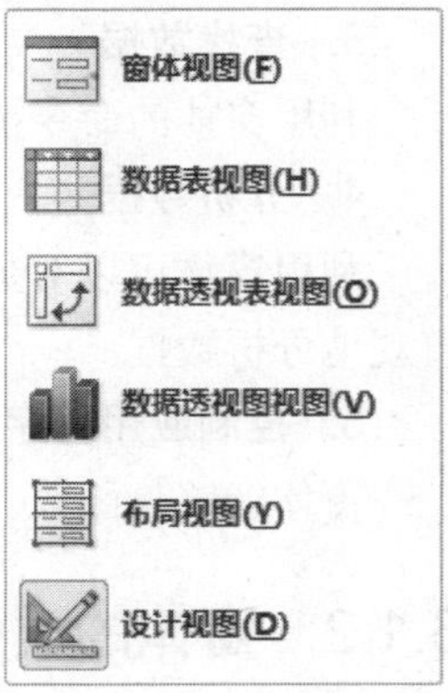

图 6-1 窗体视图命令

出的快捷菜单中选择不同的视图命令，可以在不同的窗体视图间相互切换。

1. 窗体视图

窗体视图是窗体运行时的显示形式，是完成对窗体设计后的效果，可浏览窗体所捆绑的数据源数据。要以窗体视图打开某一窗体，可以在导航窗格的窗体列表中双击要打开的窗体。

2. 数据表视图

数据表视图是以表格的形式显示表或查询中的数据，可用于编辑、添加、删除和查找数据等。在默认情况下，窗体以窗体视图打开，如果希望从窗体视图切换到数据表视图，则在“视图”命令组中单击“视图”下拉按钮，从打开的下拉菜单中选择“数据表视图”命令，或右击窗体名称选项卡，在弹出的快捷菜单中选择“数据表视图”命令。在 Access 2010 中，并非所有类型的窗体都具有数据表视图，只有以表或查询为数据源的窗体才具有数据表视图。

如果将窗体的数据表视图与表的数据表视图进行比较，可以发现两者的显示形式相近（当然，此时窗体所依附的数据应该与表相同），但是两者之间也有一定的差别，即对于表的数据表视图，如果该表与另一个表具有一对多联系，其数据表视图中每一条记录之前有一个⊞按钮，单击该⊞按钮，即可显示与该记录有一对多联系的所有记录。

3. 数据透视表视图和数据透视图视图

在数据透视表视图和数据透视图视图中，可以动态地更改窗体的版面，从而以各种不同的方法分析数据。例如，可以重新排列行标题、列标题和筛选字段，直到形成所需的版面布局为止。每次改变版面布局时，窗体会立即按照新的布局重新计算数据。

4. 布局视图

布局视图是用于修改窗体最直观的视图，可用于在 Access 2010 中对窗体进行修改。例如，可以调整窗体设计，可以根据实际数据调整列宽，可以在窗体中放置新的字段，并设置窗体及其控件的属性，调整控件的位置和宽度等。在布局视图中，窗体实际正在运行，因此，用户看到的数据与在窗体视图中的显示外观非常相似。

5. 设计视图

窗体设计视图提供了详细的窗体结构，用于窗体的创建和修改，显示的是各种控件的布局，并不显示数据源数据。任何类型的窗体，特别是一些富有个性化的窗体，都可以通过设计视图来完成。在设计视图中创建窗体后，可以在窗体视图和数据表视图中查看设计效果。

6.2 创建窗体的方法

在 Access 2010 主窗口中，“创建”选项卡中的“窗体”命令组提供了多种创建窗体的命令按钮，包括“窗体”、“窗体设计”和“空白窗体”3 个主要的命令按钮，还有“窗体向导”、“导航”和“其他窗体”3 个辅助按钮，如图 6-2 所示。下面介绍“窗体”命令组中各命令按钮的功能。

图 6-2 “窗体”命令组

1.“窗体”命令按钮

单击“窗体”命令按钮将根据用户所选定的表或查询自动创建窗体。使用“窗体”命令所创建的窗体，其数据源来自单个表或单个查询，且窗体的布局结构简单。这种方法创建的窗体是一种单记录布局的窗体。窗体对表中的各个字段进行排列和显示，左边是字段名，右边是字段的值，字段排成一列或两列。

2. “窗体设计”命令按钮

单击“窗体设计”命令按钮将直接创建空白窗体并显示窗体设计视图。使用设计视图时，既要确定窗体的数据源、调整控件在窗体上的布局并设置属性和响应事件，也要设置窗体的外观。在 6.3 节将做详细介绍。

3. “空白窗体”命令按钮

单击“空白窗体”命令按钮将直接创建一个空白窗体，用户可以在空白窗体中自由添加控件来设计窗体。空白窗体不会自动添加任何控件，而是显示“字段列表”任务窗格，通过手动添加表中的字段来设计窗体。

注意： 空白窗体是一种所见即所得的创建窗体的方式，即当向空白窗体添加字段后，不用进行视图转换就可立即显示出具体记录的内容，因此操作非常直观、方便。

4. “窗体向导”命令按钮

单击“窗体向导”命令按钮将通过向导对话框的方式设计窗体，用户可以通过选择对话框中的各种选项来设计窗体。使用向导可以方便、快捷地创建窗体。向导将引导用户完成创建窗体的任务，并让用户在窗体上选择所需要的字段、最合适的布局及窗体所具有的背景样式等。

（1）创建单个窗体

使用“窗体向导”命令创建单个窗体，其数据可以来自于一个表或查询，也可以来自于多个表或查询。

（2）创建主/子窗体

使用“窗体向导”命令也可以创建基于多个数据源的主/子窗体。在创建这种窗体之前，要确定作为主窗体的数据源与作为子窗体的数据源之间存在着一对多联系。例如，在“教学管理”数据库中，“学生”表和“选课”表之间就存在一对多联系，可以创建一个带有子窗体的窗体，用于显示两个表中的数据。“学生”表是一对多联系中的“一”端，在主窗体中显示；“选课”表是一对多联系中的“多”端，在子窗体中显示。在主/子窗体中，主窗体和子窗体彼此链接，主窗体显示某一条记录的信息，子窗体就会显示与主窗体当前记录相关的记录信息。

在 Access 2010 中，可以使用两种方法创建主/子窗体，一是同时创建主窗体与子窗体，二是将已建的窗体作为子窗体添加到另一个已建窗体中。子窗体与主窗体的关系，可以是嵌入式，也可以是链接式。

【例 6-1】 以“学生”表和“选课”表为数据源，创建嵌入式的主/子窗体。操作步骤如下。

① 打开“教学管理”数据库，单击“创建”选项卡，在“窗体”命令组中单击“窗体向导”命令按钮，弹出“窗体向导”第 1 个对话框。在该对话框中，选择“学生”表的部分字段及“选课”表的所有字段，然后单击“下一步”按钮。

② 弹出“窗体向导”第 2 个对话框，要求确定窗体查看数据的方式。由于数据来源于两个表，因此有两个可选项：“通过学生”查看或“通过选课”查看。创建嵌入式的主/子窗体还是创建链接式的主/子窗体，通过“带有子窗体的窗体”和“链接窗体”两个单选按钮来设置。本例选择“通过学生”查看，并选中“带有子窗体的窗体”单选按钮（如图 6-3 所示），然后单击“下一步”按钮。

③ 弹出“窗体向导”第 3 个对话框，要求确定窗体所采用的布局，其中有两个可选项，即表格和数据表。这里选择“数据表”，然后单击“下一步”按钮。

④ 弹出“窗体向导”最后一个对话框，在“窗体”文本框中输入“学生选课成绩”作为主窗体标题，在“子窗体”文本框中输入子窗体标题“选课成绩子窗体”，然后单击“完成”按钮，所建的主窗体和子窗体同时显示在屏幕上，如图 6-4 所示。

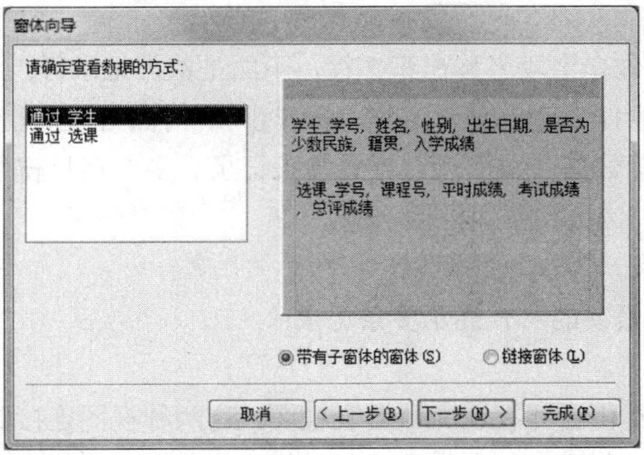

图 6-3　确定子窗体查看方式

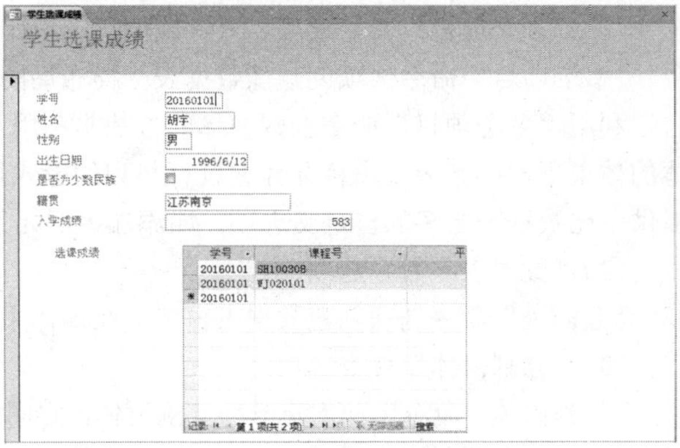

图 6-4　主/子窗体的设计结果

在此例中，数据来源于“学生”和“选课”两个表，且这两个表之间存在主从关系，因此，选择不同的数据查看方式会产生不同结构的窗体。在步骤②中，此例选择了“通过学生”查看数据，因此，在所建窗体中，主窗体显示“学生”表记录，子窗体显示“选课”表记录。如果选择从子表来查看数据，则产生一个独立的窗体，显示多个数据源连接后产生的所有记录。如果在步骤②中选择“通过选课”查看数据，则将创建单个窗体。

如果存在一对多联系的两个表都已经分别创建了窗体，就可以将具有“多”端的窗体添加到具有“一”端的窗体中，使其成为子窗体。

5. “导航”命令按钮

“导航”命令按钮用于创建导航窗体，即只包含导航控件的窗体。导航控件是 Access 2010 的一种新的控件。如果将数据库发布到 Web，则创建导航窗体非常重要，因为 Access 2010 导航窗体不会显示在浏览器中，而利用导航窗体可以方便地在数据库中的各种窗体和报表之间切换。单击“导航”下拉按钮，可以从下拉菜单中选择不同的导航选项卡布局格式，如图 6-5 所示。可选择将导航选项卡在窗体顶部排列成一行，或排列在窗体的左侧或右侧。对于多层选项卡，可将其放置在窗体顶部的两行中，或先将这些选项卡在顶部横向排列，然后在窗体的左侧或右侧向下排列。虽然布局格式不同，但是创建的方式是相同的。

6. “其他窗体”命令按钮

“其他窗体”命令按钮又包括 6 个命令选项，如图 6-6 所示。

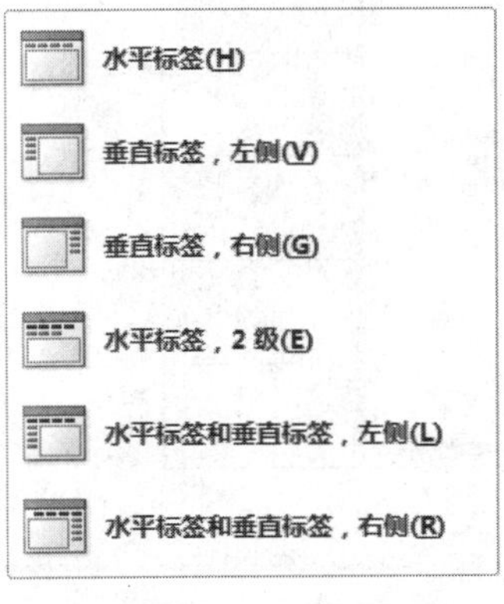

图 6-5　“导航”命令选项

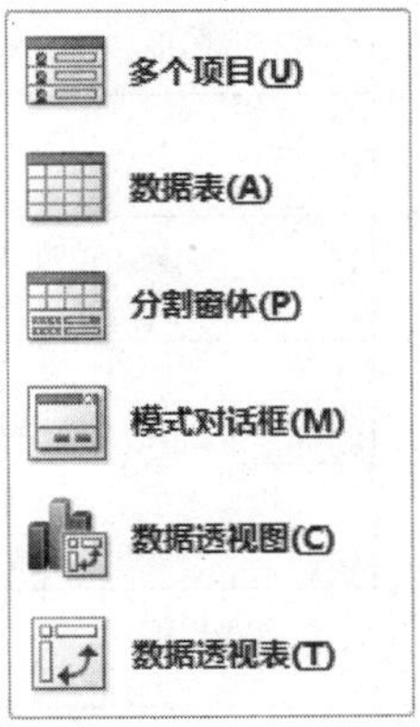

图 6-6　“其他窗体”命令选项

（1）“多个项目”命令选项

“多个项目”命令选项创建像数据表一样布局的窗体，字段名称在第 1 行，下面是数据记录行。

利用“多个项目”命令创建窗体的方法与利用“窗体”命令创建窗体的操作步骤一样，但创建窗体的效果不一样。多个项目窗体通过行与列的形式显示数据，一次可以查看多条记录。多个项目窗体提供了比数据表更多的自定义选项，如添加图形元素、按钮和其他控件功能。

（2）“数据表”命令选项

“数据表”命令选项创建数据表窗体，在窗体中以紧凑的形式显示多条记录。

（3）“分割窗体”命令选项

“分割窗体”命令选项创建一种分割窗体，它同时提供窗体视图和数据表视图，这两种视图连接到同一数据源，并且总是保持相互同步。如果在窗体的一个部分中选择了一个字段，则会在窗体的另一部分中选择相同的字段。可以在任一部分中添加、编辑或删除数据。

利用“分割窗体”命令创建窗体与利用“窗体”命令创建窗体的操作步骤是一样的，只是创建窗体的效果不一样。

（4）“模式对话框”命令选项

“模式对话框”命令选项用于创建对话框窗体，窗体运行时总是浮在系统界面的最上面，默认有“确认”和“取消”按钮。如不关闭该窗体，就不能进行其他操作，登录窗体就属于这种窗体。

（5）“数据透视图”命令选项

数据透视图窗体以图形表示数据。同样，利用数据透视图窗体也可对数据库中的数据进行行列合计、数据分析和版面重组。

【例 6-2】 以“学生”表为数据源，创建统计各专业不同籍贯人数的数据透视图窗体。操作步骤如下。

① 打开“教学管理”数据库，在导航窗格中选择作为窗体数据源的“学生”表。

② 单击“创建”选项卡，在“窗体”命令组中单击“其他窗体”命令按钮，然后选择“数据透视图”命令，这时出现数据透视图的框架，同时打开“图表字段列表”任务窗格，如图 6-7 所示。

图 6-7　数据透视图设计窗口

③ 将“图表字段列表”任务窗格中的“专业名”字段拖至“分类字段”区域，将“籍贯”字段拖

至“系列字段”区域，选中“学号”字段，在任务窗格右下角的下拉列表框中选择“数据区域”选项，单击“添加到”按钮，生成如图 6-8 所示的数据透视图窗体。

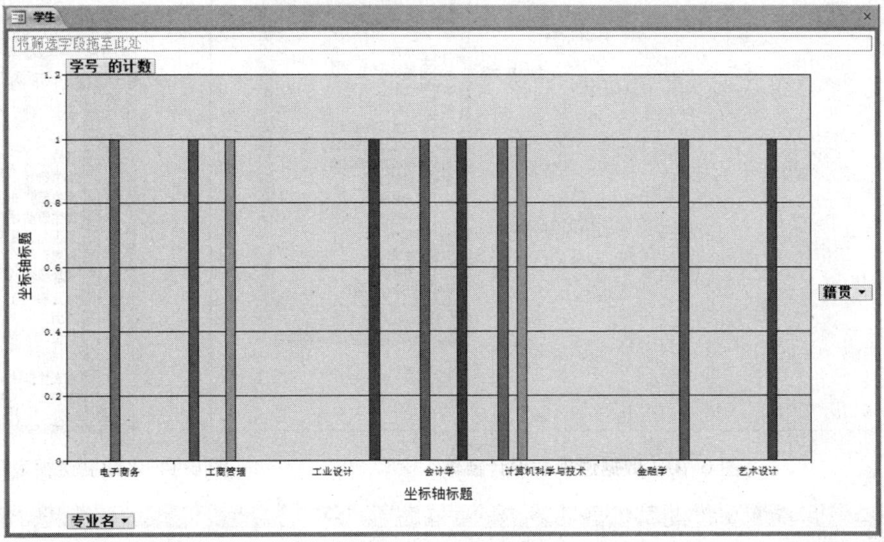

图 6-8　数据透视图窗体

④ 最后，将窗体存盘。

（6）“数据透视表”命令选项

数据透视表就是针对要分析的数据，利用行与列的交叉产生数据运算，其字段分布如图 6-9 所示。其中，“行字段”是指在数据透视表中被指定为行方向的字段；“列字段”是指数据透视表中被指定为列方向的字段；“筛选字段”是指用来对数据透视表做进一步分类筛选的字段，以便只显示与该字段相关联的汇总数据；“汇总或明细字段”是指显示在各行与各列交叉部分的字段，用于统计计算。

<table>
<tr><td colspan="2">筛选字段</td></tr>
<tr><td rowspan="2">行字段</td><td>列字段</td></tr>
<tr><td>汇总或明细字段</td></tr>
</table>

图 6-9　数据透视表的结构

在数据透视表窗体中，窗体按行和列显示数据，并按行和列统计汇总数据，对数据进行计算。

【例 6-3】 以“学生”表为数据源，创建统计各专业不同籍贯人数的数据透视表窗体。操作步骤如下。

① 打开“教学管理”数据库，在导航窗格中选择作为窗体数据源的“学生”表。

② 单击“创建”选项卡，在“窗体”命令组中单击“其他窗体”命令按钮，然后选择“数据透视表”命令，这时出现数据透视表的框架，同时打开“数据透视表字段列表”任务窗格，如图 6-10 所示。若没有出现该任务窗格，可在数据透视表中右击，在弹出的快捷菜单中选择“字段列表”命令。

③ 将“数据透视表字段列表”窗格中的“专业名”字段拖至“行字段”区域，将“籍贯”字段拖至“列字段”区域，选中“学号”字段，在任务窗格右下角的下拉列表框中选择“数据区域”选项，单击“添加到”按钮，如图 6-11 所示。

这时生成如图 6-12 所示的数据透视表窗体，从中可以看到在字段列表中新生成一个“总计”字段，该字段的值是选中的“学号”字段的计数，同时在数据区域产生了在“专业名”（行字段）和“籍贯”

（列字段）分组下有关“学号”的计数，也就是各专业不同籍贯的人数。

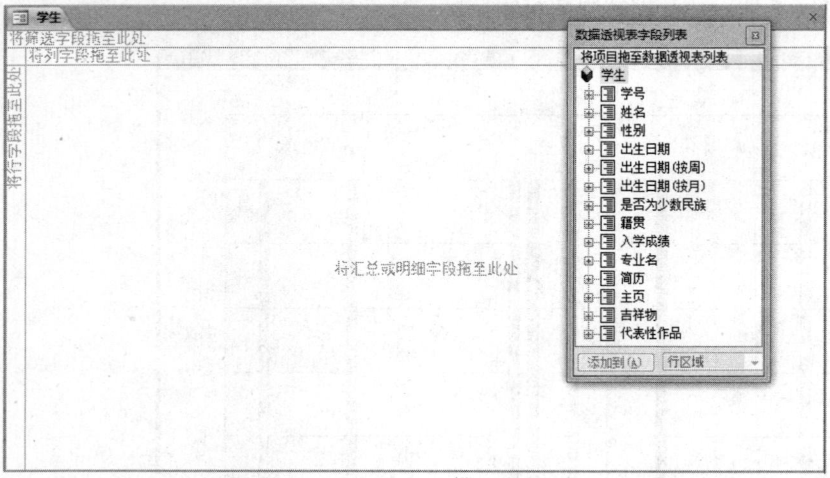

图 6-10　数据透视表设计窗体

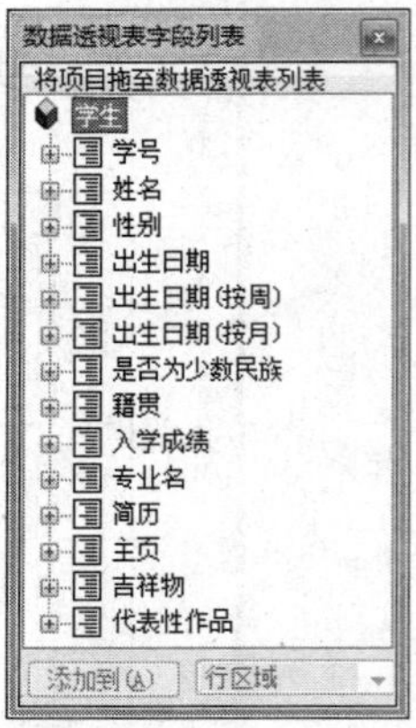

图 6-11　“数据透视表字段列表”窗格

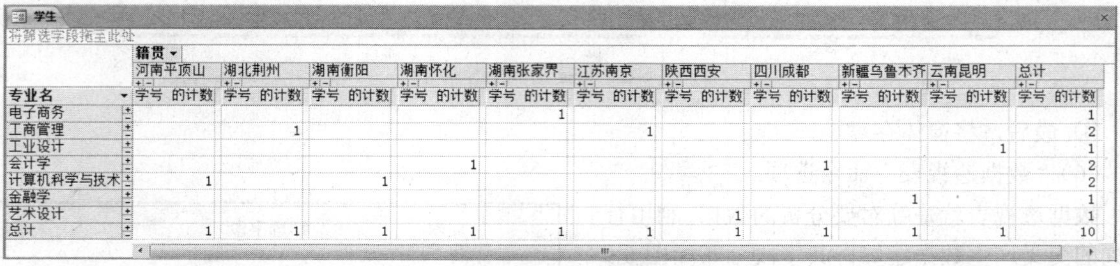

专业名	河南平顶山 学号 的计数	湖北荆州 学号 的计数	湖南衡阳 学号 的计数	湖南怀化 学号 的计数	湖南张家界 学号 的计数	江苏南京 学号 的计数	陕西西安 学号 的计数	四川成都 学号 的计数	新疆乌鲁木齐 学号 的计数	云南昆明 学号 的计数	总计 学号 的计数
电子商务					1						1
工商管理		1				1					2
工业设计										1	1
会计学				1				1			2
计算机科学与技术	1		1								2
金融学									1		1
艺术设计							1				1
总计	1	1	1	1	1	1	1	1	1	1	10

图 6-12　数据透视表窗体

④ 最后，将窗体存盘。

6.3　在设计视图中创建窗体

Access 2010 创建窗体的方法各具特点，其中尤以在设计视图中创建窗体最为灵活，且功能最强。利用设计视图，用户可以完全控制窗体的布局和外观，可以根据需要添加控件并设置它们的属性，从而设计出符合要求的窗体。

6.3.1　窗体设计窗口

1. 窗体的结构

打开数据库，单击“创建”选项卡，在“窗体”命令组中单击“窗体设计”命令按钮，就会打开窗体的设计视图，如图 6-13 所示。

窗体设计视图是设计窗体的窗口，它由 5 个部分组成，分别为窗体页眉、页面页眉、主体、页面页脚和窗体页脚。其中，每一部分称为一个节，每个节都有特定的用途，窗体中的信息可以分布在多个节中。

窗体的节既可以隐藏，也可以调整大小、添加图片或设置背景颜色。在默认情况下，打开窗体设计视图只显示主体节。若要显示其他 4 个节，需要右击主体节空白处，在打开的快捷菜单中选择“窗体页眉/页脚”命令或“页面页眉/页脚”命令。若要取消显示，执行同样的操作。另外，每一节左边的小方块是相应的节选定器，窗体左上角的小方块是窗体选定器，双击相应的选定器可以打开“属性表”任务窗格，进而设置相应节或窗体的属性。

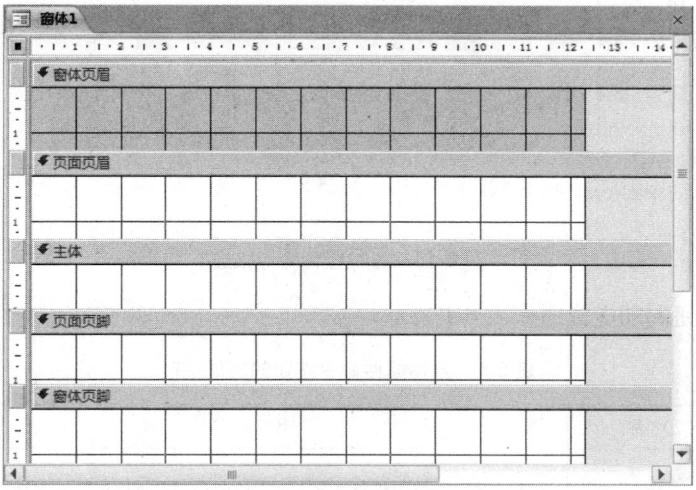

图 6-13 窗体设计视图

窗体页眉位于窗体顶部，一般用于显示每条记录都一样的信息，如窗体标题、窗体使用说明及执行其他功能的命令按钮等。在窗体视图中，窗体页眉显示在窗体的顶端；打印窗体时，窗体页眉打印输出到文档的开始处。窗体页眉不会出现在数据表视图中。窗体页脚位于窗体底部，一般用于显示所有记录都要显示的内容，如窗体操作说明，也可以设置命令按钮，以便进行必要的控制。在窗体视图中，窗体页脚显示在窗体的底部；打印窗体时，窗体页脚打印输出到文档的结尾处。与窗体页眉相似，窗体页脚也不会出现在数据表视图中。

页面页眉一般用来设置窗体在打印时的页头信息，如每页的标题、用户要在每一页上方显示的内容；页面页脚一般用来设置窗体在打印时的页脚信息，如日期、页码或用户要在每一页下方显示的内容。页面页眉和页面页脚只出现在打印的窗体上。

主体用于显示窗体数据源的记录。主体节通常包含与数据源字段绑定的控件，但也可以包含未绑定的控件，如用于识别字段含义的标签及线条、图片等。

2. “窗体设计工具”上下文选项卡

打开窗体设计视图时，在功能区选项卡上会出现“窗体设计工具/设计”、“窗体设计工具/排列”和“窗体设计工具/格式”3 个上下文选项卡。

（1）“窗体设计工具/设计”上下文选项卡包括“视图”、“主题”、“控件”、“页眉/页脚”和“工具”5 个命令组，这些命令组提供了窗体的设计工具。

（2）“窗体设计工具/排列”选项卡中包括“表”、“行和列”、“合并/拆分”、“移动”、“位置”和“调整大小和排序”6 个命令组，主要用来对齐和排列控件。

（3）“窗体设计工具/格式”选项卡中包括“所选内容”、“字体”、“数字”、“背景”和“控件格式”5 个命令组，用来设置控件的各种格式。

6.3.2 控件的功能与分类

控件是窗体上图形化的对象，如文本框、复选框、滚动条或命令按钮等，用于显示数据和执行操作。

1. 控件的功能

在窗体设计视图中单击“窗体设计工具/设计”上下文选项卡，在“控件”命令组中将出现各种控件命令按钮，如图 6-14 所示，通过这些命令按钮可以向窗体添加控件。

图 6-14　各种控件命令按钮

各种控件命令按钮的功能说明如表 6-1 所示。

表 6-1　各种控件命令按钮的功能说明

图　标	名　称	功　能
	选择	用于选取控件、节或窗体。单击该命令按钮可以释放以前锁定的控件
	文本框	用于显示、输入或编辑窗体、报表的数据源数据，还可以显示计算结果或接收用户所输入的数据
	标签	用于显示说明性文本。标签也能附加到另一个控件上，用于显示该控件的说明性文本
	按钮	提供一种执行各种操作的方法。单击按钮时，它不仅会执行相应的操作，其外观也会有先按下后释放的视觉效果
	选项卡控件	通过选项卡控件，可以为窗体同一区域定义多个页面
	插入超链接	创建指向网页、图片、电子邮件地址或程序的链接
	Web 浏览器控件	浏览指定网页或文件的内容
	导航控件	创建导航标签，用于显示不同的窗体或报表
	选项组	与复选框、选项按钮或切换按钮配合使用，显示一组选项值。在选项组中，每次只能选择一个选项
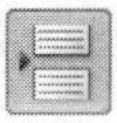	插入分页符	用于在窗体上开始一个新的屏幕，或在打印窗体上开始一个新页
	组合框	类似于文本框和列表框的组合，既可以在组合框中输入新值，也可以从下拉列表中选择一个值
	图表	打开图表向导，创建图表窗体

续表

图　标	名　称	功　能
	直线	创建直线，用以突出显示数据或分隔显示不同的控件
	切换按钮	显示是/否型数据值，或在选项组中用来显示要从中进行选择的值
	列表框	显示可滚动的数据列表，并可从列表中选择一个值
	矩形	创建矩形框，将一组相关的控件组织在一起
	复选框	显示是/否型数据值，或在选项组中用来显示要从中进行选择的值
	非绑定对象框	用于在窗体中显示未绑定 OLE 对象。当在记录间移动时，该对象将保持不变
	附件	在窗体中插入附件控件，用以保存 Office 文档
	选项按钮	显示是/否型数据值，或在选项组中用来显示要从中进行选择的值
	子窗体/子报表	用于创建子窗体或子报表
	绑定对象框	用于在窗体或报表上显示 OLE 对象。该控件用于保存在窗体或报表数据源字段中的对象。当在记录间移动时，不同的对象将显示在窗体或报表上
	图像	用于在窗体中显示静态图片。由于静态图片并非 OLE 对象，所以一旦将图片添加到窗体或报表中，便不能在 Access 内进行图片编辑

2. 控件的分类

根据控件与数据源的关系，控件可以分为绑定型控件、未绑定型控件和计算型控件 3 种。

（1）绑定型控件与表或查询中的字段相关联，可用于显示、输入、更新数据库中字段的值。例如，窗体中显示学生姓名的文本框可能从“学生”表中的“姓名”字段获得信息。

（2）未绑定型控件是无数据源的控件，其“控件来源”属性没有绑定字段或表达式，可用于显示文本、线条、矩形和图片等。如窗体页眉中显示窗体标题的标签就是未绑定型控件。

（3）计算型控件使用表达式而不是字段作为数据源，表达式可以利用窗体或报表所引用的表或查询字段中的数据，也可以是窗体或报表上的其他控件中的数据。例如，表达式“=[考试成绩]*0.7”，即将“考试成绩”字段的值乘以 0.7。

6.3.3 控件的操作

1. 向窗体添加控件

利用窗体设计视图可以设计出不同类型的窗体，从而构建所需要的操作界面。在窗体设计视图中创建窗体时，将从一个空白窗体开始，然后将数据来源表或查询中的字段添加到窗体上。向窗体添加控件的方法有如下两种。

（1）自动添加

单击“窗体设计工具/设计”上下文选项卡，在“工具”命令组中单击“添加现有字段”命令按钮，将打开“字段列表”任务窗格，双击其中的字段名或将字段从“字段列表”任务窗格拖至窗体，这时会创建绑定控件，即每个字段通常对应于标签和文本框两个控件，标签用于提示文本框的内容（多为字段名），文本框用于显示或输入字段中的数据。

（2）使用控件命令按钮向窗体添加控件

切换到窗体设计视图，在“窗体设计工具/设计”上下文选项卡的“控件”命令组中单击所需要的控件命令按钮。移动鼠标到窗体中，在需要放置控件的位置处单击并拖动鼠标，这时屏幕会呈现一个矩形框，矩形框为将要创建控件的大小，松开鼠标，窗体上将创建选中的控件。控件会自动创建一个名称，如“Text2”，Text 表示该控件为文本框，后面的数字提示该控件为窗体创建的第 2 个文本框。在添加文本框的时候，文本框前面会自动添加一个关联标签。在窗体上添加的控件，可以反复调整大小和位置。

如果“控件”命令组中的“使用控件向导”命令处于选中状态，在创建控件时会弹出相应的向导对话框，以方便对控件的相关属性进行设置。否则，创建控件时将不会弹出向导对话框。在默认情况下，“使用控件向导”命令处于选中状态。

【例 6-4】 在窗体设计视图中创建一个窗体，用于显示和编辑“学生”表中的数据。操作步骤如下。

① 打开“教学管理”数据库，单击“创建”选项卡，在“窗体”命令组中单击“窗体设计”命令按钮，打开窗体设计视图。此时，将创建一个只有主体节的空白窗体。在窗体设计视图中，窗体顶部和左侧都有标尺，而且窗体上显示有网格线。

② 右击“主体”节空白处，在弹出的快捷菜单中选择“窗体页眉/页脚”命令，在窗体中添加“窗体页眉”节和“窗体页脚”节，然后用光标指向“窗体页眉”节的下边线，并向上拖动鼠标，以减小“窗体页眉”节的高度，接着用同样的方法改变“窗体页脚”节的高度。

③ 在“窗体设计工具/设计”上下文选项卡的“控件”命令组中单击“标签”命令按钮，然后在“窗体页眉”节中画出一个标签控件，并输入“学生基本情况”，按 Enter 键，完成在“窗体页眉”节中添加一个标签控件。

④ 右击添加的标签控件，在弹出的快捷菜单中选择“属性”命令，打开“属性表”任务窗格，选择“格式”选项卡，在“字体名称”下拉列表框中选择“华文新魏”，在“字号”下拉列表框中选择“12”（以 pt 为单位）。

⑤ 在“属性表”任务窗格中选择“窗体”对象，在“数据”选项卡中设置窗体“记录源”属性为“学生”表。在“窗体设计工具/设计”上下文选项卡的“工具”命令组中单击“添加现有字段”命令按钮，将出现“字段列表”任务窗格。

⑥ 在“字段列表”任务窗格中，将“学生”表的字段拖放到窗体的“主体”节中。按住 Ctrl 键并单击“字段列表”任务窗格的字段名，选中所需字段，接着将这些字段拖到窗体的“主体”节中。此时 Access 2010 为每个字段都放置了一个文本框和一个标签，标签中显示的文本内容是相应字段的字段名。可以任意拖动控件来调整窗体布局，如图 6-15 所示。

⑦ 在“视图”命令组中单击“视图”下拉按钮，选择“窗体视图”菜单命令，此时将看到如图 6-16 所示的窗体。

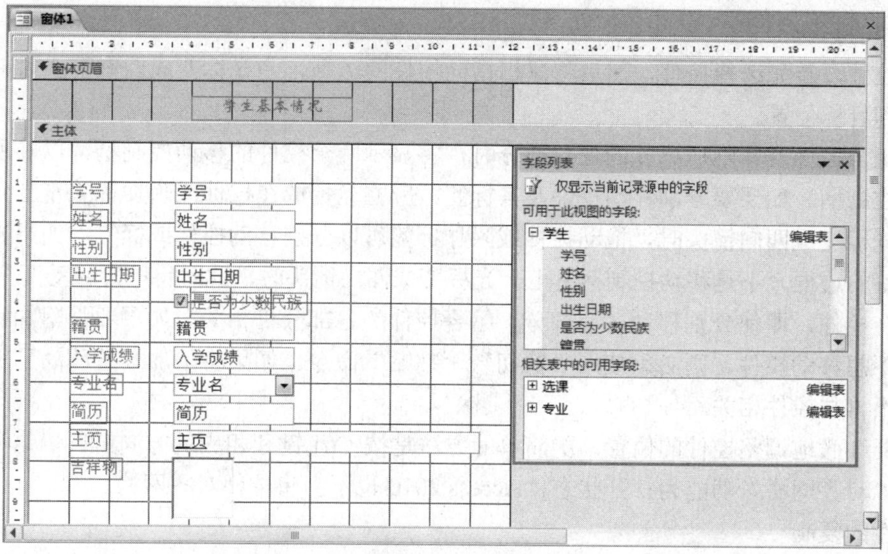

图 6-15　将字段添加到窗体中

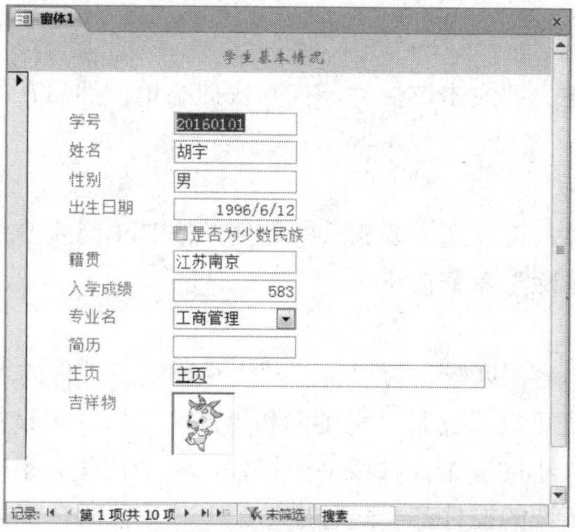

图 6-16　在窗体视图中查看窗体

⑧ 选择"文件"→"保存"菜单命令或单击工具栏上的"保存"按钮，保存所创建的窗体。

2. 控件的布局

窗体的布局主要取决于窗体中控件的布局，这就涉及对控件的操作，包括控件的移动、复制、删除，调整控件的尺寸、位置及对齐和设置控件等。

（1）控件的选择

Access 2010 将窗体中的每个控件都看成一个独立的对象，用户可以单击控件来选择它，被选中的控件四周及左上角将出现小方块状的控制柄，四周的控制柄用于改变控件的大小，左上角的控制柄用于移动控件。

选择多个控件可以按住 Ctrl 键或 Shift 键，再分别单击要选择的控件。选择全部控件可以使用快捷键 Ctrl＋A，或单击"窗体设计工具/格式"上下文选项卡，在"所选内容"命令组中单击"全选"命令按钮。也可以使用标尺选择控件，方法是将光标移动到水平标尺，鼠标指针变为向下的箭头后，拖动鼠标到需要选择的位置。

（2）控件的移动

要移动控件，首先选择控件，然后将鼠标指向控件的边框，当光标变成四向箭头时，即可用鼠标将控件拖动到目标位置。

当单击组合控件及其附加标签的任意部分时，将显示两个控件的移动控制柄，以及所单击的控件的调整大小控制柄。如果要分别移动控件及其标签，应将光标放在控件或附加标签左上角处的移动控制柄上，当光标变成四向箭头时，拖动控件或附加标签可以分别移动控件或标签；如果光标移动到控件或附加标签的边框（不是移动控制柄）上，光标变成四向箭头时，此时将同时移动两个控件。

对于组合控件，即使分别移动各个部分，组合控件的各部分仍相关。如果要将附加标签移动到另一个节，而不想移动控件，则必须使用“剪切”、“粘贴”命令。如果将附加标签移动到另一个节，该附加标签将不再与控件相关。

如果需要细微地调整控件的位置，更简单的方法是按 Ctrl 键和相应的方向键。以这种方式移动控件时，即使“对齐网格”功能为打开状态，Access 2010 也不会将控件对齐网格。

（3）控件的复制

要复制控件，首先选择控件，再单击“开始”选项卡，在“剪贴板”命令组中单击“复制”、“粘贴”等命令按钮。

（4）改变控件的类型

若要改变控件的类型，则先要右击该控件，打开快捷菜单，然后在其中的“更改为”命令中选择所需的新控件类型。

（5）控件的删除

如果希望删除不用的控件，可以选中要删除的控件，按 Del 键或 Delete 键，或在“开始”选项卡的“记录”命令组中单击“删除”命令按钮。

（6）改变控件的尺寸

如果控件的大小与显示内容不匹配，可以调整其大小以适应控件的显示内容。

对于控件大小的调整，既可以通过其“宽度”和“高度”属性来设置，也可以直接拖动控件的调整大小控制柄。单击要调整大小的一个控件或多个控件，拖动调整大小控制柄，直到控件变为所需的大小。如果选择多个控件，所选的控件都会随着拖动第 1 个控件的调整大小控制柄而更改大小。

如果通过属性设置来改变控件的大小，首先选择控件，并右击所选择的控件，在弹出的快捷菜单中选择“属性”命令，在相应控件的“属性表”任务窗格中选择“格式”选项卡，分别在“宽度”和“高度”属性框中输入控件的宽度和高度。如果选择了多个控件，设置完成后所选择的全部控件将具有相同的宽度和高度。

如果要调整控件的大小以容纳其显示内容，则选择要调整大小的一个或多个控件，然后在“窗体设计工具/排列”选项卡的“调整大小和排序”命令组中单击“大小/空格”命令按钮，在弹出的下拉菜单中选择“正好容纳”命令，将根据控件显示内容确定其宽度和高度。

如果要统一调整控件之间的相对大小，首先选择需要调整大小的控件，然后在“大小/空格”命令按钮的下拉菜单中选择下列其中一项命令：“至最高”命令使选定的所有控件调整为与最高的控件同高；“至最短”命令使选定的所有控件调整为与最短的控件同高；“至最宽”命令使选定的所有控件调整为与最宽的控件同宽；“至最窄”命令使选定的所有控件调整为与最窄的控件同宽。

（7）将窗体中的控件对齐

当需要设置多个控件对齐时，先选中需要对齐的控件，然后在“窗体设计工具/排列”选项卡的“调整大小和排序”命令组中单击“对齐”命令按钮，再在下拉菜单中选择所需的命令。选择“靠左”或

“靠右”命令，这样保证了控件之间垂直方向对齐；选择“靠上”或“靠下”命令，则保证水平对齐。选择“对齐网格”命令，则以网格为参照，选中的控件自动与网格对齐。

在水平对齐或垂直对齐的基础上，可进一步设定等间距。假设已经设定了多个控件垂直方向对齐，则选择“大小/空格”下拉菜单的“垂直相等”菜单命令。

3. 添加当前日期和时间

要使设计好的窗体显示当前的日期和时间，可以通过添加一个带有日期和时间表达式的文本框来实现。操作步骤如下。

① 在窗体设计视图中打开窗体，单击“窗体设计工具/设计”上下文选项卡，在“页眉/页脚”命令组中单击“日期和时间”命令按钮，打开“日期和时间”对话框，如图6-17所示。

② 若只插入日期或时间，则在对话框中选择“包含日期”或“包含时间”复选框，也可以全选。选择某项后，再选择日期或时间格式，单击“确定”按钮，此时在窗体中会添加相应的文本框。

图6-17 “日期和时间”对话框

6.4 控件的应用

控件是构成窗体的基本元素，而窗体是控件的容器。窗体的功能要通过在窗体中放置的各种控件来实现，控件与窗体结合起来才能构造出实用、友好的操作界面。

6.4.1 面向对象的基本概念

控件源于对象的概念，在使用控件设计窗体之前，有必要先介绍面向对象的基本概念。

在面向对象程序设计中，类和对象是两个重要的概念。类（Class）是一组具有相同数据结构和相同操作的对象（Object）的集合。可以说，类是对象的抽象，而对象是类的具体实例。“控件”命令组中的一种控件是一个类，但在窗体上添加的一个具体的控件就是一个对象。

每一个对象具有相应的属性、事件和方法。属性是对象固有的特征，不同类型的对象具有不同的属性集，如控件的标题、大小、颜色等。由对象发出且能够为某些对象感受到的行为动作称为事件。事件分为内部事件和外部事件。系统中对象的数据操作和功能调用命令等都是内部事件，而鼠标的单击、双击、移动和键盘的按下、释放等都是外部事件。并非所有的事件都能被每一个对象感受到。例如，鼠标在某一位置上单击，该事件则只能被放置在这一位置上的对象感受到。当某一个对象感受到一个特定事件发生时，这个对象应该可以做出某种响应。例如，单击一个运行窗体上标记为“退出”的命令按钮对象，则这个窗体会被关闭。这是因为这个标记为“退出”的命令按钮对象感受到了这个事件，并以执行关闭窗体的操作命令来响应这个事件。因此，把方法定义为一个对象响应某一事件的一个操作序列。方法是附属于对象的行为和动作，也可以将其理解为指示对象动作的命令。当某一个事件发生时，方法被执行，这种执行方式称为事件驱动，这也是面向对象程序设计的基本特点。

6.4.2 窗体和控件的属性

窗体及窗体中的每一个控件都具有各自的属性，这些属性决定了窗体及控件的外观、所包含的数据及对鼠标或键盘事件的响应。设计窗体需要了解窗体和控件的属性，并根据设计要求进行属性设置。

1. “属性表”任务窗格

在窗体设计视图中，窗体和控件的属性可以在“属性表”任务窗格中设定。右击窗体或控件，并从打开的快捷菜单中选择“属性”命令，或单击“窗体设计工具/设计”上下文选项卡，在“工具”命令组中单击“属性表”命令按钮，都可以打开“属性表”任务窗格，如图 6-18 所示。

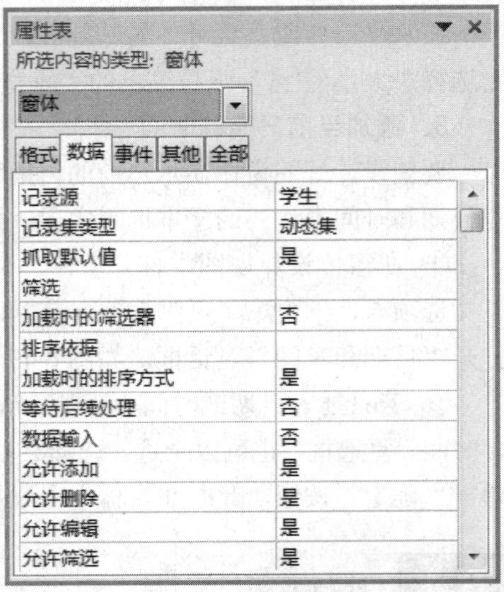

图 6-18 “属性表”任务窗格

“属性表”任务窗格上方的下拉列表框是当前窗体上所有对象的列表，可从中选择要设置属性的对象，也可以直接在窗体上选中对象，那么此下拉列表框将显示被选中对象的控件名称。

“属性表”任务窗格包含 5 个选项卡，分别是“格式”、“数据”、“事件”、“其他”和“全部”。其中，“格式”选项卡包含了窗体或控件的外观属性；“数据”选项卡包含了与数据源、数据操作相关的属性；“事件”选项卡包含了窗体或当前控件能够响应的事件；“其他”选项卡包含了“名称”、“制表位”等其他属性。每个属性行的左侧是属性名称，右侧是属性值。窗体也是一个对象，因此也具有这些属性。

在“属性表”任务窗格中，单击其中的一个选项卡即可对相应属性进行设置。设置某一属性时，先单击要设置的属性，然后在属性框中输入一个设置值或表达式。如果属性框中显示有下拉按钮，也可以单击该下拉按钮，并从打开的下拉列表中选择一个数值。如果属性框右侧显示[...]按钮，单击该按钮，将显示一个生成器或显示一个可用以选择生成器的对话框，通过该生成器可以设置其属性。

2. 窗体的常用属性

窗体的属性与整个窗体相关联，对窗体属性的设置可以确定窗体的整体外观和行为。在“属性表”任务窗格上方的下拉列表框中选择“窗体”即可显示并设置窗体的属性。窗体的常用属性有以下 6 种。

（1）标题：表示在窗体视图中窗体标题栏上显示的文本。

（2）记录选定器：决定窗体显示时是否具有记录选定器，即数据表最左端的标志块，其值有“是”、“否”两个选项。

（3）导航按钮：决定窗体运行时是否具有记录导航按钮，即数据表最下端的按钮组，其值有“是”、“否”两个选项。

（4）记录源：指明该窗体的数据源，也就是绑定的表或查询，其值从本数据库中的表对象名或查询对象名中选取。

（5）允许编辑、允许添加、允许删除：它们分别决定窗体运行时是否允许对数据进行编辑修改、添加或删除操作，其值有“是”、“否”两个选项。

（6）数据输入：指定是否允许打开绑定窗体进行数据输入，其值有“是”、“否”两个选项。取值为“是”，则窗体打开时，只显示一条空记录；取值为“否”（默认值），则窗体打开时，显示已有的记录。

窗体的属性还有很多，选中某个属性时，按 F1 功能键可以获得该属性的帮助信息，这也是熟悉属性用途的好方法。

3. 控件的常用属性

在“属性表”任务窗格上方的下拉列表框中选择某个控件，即可显示并设置该控件的属性。下面以标签和文本框控件为例，介绍控件的常用属性。

标签控件的常用属性如下。

（1）标题：表示标签中显示的文字信息，它与标签控件的“名称”属性不同。

（2）特殊效果：用于设定标签的显示效果，其值从“平面”、“凸起”、“凹陷”、“蚀刻”、“阴影”、“凿痕”6种特殊效果中选取。

（3）背景色、前景色：分别表示标签显示时的底色与标签中文字的颜色。

（4）字体名称、字号、字体粗细、下画线、倾斜字体：分别用于设定标签中显示文字的字体、字号、字形等参数，可以根据需要适当配置。

文本框控件的常用属性如下。

（1）控件来源：用于设定一个绑定型文本框控件时，它必须是窗体数据源表或查询中的一个字段；用于设定一个计算型文本框控件时，它必须是一个计算表达式，可以通过单击属性框右侧的...按钮，进入表达式生成器向导；用于设定一个未绑定型文本框控件时，就等同于一个标签控件。

（2）输入掩码：用于设定一个绑定型文本框控件或未绑定型文本框控件的输入格式，仅对文本型或日期/时间型数据有效。也可以通过单击属性框右侧的...按钮，进入输入掩码向导来确定输入掩码。

（3）默认值：用于设定一个计算型文本框控件或未绑定型文本框控件的初始值，可以使用表达式生成器向导来确定默认值。

（4）有效性规则：用于设定在文本框控件中输入数据的合法性检查表达式。可以使用表达式生成器向导来建立合法性检查表达式。

（5）有效性文本：在窗体运行期间，当在该文本框中输入的数据违背了有效性规则时，即显示有效性文本中的提示信息。

（6）可用：用于指定该文本框控件是否能够获得焦点，其值有“是”、“否”两个选项。

（7）是否锁定：用于指定是否可以在窗体视图中编辑控件数据，其值有“是”、“否”两个选项。

4. 窗体和控件的常用事件

对窗体和控件设置事件属性值是为该窗体或控件设定响应事件的操作流程，也就是为窗体或控件的事件处理方法编程。窗体和控件的常用事件如表6-2所示。

表6-2 窗体和控件的常用事件

事件名称		触发时机
键盘事件	键按下	当窗体或控件具有焦点时，按下任何键时触发该事件
	键释放	当窗体或控件具有焦点时，释放任何键时触发该事件
鼠标事件	单击	当鼠标在对象上单击左键时触发该事件
	双击	当鼠标在对象上双击左键时触发该事件
	鼠标按下	当鼠标在对象上按下左键时触发该事件
	鼠标移动	当鼠标在对象上来回移动时触发该事件
	鼠标释放	当鼠标左键按下后，移至在对象上释放按键时触发该事件
对象事件	获得焦点	在对象获得焦点时触发该事件
	失去焦点	在对象失去焦点时触发该事件

续表

事件名称		触发时机
窗体事件	更改	在改变文本框或组合框的内容时触发该事件，在选项卡控件中从一页移到另一页时也会触发该事件
	打开	在打开窗体但第 1 条记录尚未显示时触发该事件
	关闭	当窗体关闭并从屏幕上删除时触发该事件
	加载	在打开窗体并且显示其中记录时触发该事件
操作事件	删除	当通过窗体删除记录，在记录被真正删除之前触发该事件
	插入前	当通过窗体插入记录，输入第 1 个字符时触发该事件
	插入后	当通过窗体插入记录，记录保存到数据库后触发该事件
	成为当前记录	当焦点移到记录上，使它成为当前记录时触发该事件，当窗体刷新或重新查询时也会触发该事件
	不在列表中	在组合框的文本框部分输入非组合框列表中的值时触发该事件

如果需要令某一控件能够在某一事件发生时，做出相应的响应，就必须为该控件针对该事件的属性赋值。事件属性的赋值可以在 3 个处理事件的方法种类中选择一种：设定一个表达式、指定一个宏操作或为其编写一段 VBA 程序。单击相应属性框右侧的…按钮，即弹出“选择生成器”对话框（如图 6-19 所示），可以在该对话框中选择处理事件方法的种类。

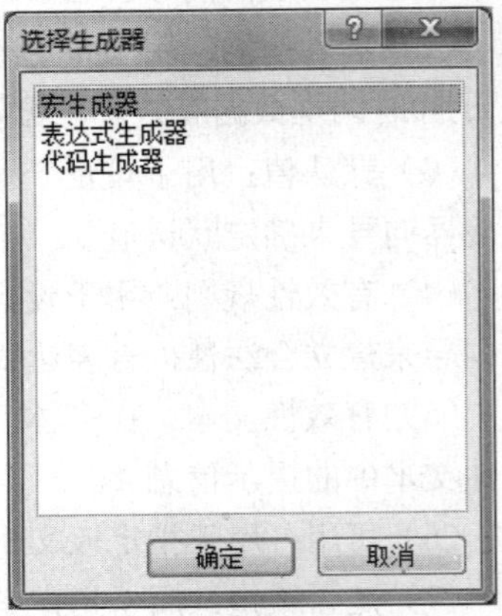

图 6-19 “选择生成器”对话框

6.4.3 控件应用举例

Access 2010 提供的控件非常丰富，操作方法也非常灵活。窗体设计中很重要的内容就是控件的应用，利用控件可以设计出具有不同功能的窗体。下面介绍常用控件的应用。

1. 标签和文本框控件

标签主要用来在窗体或报表中显示说明性文本，如窗体的标题、对字段的说明性文本等。标签不显示字段或表达式的值，它没有数据来源。当从一条记录移到另一条记录时，标签的值不会改变。标签可以附加到其他控件上，也可以创建独立的标签，但独立创建的标签在数据表视图中并不显示。使用标签控件创建的标签就是单独的标签。

文本框主要用来输入或编辑数据，它是一种交互式控件。文本框分为绑定型、未绑定型和计算型 3 种。绑定型文本框与表或查询中的字段相关联，可用于显示、输入及更新字段。未绑定型文本框并不与某一字段相关联，一般用来显示提示信息或接收用户输入的数据等。计算型文本框则以表达式作为数据源，表达式可以使用表或查询字段中的数据，也可以使用窗体或报表上其他控件中的数据。

【例 6-5】 在窗体设计视图中，创建如图 6-20 所示的窗体，窗体内有两个标签（Label1 和 Label2）和两个文本框（Text1 和 Text2），在其中一个文本框中输入出生日期，就会在另一个文本框中显示年龄。操作步骤如下。

① 在 Access 2010 主窗口单击“创建”选项卡，在“窗体”命令组中单击“窗体设计”命令按钮，打开窗体设计视图。

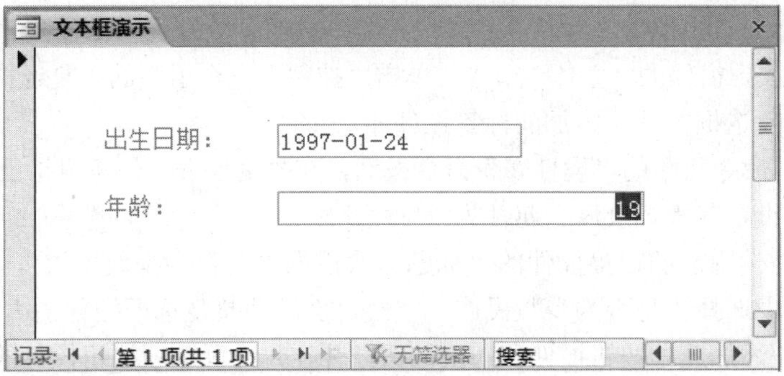

图 6-20　文本框演示窗体

② 单击“控件”命令组中的“文本框”命令按钮，在主体节上单击，创建第 1 个文本框。再以同样的方法创建第 2 个文本框。

如果“使用控件向导”命令处于选中状态，将打开“文本框向导”对话框，可以按照提示进行操作。

③ 打开“属性表”任务窗格，将两个文本框的“名称”属性分别设置为“Text1”和“Text2”，将文本框附加的两个标签的“名称”属性分别设置为“Label1”和“Label2”，将标签的“标题”属性分别设置为“出生日期:”和“年龄:”。

④ 将 Text2 的“控件来源”属性设置为“=Year(Date())-Year([Text1])”，如图 6-21 所示。

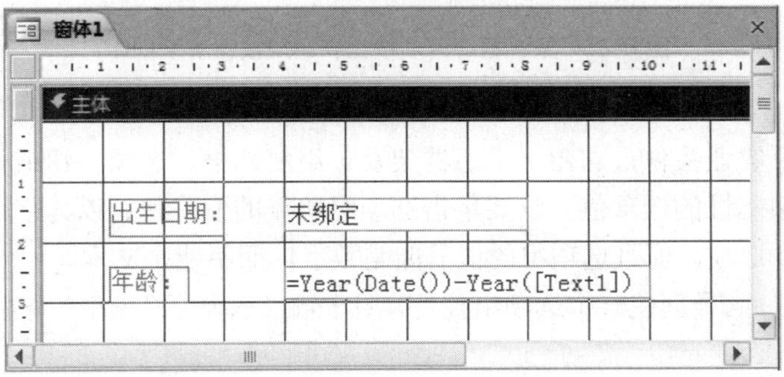

图 6-21　文本框演示窗体的属性设置

⑤ 选择“文件”→“保存”菜单命令或单击工具栏上的“保存”按钮，以“文本框演示”为名保存所创建的窗体。

⑥ 单击“开始”选项卡，在“视图”命令组中单击“视图”下拉按钮，选择“窗体视图”菜单命令切换到窗体视图，在第 1 个文本框中输入出生日期并按 Enter 键，则会在第 2 个文本框中显示年龄，如图 6-20 所示。

2. 复选框、选项按钮和切换按钮控件

复选框、选项按钮和切换按钮在窗体中均可以作为单独的控件使用，用于显示表或查询中的是/否型数据。当选中或按下控件时，相当于“是”状态，否则相当于“否”状态。

【例 6-6】 分别用复选框、选项按钮和切换按钮来显示“学生”表中的“是否为少数民族”字段。操作步骤如下。

① 打开“教学管理”数据库，单击“创建”选项卡，在“窗体”命令组中单击“窗体设计”命令按钮。

② 在“工具”命令组中单击“添加现有字段”命令按钮，分别将“字段列表”任务窗格中的“学号”、“姓名”字段拖放到窗体的“主体”节中。单击“控件”命令组中的“复选框”按钮，然后在“主体”节中单击，添加复选框控件及附加的标签控件。

③ 单击“工具”命令组中的“属性表”命令按钮，在“属性表”任务窗格上方的下拉列表框中选择“窗体”对象，并设置其“记录源”属性为“学生”表。

④ 设置复选框控件附加的标签控件的“标题”属性为“是否为少数民族”，在复选框控件的“控件来源”下拉列表框中选择“是否为少数民族”字段，然后调整复选框控件的大小。

⑤ 用同样的方法添加选项按钮控件和切换按钮控件，并设置选项按钮控件的“控件来源”属性和附加的标签控件的“标题”属性，还有切换按钮控件的“控件来源”属性和“标题”属性。

⑥ 将窗体存盘，然后切换到窗体视图，此时将看到“是否为少数民族”字段的不同显示状态，如图 6-22 所示。

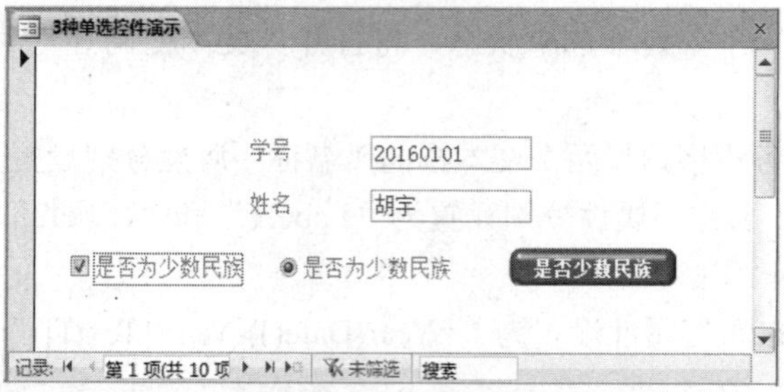

图 6-22　复选框、选项按钮和切换按钮演示窗体

3. 选项组控件

选项组控件是一个容器控件，它由一个组框架及一组复选框、选项按钮或切换按钮组成。可以使用选项组来显示一组限制性的选项值，只要单击选项组所需的值，就可以为字段选定数据值。在选项组中每次只能选择一个选项，而且选项组的值只能是数字，而不能是文本。

【例 6-7】使用控件向导创建一个选项组控件，用于输入或显示“学生”表中的“是否为少数民族”字段。操作步骤如下。

① 打开“教学管理”数据库，单击“创建”选项卡，在“窗体”命令组中单击“窗体设计”命令按钮。

② 在窗体设计视图中，先使“使用控件向导”选项处于选中状态，并设置窗体的“记录源”属性为“学生”表。分别将“字段列表”窗格中的“学号”、“姓名”字段拖放到窗体的主体节中。

③ 单击“控件”命令组中的“选项组”按钮，在窗体上单击要放置选项组的位置，弹出“选项组向导”第 1 个对话框，要求输入选项组中每个选项的标签名。此例在“标签名称”框内分别输入“少数民族”、“汉族”（如图 6-23 所示），然后单击“下一步”按钮。

④ 弹出“选项组向导”第 2 个对话框，要求用户确定是否需要默认选项。这里选择并指定“少数民族”为默认选项（如图 6-24 所示），然后单击“下一步”按钮。

⑤ 弹出“选项组向导”第 3 个对话框，设置“少数民族”选项值为-1，“汉族”选项值为 0（如图 6-25 所示），然后单击“下一步”按钮。

⑥ 弹出“选项组向导”第 4 个对话框，选中“在此字段中保存该值”单选按钮，并在右侧的下拉列表框中选择“是否为少数民族”字段（如图 6-26 所示），然后单击“下一步”按钮。

⑦ 弹出“选项组向导”第 5 个对话框，选择选项组可选用的控件（“选项按钮”、“复选框”和“切换按钮”）及所用样式。本例选择“选项按钮”及“蚀刻”样式（如图 6-27 所示），然后单击“下一步”按钮。

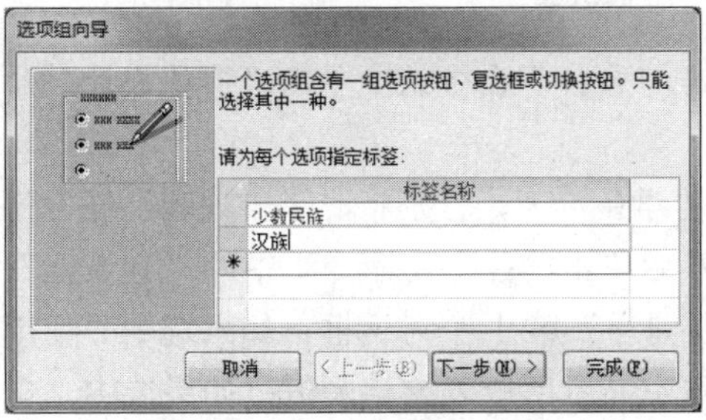

图 6-23　确定每个选项的标签名称

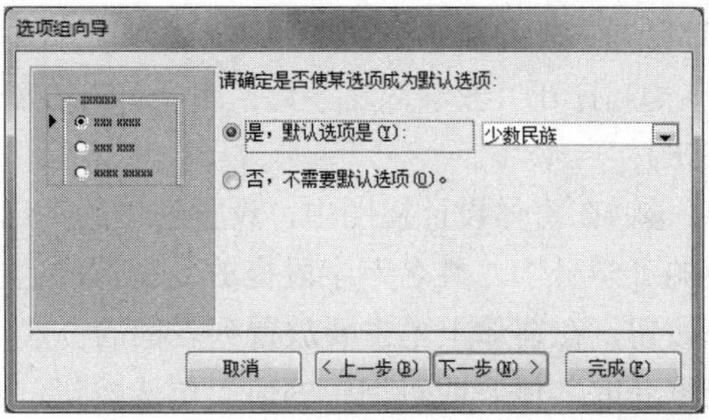

图 6-24　确定默认选项

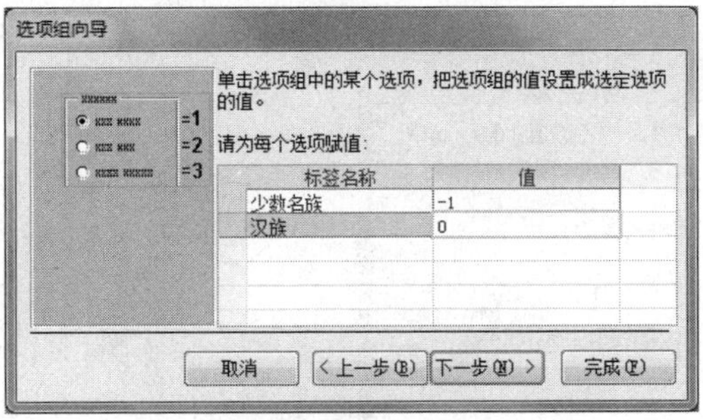

图 6-25　确定选项值

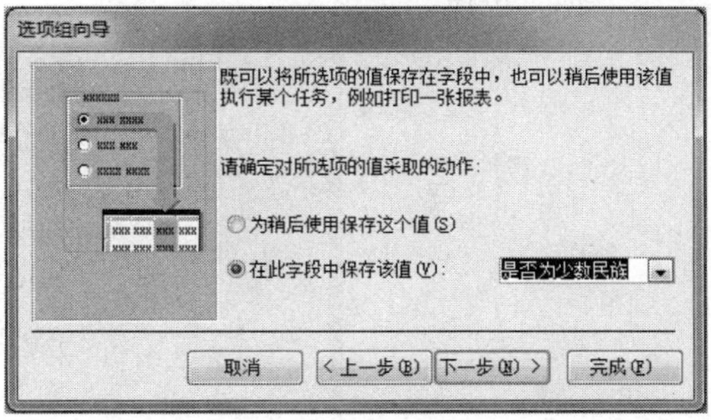

图 6-26　确定选项值的保存字段

⑧ 弹出“选项组向导”最后一个对话框，在“请为选项组指定标题”文本框中输入选项组的标题“民族”，然后单击“完成”按钮。

⑨ 对所建选项组进行调整，将窗体存盘，最后切换到窗体视图，显示结果如图 6-28 所示。

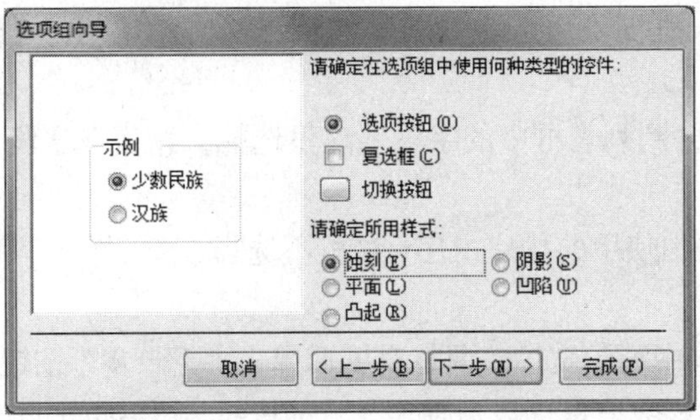

图 6-27　确定选项组中的控件及样式

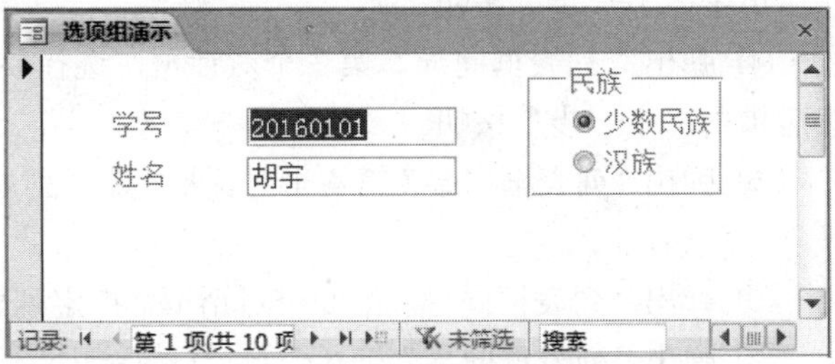

图 6-28　选项组演示窗体

4. 列表框与组合框控件

列表框和组合框为用户提供了包含多个选项的可滚动列表，如果输入的数据取自该列表，用户只需选择所需要的选项就可完成数据输入，这样不仅可以避免输入错误，同时也提高了输入速度。

在列表框中，任何时候都能看到多个选项，但不能直接编辑列表框中的数据。当列表框不能同时显示所有选项时，它将自动添加滚动条，使用户可以上下或左右滚动列表框，以查阅所有选项。

在组合框中，平时只能看到一个选项，单击组合框上的下拉按钮可以看到多个选项的列表，也可以直接在旁边的文本框中输入一个新选项。

【例 6-8】 创建窗体，显示“学生”表的“学号”、“姓名”和“籍贯”字段，其中

“籍贯”字段的显示分别使用列表框和组合框。操作步骤如下。

① 打开“教学管理”数据库，单击“创建”选项卡，在“窗体”命令组中单击“窗体设计”命令按钮。

② 在窗体设计视图中，设置窗体的“记录源”属性为“学生”表，分别将“字段列表”任务窗格中的“学号”、“姓名”字段拖放到窗体的“主体”节中。然后单击“控件”命令组中的“列表框”命令按钮，在窗体上单击要放置列表框的位置，弹出“列表框向导”第 1 个对话框。如果选中“使用列表框获取其他表或查询中的值”单选按钮，则在所建列表框中显示所选表的相关值；如果选中“自行键入所需的值”单选按钮，则在所建列表框中显示输入的值，如图 6-29 所示。这里选择前者，然后单击“下一步”按钮。

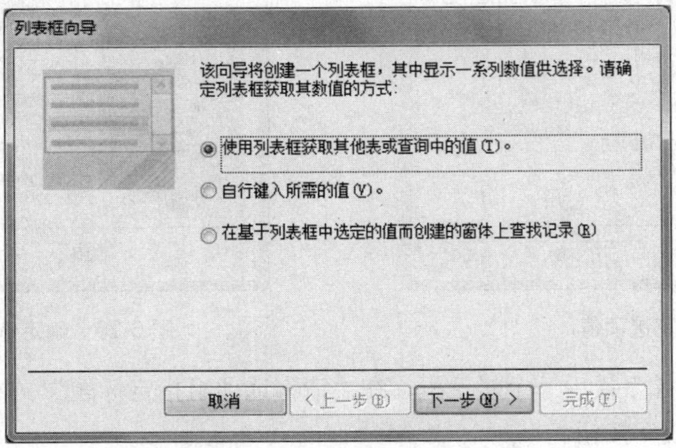

图 6-29　列表框获取数据的方式

③ 弹出“列表框向导”第 2 个对话框，选择为列表框提供数据的表或查询。这里选择“学生”表，然后单击“下一步”按钮。

④ 弹出“列表框向导”第 3 个对话框，选择要包含到列表框中的字段。这里选择“籍贯”字段，然后单击“下一步”按钮。

⑤ 弹出“列表框向导”第 4 个对话框，选择列表框中使用的排序次序。这里不选择，直接单击“下一步”按钮。

⑥ 弹出“列表框向导”第 5 个对话框，指定列表框中列的宽度。调整宽度后单击“下一步”按钮。

⑦ 弹出“列表框向导”第 6 个对话框，选中“记忆该数值保供以后使用”单选按钮，然后单击“下一步”按钮。

⑧ 弹出“列表框向导”最后一个对话框，在“请为列表框指定标签”文本框中输入“籍贯”，作为该列表框的标签，然后单击“完成”按钮。

⑨ 同样，可以参照上述方法创建“籍贯”组合框控件，最终设置结果如图 6-30 所示。

⑩ 将窗体存盘，然后切换到窗体视图，结果如图 6-31 所示。

5. 按钮控件

使用窗体上的按钮控件可以执行特定的操作，如可以创建按钮控件来打开另一个窗体。如果要使按钮控件响应窗体中的某个事件，从而完成某项操作，可编写相应的宏或事件过程并将它附加在按钮控件的“单击”属性中。

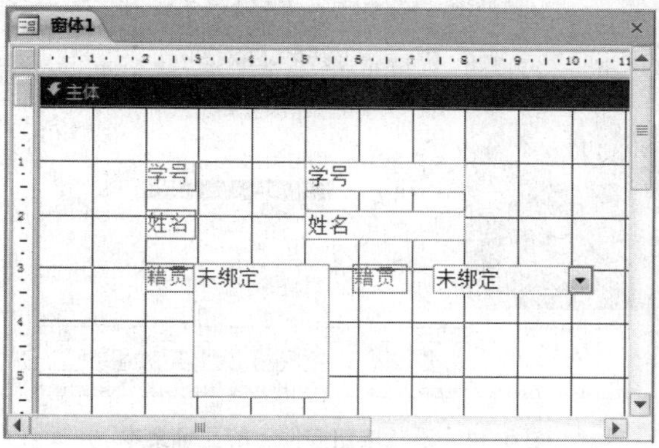

图 6-30　列表框和组合框控件的属性设置

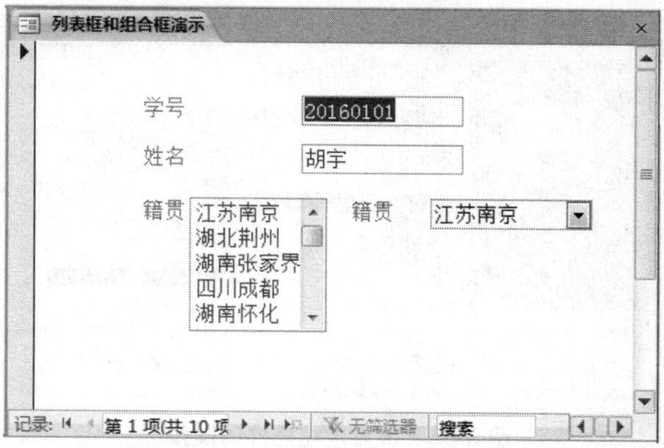

图 6-31　列表框和组合框演示窗体

【例 6-9】 综合前面介绍的控件，创建如图 6-32 所示的窗体，用于输入“学生”表的内容。

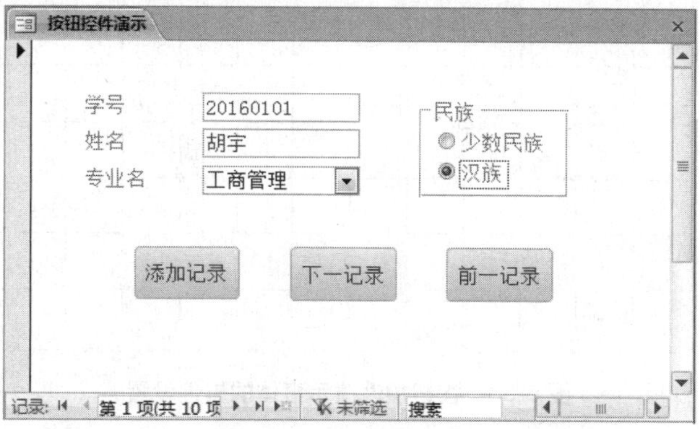

图 6-32　按钮控件演示窗体

操作步骤如下。

① 打开“教学管理”数据库，单击“创建”选项卡，在“窗体”命令组中单击“窗体设计”命令按钮。

② 在窗体设计视图中，添加相关控件，并设置属性。

③ 单击“控件”命令组中的“按钮”命令按钮，在窗体上单击要放置按钮控件的位置，弹出“命令按钮向导”第 1 个对话框。在对话框的“类别”列表框中，列出了可供选择的操作类别，每个类别在“操作”列表框中均对应着多种不同的操作。先在“类别”列表框中选择“记录操作”选项，然后在“操作”列表框中选择“添加新记录”选项（如图 6-33 所示），然后单击“下一步”按钮。

④ 弹出“命令按钮向导”第 2 个对话框，为使在按钮控件上显示文本，选中“文本”单选按钮，并在其后的文本框中输入“添加记录”（如图 6-34 所示），然后单击“下一步”按钮。

⑤ 在弹出的对话框中为创建的按钮控件命名，以便以后引用，最后单击“完成”按钮。

至此按钮控件创建完成，其他按钮控件的创建方法与此相同，设置结果如图 6-35 所示。

⑥ 在窗体“属性表”任务窗格的“格式”选项卡中，设置窗体的“导航按钮”属性为“否”。

⑦ 保存该窗体，切换到窗体视图，显示结果如图 6-32 所示。

6. 选项卡控件

利用选项卡控件可以在一个窗体中显示多页信息，操作时只需要单击选项卡上的标签，就可以在多个页面间进行切换。

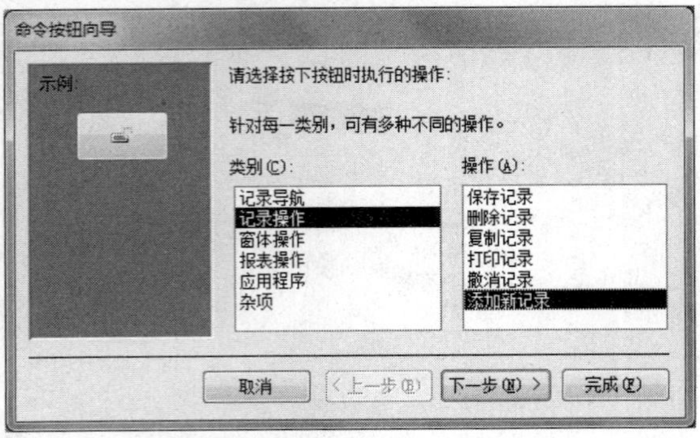

图 6-33　设置按钮控件的操作

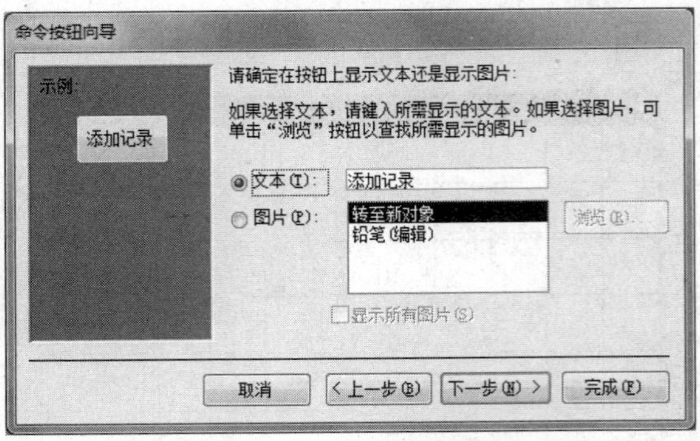

图 6-34　设置按钮控件上的显示文本

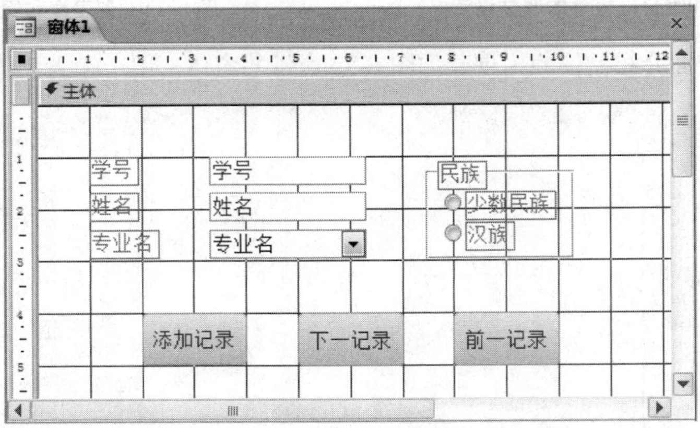

图 6-35　按钮控件演示窗体的属性设置

【例 6-10】 使用选项卡控件分别显示两页内容，一页是“学生信息”，另一页是“学生成绩”。操作步骤如下。

① 打开“教学管理”数据库，单击“创建”选项卡，在“窗体”命令组中单击“窗体设计”命令按钮。

② 在窗体设计视图中，单击“控件”命令组中的“选项卡控件”命令按钮，在窗体上单击要放置选项卡的位置，并调整其大小。

③ 在窗体中单击选项卡“页 1”，然后单击“属性表”任务窗格中的“格式”选项卡，在“标题”属性框中输入“学生信息”；按同样的方法设置“页 2”的“标题”属性为“学生成绩”。设置结果如图 6-36 所示。

④ 如果需要将其他控件添加到选项卡控件上，可先选中某一页，然后按前面介绍的方法进行操作即可。例如，在学生信息页添加“学号”、“姓名”、“籍贯”字段。最后将窗体存盘，切换到窗体视图，显示结果如图 6-37 所示。

7. 图像控件

在窗体上设置图像控件，一般是为了美化窗体，其操作方法是：单击“控件”命令组中的“图像”命令按钮，在窗体上单击要放置图片的位置，打开“插入图片”对话框。在该对话框中找到并选中要使用的图片文件，单击“确定”按钮，即完成了在窗体上设置图片的操作。

8. 子窗体/子报表控件

窗体中可以包含另一个窗体，其中原始窗体称为主窗体，窗体中的窗体称为子窗体。子窗体还可以包含子窗体，任一窗体都可以包含多个子窗体。主/子窗体多用于具有一对多联系的主/子两个数据源。

子窗体显示与主窗体显示的主数据源的当前记录对应的子数据源中的记录。

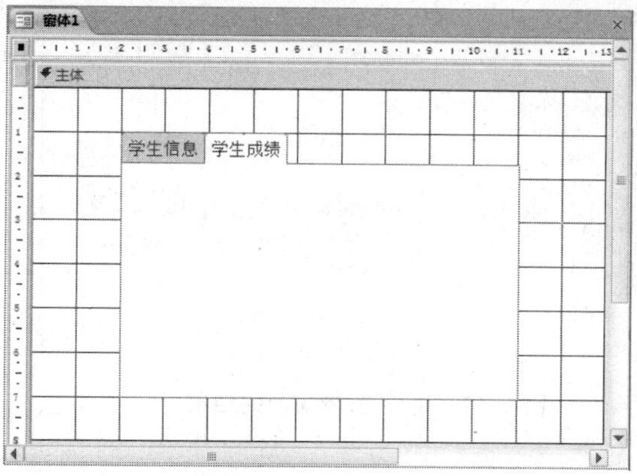

图 6-36　选项卡控件的属性设置

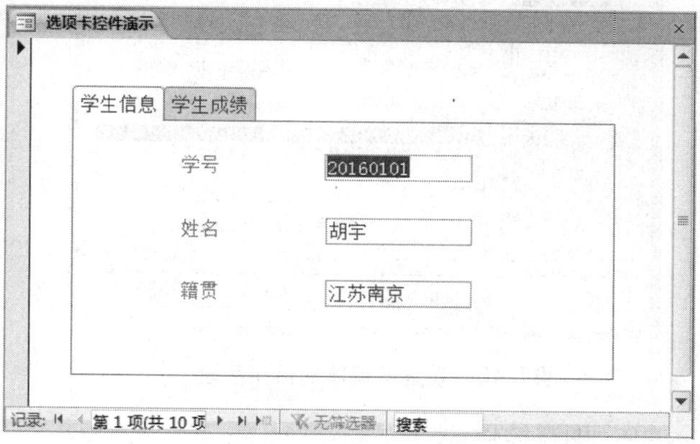

图 6-37　选项卡控件演示窗体

创建主/子窗体有两种方法，一种方法是使用“窗体向导”同时建立主窗体和子窗体；另一种方法是先建立主窗体，然后利用设计视图添加子窗体。

【例 6-11】 创建一个显示学生信息的主窗体，然后增加一个子窗体来显示每个学生的选课情况。

在 6.2 节曾经用“窗体向导”同时建立主窗体和子窗体，这里采用先建立主窗体，然后利用设计视图添加子窗体的方法。操作步骤如下。

① 打开“教学管理”数据库，利用“窗体向导”或在设计视图中设计显示学生信息的主窗体。同时，确保“控件”命令组中的“使用控件向导”命令已被选中。

② 在主窗体设计视图中添加子窗体/子报表控件，弹出“子窗体向导”第 1 个对话框，在其中选中“使用现有的表和查询”单选按钮（如图 6-38 所示），然后单击“下一步”按钮。

③ 弹出“子窗体向导”第 2 个对话框，选择“学生选课成绩”查询作为数据源并选择其中的字段（如图 6-39 所示），然后单击“下一步”按钮。

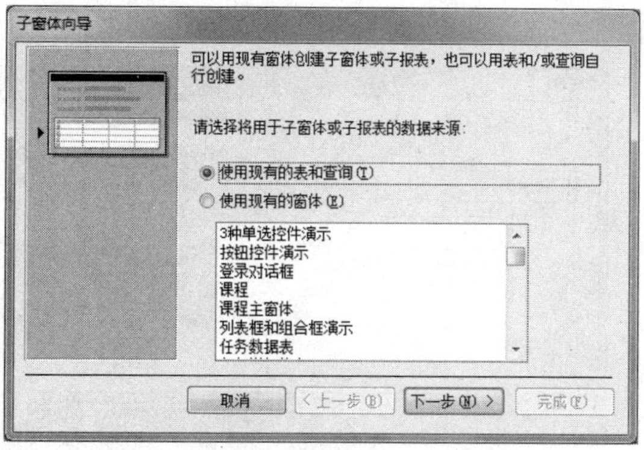

图 6-38　选择子窗体数据源

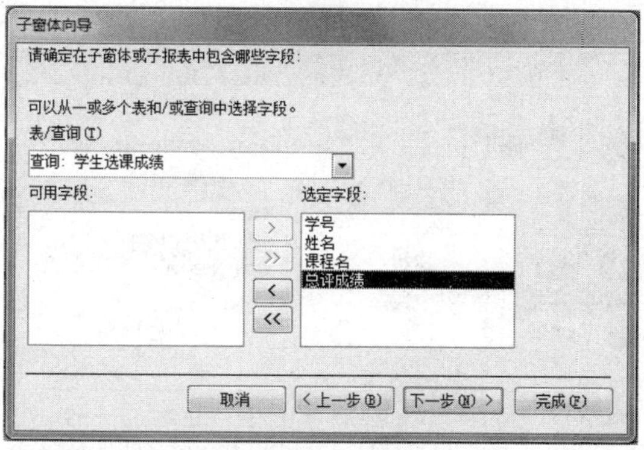

图 6-39　设置子窗体的显示字段

④ 弹出“子窗体向导”第 3 个对话框，选择用“学号”作为主/子窗体的链接字段（如图 6-40 所示），然后单击“下一步”按钮。

⑤ 弹出“子窗体向导”第 4 个对话框，输入子窗体的名称，然后单击“完成”按钮。

⑥ 将窗体存盘，并切换到窗体视图，显示结果如图 6-41 所示。

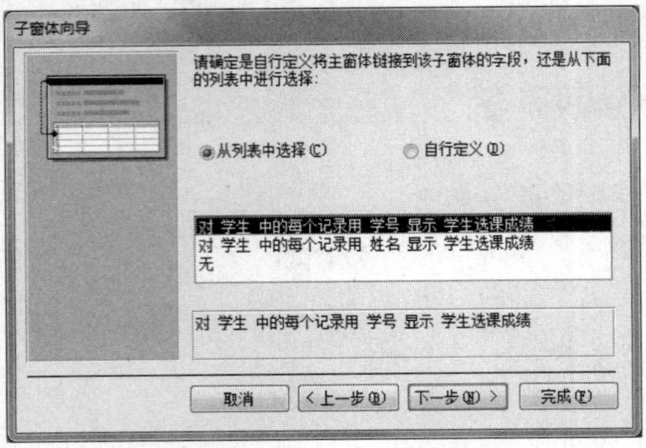

图 6-40 设置子窗体的链接字段

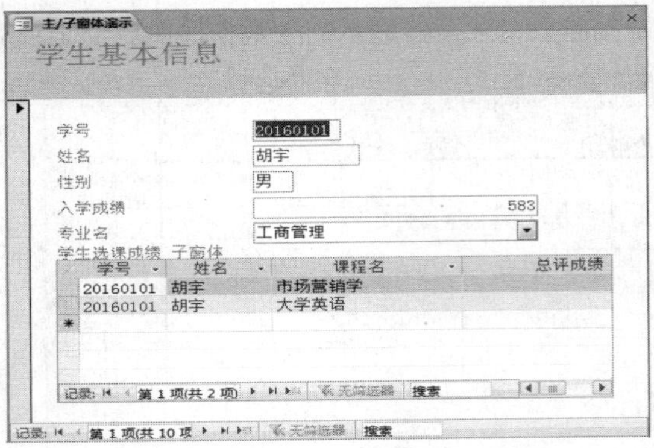

图 6-41 主/子窗体演示的结果

9. 图表控件

图表窗体能够更直观地显示表或查询中的数据，可以使用图表控件在“图表向导”的引导下创建图表窗体。

【例 6-12】 以“学生”表为数据源，创建图表窗体，显示学生的入学成绩。操作步骤如下。

① 打开“教学管理”数据库，单击“创建”选项卡，在“窗体”命令组中单击“窗体设计”命令按钮。

② 在窗体设计视图中，添加“控件”命令组中的图表控件，弹出“图表向导”第 1 个对话框，选择用于创建窗体的表或查询，这里选择“学生”表，然后单击“下一步”按钮。

③ 弹出“图表向导”第 2 个对话框，在“可用字段”列表框中分别选择“姓名”、“入学成绩”字段用于所建图表中，然后单击“下一步”按钮。

④ 弹出“图表向导”第 3 个对话框，选择所需图表类型。此处选择“折线图”（如图 6-42 所示），然后单击“下一步”按钮。

⑤ 弹出“图表向导”第 4 个对话框，按照向导提示调整图表布局（如图 6-43 所示），然后单击“下一步”按钮。

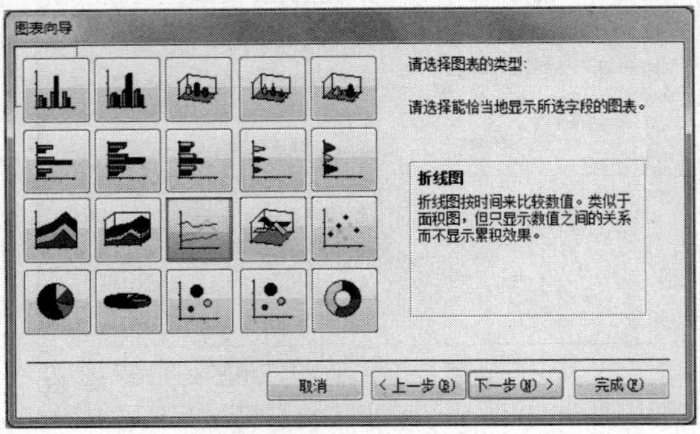

图 6-42 确定图表类型

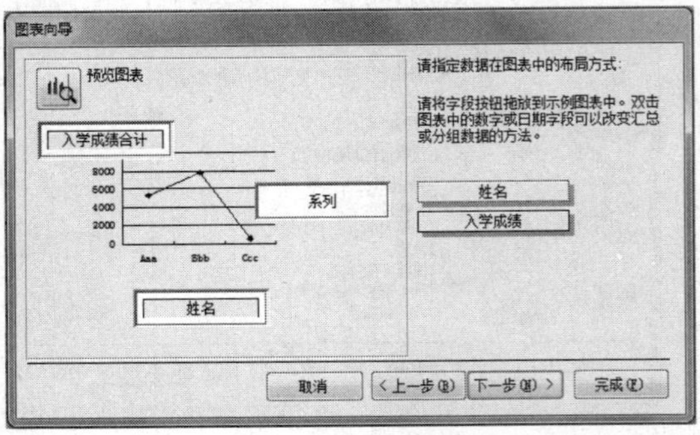

图 6-43 调整图表布局

⑥ 弹出“图表向导”最后一个对话框，输入图表名称“学生入学成绩图表演示”，单击“完成”按钮。

⑦ 将窗体存盘，并进入窗体视图，结果如图 6-44 所示。

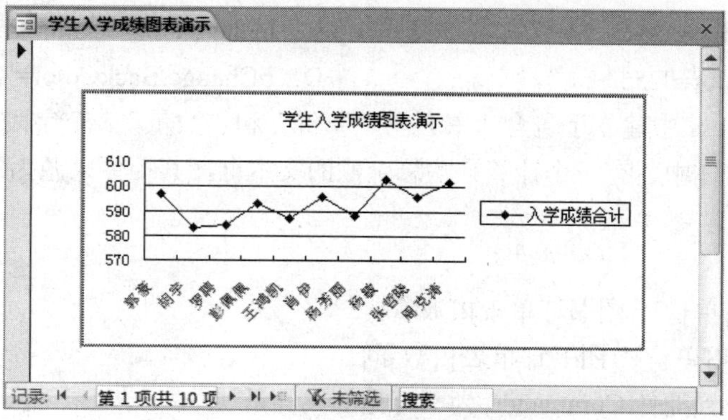

图 6-44　图表窗体的设计结果

习题 6

一、选择题

1．关于窗体，下列说法错误的是（　　）。

A．窗体可以用来显示表中的数据，并对表中的数据进行修改、删除等操作

B．窗体本身不存储数据，数据保存在表对象中

C．要调整窗体中控件所在的位置，应该使用窗体设计视图

D．未绑定型控件一般与数据表中的字段相连，字段就是该控件的数据源

2．Access 的窗体由多个部分组成，每个部分称为一个（　　）。

A．控件　　B．节　　C．页　　D．子窗体

3．下列不属于 Access 窗体的视图是（　　）。

A．设计视图　　B．窗体视图　　C．版面视图　　D．数据表视图

4．在窗体设计视图中，必须包含的部分是（　　）。

A．主体　　B．窗体页眉和页脚

C．页面页眉和页脚　　D．以上 3 项都要包括

5．可以作为窗体记录源的是（　　）。

A．表　　B．查询

C．SELECT 语句　　D．表、查询或 SELECT 语句

6．能够接收数据的窗体控件是（　　）。

A．文本框　　B．命令按钮　　C．标签　　D．图形

7．要改变窗体上文本框控件的输出内容，应设置的属性是（　　）。

A．标题　　B．查询条件　　C．控件来源　　D．记录源

8．假定窗体的名称为 fmTest，则把窗体的标题设置为“Access Test”的语句是（　　）。

A．Me="Access Test"　　B．Me.Caption="Access Test"

C．Me.Text="Access Test"　　D．Me.Name="Access Tes"

9．窗体的名称为 fmTest，窗体中有一个标签和一个命令按钮，名称分别为 Label1 和 bChange。在“窗体视图”显示该窗体时，要求在单击命令按钮后标签上显示的文字颜色变为红色，以下能实现该操作的语句是（　　）。

A．Label1.ForeColor=255　　B．bChange.ForeColor=255

C．Label1.BackColor="255"　　D．bChange.BackColor="255"

10．假设已在 Access 中建立了包含“书名”、“单价”和“数量”3 个字段的“图书订单”表，以该表为数据源创建的窗体中，有一个计算订购总金额的文本框，其控件来源为（　　）。

A．[单价]*[数量]

B．=[单价]*[数量]

C．[图书订单表]![单价]*[图书订单表]![数量]

D．=[图书订单表]![单价]*[图书订单表]![数量]

11．在窗体上，设置控件 Command0 为不可见的属性是（　　）。

A．Command0.Colore　　B．Command0.Caption

C．Command0.Enabled　　D．Command0.Visible

12．若要求在文本框中输入文本时达到密码“*”号的显示效果，则应设置的属性是（　　）。

A．“默认值”属性　　B．“标题”属性

C．“密码”属性　　D．“输入掩码”属性

二、填空题

1．________是用户对数据库中数据进行操作的工作界面。

2．纵栏式窗体每次显示________条记录。

3．在纵栏式窗体、表格式窗体和数据表窗体中，将窗体最大化后显示记录最多的窗体是______。

4．能够唯一标识某一控件的属性是________。

5．在显示具有一对多关系的表或查询中的数据时，________特别有效。

6．在 Access 数据库中，如果窗体上输入的数据总是取自表或查询中的字段数据，或者取自某固定内容的数据，可以使用________控件或________控件来完成。

7．通过设置“窗体”的________属性可以设定窗体数据源。

8．计算型控件用________作为数据源。

三、问答题

1．简述窗体的功能、类型及窗体视图。

2．创建窗体的方法有哪些？

3．“属性表”任务窗格有什么作用？如何显示“属性表”任务窗格？举例说明在“属性表”任务窗格中设置对象属性值的方法。

4．窗体由哪几部分组成？各部分主要用来放置哪些信息和数据？

5．如何在窗体中添加绑定控件？举例说明如何创建计算型控件？

6．用于创建主窗体和子窗体的表间需要满足什么条件？如何设置主窗体和子窗体间的联系，使子窗体的内容随主窗体中记录的改变而发生改变？

第 7 章　报表的操作

数据库应用系统要求具有打印输出的功能，报表是 Access 提供的专门用来统计汇总并且打印输出数据的对象。虽然表、查询和窗体都可以用于打印，但如果版面格式要求比较高，则应该使用报表。报表是打印数据的最佳方式，可以帮助用户以更好的方式表示数据。报表和窗体都用于数据库中数据的表示，但两者的作用是不同的。窗体主要用来输入和修改数据，强调交互性；报表则用来输出数据，没有交互功能。在 Access 2010 中，通过选择表或查询作为报表的数据源，利用报表功能可以创建不同的报表。

本章围绕 Access 2010 宏的概念及应用展开。通过本章的学习，需要了解 Access 2010 宏的类型与组成，掌握 Access 2010 中创建宏的各种方法，能够利用宏对记录、窗体或报表进行相关操作。

7.1　报表概述

报表和窗体的创建过程基本上是一样的，只是创建的目的不同而已，窗体用于实现用户与数据库系统之间的交互操作，而报表主要是把数据库中的数据清晰地呈现在用户面前。

7.1.1　报表的功能

报表是专门为输出和打印数据库中的数据而设计的窗体。报表具有以下功能。

1. 呈现格式化的数据

报表可以帮助用户以各种格式展示数据，使用户易于阅读和理解。报表既可以输出到屏幕上，也可以传送到打印机上。

2. 数据分组处理

报表可以以分组记录为依据，实现大量数据的统计计算，从而可以方便有效地处理数据。

3. 其他功能

报表还提供了许多其他功能，即报表可以使用剪贴画、图片或图像来美化报表的外观；报表可以利用图表和图形来帮助说明数据的含义；报表通过页眉和页脚可以在每页的顶部和底部打印标识信息；在报表中可以创建子报表；利用报表可以打印输出标签。

7.1.2　报表的类型

Access 2010 能创建各种类型的报表，根据报表中字段数据的显示位置，可以把报表分为 4 种类型：纵栏式报表、表格式报表、图表报表和标签报表。

1. 纵栏式报表

纵栏式报表与纵栏式窗体类似，在一页内以垂直方式显示记录数据，每条记录的各个字段从上到下排列，每个字段都显示在一个独立的行上。

2. 表格式报表

表格式报表以行、列形式显示记录数据，通常一行显示一条记录，一页显示多条记录。在表格式报表中，字段标题信息通常安排在页首。

3. 图表报表

图表报表用图表的形式显示记录数据，可以直观地表示出数据之间的关系。

4. 标签报表

标签报表是一种特殊形式的报表，主要用于输出和打印不同规格的标签，如价格标签、书签、信封、名片和邀请函等。

7.1.3 报表的视图

Access 2010 为报表操作提供了 4 种视图：报表视图、 打印预览、布局视图和设计视图。打开报表后，单击“开始”选项卡，在“视图”命令组中单击“视图”下拉按钮，在弹出的下拉菜单中可以看到如图 7-1 所示的报表视图命令。选择不同的视图命令，可以在不同的报表视图间相互切换。

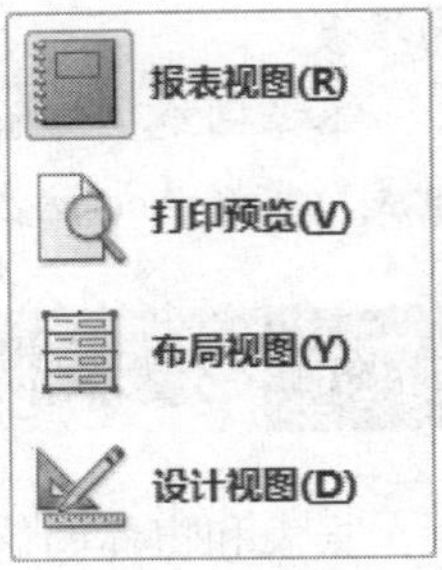

图 7-1 报表视图命令

1. 报表视图

报表视图用于查看报表的设计效果，还可以对报表中的记录进行筛选和查找操作。

2. 打印预览

打印预览可以查看报表的页面数据输出形式，对即将打印的报表的实际效果进行预览。如果效果不理想，可以随时更改打印设置。在打印预览视图中，可以放大页面以查看细节，也可以缩小以查看数据在页面上放置的位置。

3. 布局视图

布局视图可以在预览方式下对报表中的元素进行修改，利用报表布局工具可以方便、快捷地在设计、格式、排列等方面做出调整，以创建符合用户需要的报表形式。

4. 设计视图

设计视图显示了报表的基础结构，并提供了许多设计工具。使用设计视图可以设计和编辑报表的结构、布局，还可以定义报表中要输出的数据及要输出的格式。例如，可以在报表上放置各种控件，可以调整控件的对齐方式及设置报表的属性等。

7.2 创建报表的方法

在 Access 2010 中，可以创建各种不同的报表。创建报表应从报表的数据源入手，首先必须确定报表中要包含哪些字段及要显示的数据，然后就是确定数据所在的表或查询。提供基础数据的表或查询称为报表的数据源。如果要包括的字段全部存在于一个表中，可以直接使用该表作为数据源。如果字段包含在多个表中，则需要使用多个表作为数据源。有时需要针对报表的要求用查询作为数据源。

在“创建”选项卡中，可以看到“报表”命令组，在其中可以选择创建报表的各种命令按钮，如图 7-2 所示。下面介绍“报表”命令组中各个命令按钮的功能。

图 7-2 “报表”命令组

1. “报表”命令按钮

使用“报表”命令按钮可以创建当前表或查询中数据的基本报表。先选中要作为报表数据源的表或查询，然后在“创建”选项卡的“报表”命令组中单击“报表”命令按钮，系统自动生成纵栏式报表。

“报表”命令按钮是一种通过指定数据源（仅基于一个表或查询），由系统自动生成包含数据源所有字段的报表的创建方法，是创建报表最快捷的方法。一般情况下，需要快速浏览表或查询中的数据可以使用自动方式创建报表，也可以先自动创建基本的报表，然后再进行修改。

在自动创建的报表中，包含了数据源的所有字段及记录，且布局结构简单，这时可以切换到设计视图，对报表控件、版面进行修改和调整。

2. “报表设计”命令按钮

使用“报表设计”命令按钮可以直接创建空白报表并显示报表设计视图。在设计视图中，可以对报表进行更为高级的设计和修改，例如添加自定义控件类型，以及编写代码。将在 7.3 节做详细介绍。

3. “空报表”命令按钮

使用“空报表”命令按钮可以新建空报表并自动进入布局视图，通过在其中插入字段和控件来设计报表。空报表不会自动添加任何控件，而是显示“字段列表”任务窗格，通过手动添加表中的字段来设计报表。

4. “报表向导”命令按钮

虽然使用“报表”命令按钮可以快速地创建一个报表，但数据源只能来自于一个表或查询。如果报表中的数据来自于多个表或查询，则可以使用向导，向导将引导用户完成创建报表的任务。

使用“报表向导”命令按钮将通过对话框的方式设计报表，用户可以通过选择对话框中的各种选项来设计报表。使用报表向导创建报表，会提示用户输入相关的数据源、字段和报表版面格式等信息，根据向导提示可以完成大部分报表设计的基本操作，因此加快了创建报表的过程。

【例 7-1】 以“教学管理”数据库中已存在的“学生选课成绩”查询为基础，利用“报表向导”创建“学生选课成绩报告单”报表。操作步骤如下。

① 打开“教学管理”数据库，单击“创建”选项卡，在“报表”命令组中单击“报表向导”按钮，弹出“报表向导”第 1 个对话框，选择报表中使用的字段。这里选择“学生选课成绩”查询作为数据源，并添加其全部字段（如图 7-3 所示），然后单击“下一步”按钮。

② 弹出“报表向导”第 2 个对话框，要确定查看数据的方式。这里设置查看数据的方式为“通过选课”（如图 7-4 所示），然后单击“下一步”按钮。

③ 弹出“报表向导”第 3 个对话框，要确定分组的级别。这里选择“学号”字段（如图 7-5 所示），然后单击“下一步”按钮。

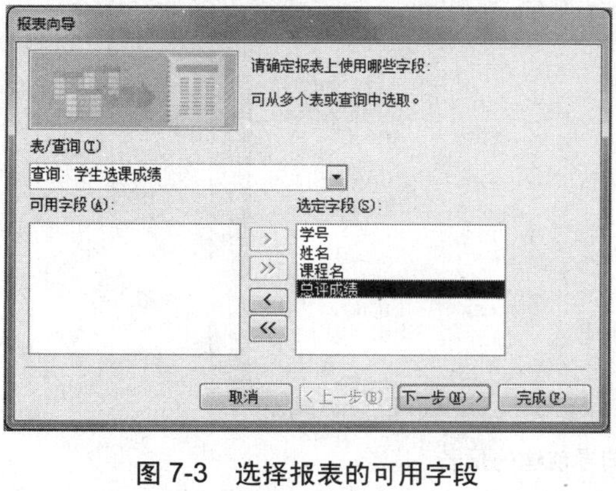

图 7-3 选择报表的可用字段

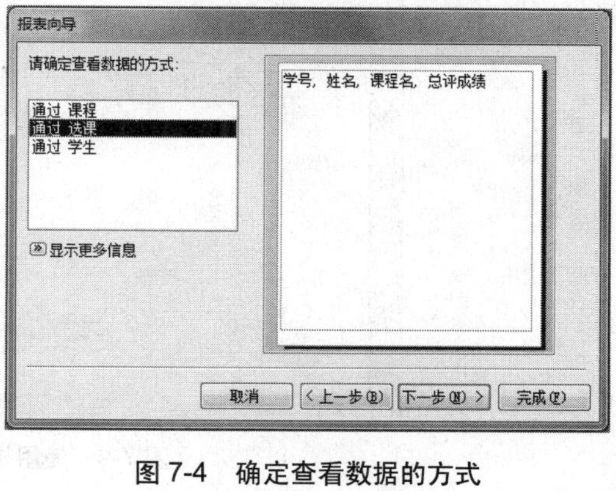

图 7-4 确定查看数据的方式

④ 弹出“报表向导”第 4 个对话框，可以指定记录的排序次序。这里选择按“总评成绩”降序排序（如图 7-6 所示），然后单击“下一步”按钮。

⑤ 弹出“报表向导”第 5 个对话框，选择报表的布局样式（如图 7-7 所示），然后单击“下一步”按钮。

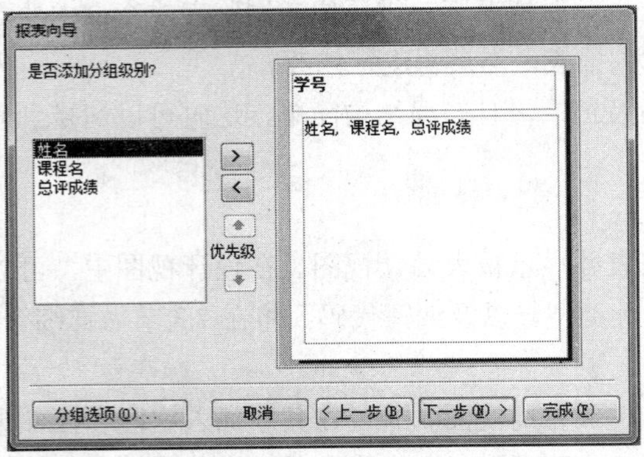

图 7-5　以“学号”字段建立分组

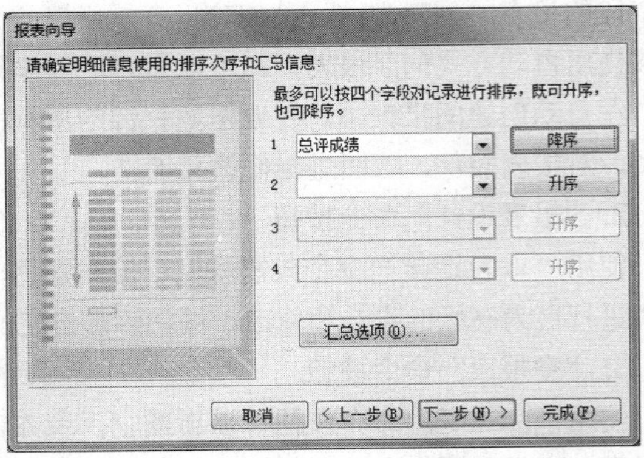

图 7-6　指定记录的排序次序

⑥ 弹出“报表向导”第 6 个对话框，指定报表的标题，输入“学生选课成绩”，并选中“预览报表”单选按钮（如图 7-8 所示），然后单击“完成”按钮。

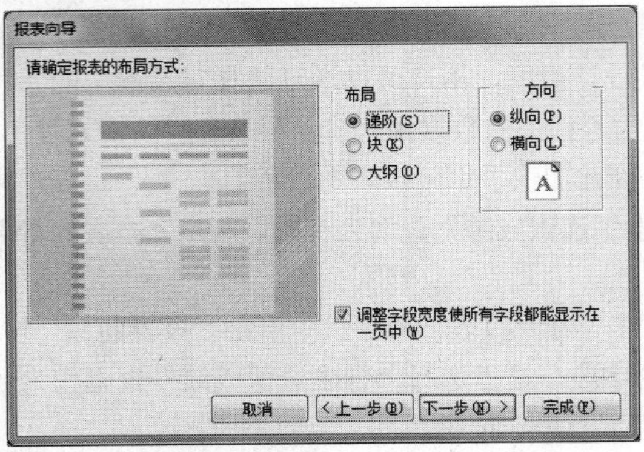

图 7-7　选择报表的布局样式

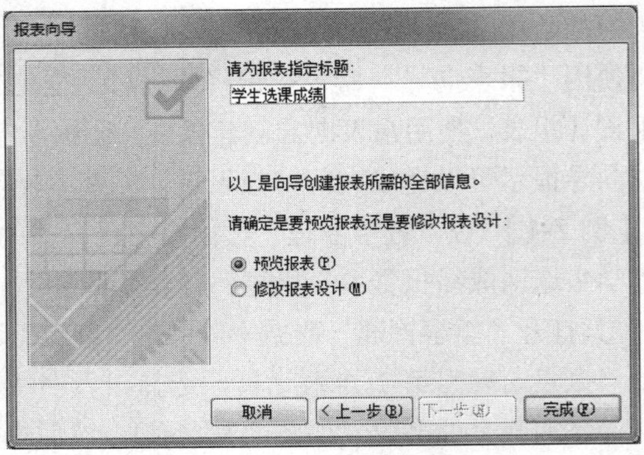

图 7-8　为报表指定标题

⑦ 预览报表的结果如图 7-9 所示。如果要打印报表，可以选择“文件”→“打印”命令，直接将报表发送到打印机上。但在打印之前，有时需要对页面和打印机进行设置。

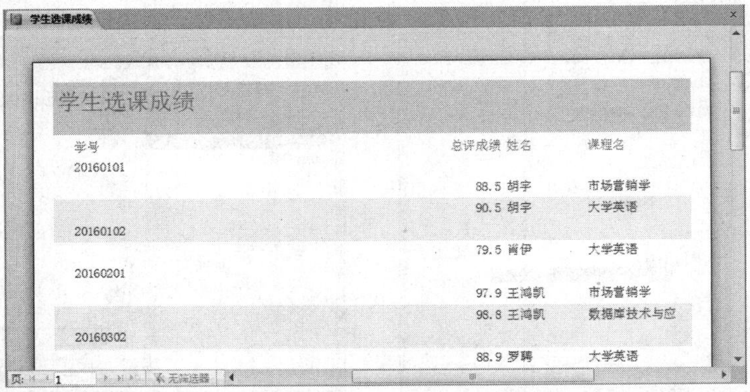

图 7-9　使用报表向导创建的报表

5. “标签”命令按钮

在实际应用中，标签的应用范围十分广泛，它是一种特殊形式的报表。在 Access 2010 中，可以使用标签向导快速地制作标签。

“标签”命令按钮启动标签向导，创建标准标签或自定义标签。

【例 7-2】 制作学生信息标签，包括学号、姓名、籍贯、专业名等信息。操作步骤如下。

① 打开“教学管理”数据库，在导航窗格中单击要作为标签数据源的“学生”表。单击“创建”选项卡，在“报表”命令组中单击“标签”命令按钮，弹出“标签向导”第 1 个对话框，在该对话框中可以选择标签的尺寸，这里选择“C6104”标签型号，度量单位为“公制”，标签类型为“送纸”（如图 7-10 所示），然后单击“下一步”按钮。

② 弹出“标签向导”第 2 个对话框，可以选择适当的字体、字号、字体粗细和文本颜色（如图 7-11 所示），然后单击“下一步”按钮。

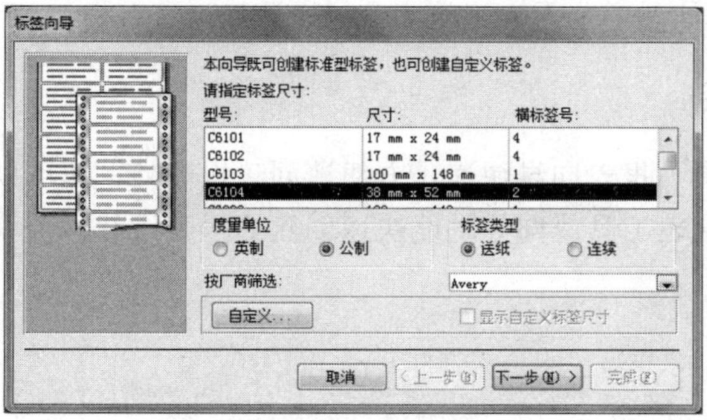

图 7-10 选择标签尺寸

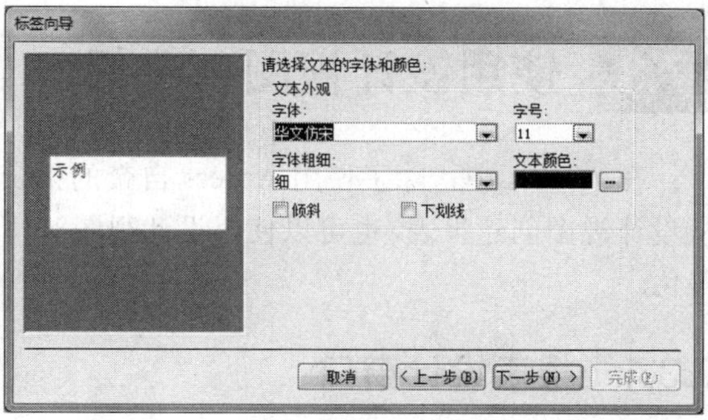

图 7-11 选择文本的字体和颜色

③ 弹出“标签向导”第 3 个对话框，根据需要选择创建标签要使用的字段，此处选择“学号”、“姓名”、“籍贯”、“专业名”字段，并按照报表要求在每个字段前面添加“学号：”、“姓名：”、“籍贯：”、“专业名：”等提示文字（如图 7-12 所示），然后单击“下一步”按钮。

④ 弹出“标签向导”第 4 个对话框，为标签确定按哪些字段排序，这里选择“学号”字段（如图 7-13 所示），然后单击“下一步”按钮。

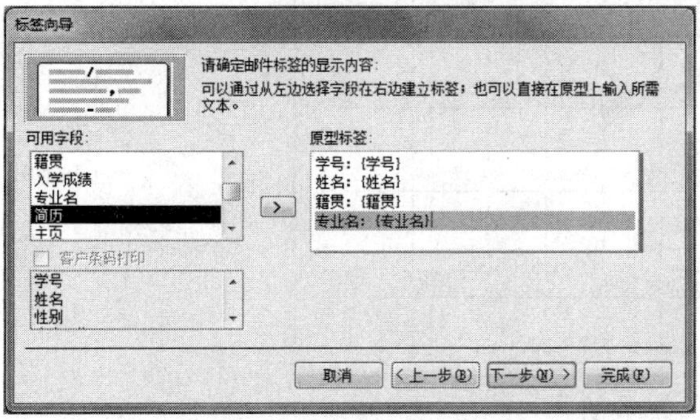

图 7-12 选择创建标签要使用的字段

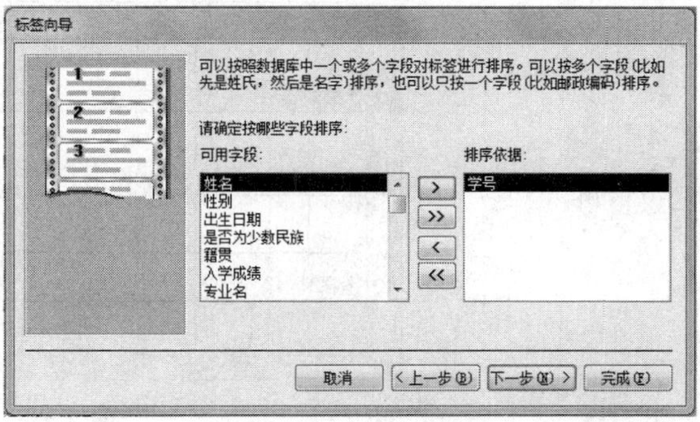

图 7-13 确定标签的排序字段

⑤ 弹出“标签向导”最后一个对话框，为新建的标签命名（如图 7-14 所示），然后单击“完成”按钮，得到如图 7-15 所示的“学生信息”标签。

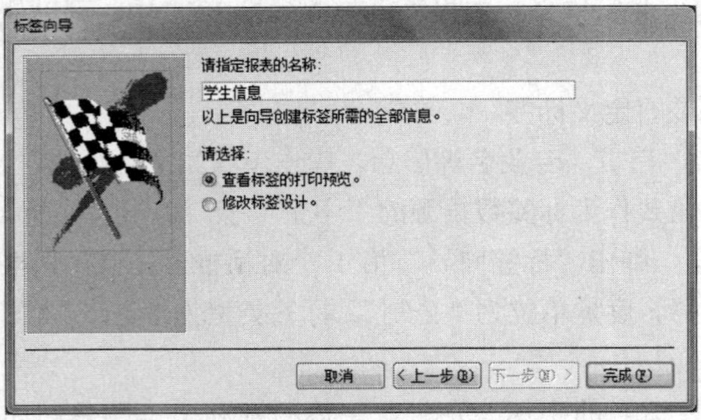

图 7-14　为新建的标签命名

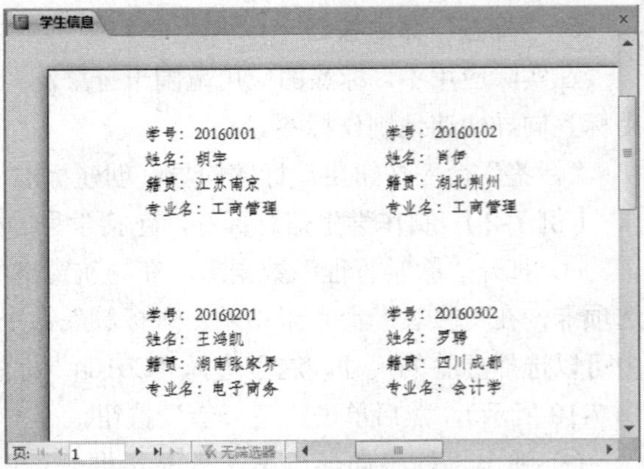

图 7-15　“学生信息”标签

7.3 使用设计视图创建报表

在 Access 中，除了使用 Access 自带的报表工具、报表向导快速、方便地创建报表外，还可以从设计视图创建报表，也可以使用设计视图对使用报表工具或向导功能快速创建的报表进行修改和美化。

7.3.1　报表设计窗口

1. 报表的结构

打开数据库，单击“创建”选项卡，在“报表”命令组中单击“报表设计”命令按钮，可以打开报表设计视图，如图 7-16 所示。

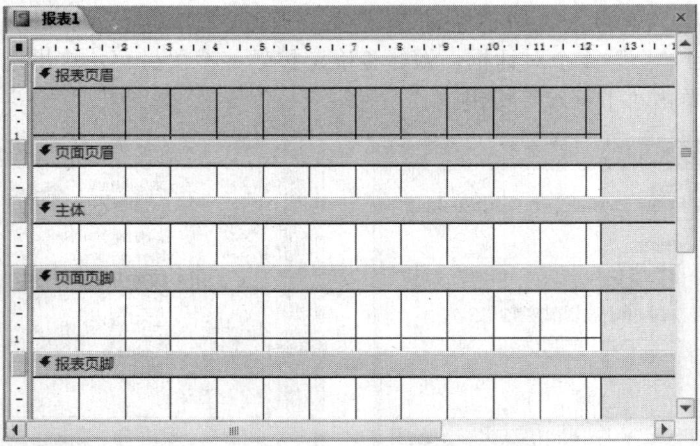

图 7-16　报表设计视图

从图 7-16 可以看出，报表由 5 部分组成，即报表页眉、页面页眉、主体、页面页脚和报表页脚。报表设计视图中的每个部分称为一个节，每一节左边的小方块是相应的节选定器，报表左上角的小方块是报表选定器，双击相应的选定器可以打开“属性表”任务窗格，设置相应节或报表的属性。

报表设计视图中的每个节都有特定的用途，其中主体节是必需的。各节的功能如下。

（1）“报表页眉”位于报表的开始位置，用来显示报表的标题、徽标或说明性文字。一个报表只有一个报表页眉。报表页眉中的全部内容都只能输出在报表的开始处。

（2）“页面页眉”位于每页的开始位置，显示报表中的字段名称或记录的分组名称。报表的每一页有一个页面页眉，以保证当数据较多而报表需要分页的时候，在报表的每页上面都有一个表头。

一般来说，报表的标题放在报表页眉中，该标题输出时仅在报表第 1 页的开始位置出现。如果将标题移动到页面页眉中，则在每一页上都输出显示该标题。

（3）“主体”节位于报表的中间部分，用来定义报表中的输出内容和格式，是报表显示数据的主要区域。

（4）“页面页脚”位于每页的结束位置，一般用来显示本页的汇总说明、页码等。

（5）“报表页脚”位于报表的结束位置，用来显示整个报表的汇总信息或其他的统计信息。

除了以上通用区域外，在排序和分组时，有可能需要用到组页眉和组页脚。可右击报表设计视图窗口，并在弹出的快捷菜单中选择“排序与分组”命令，添加分组后才会显示此节。组页眉显示在每个新记录组的开头，使用组页眉可以显示组名。例如，在按课程分组的选课报表中，可以使用组页眉显示“课程名”。如果将使用 Sum 聚合函数的计算控件放在组页眉中，则总计是针对当前组的。组页脚显示在每个组的结尾，使用组页脚可以显示组的汇总信息。

2. “报表设计工具”上下文选项卡

打开报表设计视图后，新增了 4 个上下文选项卡，分别是“报表设计工具/设计”、“报表设计工具/排列”、“报表设计工具/格式”和“报表设计工具/页面设置”，各个选项卡中包含许多报表设计命令。在“报表设计工具/设计”上下文选项卡的“控件”命令组的“控件”命令按钮中，包含许多报表设计控件，如文本框、标签、复选框、选项组、列表框等，其在报表设计过程中经常用到。控件是设计报表的重要工具，其操作方法与窗体设计中采用的操作方法相同。

【例 7-3】 使用设计视图来创建“学生选课成绩”报表。操作步骤如下。

① 打开“教学管理”数据库，单击“创建”选项卡，在“报表”命令组中单击“报表设计”命令按钮，打开报表设计视图。

② 右击报表设计区，在弹出的快捷菜单中选择“报表页眉/页脚”命令，将在报表中添加“报表页眉”节和“报表页脚”节。

③ 在“报表页眉”节中添加一个标签控件，输入标题“学生选课成绩”，然后设置标签格式，其中字体为“华文楷体”，字号为“15”，文本“居中”对齐。

④ 从“控件”命令组中向“主体”节中添加 4 个文本框控件（相应产生 4 个附加标签），设置报表的“记录源”属性为“学生选课成绩”查询，并分别设置文本框的“控件来源”属性为“学号”、“姓名”、“课程名”和“总评成绩”字段；或在“字段列表”任务窗格中选择“学号”、“姓名”、“课程名”和“总评成绩”4 个字段拖到报表“主体”节。这两种方法均可创建绑定的显示字段数据的文本框控件。

⑤ 将“主体”节中的 4 个附加标签控件移到“页面页眉”节，然后调整各个控件的布局、大小、位置及对齐方式等，并调整报表“页面页眉”节和“主体”节的高度，以适合其中控件的大小，如图 7-17 所示。

⑥ 以“学生选课成绩”为名保存报表，并利用“打印预览”视图预览报表，结果如图 7-18 所示。

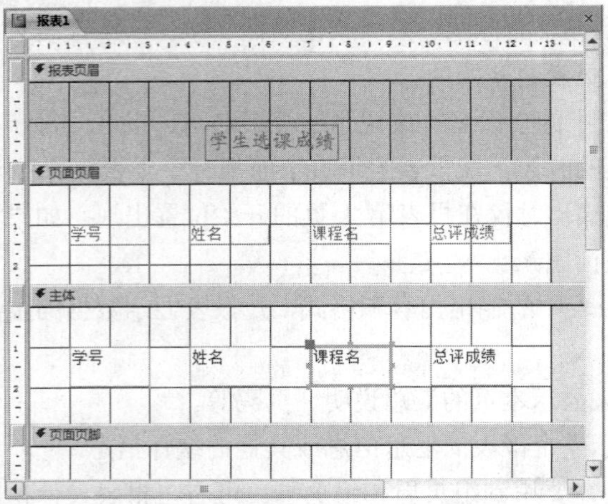

图 7-17 报表设置结果

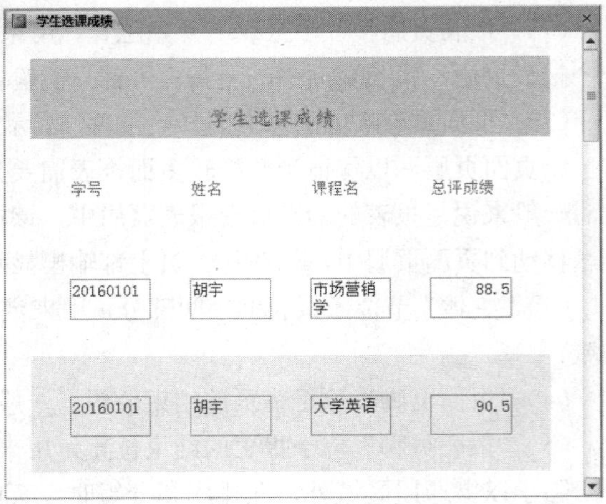

图 7-18 报表预览结果

7.3.2 报表的修饰

报表的修饰是指在报表的基本功能实现以后，在报表设计视图中打开报表，然后对已经创建的报表进行修改，增加一些表现要素，使得报表更加美观。

1. 添加徽标

在报表中添加徽标的操作方法是：使用设计视图打开报表，在“报表设计工具/设计”上下文选项卡的“页眉/页脚”命令组中单击“徽标”命令按钮，在弹出的“插入图片”对话框中，选择图片所在的目录及图片文件，单击“确定”按钮。

2. 添加当前日期和时间

在报表设计视图中给报表添加当前日期和时间的操作方法是：使用设计视图打开报表，在“报表设计工具/设计”上下文选项卡的“页眉/页脚”命令组中单击“日期和时间”命令按钮，在弹出的“日期和时间”对话框中选择显示日期和时间及显示格式，最后单击“确定”按钮。

此外，也可以在报表上添加一个文本框，然后设置其“控件来源”属性为日期或时间的计算表达式，如“=Date()”或“=Time()”。此种方法也可显示日期或时间，该控件可安排在报表的任何节中。

3. 添加分页符和页码

要在报表中使用分页符来控制分页显示，其操作方法是：使用设计视图打开报表，在“报表设计工具/设计”上下文选项卡的 “控件”命令组中单击“插入分页符”命令按钮，再在报表中需要设置分页符的位置单击，分页符会以短虚线标记在报表的左边界上。

在报表中添加页码的操作方法是：使用设计视图打开报表，在“报表设计工具/设计”上下文选项卡的“页眉和页脚”命令组中单击“页码”命令按钮，然后在弹出的“页码”对话框中，根据需要选择相应的页码格式、位置和对齐方式。

在 Access 2010 中，Page 和 Pages 是两个内置变量，Page 代表当前页号，Pages 代表总页数。可以利用字符运算符“&”来构造一个字符表达式，将此表达式作为“页面页脚”节中一个文本框控件的“控件来源”属性值，这样就可以输出页码了。例如，用表达式“="第" & [Page] & "页"”来打印页码，其页码形式为“第×页”，而用表达式“="第" & [Page] & "页，共" & [Pages] & "页"”来打印页码，其页码形式为“第×页，共×页”。

4. **添加线条和矩形**

在报表设计中，可通过添加线条或矩形来修饰报表版面，以达到更形象的显示效果。

在报表上绘制线条的操作方法是：使用设计视图打开报表，在“报表设计工具/设计”上下文选项卡的“控件”命令组中单击“直线”命令按钮，然后单击报表的任意处可以创建默认长度的线条，或通过单击并拖动的方式创建任意长度的线条。

在报表上绘制矩形的操作方法是：使用设计视图打开报表，在“报表设计工具/设计”上下文选项卡的“控件”命令组中单击“矩形”命令按钮，然后单击报表的任意处可以创建默认大小的矩形，或通过拖动方式创建任意大小的矩形。

7.3.3 报表的外观设计

报表主要用于输出和显示数据，因此报表的外观设计很重要。报表设计要做到数据清晰并且有条理地显示，使用户一目了然地浏览数据。

1. **使用报表主题格式设定报表外观**

Access 2010 提供了许多主题格式，用户可以直接在报表上套用某个主题格式。

【例 7-4】 设定“学生”报表的主题格式。操作步骤如下。

① 打开“教学管理”数据库，再打开需要使用主题格式的“学生”报表，并切换到设计视图。

② 单击“报表设计工具/设计”上下文选项卡，在“主题”命令组中单击“主题”命令按钮，在打开的主题格式列表中选择主题格式，如图 7-19 所示。

设置完成后，报表的主题格式将应用到报表上，主要影响报表及报表控件的字体、颜色和边框属性。设定主题格式之后，还可以继续在“属性表”任务窗格中修改报表的格式属性。

2. **使用报表属性设定报表外观**

在报表的“属性表”任务窗格中，可以修改报表的格式属性来设定报表的外观，如报表大小、边框样式等。报表自身的一些控件，如“关闭”按钮、“最大化”按钮、“最小化”按钮、滚动条等，可以在“属性表”任务窗格中设置是否显示。

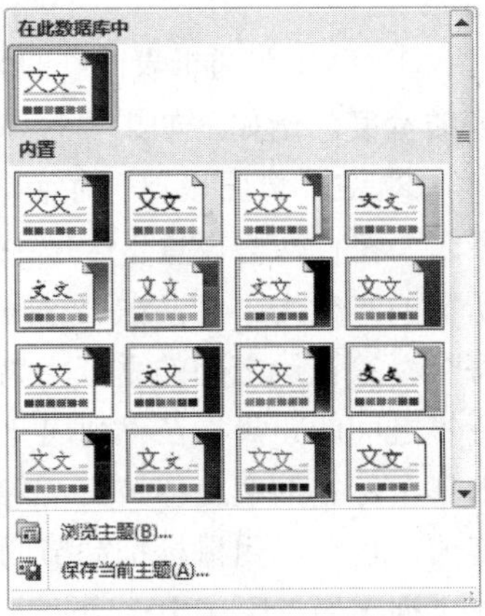

图 7-19 主题格式列表

【例 7-5】 为“学生”报表添加背景图片。操作步骤如下。

① 打开“教学管理”数据库，并打开“学生”报表，切换到设计视图。

② 打开“属性表”任务窗格，在所有对象下拉列表框中，选择“报表”，并选择“格式”选项卡。

③ 单击“图片”属性框，然后单击右边显示的[...]按钮，弹出“插入图片”对话框。在对话框中选择合适的图片，单击“确定”按钮，属性框中会显示图片名称，报表背景将显示该图片。

根据需要，还可以设置背景图片的其他属性，包括“图片类型”、“图片缩放模式”、“图片对齐方式”等属性。

7.3.4 报表的打印

报表创建完成后，便可以打印了。在打印报表之前，用户需要先进行打印预览，以查看报表的版面和内容。若不满足用户要求，还可进行更改。打印过程一般分为 3 步：打印预览、页面设置和打印报表。

1. 打印预览

预览报表是指在屏幕上查看报表打印后的外观情况，预览报表的方法主要有以下几种。

（1）选择“文件”→“打印”→“打印预览”命令。

（2）在导航窗格中，双击要预览的报表，打开该报表的报表视图，单击“视图”命令组中的“视图”下拉按钮，从弹出的下拉菜单中选择“打印预览”命令。该方法也适用于从其他报表视图切换到打印预览视图。

（3）右击导航窗格中的报表，在弹出的快捷菜单中选择“打印预览”命令。

2. 页面设置

在预览报表时，如果对报表当前的打印效果不满意，用户可以更改其页面布局，重新设置页边距、纸张大小和方向等。

（1）“页面设置”对话框

将报表切换到打印预览视图下，功能区中将出现“打印预览”选项卡，单击“页面布局”命令组中的“页面设置”命令按钮，在弹出的“页面设置”对话框中进行设置。在设计视图下单击“报表设计工具/页面设置”选项卡，在“页面布局”命令组中单击“页面设置”命令按钮，也能弹出“页面设置”对话框。

在“页面设置”对话框中选择“打印选项”选项卡对报表的页边距进行设置，并且在选项卡的右上方会显示当前设置的页边距的预览效果。选择“页”选项卡对纸张的大小及纸张的打印方向进行设置。选择“列”选项卡设置在一页报表中的列数、行间距、列尺寸及列布局等。

（2）创建多列报表

多列报表是在报表中使用多列格式来显示数据，使得报表中的数据紧凑、一目了然，并可节省纸张。多列报表最常见的形式就是标签报表。也可以将一个设计好的普通报表设置成多列报表，操作步骤如下。

① 创建普通报表。在打印时，多列报表的“组页眉”节、“组页脚”节和“主体”节将占满整个列的宽度。例如，如果要打印4列数据，需调整控件宽度在一个合理范围内。

② 在“页面设置”对话框中单击“列”选项卡，如图7-20所示。在“网格设置”区域中的“列数”文本框中输入每一页所需的列数为“4”，在“行间距”文本框中输入“主体”节中每个标签记录之间的垂直距离，在“列间距”文本框中输入各标签之间的距离。在“列尺寸”区域中的“宽度”文本框中输入单个标签的宽度值，在“高度”文本框中输入单个标签的高度值。也可以用鼠标拖动节的标尺来直接调整主体节的高度。在“列布局”区域中选中“先列后行”或“先行后列”单选按钮设置列的输出布局。

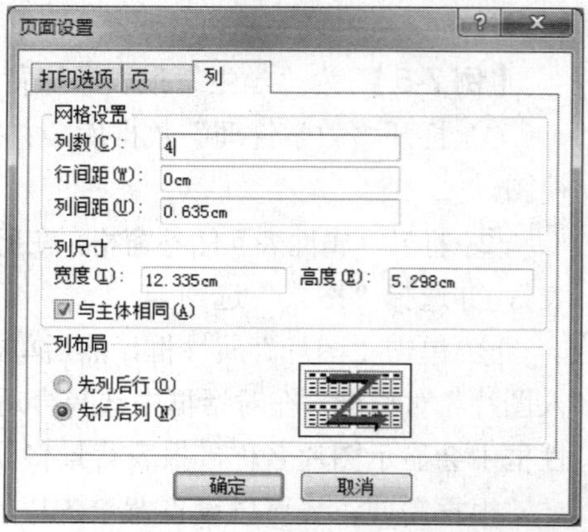

图7-20 “页面设置”对话框的“列”选项卡

③ 单击“页”选项卡，在“方向”区域中选中“纵向”或“横向”单选按钮来设置打印方向。

④ 单击“确定”按钮，完成报表设计，最后保存并预览报表。

3. 打印报表

打印报表的方法是：选择“文件”→“打印”→“打印”命令，或切换到打印预览视图，在“打印预览”选项卡的“打印”命令组中，单击“打印”命令按钮，在弹出的“打印”对话框中设置打印的参数，如打印机名称、打印范围和份数等。设置完成后，单击“确定”按钮，即可将选择的报表打印出来。

7.4 报表的高级设计

前面介绍了创建报表的各种方法，如果要实现报表的各种复杂功能，就要在报表设计视图中做进一步设计，即报表的高级设计。

7.4.1 报表统计计算

在报表设计过程中，除在报表中添加绑定型控件直接显示字段数据外，还经常要使用计算型控件进行各种运算，并将结果显示出来。例如，报表设计中的页码、分组统计数据等均是通过设置计算型控件的“控件来源”属性为表达式而实现的。

1. 报表节中的统计计算规则

在 Access 2010 中，报表是按节来设计的，选择用来放置计算型控件的报表节是很重要的。对于使用 Sum、Avg、Count、Min、Max 等聚合函数的计算型控件，Access 2010 将根据控件所在的位置（选中的报表节）确定如何计算结果。具体规则如下。

（1）如果计算型控件放在“报表页眉”节或“报表页脚”节中，则计算结果是针对整个报表的。

（2）如果计算型控件放在“组页眉”节或“组页脚”节中，则计算结果是针对当前组的。

（3）聚合函数在“页面页眉”节和“页面页脚”节中无效。

（4）“主体”节中的计算型控件对数据源中的每一行打印一次计算结果。

2. 利用计算型控件进行统计运算

在 Access 2010 中，利用计算型控件进行统计运算并输出结果有两种操作形式：针对一条记录的横向计算和针对多条记录的纵向计算。

（1）针对一条记录的横向计算

对一条记录的若干字段求和或计算平均值时，可以在“主体”节内添加计算型控件，并设置计算型控件的“控件来源”属性为相应字段的运算表达式。例如，有一个“学生成绩”报表，包含“计算机”、“英语”和“高等数学”3 个字段，要在报表中列出学生 3 门课程的成绩和每位学生 3 门课程的平均成绩，只要设置新添计算型控件的“控件来源”属性为“=([计算机]+[英语]+[高等数学])/3”即可。

（2）针对多条记录的纵向计算

多数情况下，报表统计计算是针对一组记录或所有记录来完成的。要对一组记录进行计算，可以在该组的“组页眉”节或“组页脚”节中创建一个计算型控件。要对整个报表进行计算，可以在该报表的“报表页眉”节或“报表页脚”节中创建一个计算型控件。这时往往要使用 Access 2010 提供的内置统计函数完成相应的计算操作。例如，要计算上述“学生成绩”报表中所有学生“英语”课程的平均成绩，需要在“报表页脚”节内对应“英语”字段列的位置添加一个文本框计算型控件，并设置其“控件来源”属性为“＝Avg([英语])”。

【例 7-6】 创建“年龄”报表，显示姓名、出生日期和年龄等信息，最后显示全体学生的平均年龄。

显然，年龄和平均年龄需要利用计算型控件进行计算。操作步骤如下。

① 打开“教学管理”数据库，并打开报表设计视图，设置报表的“记录源”属性

为“学生”表，在“字段列表”任务窗格中将“学生”表的“姓名”和“出生日期”两个字段拖到报表“主体”节中。

② 在“主体”节上添加一个文本框，将其“控件来源”属性设置为“=Year(Date())-Year([出生日期])”，同时将附加标签控件的“标题”属性设置为“年龄”。

③ 在报表中添加“报表页眉”节和“报表页脚”节，然后在“报表页脚”节中添加一个文本框，将其“控件来源”属性设置为“=Avg(Year(Date())-Year([出生日期]))”，同时将附加标签控件的“标题”属性设置为“平均年龄”，报表设置结果如图 7-21 所示。

④ 以“年龄”为名保存报表，并利用打印预览视图查看报表，预览结果的第 2 页如图 7-22 所示。

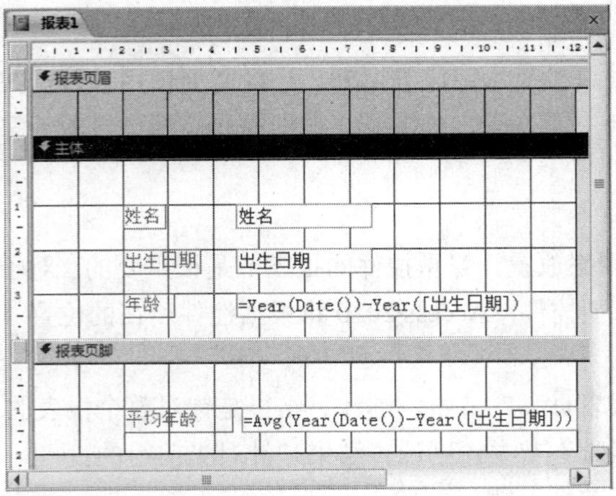

图 7-21　报表设置结果

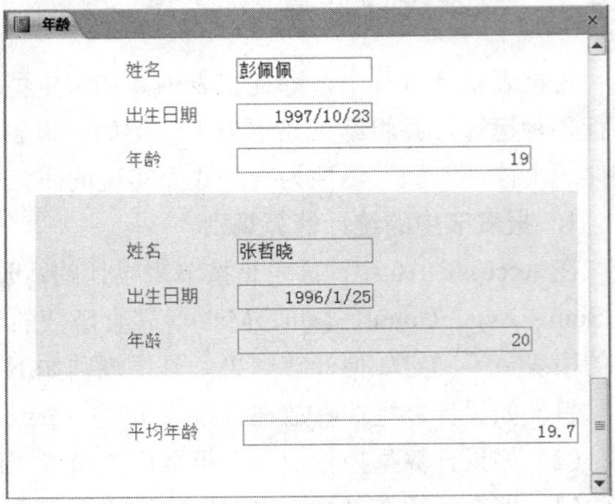

图 7-22　“年龄”报表预览结果

7.4.2　报表排序和分组

报表排序和分组是报表设计中的重要操作，它可以将数据重新组织，呈现在报表中，从而满足不同的应用需求。

1. 记录排序

通常情况下，报表中的记录是按照数据输入的先后顺序排列显示的。如果需要按照某种指定的顺序排列记录数据，可以使用报表的排序功能。

【例 7-7】 将“学生选课成绩”报表按成绩从大到小顺序输出。操作步骤如下。

① 打开“教学管理”数据库，并在设计视图中打开“学生选课成绩”报表，单击“报表设计工具/设计”上下文选项卡，在“分组和汇总”命令组中单击“分组和排序”命令按钮，显示“分组、排序和汇总”窗格，如图 7-23 所示。

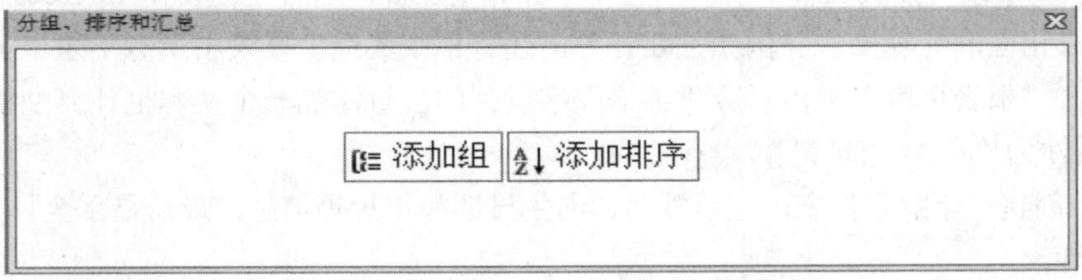

图 7-23　“分组、排序和汇总”窗格

② 在“分组、排序和汇总”窗格中，单击“添加排序”按钮，从下拉列表中选择排序字段，或在

下拉列表下端单击“表达式”选项，弹出“表达式生成器”对话框，从中输入排序表达式。例如，输入“=Left([姓名],1)”，将按姓排序。这里选择“总评成绩”字段，在“排序次序”列中选择“降序”方式。可以设置多个排序字段，这时先按第 1 排序字段值排序，第 1 排序字段值相同的记录再按第 2 排序字段值排序，以此类推。

③ 保存报表，并利用打印预览视图对报表进行预览，结果如图 7-24 所示。

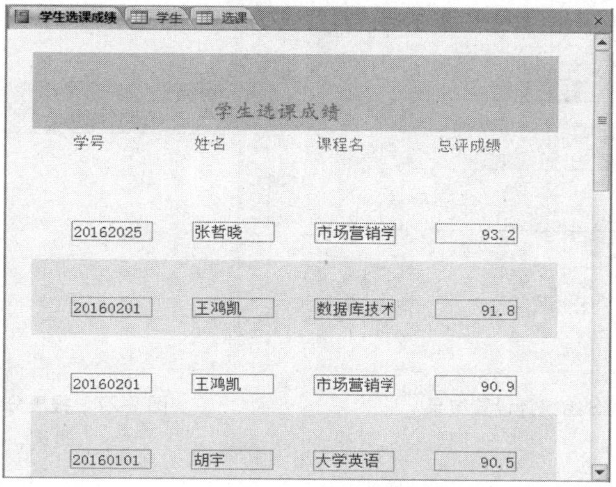

图 7-24　排序后的“学生选课成绩”报表

2. 记录分组

分组是指将某个或几个字段值相同的记录划分为一组，然后可以实现同组数据的统计和汇总。分组统计通常在报表设计视图的“组页眉”节和“组页脚”节中进行。

【例 7-8】 修改“年龄”报表，显示男女学生的平均年龄。

此例显然是要对“性别”字段进行分组计算，操作步骤如下。

① 打开“教学管理”数据库，并在报表设计视图窗口中打开创建的“年龄”报表。

② 单击“报表设计工具/设计”上下文选项卡，在“分组和汇总”命令组中单击“分组和排序”命令按钮，显示“分组、排序和汇总”窗格。

③ 单击“添加组”按钮，“分组、排序和汇总”窗格中将添加“分组形式”栏，选择“性别”字段作为分组字段，保留排序次序为“升序”。

④ 单击“分组形式”栏的“更多”选项，将显示分组的所有选项，如图 7-25 所示。在全部分组选项中，可以设置分组的各种属性。

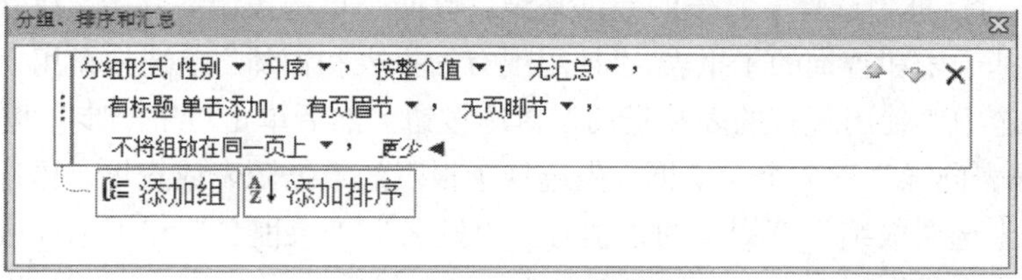

图 7-25　分组属性选项

下面介绍各分组属性的含义。

- “有/无页眉节”属性、“有/无页脚节”属性：用于设定是否显示该组的组页眉和组页脚，以创建分组级别。

- 设置汇总方式和类型：指定按哪个字段进行汇总，以及如何对字段进行统计计算。
- 指定在同一页中是打印组的全部内容，还是打印部分内容。

这里设定“有页脚节”，并在“性别页脚”节中添加“性别”字段文本框，“平均年龄”标签及求平均年龄的计算字段，同时删除原来“主体”节的内容，报表设置如图 7-26 所示。

⑤ 将报表存盘，并利用打印预览视图对报表进行预览，分组显示和统计的效果如图 7-27 所示。

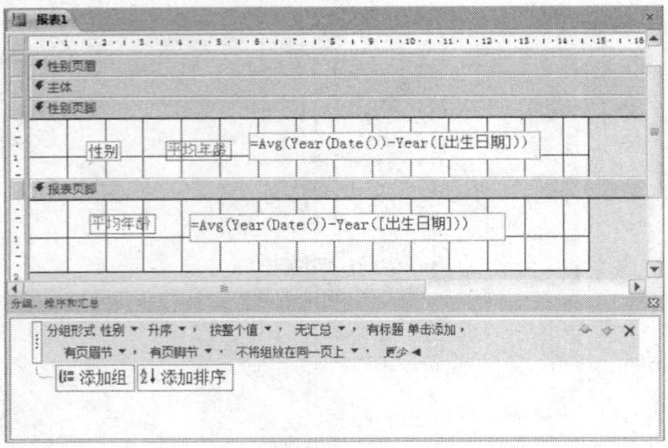

图 7-26　报表分组统计设置结果

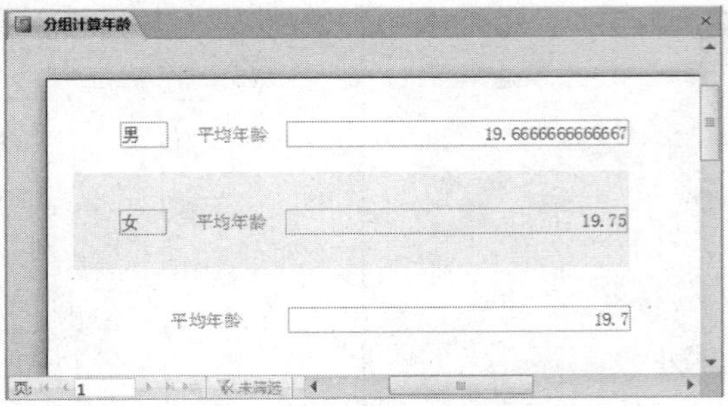

图 7-27　报表分组统计预览效果

7.4.3　创建子报表

子报表是出现在另一个报表内部的报表，包含子报表的报表称为主报表。利用子报表可以将主报表数据源中的数据和子报表数据源中对应的数据同时呈现在一个报表中，从而更加清楚地表现两个数据源中的数据及其联系。

在创建子报表之前，首先要确保主报表数据源和子报表数据源之间已经建立了正确的关联，这样才能保证子报表中的记录与主报表中的记录之间有正确的对应关系。

1. 在已有报表中创建子报表

在已经建好的报表中插入子报表，可以利用“子窗体/子报表”控件，然后按“子报表向导”的提示进行操作。

【例 7-9】 在“学生信息”主报表中增添“选课成绩信息”子报表。操作步骤如下。

① 创建基于“学生”表的主报表，并适当调整其控件布局和纵向外观显示，为子报表留出适当的位置。

② 在报表设计视图中，使“使用控件向导”命令保持在选中状态，然后单击“控件”命令组中的“子窗体/子报表”命令按钮，再单击需要放置子报表的位置，弹出“子报表向导”第 1 个对话框，如图 7-28 所示。在该对话框中选择子报表的数据来源，有两个单选按钮，其中“使用现有的表和查询”单选按钮用于创建基于表和查询的子报表，“使用现有的报表和窗体”单选按钮用于创建基于报表和窗体的子报表。这里选中“使用现有的表和查询”单选按钮，然后单击“下一步”按钮。

③ 弹出“子报表向导”第 2 个对话框，先选择子报表的数据源表或查询，再选定子报表中包含的字段。这里将“学生选课成绩”查询中的“学号”、“姓名”、“课程名”和“总评成绩”字段作为子报表的字段选入“选定字段”列表框中（如图 7-29 所示），然后单击“下一步”按钮。

④ 弹出“子报表向导”第 3 个对话框，确定主报表与子报表的链接字段。可以从列表中选，也可以由用户自定义。这里选中“自行定义”单选按钮，分别设置“窗体/报表字段”和“子窗体/子报表字段”（如图 7-30 所示），然后单击“下一步”按钮。

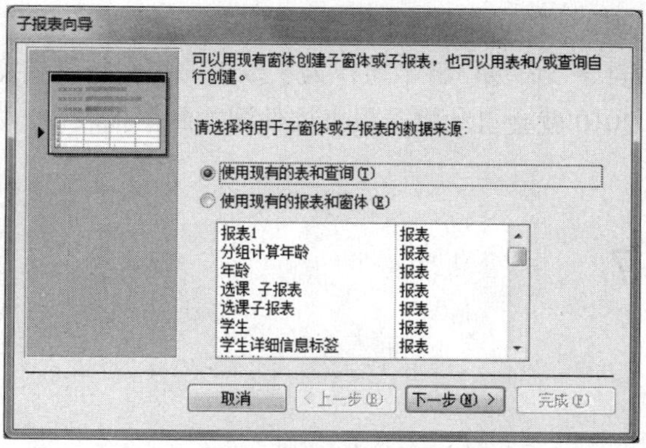

图 7-28 选择子报表的数据来源

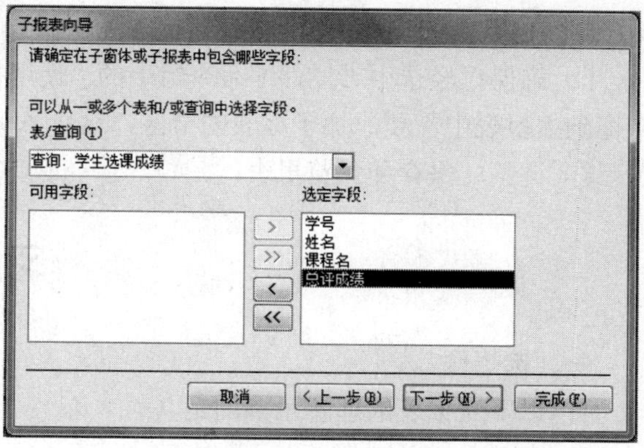

图 7-29 选择子报表中包含的字段

⑤ 弹出“子报表向导”最后一个对话框，为子报表指定名称，单击“完成”按钮。适当调整报表版面布局，设置结果如图 7-31 所示。

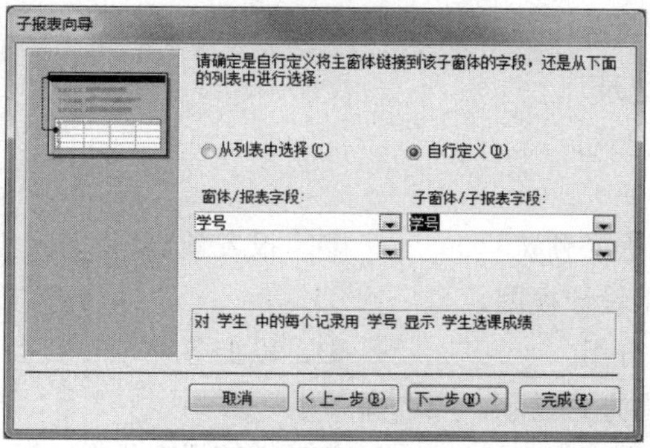

图 7-30 确定主报表和子报表的链接字段

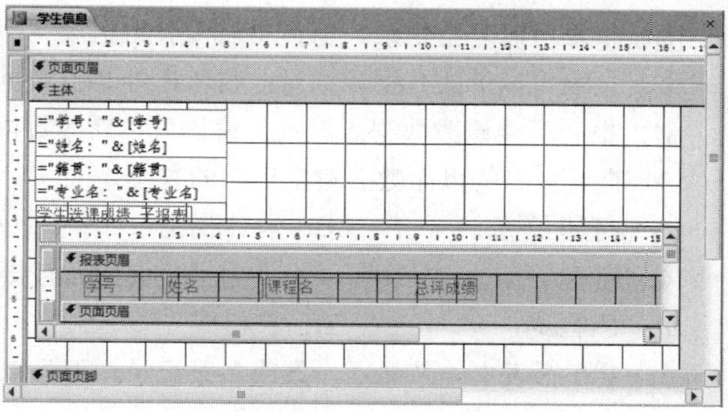

图 7-31 子报表的设置结果

⑥ 保存报表，并利用打印预览视图预览报表，结果如图 7-32 所示。

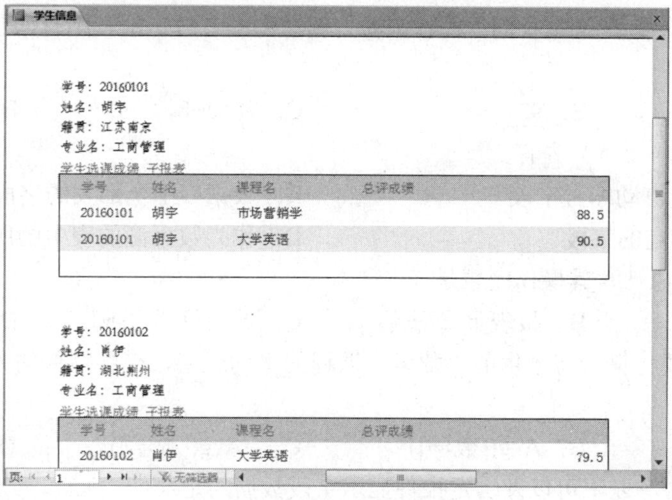

图 7-32 子报表的预览效果

2. 将报表添加到其他报表中建立子报表

在 Access 2010 数据库中，可以先分别建好两个报表，然后将一个报表添加到另一个报表中。操作方法如下。

① 在报表设计视图中，打开希望作为主报表的报表。

② 确保已经选中“控件”命令组中的“使用控件向导”命令，将希望作为子报表的报表从导航窗格拖到主报表中需要添加子报表的节区，这样 Access 2010 就会自动将子报表控件添加到主报表中。

③ 调整、保存并预览报表。

习题 7

一、选择题

1．以下对报表的理解正确的是（　　）。

A．报表与查询功能一样　　B．报表与数据表功能一样

C．报表只能输入/输出数据　　D．报表能输出数据和实现一些计算

2．关于报表与窗体区别，错误的说法是（　　）。

A．报表和窗体都可以打印预览

B．报表可以分组记录，窗体不可以分组记录

C．报表可以修改数据源记录，窗体不能修改数据源记录

D．报表不能修改数据源记录，窗体可以修改数据源记录

3．查看报表的页面数据输出形态的视图是（　　）。

A．打印预览　　B．设计视图　　C．版面预览　　D．报表预览

4．创建（　　）报表可以不使用报表向导而直接使用设计视图。

A．纵栏式　　B．表格式　　C．分组　　D．以上各种

5．要在报表主体节显示一条或多条记录，而且以垂直方式显示，应选择（　　）。

A．纵栏式报表　　B．表格式报表　　C．图表报表　　D．标签报表

6．在报表组成部分中，可用于在每个打印页底部显示信息的区域是（　　）。

A．页面页眉　　B．页面页脚　　C．报表页脚　　D．报表页眉

7．如果设置报表上某个文本框的“控件来源”属性为“=7*12+8”，则打印预览报表时，该文本框显示信息是（　　）。

A．未绑定　　B．92　　C．7*12+8　　D．=7*12+8

8．自动报表包括（　　）内容。

A．表中所有的非自动编号字段　　B．数据库中全部表的字段

C．在对话框中指定的字段　　D．作为数据源的表中的所有字段

9．要实现报表的总计，其操作区域是（　　）。

A．组页脚/页眉　　B．报表页脚/页眉　　C．页面页眉/页脚　　D．主体

10．在报表中，要计算所有学生的“数学”课程的平均成绩，应将控件的“控件来源”属性设置为（　　）。

A．=Avg(数学)　　B．Avg([数学])　　C．=Avg([数学])　　D．Avg(数学)

11．在报表设计中，以下可以做绑定控件显示字段数据的是（　　）。

A．文本框　　B．标签　　C．命令按钮　　D．图像

12．要显示格式为“页码/总页数”的页码，应当设置文本框的“控件来源”属性是（　　）。

A．[Page]/[Pages]　　B．=[Page]/[Pages]

C．[Page] & "/" & [Pages]　　D．=[Page] & "/" & [Pages]

二、填空题

1．常用的报表有 4 种，即________、________、________和________。

2．报表设计最多由报表页眉、报表页脚、页面页眉、________、________、________和组页脚 7 个部分组成。

3．Access 的报表对象的数据源可以设置为________。

4．报表的________部分是报表不可缺少的内容。

5．________的内容只能在报表的第一页最上方输出。

6．报表视图有 4 种，即________、________、________和________。

7．报表中的计算公式常放在________中。

8．要在报表上显示格式为“4/总 15 页”的页码，则计算型控件的“控件来源”应设置为________。

三、问答题

1．报表的功能是什么？和窗体的主要区别是什么？

2．创建报表的方法有哪些？各有哪些优点？

3．报表由哪几部分组成？每部分的作用是什么？

4．如何为报表指定数据源？

5．什么是分组？分组的作用是什么？如何添加分组？

第 8 章 宏的操作

宏是一个或多个操作命令的集合，其中每个操作命令执行特定的功能。如果用户频繁地重复同一系列操作，就可以通过创建宏来自动执行某一项重复的或者复杂的任务。Access 2010 提供了大量的宏操作命令，可以把各种宏操作命令依次定义在宏中。运行宏时，Access 就会按照所定义的顺序依次执行各个宏操作。通过应用宏，能够自动执行重复的任务，使用户更方便快捷地操作 Access 数据库应用系统。

本章围绕 Access 2010 宏的概念及应用展开。通过本章的学习，可以了解 Access 2010 宏的类型与组成，掌握 Access 2010 中创建宏的各种方法，能够利用宏对记录、窗体或报表进行相关操作等。

8.1 宏概述

对数据库及其对象的管理是通过各种操作实现的，如打开表是一个操作，打开窗体是另一个操作，打开报表也是一个操作，这些操作可以通过 Access 2010 提供的有关操作命令来实现，而把有关操作命令组织在一起而形成的数据库对象称为宏，其中的操作命令也称为宏操作命令。

8.1.1 宏的类型

用户可以从不同的角度对宏进行分类，不同类型的宏反映了设计宏的意图、执行宏的方式及组织宏的方式。

1. 根据宏所依附的位置来分类

根据宏所依附的位置，宏可以分为独立的宏、嵌入的宏和数据宏 3 种类型。

（1）独立的宏

独立的宏是一个独立的数据库对象，将显示在导航窗格中的“宏”对象下。窗体、报表或控件的任何事件都可以调用宏对象中的宏。如果希望在应用程序的很多位置重复使用宏，则独立的宏是非常有用的。通过从其他宏调用宏，可以避免在多个位置重复相同的代码。

（2）嵌入的宏

嵌入在对象的事件属性中的宏称为嵌入的宏。嵌入的宏与独立的宏的区别在于嵌入的宏在导航窗格中不可见，它成为了窗体、报表或控件的一部分。独立的宏可以被多个对象及不同的事件引用，而嵌入的宏只作用于特定的对象。

（3）数据宏

数据宏是 Access 2010 中新增的一项功能，该功能允许在插入、更新或删除表中的数据时执行某些操作，从而验证和确保表数据的准确性。数据宏也不显示在导航窗格的“宏”对象下。

2. 根据宏中宏操作命令的组织方式来分类

根据宏中宏操作命令的组织方式，宏可以分为操作序列宏、子宏、宏组和条件操作宏几种类型。

（1）操作序列宏

操作序列宏是指组成宏的操作命令按照顺序关系依次排列，运行时按顺序从第 1 个宏操作依次往下执行。如果用户频繁地重复一系列操作，就可以用创建操作序列宏的方式来执行这些操作。

（2）子宏

对于完成功能相对独立的宏操作命令可以定义成子宏，宏除了包括宏操作命令外，还可以包括子宏，每个宏可以包含多个子宏。子宏也有名称，子宏可以通过其名称来调用。

（3）宏组

宏组是将相关宏操作命令进行分组，并为每组指定一个名称，从而提高宏的可读性。分组不会影响宏操作的执行方式，组不能单独调用或运行。分组的主要目的是标识一组操作，一目了然地了解宏的功能。此外，在编辑大型宏时，可将每个分组块向下折叠为单行，从而减少必须进行的滚动操作。

（4）条件操作宏

条件操作宏就是在宏中设置条件，用来判断是否要执行某些宏操作。只有当条件成立时，宏操作才会被执行，这样可以增强宏的功能，也使宏的应用更加广泛。利用条件操作宏，可以根据不同的条件执行不同的宏操作。例如，如果在某个窗体中使用宏来校验数据，可能要用某些信息来响应记录的某些输入值，而用另一些信息来响应其他不同的值，此时可以使用条件来控制宏的执行。

8.1.2 宏的操作界面

在 Access 2010 主窗口中，单击“创建”选项卡，在“宏与代码”命令组中单击“宏”命令按钮，将进入宏的操作界面，其中包括“宏工具/设计”上下文选项卡、“操作目录”任务窗格和宏设计窗口 3 个部分。宏的操作就是通过这些操作界面来实现的。

1. “宏工具/设计”上下文选项卡

“宏工具/设计”上下文选项卡有 3 个命令组，分别是“工具”、“折叠/展开”和“显示/隐藏”，如图 8-1 所示。

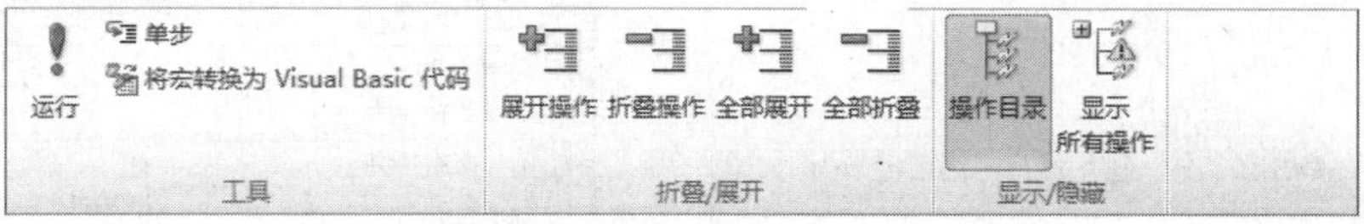

图 8-1 “宏工具/设计”上下文选项卡

各命令组的作用如下。

（1）“工具”命令组包括运行宏、调试宏及将宏转换为 Visual Basic 代码 3 个操作。

（2）“折叠/展开”命令组提供浏览宏代码的几种方式：展开操作、折叠操作、全部展开和全部折叠。展开操作可以详细地阅读每个操作的细节，包括每个参数的具体内容。折叠操作可以把宏操作收缩起来，不显示操作的参数，只显示操作的名称。

（3）“显示/隐藏”组主要是用于对“操作目录”任务窗格的隐藏和显示。

2. “操作目录”任务窗格

为了方便用户操作，Access 2010 用“操作目录”任务窗格分类列出了所有宏操作命令，用户可以根据需要从中选择。当选择一个宏操作命令后，在任务窗格下半部分会显示相应命令的说明信息。“操作目录”任务窗格由 3 部分组成，分别是程序流程控制、宏操作命令和在此数据库中包含的宏对象，如图 8-2 所示。

各部分的作用如下。

（1）“程序流程”包括注释（Comment）、组（Group）、条件（If）和子宏（Submacro）选项，用于实现程序流程控制。

（2）“操作”部分把宏操作按操作性质分成 8 组，分别是“窗口管理”、“宏命令”、“筛选/查询/搜索”、“数据导入/导出”、“数据库对象”、“数据输入操作”、“系统命令”和“用户界面命令”。Access 2010 以这种方式管理宏操作命令，使得用户创建宏更为方便和容易。

（3）“在此数据库中”部分列出了当前数据库中的所有宏，以便用户可以重复使用所创建的宏和事件过程代码。展开“在此数据库中”通常显示下一级列表“报表”、“窗体”和“宏”，进一步展开报表、窗体和宏后，显示出在报表、窗体和宏中的事件过程或宏。

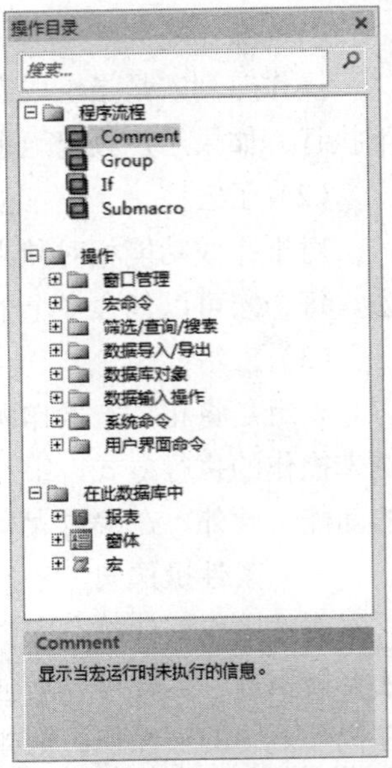

图 8-2 “操作目录”任务窗格

3. 宏设计窗口

宏设计窗口也就是宏设计视图。Access 2010 重新设计了宏设计窗口，使得开发宏更为方便。当创建一个宏后，在宏设计窗口中，出现一个下拉列表框，在其中可以添加宏操作并设置操作参数，如图 8-3 所示。

添加宏操作命令有如下 3 种方式。

（1）直接在“添加新操作”下拉列表框中输入宏操作命令名称。

（2）单击“添加新操作”下拉列表框的下拉按钮，在打开的下拉列表中选择相应的宏操作命令。

（3）从“操作目录”任务窗格中把某个宏操作命令拖曳到下拉列表框中或双击某个宏操作命令。

例如，双击“操作目录”任务窗格中“数据库对象”中的 OpenForm 命令后，在宏设计窗口中添加了 OpenForm 操作，并在操作名称下方出现 6 个参数，供用户根据需要来设置。当光标指向某个参数时，系统会显示相应的说明信息。操作名称前的⊟按钮或⊞按钮用于折叠或展开参数设置提示，而操作名称最右边的✕按钮用于删除该操作，如图 8-4 所示。

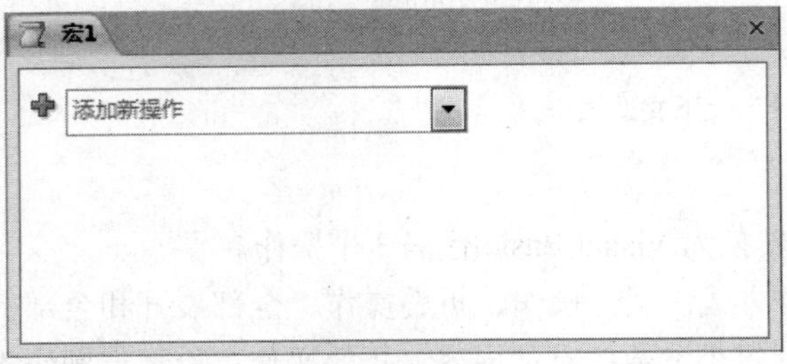

图 8-3 宏设计窗口

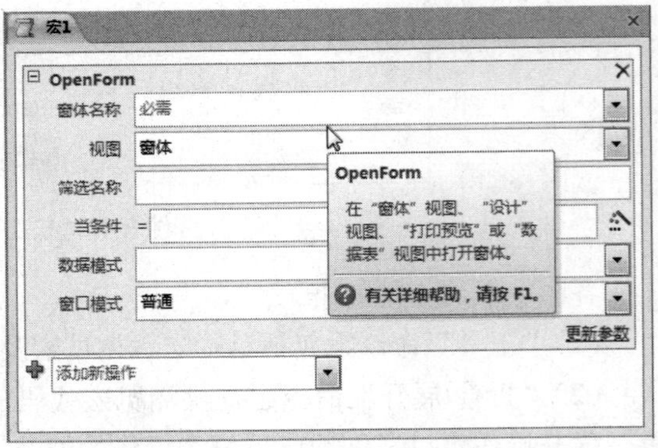

图 8-4 在“宏设计窗口”添加宏操作命令

注意：在添加宏操作命令之前，应先单击“宏工具/设计”上下文选项卡，在“显示/隐藏”命令组中单击“显示所有操作”命令按钮，这时在“添加新操作”下拉列表框中的下拉列表中将按字母顺序列出 Access 2010 中的全部 86 个宏操作命令，否则只会列出 66 个常用的宏操作命令。

8.1.3 常用的宏操作命令

在宏设计视图下，Access 2010 在“操作目录”任务窗格的“操作”部分会显示所有的宏操作命令。

在宏设计窗口中，可以调用这些基本的宏操作命令，并配置相应的操作参数，自动完成对数据库的各种操作。根据宏操作命令的用途来分类，表 8-1 列出了常用的宏操作命令。

表 8-1　常用宏操作命令分类列表

分　类	宏操作命令	功　能
打开或关闭数据库对象	OpenForm	打开窗体
	OpenQuery	打开查询
	OpenReport	打印报表
	OpenTable	打开表
	CloseDatabase	关闭当前数据库
查找记录	FindNextRecord	查找符合指定条件的下一条记录
	FindRecord	查找符合条件的第一条记录
	GoToRecord	指定当前记录
用户界面	AddMenu	创建菜单栏
运行和控制流程	RunMacro	执行一个宏
	StopAllMacros	终止当前所有宏的运行
	StopMacro	终止当前正在运行的宏
	QuitAccess	退出 Access
窗口控制	MaximizeWindow	将窗口最大化
	MinimizeWindow	将窗口最小化
	RestoreWindow	将窗口恢复为原来大小
	CloseWindow	关闭指定或活动窗口
通知或警告	Beep	通过计算机的扬声器发出嘟嘟声
	MessageBox	显示消息框

8.2 宏的创建

宏的创建方法与其他对象的创建方法稍有不同，其他对象的创建既可以通过自动方式、手动方式、向导创建，也可以通过设计视图创建，但宏只能通过设计视图创建。

8.2.1 创建独立的宏

要创建宏需在宏设计窗口中添加宏操作命令、提供注释说明及设置操作参数。选定一个操作后，在宏设计窗口的操作参数设置区会出现与该操作对应的操作参数设置表。通常情况下，当单击操作参数列表框时，会在列表框的右侧出现一个下拉按钮，单击该按钮，可在弹出的下拉列表中选择操作参数。

1. 创建操作序列宏

创建操作序列宏是最基本的创建宏的方法，下面通过例子说明其操作方法。

【例 8-1】 创建宏，其功能是打开“学生”表和“学生选课成绩”查询，然后先关闭查询，再关闭表，关闭前用消息框提示操作。操作步骤如下。

① 打开“教学管理”数据库，单击“创建”选项卡，在“宏与代码”命令组中单击“宏”命令按钮，打开宏设计窗口。

② 在“操作目录”任务窗格中把“程序流程”中的注释 Comment 拖到“添加新操作”下拉列表框中或双击 Comment，在宏设计器中出现相应的“注释”行，在其中输入“打开学生表”。然后在“添加新操作”的下拉列表框中单击右侧的下拉按钮，在打开的下拉列表中选择 OpenTable 命令，单击“表名称”参数下拉列表框右侧的下拉按钮，选择“学生”，其他参数取默认值，如图 8-5 所示。

单击宏操作命令右侧的“上移”、“下移”按钮可以改变宏操作的顺序，单击右侧的“删除”按钮可以删除宏操作。

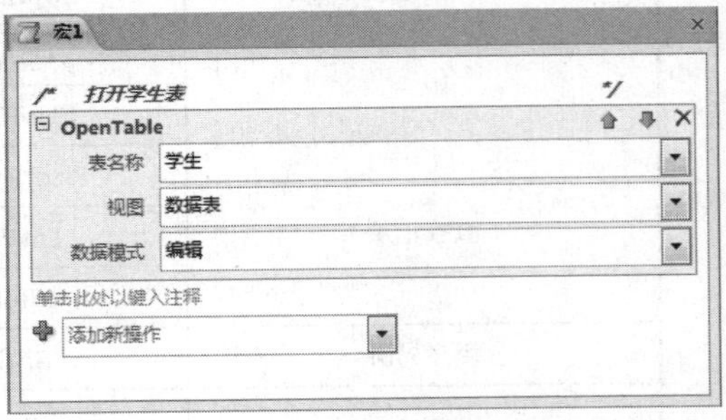

图 8-5　操作序列宏的设置

③ 将 Comment 拖到“添加新操作”下拉列表框中，在注释中输入“打开学生选课成绩查询”。在“添加新操作”下拉列表框中选择 OpenQuery 命令，在“查询名称”下拉列表框中选择“学生选课成绩”查询，其他参数取默认值。

④ 将 Comment 拖到“添加新操作”下拉列表框中，在注释中输入“提示信息”。在“添加新操作”下拉列表框中选择 MessageBox 命令，在“消息”文本框中输入“关闭查询吗？”，在“标题”文本框中输入“提示信息！”，其他参数取默认值。

⑤ 将 Comment 拖到“添加新操作”下拉列表框中，在注释中输入“关闭查询”。在“添加新操作”下拉列表框中选择 CloseWindow 命令，在“对象类型”下拉列表框中选择“查询”选项，在“对象名称”下拉列表框中选择“学生选课成绩”查询，其他参数取默认值。

⑥ 用类似的操作方法再加入 MessageBox 命令和 CloseWindow 命令，注意选择不同的操作参数。

⑦ 以“操作序列宏”为名保存设计好的宏。

⑧ 单击“宏工具/设计”上下文选项卡，在“工具”命令组中单击“运行”命令按钮，运行设计好的宏，将按顺序执行宏中的操作。

宏是按宏名进行调用的。命名为 AutoExec 的宏将在打开该数据库时自动运行，如果要取消自动运行，则在打开数据库时按住 Shift 键即可。

2. 创建子宏

创建子宏通过“操作目录”任务窗格中“程序流程”下的 Submacro 来实现。可通过与添加宏操作相同的方式将 Submacro 块添加到宏，然后，将宏操作添加到该块中，并给不同的块加上不同的名字。如果要生成子宏的操作命令已在宏中，可以选择一个或多个操作命令并右击它们，然后在出现的快捷菜单中选择“生成子宏程序块”命令，直接创建子宏。

子宏必须始终是宏中最后的块，不能在子宏下添加任何操作（除非有更多子宏）。

【例 8-2】 创建宏，其功能是将例 8-1 中的 6 个操作分成两个子宏，打开和关闭“学生”表是第 1 个子宏，打开和关闭“学生选课成绩查询”是第 2 个子宏，关闭前都用消息框提示操作。操作步骤如下。

① 打开“教学管理”数据库，单击“创建”选项卡，在“宏与代码”命令组中单击“宏”命令按钮，打开宏设计窗口。

② 在“操作目录”任务窗格中，把“程序流程”中的子宏 Submacro 拖到“添加新操作”下拉列

表框中，在子宏名称文本框中，默认名称为 Sub1，把该名称修改为“宏 1”。在“添加新操作”下拉列表框中，选择 OpenTable 命令，设置表的名称为“学生”。继续在“添加新操作”下拉列表框中选择 MessageBox 和 CloseWindow 命令。

③ 按照同样的方法设置宏 2，以宏名“包含子宏的宏”保存宏，设置如图 8-6 所示。

如果运行的宏仅包含多个子宏，但没有专门指定要运行的子宏，则只会运行第 1 个子宏。在导航窗格中的宏名称列表中将显示宏的名称。如果要引用宏中的子宏，其引用格式是“宏名.子宏名”。例如，直接运行“包含子宏的宏”则自动运行“宏 1”，要运行“宏 2”，可以单击“数据库工具”选项卡，在“宏”命令组中单击“运行宏”命令按钮，在出现的“执行宏”对话框中输入“包含子宏的宏.宏 2”，如图 8-7 所示。

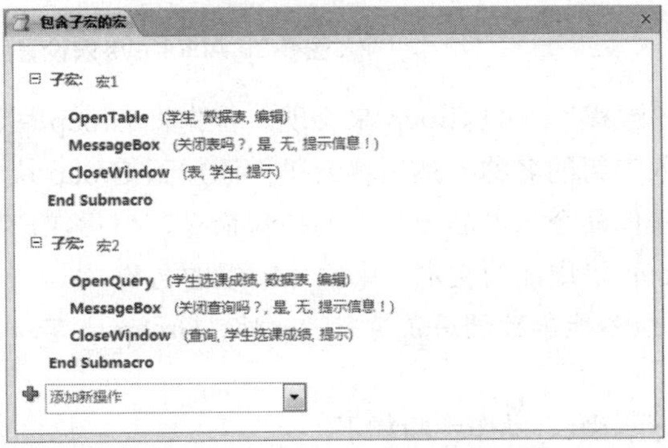

图 8-6 子宏设置

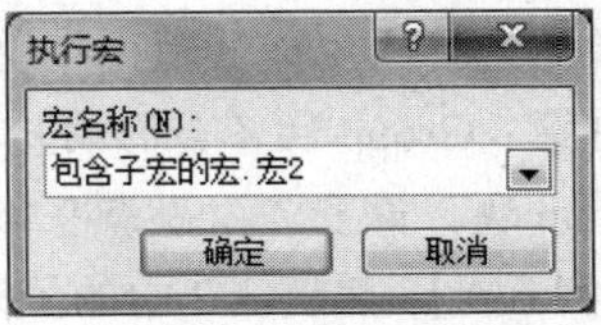

图 8-7 子宏的执行

当然，子宏也可以在事件属性中执行，或使用 RunMacro 操作或 OnError 操作来执行。

要将一个操作或操作集合指派给某个特定的按键，可以创建一个名为 AutoKeys 的宏，在按下特定的按键时，Access 就会执行相应的操作。创建 AutoKeys 宏，要在子宏名称文本框中输入特定的按键名，表 8-2 中列出了能够在 AutoKeys 宏中作为宏名的按键名。

表 8-2 AutoKeys 宏中作为宏名的按键

按 键 名	说 明
^A 或^1	Ctrl＋任何字母或数字键
{F1}	任何功能键
^{F1}	Ctrl＋任何功能键
＋{F1}	Shift＋任何功能键
{Insert}	Ins
^{Insert}	Ctrl＋Ins
＋{Insert}	Shift＋Ins
{Delete}或{Del}	Del
^{Delete}或^{Del}	Ctrl＋Del
＋{Delete}或＋{Del}	Shift＋Del

【例 8-3】 建立一个 AutoKeys 宏，当按下 Ctrl＋O 组合键时打开“学生”表，当按下 F5 功能键时打开“学生选课成绩”查询。操作步骤如下。

① 打开宏设计窗口。

② 在“操作目录”任务窗格中，把“程序流程”中的子宏 Submacro 拖到“添加新操作”下拉列表框中，在子宏名称文本框中，默认名称为 Sub1，把该名称修改为“^O”。在“添加新操作”下拉列表框中，选择 OpenTable 命令，设置表名称为“学生”。

③ 把“程序流程”中的子宏 Submacro 拖到“添加新操作”下拉列表框中，把名称修改为“{F5}”。在“添加新操作”列中选择 OpenQuery 命令，设置查询名称为“学生选课成绩”。

④ 以 AutoKeys 为名称保存宏，设置结果如图 8-8 所示。

此后，只要“教学管理”数据库是打开的，在任何情况下按下 Ctrl＋O 组合键时，都将执行打开“学生”表操作，按下 F5 功能键，都将执行查询学生选课成绩操作。

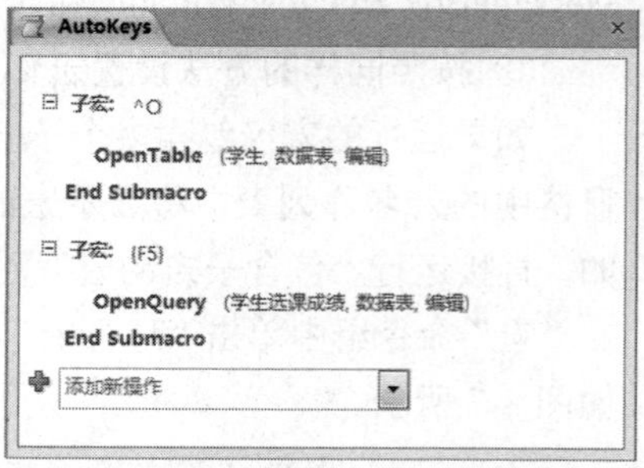

图 8-8　AutoKeys 宏设置结果

3. 创建宏组

创建宏组通过“操作目录”任务窗格中“程序流程”下的 Group 来实现。首先将 Group 块添加到宏设计窗口中，在 Group 块顶部的文本框中，输入宏组的名称，然后将宏操作添加到 Group 块中。如果要分组的操作已在宏中，可以选择要分组的宏操作命令，并右击所选的操作命令，然后在出现的快捷菜单中选择“生成分组程序块”命令，并在 Group 块顶部的文本框中输入宏组的名称。

注意： *Group 块不会影响宏操作的执行方式，组不能单独调用或运行。此外，Group 块可以包含其他 Group 块，最多可以嵌套 9 级。*

【例 8-4】 将例 8-2 中的子宏改为宏组，再执行宏组。操作步骤如下。

① 先将“包含子宏的宏”另存为“包含宏组的宏”，并打开“包含宏组的宏”。

② 添加 Group 块，并输入名称“组 1”。

③ 利用宏操作命令右侧的“上移”、“下移”箭头按钮，将原来“宏 1”中的操作移入“组 1”，最后利用“子宏：宏 1”右侧的“删除”按钮删除 Submacro 块。

④ 用同样的方法，修改、添加“组 2”。

⑤ 存盘，设计的宏组如图 8-9 所示。

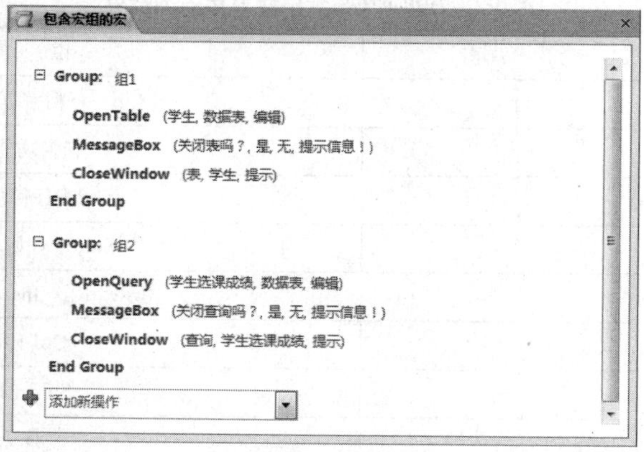

图 8-9　宏组设置

⑥ 运行“包含宏组的宏”将依次执行“组 1”和“组 2”中的操作，所以分组只是宏的一种组织方式，它不改变宏的执行方式，组不能单独运行。

4. 创建条件操作宏

如果希望当满足指定条件时才执行宏的一个或多个操作，可以使用“操作目录”任务窗格中的 If 流程控制，通过设置条件来控制宏的执行流程，形成条件操作宏。

这里的条件是一个逻辑表达式，返回值是“真”(True) 或“假”(False)。运行时将根据条件的结果，决定是否执行对应的操作。如果条件结果为 True，则执行此行中的操作；若条件结果为 False，则忽略其后的操作。

在输入条件表达式时，可能会引用窗体或报表上的控件值，引用格式为

Forms! [窗体名]! [控件名]

或

[Forms]! [窗体名]! [控件名]
Reports! [报表名]! [控件名]

或

[Reports]! [报表名]! [控件名]

【例 8-5】 创建一个条件操作宏并在窗体中调用它，用于判断数据的奇偶性，如图 8-10 所示。

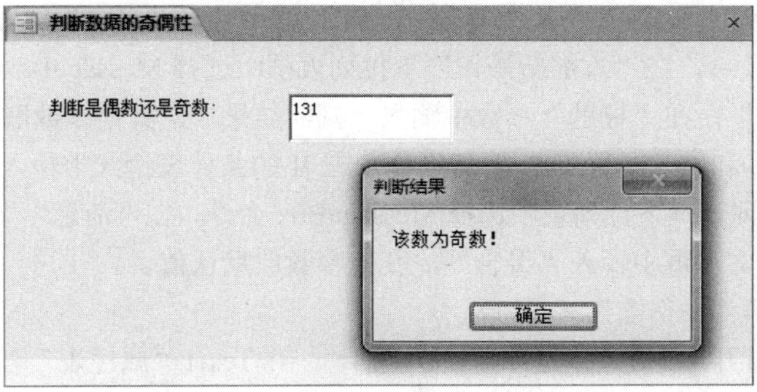

图 8-10 “判断数据的奇偶性”窗体

操作步骤如下。

① 创建一个窗体，其中包含一个标签和一个文本框（名称为 Text1），并设置窗体和控件的其他属性。

② 打开宏设计窗口，把“程序流程”中的 If 操作拖入“添加新操作”下拉列表框中（如图 8-11 所示），然后单击条件表达式文本框右侧的按钮，打开“表达式生成器”对话框。

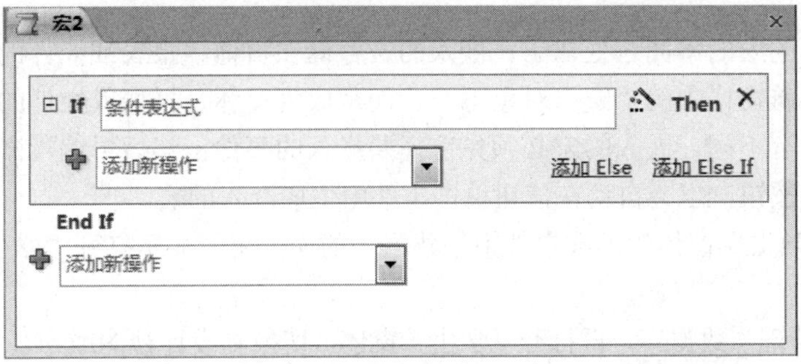

图 8-11 “If”条件设置

③ 在“表达式元素”列表框中，展开“教学管理.accdb/Forms/所有窗体”，选中“判断数据的奇偶性”窗体。在“表达式类别”列表框中，双击 Text1，在表达式中输入“Mod 2=0”（如图 8-12 所示），然后单击“确定”按钮，返回到宏设计窗口中。

④ 在“添加新操作”下拉列表框中单击下拉按钮，在打开的下拉列表中选择 MessageBox 命令，在“消息”参数中输入“该数为偶数!”，在“标题”参数中输入“判断结果”，其他参数取默认值，设置结果如图 8-13 所示。

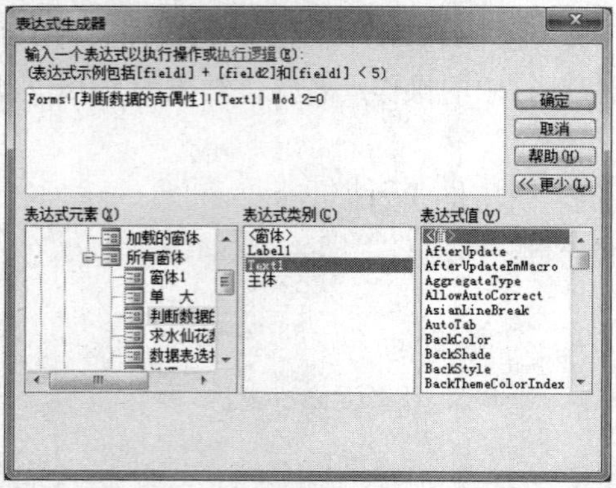

图 8-12　在“表达式生成器”设置宏操作条件

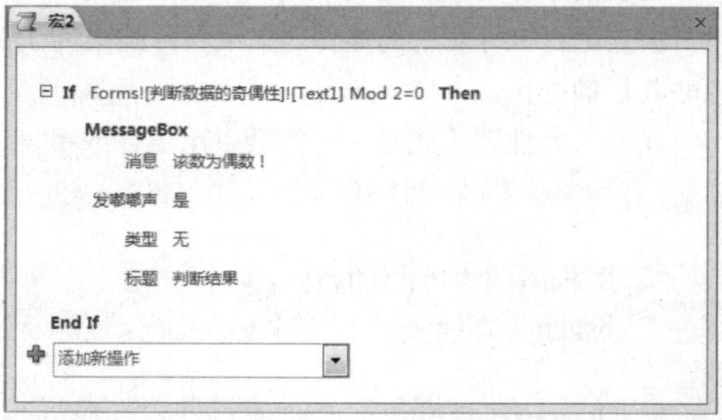

图 8-13　条件操作宏的设置

⑤ 重复步骤②、③和④，设置第 2 个 If 操作，在 If 的条件表达式中输入条件：[Forms]![判断数据的奇偶性]![Text1] Mod 2=1，在“添加新操作”下拉列表框中选择 MessageBox 命令，在“消息”参数中输入“该数为奇数！”，在“标题”参数中输入“判断结果”，其他参数取默认值。

⑥ 重复步骤②、③和④，设置第 3 个 If 操作，在 If 的条件表达式中输入条件：IsNull([Text1])，在“添加新操作”下拉列表框下拉列表中选择 MessageBox 命令，在“消息”文本框中输入“没有输入内容！”，在“标题”文本框中输入“警告”，其他参数取默认值。

⑦ 将宏保存为“条件操作宏”。

⑧ 在设计视图中打开“判断数据的奇偶性”窗体，在 Text1“属性表”任务窗格的“事件”选项卡中将文本框 Text1 的“更新后”事件属性设置为“条件操作宏”。也可以单击“更新后”事件属性右边的[...]按钮，进入宏设计窗口，完成宏的设计。

⑨ 在窗体视图中打开“判断数据的奇偶性”窗体，在文本框中输入数据并按 Enter 键后，会出现判断结果。

8.2.2　创建嵌入的宏

嵌入的宏与独立的宏的不同之处在于，嵌入的宏存储在窗体、报表或控件的事件属性中。它们并不作为对象显示在导航窗格中的“宏”对象下面，而是成为窗体、报表或控件的一部分。创建嵌入的宏与宏对象的方法略有不同。嵌入的宏必须先选择要嵌入的事件，然后再编辑嵌入的宏。使用控件向导在窗体中添加命令按钮，也会自动在按钮单击事件中生成嵌入的宏。

【例 8-6】 在“学生”窗体的加载事件中创建嵌入的宏，用于显示打开“学生”窗体的提示信息。操作步骤如下。

① 打开“教学管理”数据库，再打开“学生”窗体，切换到设计视图或布局视图，打开“属性表”任务窗格，在对象下拉列表框中选择“窗体”。

② 单击“事件”选项卡，再选择“加载”事件属性，并单击属性框旁边的[...]按钮，在打开的“选择生成器”对话框中选择“宏生成器”选项，然后单击“确定”按钮。

③ 这时进入宏设计窗口，添加 MessageBox 操作，在“消息”文本框中输入“打开学生窗体”，在“标题”文本框中输入“提示”。

④ 保存窗体，退出宏设计窗口。

⑤ 进入窗体视图或布局视图，该宏将在“学生”窗体加载时触发运行，弹出一个提示消息框。

8.2.3 创建数据宏

在数据表视图中查看表时，可通过“表格工具/表”上下文选项卡管理数据宏，数据宏不显示在导航窗格的“宏”对象下。有两种主要的数据宏类型：一种是由表事件触发的数据宏，也称事件驱动的数据宏，一种是为响应按名称调用而运行的数据宏，也称已命名的数据宏。

1. 创建事件驱动的数据宏

每当在表中添加、更新或删除数据时，都会发生表事件。可以编写一个数据宏，使其在发生这 3 种事件中的任意一种事件之后，或在发生删除或更改事件之前立即运行。

【例 8-7】 创建数据宏，当输入“学生”表的“性别”字段时，在修改前进行数据验证，并给出错误提示。操作步骤如下。

① 在导航窗格中，双击要向其中添加数据宏的“学生”表。

② 单击“表格工具/表”上下文选项卡，在“前期事件”命令组中单击“更改前”命令按钮，打开宏设计窗口。

③ 在宏设计窗口添加需要宏执行的操作，如图 8-14 所示。

④ 保存并关闭宏。

⑤ 在表中输入数据验证，当输入性别不是“男”，也不是“女”时，给出提示信息，如图 8-15 所示。

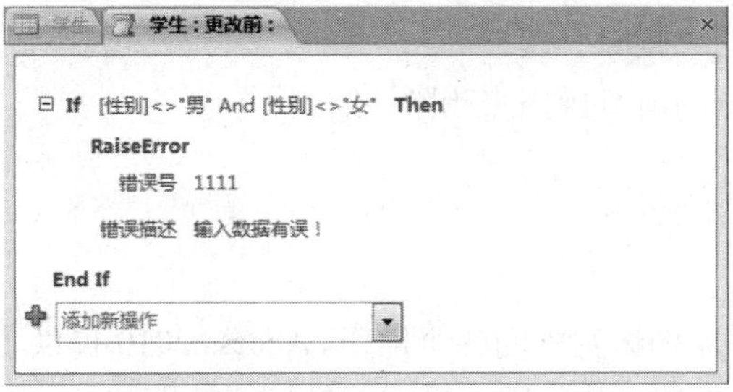

图 8-14 数据宏的设置

图 8-15 数据宏的运行

2. 创建已命名的数据宏

已命名的或独立的数据宏与特定表有关，但不与特定事件相关。可以从任何其他数据宏或标准宏调用已命名的数据宏。要创建已命名的数据宏，可执行下列操作。

① 在导航窗格中，双击要向其中添加数据宏的表。

② 在“表格工具/表”上下文选项卡的“已命名的宏”命令组中，单击“已命名的宏”命令按钮，然后单击“创建已命名的宏”命令。

③ 打开宏设计窗口，可开始添加操作。

若要向数据宏添加参数，可执行下列操作。

① 在宏的顶部，单击“创建参数”链接。

② 在“名称”文本框中输入一个唯一的名称，它是用来在表达式中引用参数的名称。在“说明”文本框中输入参数说明，起到帮助和提示作用。

若要从另一个宏运行已命名的数据宏，需要使用 RunDataMacro 操作。该操作为创建的每个参数提供一个输入框，以便提供必要的值。

3. 管理数据宏

导航窗格的“宏”对象下不显示数据宏，必须使用表的数据表视图或设计视图中的功能区命令，才能创建、编辑、重命名和删除数据宏。

（1）编辑事件驱动的数据宏

在导航窗格中，双击其中包含要编辑的数据宏的表，在“表格工具/表”上下文选项卡的“前期事件”或“后期事件”命令组中，单击要编辑的宏的事件。例如，要编辑在删除表记录后运行的数据宏，则单击“删除后”命令按钮，Access 2010 将打开宏设计窗口，随后可开始编辑数据宏。

（2）编辑已命名的数据宏

在导航窗格中双击任意表，在数据表视图中打开它，在“表格工具/表”上下文选项卡的“已命名的宏”命令组中，单击“已命名的宏”命令按钮，然后选择“编辑已命名的宏”命令，在级联菜单中选择要编辑的数据宏，Access 2010 将打开宏设计窗口，随后可开始编辑数据宏。

（3）重命名已命名的数据宏

在导航窗格中双击任意表，在数据表视图中打开它，在“表格工具/表”上下文选项卡的“已命名的宏”命令组中，单击“已命名的宏”命令按钮，然后选择“重命名/删除宏”命令。在打开的“数据宏管理器”对话框中，单击要重命名的数据宏旁边的“重命名”链接，输入新的名称或编辑现有名称，然后按 Enter 键。

（4）删除数据宏

在导航窗格中双击任意表，在数据表视图中打开它，在“表格工具/表”上下文选项卡的“已命名的宏”命令组中，单击“已命名的宏”命令按钮，然后单击“重命名/删除宏”命令。在打开的“数据宏管理器”对话框中，单击要删除的数据宏旁边的“删除”链接。

也可以在宏设计窗口，通过删除事件驱动的宏的所有操作来删除该宏。

8.3 宏的运行与调试

设计完成一个宏对象或嵌入的宏后即可运行它，调试其中的各个操作。Access 2010 提供了 OnError 和 ClearMacroError 宏操作，可以在宏运行过程中出错时执行特定操作。另外，SingleStep 宏操作允许在宏执行的过程中进入单步执行模式，可以通过每次执行一个操作来了解宏的工作状态。

8.3.1 宏的运行

运行宏时，Access 2010 将从宏的起始点启动，并执行宏中所有操作，直到出现另一个子宏或宏的结束点完成。在 Access 2010 中，可以直接运行某个宏，也可从其他宏中执行宏，还可以通过响应窗体、报表或控件的事件来运行宏。

1. 直接运行宏

直接运行宏主要是为了对创建的宏进行调试，以测试宏的正确性。直接运行宏有以下 3 种方法。

（1）在导航窗格中选择“宏”对象，然后双击宏的名称。

（2）在“数据库工具”选项卡的“宏”命令组中单击“运行宏”命令按钮，弹出“执行宏”对话框（如图 8-16 所示），在“宏名称”下拉列表框中选择要执行的宏，然后单击“确定”按钮。

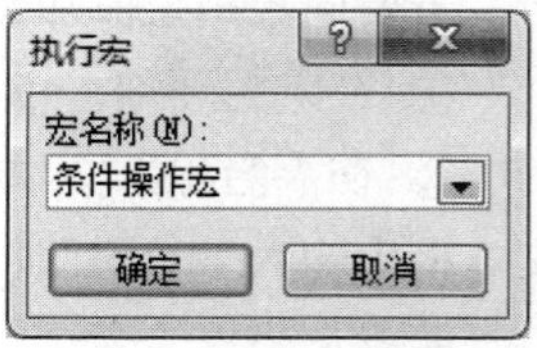

图 8-16　“执行宏”对话框

（3）在宏设计窗口中，单击“宏工具/设计”上下文选项卡，接着在“工具”命令组中单击“运行”命令按钮。

2. 从其他宏中执行宏

如果要从其他的宏中运行另一个宏，必须在宏设计窗口中使用 RunMacro 宏操作命令，要运行的另一个宏的宏名称作为操作参数。

3. 自动执行宏

将宏的名称设为 AutoExec，则在每次打开数据库时，将自动执行该宏，可以在该宏中设置数据库初始化的相关操作。

4. 通过响应事件运行宏

在实际的数据库应用系统中，更多的是通过窗体、报表或控件上发生的事件触发相应的宏或事件过程，使之投入运行。例 8-5 即是通过“文本框的更新后”事件属性来执行宏。下面再看一个以事件响应方式执行宏的例子。

【例 8-8】 在窗体中显示要打开或关闭的表，在窗体命令按钮单击事件中加入宏来控制打开或关闭所选定的表。操作步骤如下。

① 创建如图 8-17 所示的“数据表选择”窗体，其中包含一个标签、一个选项组（名称为 Frame1，其中包含 3 个选项按钮及派生的标签）和两个命令按钮（名称为 Command1 和 Command2），并设置窗体和控件的其他属性。

② 创建如图 8-18 所示的“打开报表宏”，其中包含“打开”和“关闭”两个宏，设置相关操作参数。

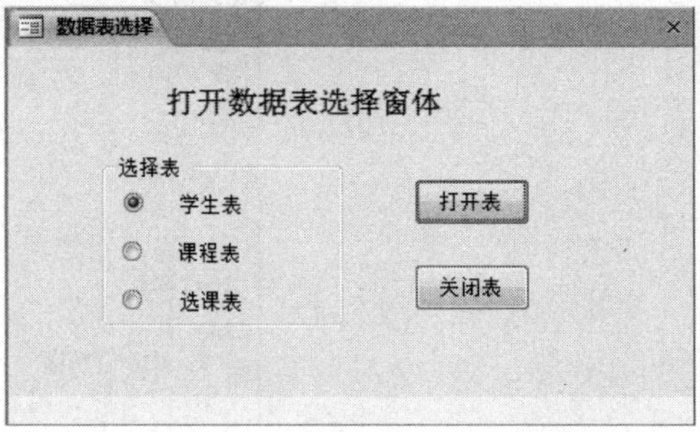

图 8-17 “数据表选择”窗体

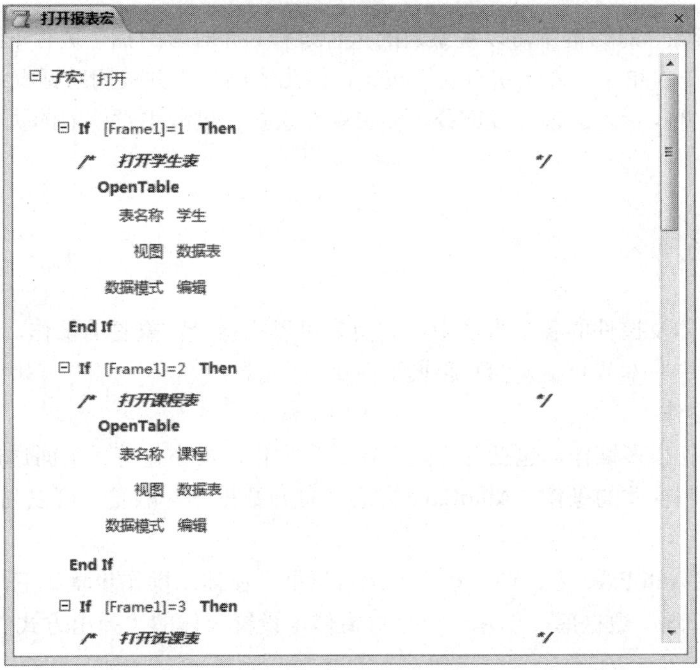

图 8-18 “打开报表宏”的设置

③ 设置“数据表选择”窗体中命令按钮 Command1 的“单击”事件属性为“打开报表宏.打开”，设置命令按钮 Command2 的“单击”事件属性为“打开报表宏.关闭”。

④ 在窗体视图中打开“数据表选择窗体”，在单击命令按钮后，会自动运行设置的宏来打开相应的表。

8.3.2 宏的调试

在 Access 2010 中提供了单步执行的宏调试工具。使用单步跟踪执行，可以观察宏的执行流程和每一步操作的结果，便于分析和修改宏中的错误。

【例 8-9】 利用单步执行，观察例 8-1 中创建的“操作序列宏”的执行流程。操作步骤如下。

① 在导航窗格中选择“宏”对象，打开“操作序列宏”的设计视图。

② 在“宏工具/设计”上下文选项卡的“工具”命令组中，选中“单步”命令按钮，然后单击“运行”命令按钮，系统将出现“单步执行宏”对话框，如图 8-19 所示。此对话框显示与宏及宏操作有关的信息及错误号。“错误号”文本框中如果为零，则表示未发生错误。

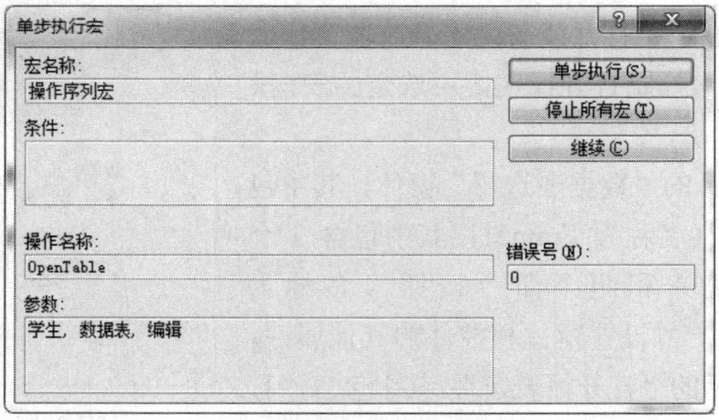

图 8-19 “单步执行宏”对话框

③ 在“单步执行宏”对话框中可以观察宏的执行过程，并对宏的执行进行干预。单击“单步执行”按钮，执行其中的操作；单击“停止所有宏”按钮，停止宏的执行并关闭对话框；单击“继续”按钮，关闭单步执行方式，并执行宏的未完成部分。如果要在宏执行过程中暂停宏的执行，可按 Ctrl+Break 组合键。

8.4 宏的应用

宏可以加载到窗体及控件的各个事件中，利用宏可以执行经常重复的操作，如打开窗体、关闭窗体、跳转到某条记录等。本节介绍宏的几种典型应用。

1. 利用宏控制窗体

宏可以对窗体进行很多操作，包括打开、关闭、最大化、最小化等，下面通过建立一个 AutoExec 宏来说明使用宏来控制窗体的操作。AutoExec 宏会在打开数据库时触发，可以利用该宏启动“登录对话框”窗体。

【例 8-10】 利用 AutoExec 宏自动启动“登录对话框”窗体。操作步骤如下。

① 打开“教学管理”数据库，创建一个空白窗体，设置窗体的“弹出方式”属性为“是”，保存为“登录对话框”。

② 单击“创建”选项卡，在“宏与代码”命令组中单击“宏”命令按钮，打开宏设计窗口。

③ 添加 OpenForm 操作，在“窗体名称”下拉列表框中选择“登录对话框”，在“窗口模式”下拉列表框中选择“普通”。

④ 添加 MoveAndSizeWindow 操作，设置参数“右”为 100，“向下”为 100，“宽度”为 8000，“高

度”为 5000。

⑤ 以名字 AutoExec 保存宏，如图 8-20 所示。

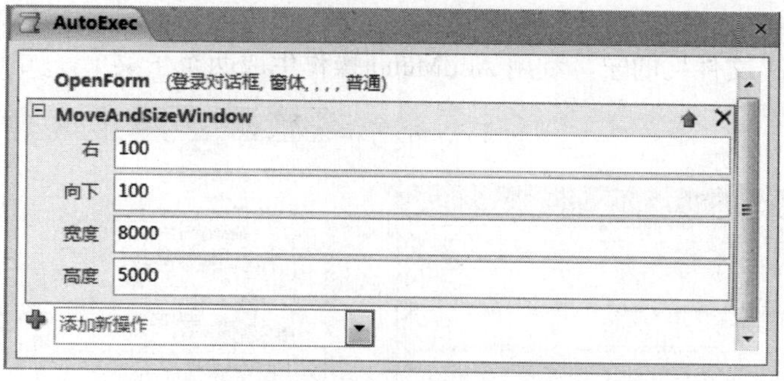

图 8-20　AutoExec 宏的设置

⑥ 关闭数据库，重新打开数据库，会自动以对话框的形式打开“登录对话框”窗体，并自动调整窗体的大小和位置。

2. 利用宏创建自定义菜单和快捷菜单

在 Access 2010 中利用宏可以为窗体、报表创建自定义菜单，也可以创建快捷菜单，下面以实例说明自定义菜单的创建方法。

【例 8-11】 利用宏创建如表 8-3 所示的三级菜单，一级菜单包括“文件”、“编辑”和“退出”3 个菜单项，其中“文件”菜单包括“打开窗体”和“打印预览”两个二级菜单，这两个二级菜单又分别包含 3 个三级菜单，“编辑”菜单包含 3 个二级菜单，“退出”菜单包含两个二级菜单。

表 8-3　三级菜单表

一 级 菜 单	二 级 菜 单	三 级 菜 单
文件	打开窗体	学生信息
		课程信息
		学生选课成绩
	打印预览	学生信息
		课程信息
		学生选课成绩
编辑	学生表	
	课程表	
	选课表	
退出	关闭	
	退出	

操作步骤如下。

① 打开“教学管理”数据库，创建一个名为“窗体菜单”的空白窗体。

② 创建一个生成一级菜单的宏，宏名称为“菜单宏”，利用 AddMenu 操作生成菜单，如图 8-21 所示。

此处“操作参数”区域中的“菜单名称”表示生成一级菜单的名称，“菜单宏名称”表示该菜单所对应的宏名称，“菜单宏名称”最好与“菜单名称”相同，以便于记忆，“状态栏文字”参数可省略。

③ 创建一个名为“文件”的宏，利用 AddMenu 操作生成两个子菜单，如图 8-22 所示。

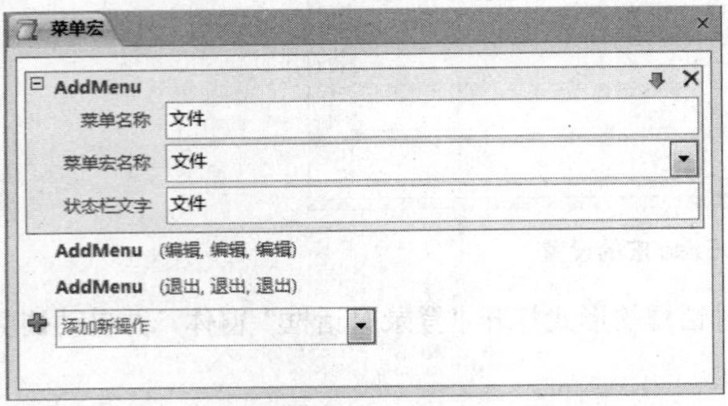

图 8-21　菜单宏设置

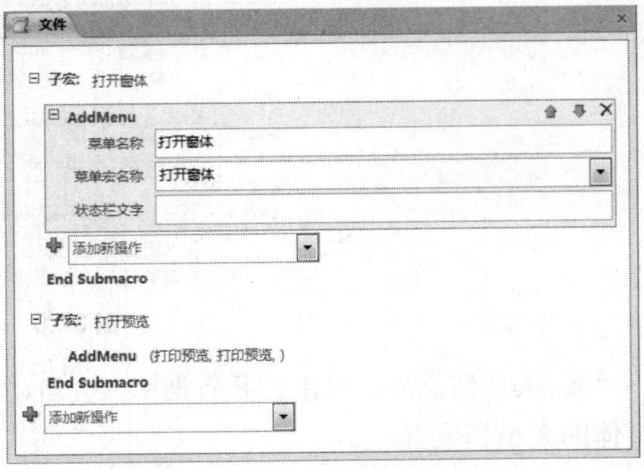

图 8-22　“文件”菜单设置

④ 创建一个名为“打开窗体”的宏，其界面如图 8-23 所示。

其中，在宏名称后加上圆括号，圆括号里写上“&”与相应的字母，是为菜单命令创建键盘访问键，例如“学生信息(&S)”表示可以通过“S”键来选择该菜单命令。

⑤ 创建一个名为“打印预览”的宏，当然需要先建立相应的报表，其界面如图 8-24 所示。

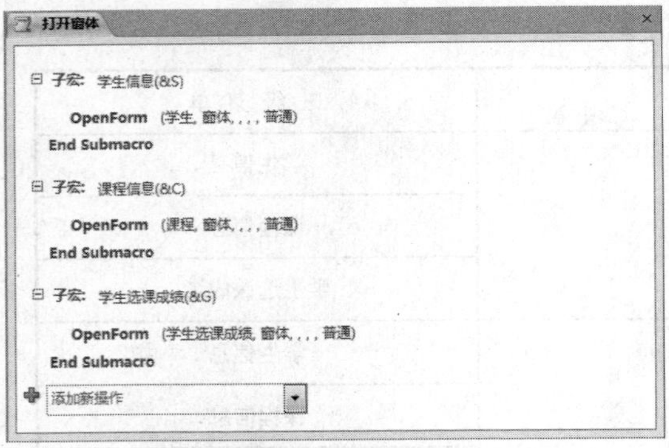

图 8-23　“打开窗体”宏设置

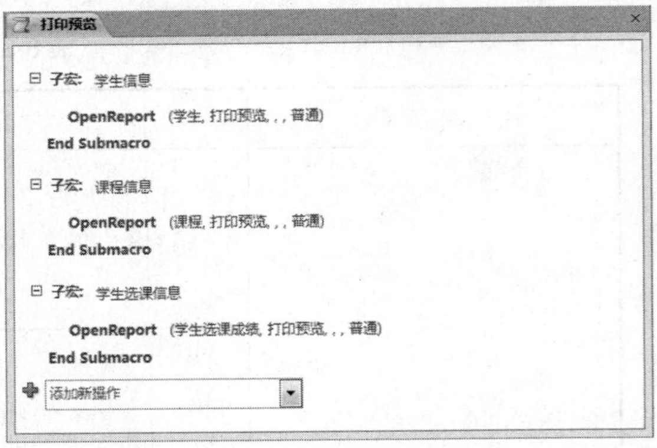

图 8-24　打印预览宏界面

注意： 在 OpenReport 的“视图”参数中选择“打印预览”。

这样“文件”菜单下的各级子菜单制作完成。

⑥ 创建一个名为“编辑”的宏，其界面如图 8-25 所示。

⑦ 制作一个名为“退出”的宏，其界面如图 8-26 所示。

⑧ 返回“窗体菜单”的设计视图界面，把菜单附加到主窗体上，在窗体上添加一个标题，如“学生成绩管理系统”。

⑨ 设置窗体的属性，在“属性表”任务窗格的对象下拉列表框中选择“窗体”，单击“其他”选项卡，在“菜单栏”属性中输入建立的“菜单宏”名称，如图 8-27 所示。

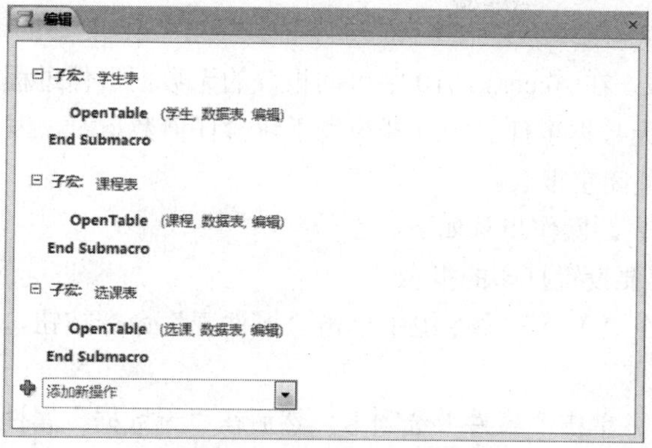

图 8-25 “编辑”宏设置

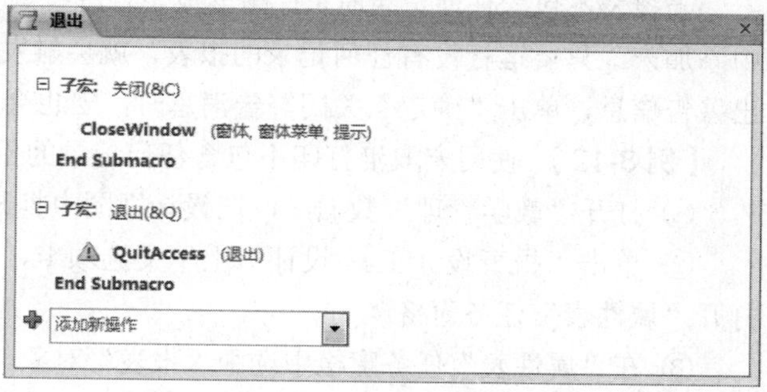

图 8-26 “退出”宏设置

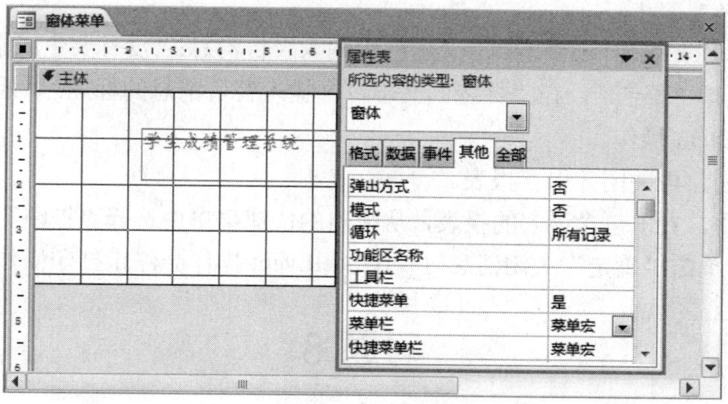

图 8-27 窗体属性设置

对所建的宏与窗体及时保存，关闭各设计视图界面，在导航窗格的“窗体”对象中双击“窗体菜单”对象，可以得到窗体界面。在该界面中，单击“加载项”选项卡，得到如图 8-28 所示的窗体界面。

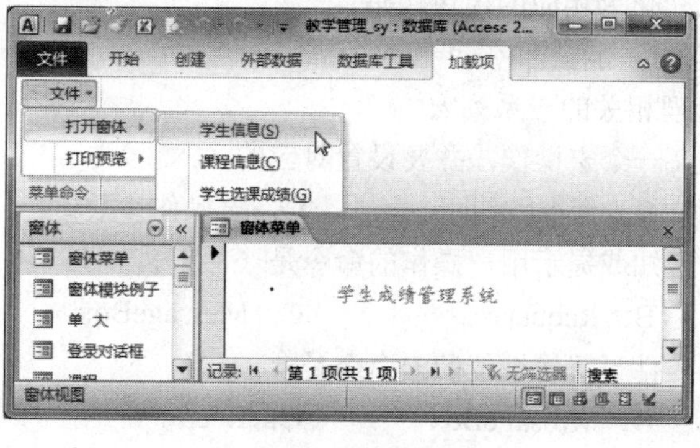

图 8-28 窗体菜单界面

在上面这个例子中，是给窗体添加自定义菜单，给窗体添加快捷菜单的步骤与此基本相同，只是菜单宏添加的位置不一样，在窗体“属性表”任务窗格的“其他”选项卡上的“快捷菜单栏”属性框中，输入创建的“菜单宏”，则菜单宏中的菜单会显示在窗体运行视图的快捷菜单中。

要添加全局快捷菜单，也可以选择“文件”→“选项”命令，在“Access 选项”对话框中，单击“当前数据库”选项卡，在“功能区和工具栏选项”区域的“快捷菜单栏”下拉列表框中，输入“菜单宏”，重新打开数据库，会在所有对象中显示创建的快捷菜单。

3. 使用宏取消打印不包含任何记录的报表

当报表不包含任何记录时，打印该报表就没有意义。在 Access 2010 中可向报表的无数据事件过程中添加宏。只要运行没有任何记录的报表，就会触发无数据事件。当打开报表不包含任何数据时，发出警告信息，单击“确定”关闭警告消息时，宏也会关闭空报表。

【例 8-12】 使用宏取消打印不包含任何记录的报表。操作步骤如下。

① 打开“教学管理”数据库，在设计视图中打开要设置打印的报表。

② 单击“报表设计工具/设计”上下文选项卡，在“工具”命令组中单击“属性表”命令按钮，打开“属性表”任务窗格。

③ 在“属性表”任务窗格中选中“报表”对象，并单击“事件”选项卡，然后在“无数据”属性框中，单击[...]按钮，将出现“选择生成器”对话框。选择“宏生成器”选项，然后单击“确定”按钮，打开宏设计窗口。

④ 添加 MessageBox 操作，在“消息”文本框中输入警告消息：“没有要生成报表的记录！”，在“类型”下拉列表框中选择“警告!”，在“标题”文本框中输入警告消息的标题：“无记录”。

⑤ 添加 CancelEvent 操作。

⑥ 关闭并保存宏，再关闭并保存报表。

⑦ 在导航窗格中，右击包含该宏的报表，从弹出的快捷菜单中选择“打印”命令。如果没有数据则会弹出警告消息。单击“确定”关闭消息时，CancelEvent 操作会停止打印操作。

习题 8

一、选择题

1. 有关宏操作，以下叙述错误的是（　　）。

A. 宏的条件表达式中不能引用窗体或报表的控件值

B. 所有宏操作都可以转化为相应的模块代码

C. 使用宏可以启动其他应用程序

D. 可以利用宏组来管理相关的一系列宏

2. 创建宏时至少要定义一个宏操作，并要设置对应的（　　）。

A. 条件　　B. 命令按钮　　C. 宏操作参数　　D. 注释信息

3. 下列命令中，属于通知或提示用户操作的命令是（　　）。

A. Restore　　B. Requery　　C. MessageBox　　D. RunApp

4. 为窗体或报表上的控件设置属性值的宏命令是（　　）。

A. Echo　　B. MessageBox　　C. Beep　　D. SetValue

5. 某窗体中有一命令按钮，在窗体视图中单击此命令按钮打开另一个窗体，需要执行的宏操作是（　　）。

A. OpenQuery　　B. OpenReport　　C. OpenWindow　　D. OpenForm

6. 打开查询的宏操作是（　　）。

A. OpenForm　　B. OpenQuery　　C. OpenTable　　D. OpenModule

7. 在一个宏的操作序列中，如果既包含带条件的操作，又包含无条件的操作，则带条件的操作是否执行取决于条件的真假，而没有指定条件的操作则会（　　）。

A. 无条件执行　　B. 有条件执行　　C. 不执行　　D. 出错

8．直接运行含有子宏的宏时，只执行该宏中的（　　）中的所有操作命令。

A．第 1 个子宏　　B．第 2 个子宏

C．最后一个子宏　　D．所有子宏

9．如需决定宏的操作在某些情况下是否执行，可以在创建宏时定义（　　）。

A．子宏　　B．宏操作参数

C．If 操作　　D．窗体或报表的控件属性

10．在宏的表达式中要引用报表 StuRep 上控件 StuText1 的值，可以使用的引用是（　　）。

A．StuText1　　B．StuRep!StuText1

C．Reports!StuRep!StuText1　　D．Reports!StuText1

11．在 Access 中，宏是按（　　）调用的。

A．标识符　　B．名称　　C．编码　　D．关键字

12．在一个数据库中已经设置了自动宏 AutoExec，如果在打开数据库的时候不想执行这个自动宏，正确的操作是（　　）。

A．用 Enter 键打开数据库　　B．打开数据库时按住 Alt 键

C．打开数据库时按住 Ctrl 键　　D．打开数据库时按住 Shift 键

二、填空题

1．宏是一个或多个________的集合。

2．如果要引用子宏中的宏，则引用格式是________。

3．在宏的表达式中可能引用窗体或报表上控件的值。引用窗体控件的值，可以用式子________；引用报表控件的值，可以用式子________。

4．单击宏操作命令右侧的“上移”、“下移”箭头按钮可以改变宏操作的________，单击右侧的“删除”按钮可以________宏操作。

5．由多个操作构成的宏，执行时是按宏命令的________依次执行的。

6．VBA 的自动运行宏，必须命名为________。

三、问答题

1．什么是宏？宏有何作用？

2．什么是数据宏？它有何作用？

3．子宏与宏组有何区别？

4．运行宏有几种方法？各有什么不同？

5．名称为 AutoExec 的宏有何特点？

第 9 章 模块与 VBA

在 Access 数据库应用系统中，使用模块和宏可以将数据库中所有对象联系起来，并进行统一管理，以形成完整的数据库应用系统。宏对数据库对象的处理能力有限，只能进行一些简单操作。为了完成各种复杂的应用需求，Access 提供了模块对象。

通俗地讲，模块是 Access 数据库中用于保存 VBA（Visual Basic for Application）程序的容器。创建模块需要有 VBA 程序设计的基础。在不同的模块中使用 VBA 程序设计，可以大大提高 Access 数据库应用系统的处理能力，实现实际开发中的复杂应用。VBA 的功能和语法与 Visual Basic 基本相同，不同的是，VBA 不是一个独立的开发工具，而是嵌入到像 Word、Excel 和 Access 这样的软件中，与它们配套使用，从而实现相应的程序开发功能。

本章围绕模块和 VBA 程序设计的知识而展开。通过本章的学习，可以理解模块的概念与作用，掌握 VBA 中数据的表示方法、程序控制语句和程序设计方法、过程、VBA 对象模型、VBA 数据库访问技术及 VBA 程序的调试方法等内容。

9.1 模块与 VBA 概述

模块是 Access 数据库中的一个重要对象，而 VBA 是 Visual Basic 语言的一个子集，集成于 Microsoft Office 系列软件之中，Access 使用 VBA 语言作为其程序的开发语言。在 Access 中，模块是由 VBA 语言来实现的，借助于 VBA 程序设计，可以完成复杂的计算和操作。

9.1.1 模块的概念

模块是由 VBA 通用声明和一个或多个过程组成的单元。组成模块的基础是过程，VBA 过程通常分为子过程（Sub 过程）、函数过程（Function 过程）和属性过程（Property 过程）。每个过程作为一个独立的程序段，实现特定的功能。

从与其他对象的关系来看，模块又可分为标准模块和类模块。标准模块是指与窗体、报表等对象无关的程序模块，在 Access 数据库中是一个独立的模块对象；类模块是指包含在窗体、报表等对象中的事件过程，这样的程序模块仅在所属对象处于活动状态下有效，也称为绑定型程序模块。

1. 标准模块

在标准模块中，放置的是可供整个数据库使用的公共过程，这些过程不与任何对象关联。如果想使设计的 VBA 程序具有在多个地方使用的通用性，就把它放在标准模块中。在标准模块中定义的变量和过程可供整个数据库使用。每个标准模块有唯一的名称，在导航窗格的“模块”对象中，可以查看数据库中的标准模块。

2. 类模块

类模块其实是一个对象的定义，它封装了一些属性和方法。VBA 中类模块有 3 种基本类型：窗体模块、报表模块和自定义类模块。

窗体模块中包含指定的窗体或其中控件的事件所触发的所有事件过程的程序，这些过程用于响应窗体中的事件，可以使用事件过程来控制窗体的行为及它们对用户操作的响应。报表模块与窗体模块类似，不同之处是过程响应和控制的是报表的行为。数据库的每一个窗体和报表都有内置的窗体模块和报表模块，这些模块中包括事件过程模板，可以向其中添加程序语句，使得当窗体、报表或其上的控件发生相应的事件时，运行这些程序语句。

自定义类模块不与窗体和报表相关联，允许用户自定义所需的对象、属性和方法。

标准模块和类模块的不同在于存储数据的方法不同。标准模块的数据只有一个备份，这意味着标准模块中一个公共变量的值改变后，在后面的程序中再读取这个变量时，将取得改变后的值。而类模块的数据，是相对于类实例而独立存在的。标准模块中的数据在程序的作用域内存在，而类模块实例中的数据只存在于对象的生命期中，它随对象的创建而创建，随对象的撤销而消失。

9.1.2 VBA 的开发环境

Access 以 Visual Basic 编辑器（Visual Basic Editor，VBE）作为 VBA 的开发环境，它以 Visual Basic 集成开发环境为基础，集编辑、编译、调试等功能于一体。在 VBE 中可以创建过程，也可以编辑已有的过程。

1. VBE 的启动

在 Access 2010 主窗口中，启动 VBE 的方法有很多种，常用的方法有以下 6 种。

（1）单击“创建”选项卡，在“宏与代码”命令组中单击“模块”、“类模块”或“Visual Basic”命令按钮，均可以打开 VBE 窗口。

（2）在导航窗格的“模块”组中双击所要显示的模块名称，就会打开 VBE 窗口并显示该模块的内容。

（3）在“数据库工具”选项卡中，单击“宏”命令组中的“Visual Basic”命令按钮，打开 VBE 窗口。在 VBE 窗口中，选择“插入”→“模块”命令，或在 VBE 窗口“标准”工具栏中单击“插入模块”命令按钮旁的下拉按钮，并从下拉菜单中选择“模块”命令，可以创建新的标准模块。

（4）在窗体设计视图或报表设计视图中，单击“窗体设计工具/设计”上下文选项卡或“报表设计工具/设计”上下文选项卡，在“工具”命令组中单击“查看代码”命令按钮。

（5）在窗体、报表的设计视图中，右击控件对象，在打开的快捷菜单中选择“事件生成器”命令，弹出“选择生成器”对话框，选择其中的“代码生成器”选项，单击“确定”按钮。或单击“属性表”任务窗格中的“事件”选项卡，选中某个事件并单击属性框右边的...按钮，也可以弹出“选择生成器”对话框，选择其中的“代码生成器”选项，单击“确定”按钮。

（6）使用 Alt+F11 组合键，可以在 Access 2010 主窗口和 VBE 窗口之间进行切换。

启动 VBE 后，屏幕出现 VBE 窗口，这就是 VBA 的开发环境，如图 9-1 所示。

2. VBE 窗口的组成

VBE 窗口除主窗口外，主要由工程资源管理器窗口、属性窗口、代码窗口和立即窗口等组成，另外还有对象窗口、对象浏览器、本地窗口和监视窗口等，可以通过 VBE“视图”菜单中的相应命令来控制这些窗口的显示。

（1）VBE 主窗口

VBE 主窗口有菜单栏和工具栏。VBE 的菜单栏包括文件、编辑、视图、插入、调试、运行、工具、外接程序、窗口和帮助 10 个菜单项，其中包含了各种操作命令。

在默认情况下，VBE 窗口中显示的是“标准”工具栏，其中包括创建模块时常用的按钮。可以通过选择“视图”→“工具栏”命令来显示其他工具栏。

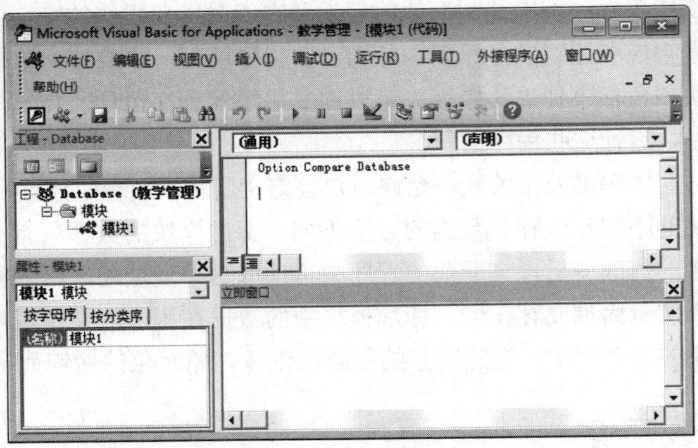

图 9-1 VBE 窗口

（2）工程资源管理器窗口

工程资源管理器窗口列出了在应用程序中用到的模块。使用该窗口，可以在数据库内各个对象之间快速地浏览。各对象以树形图的形式分级显示在窗口中，包括 Access 类对象、模块和类模块。要查看对象的程序语句，只需在该窗口中双击对象即可。要查看对象的窗体，可以右击对象名，然后在弹出的快捷菜单中选择“查看对象”命令。

（3）属性窗口

属性窗口列出了所选对象的各种属性，可按字母和分类排序来查看属性。可以直接在属性窗口中对这些属性进行编辑，还可以在代码窗口中用 VBA 语句设置对象的属性。

（4）代码窗口

在代码窗口中可以输入和编辑 VBA 程序。可以打开多个代码窗口来查看各个模块的代码，而且可以方便地在代码窗口之间进行复制和粘贴。

在代码窗口的顶部是两个下拉列表框，左边是对象下拉列表框，右边是事件下拉列表框。对象下拉列表框中列出了所有可用的对象名称，选择某一个对象后，在事件下拉列表框中将列出该对象所有的事件。

（5）立即窗口

立即窗口常用于程序在调试期间输出中间结果及帮助用户在中断模式下测试表达式的值等，也可以在立即窗口中直接输入 VBA 命令并按 Enter 键，此后 VBA 会实时解释并执行该命令。例如，用户可直接在立即窗口中利用?或 Print 命令或 Debug.Print（Debug 对象的 Print 方法）输出表达式的值。

9.1.3 模块的创建

创建模块对象需启动 VBE，在 VBE 中可以编写 VBA 函数和过程。关于过程的详细使用方法将在 9.4 节介绍，下面只是使用过程的简单形式来说明创建模块的方法。

1. 创建模块的方法

在 Access 2010 中，创建模块的方法有以下几种。

（1）在 Access 2010 中创建一个窗体或报表，都会自动创建一个对应的窗体模块或报表模块。

（2）单击“创建”选项卡，在“宏与代码”命令组中单击“模块”或“类模块”命令按钮，打开

VBE 窗口并建立一个新的模块。

（3）在 VBE 窗口中，选择“插入”→“模块”菜单命令可以创建新的标准模块；选择“插入”→“类模块”菜单命令可以创建新的类模块。或单击 VBE“标准”工具栏中“插入模块”命令按钮右侧的下拉按钮，从下拉菜单中选择“模块”命令或“类模块”命令。

【例 9-1】 在“教学管理”数据库中创建一个标准模块。操作步骤如下。

① 打开 VBE 窗口。

② 在代码窗口中输入一个名为“qq”的子过程，然后在立即窗口中输入命令“call qq()”，或单击 VBE 窗口“标准”工具栏中的“运行子过程/用户窗体”命令按钮，或从“运行”菜单中选择相应命令来运行该过程，随后可以看到该过程的运行结果，如图 9-2 所示。

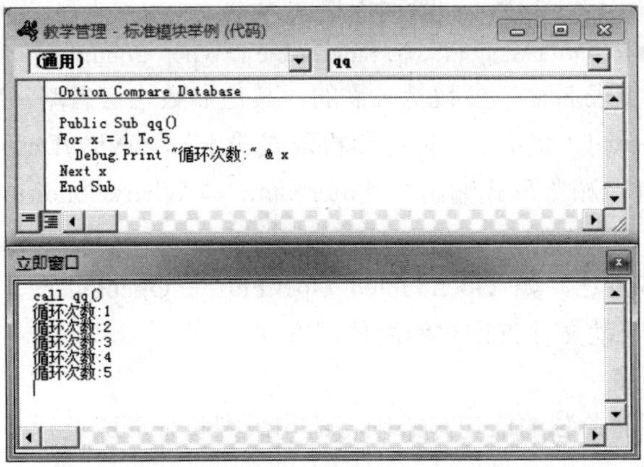

图 9-2 创建标准模块及运行结果

③ 在 VBE 窗口中单击“标准”工具栏中的“保存”按钮，并输入模块名称，将模块存盘，这样一个标准模块就建好了，回到 Access 2010 导航窗格中可以看到建好的模块对象。

2. 对象的引用

在 VBA 程序设计中，经常要引用对象和对象的属性或方法。属性和方法不能单独使用，它们必须和对应的对象一起使用。用于分隔对象和属性或方法的操作符是“.”，称为点操作符。

引用对象属性的语法格式为：

```
对象名.属性名
```

在程序中改变属性的值，其语句格式为：

```
对象名.属性名=属性值
```

例如，将 Command1 命令按钮的 Caption 属性设置为“计算”，在程序中实现的语句为：

```
Command1.Caption="计算"
```

引用方法的语法格式为：

```
对象名.方法名(参数 1，参数 2，…)
```

如果引用的方法没有参数，则可以省略括号。

在 Access 2010 中，可能需要通过多重对象来确定一个对象，这时需要使用运算符“!”来逐级确定对象。例如，要确定在 MyForm 窗体对象上的一个命令按钮控件 Cmd_Button1，可表示为：

```
MyForm!Cmd_Button1
```

对于当前对象，可以省略对象名，也可以使用 Me 关键字代替当前对象名。

当引用对象的多个属性时，可使用 With…End With 结构，而不需要重复指出对象的名称。例如，如果要给命令按钮 Cmd1 的多个属性赋值，可表示为：

```
With Cmd1
    .Caption="确定"
    .Height=2000
    .Width=2000
End With
```

Access 2010 提供了一个重要的对象，称为 DoCmd 对象，它的主要功能是通过调用包含在内部的方法实现 VBA 程序设计中对 Access 的操作。例如，利用 DoCmd 对象的 OpenReport 方法打开“学生”报表，语句为：

```
DoCmd.OpenReport "学生"
```

DoCmd 对象的方法大都需要参数，有些是必需的，有些是可选的，被忽略的参数取默认值。以 OpenReport 方法为例，它有 4 个参数，一般调用格式为：

```
DoCmd.OpenReport ReportName[, View][, FilterName][, WhereCondition]
```

其中，只有 ReportName（报表名称）参数是必需的，其他参数均可省略。View 表示报表的输出形式，可以是系统常量 acViewNormal（默认值，以打印机形式输出）、acViewDesign（以报表设计视图形式输出）、acViewPreView（以打印预览形式输出）。FilterName 与 WhereCondition 两个参数用于对报表的数据进行过滤和筛选。

DoCmd 对象还有许多方法，如 OpenTable、OpenForm、OpenQuery、OpenModule、RunMacro、Close、Quit 等，可以通过帮助文件查询它们的使用方法。

3. 编写对象响应的程序

在 VBA 模块中不能存储单独的语句，必须将语句组织起来形成过程，即 VBA 程序是一种以过程为基本单元的块结构。

用 VBA 开发的应用程序，语句不按照预定的路径执行，而是在响应不同的事件时执行不同的语句。事件可以由用户操作触发，如单击鼠标、键盘输入等事件，也可以由来自操作系统或其他应用程序的消息触发，如定时器事件、窗体装载事件等。这些事件的顺序决定了语句执行的顺序。

各种对象所能响应的事件有所不同，可以在窗体设计视图中打开对象的“属性表”任务窗格，从中选择“事件”选项卡查看。可以通过两种方法来处理窗体、报表或控件的事件响应。

（1）使用宏操作来设置事件的属性。

（2）在代码窗口中为某个事件创建事件过程。

在代码窗口右上角的事件下拉列表框中，可以查看每一种对象所能识别的事件，在事件下拉列表框的左边是对象下拉列表框。当在对象下拉列表框中选定对象后，再在事件下拉列表框中选定需要的事件，系统就会自动生成一个约定名称的子程序。例如，命令按钮 Command1 的 Click 事件过程名为 Command1_Click。该子程序就是处理该事件的程序，称为事件过程，一般格式为：

```
Private Sub 对象名_事件名([参数表])
    ……(事件过程代码)
End Sub
```

其中，“参数表”中的参数名随事件过程的不同而不同，也可以省略；“事件过程代码”就是根据需要解决的问题由用户编写的程序。

【例 9-2】 在“教学管理”数据库中创建如图 9-3 所示的窗体，窗体中包含两个文本框和相应的标签及两个命令按钮。单击第 1 个命令按钮时将第 1 个文本框中的内容显示在第 2 个文本框中，单击第 2 个命令按钮时关闭该窗体。操作步骤如下。

① 打开“教学管理”数据库，创建窗体并添加相关控件。

② 单击“窗体设计工具/设计”选项卡，在“工具”命令组中单击“查看代码”命令按钮，打开VBE 窗口，并在代码窗口中输入第 1 个命令按钮（“名称”属性为 Command1）和第 2 个命令按钮（“名称”属性为 Command2）的单击事件代码，如图 9-4 所示。

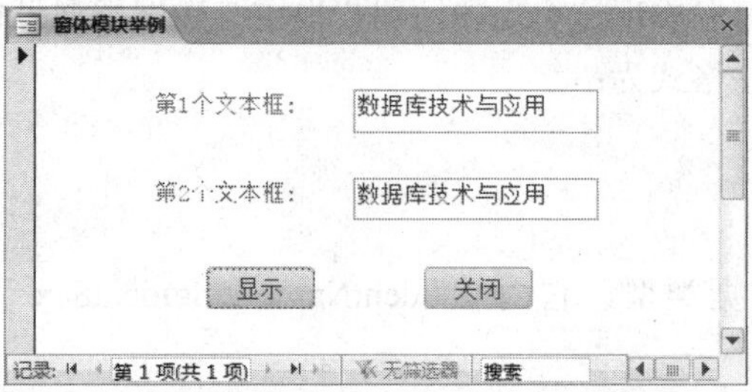

图 9-3 “窗体模块举例”窗体运行界面

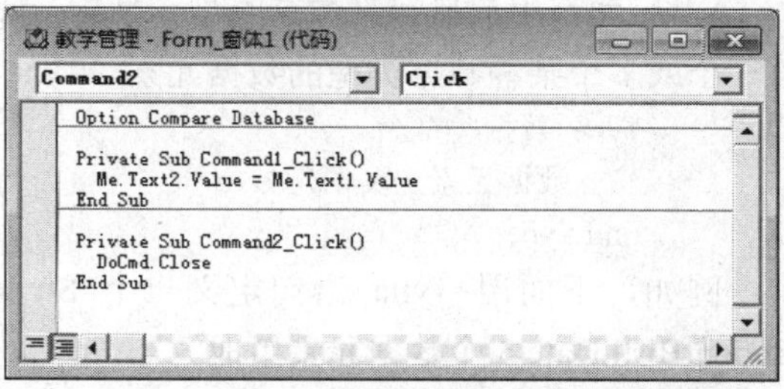

图 9-4 在代码窗口中输入代码

③ 将窗体存盘，并选择窗体视图进行测试。

9.2 VBA 程序的数据描述

从程序组成上讲，程序包括数据和对数据的操作两部分。数据是程序加工处理的对象，操作则反映了对数据的处理方法。VBA 程序中的数据描述涉及数据类型、各类型运算对象的表示方法及运算规则。用 VBA 进行程序设计时，必须熟悉 VBA 程序的数据描述方法。

9.2.1 数据类型

数据类型反映了数据在内存中的存储形式及所能参与的运算。VBA 的数据类型分为系统定义数据类型和用户自定义数据类型两种。系统定义的数据类型称为标准数据类型。

1. 标准数据类型

VBA 支持多种标准数据类型，为用户进行程序设计提供了方便。表 9-1 列出了 VBA 的标准数据类型及其对应的类型关键字、类型符、前缀和所占的存储空间。

表 9-1 VBA 标准数据类型

数据类型	类型关键字	类 型 符	前 缀	存储空间
整型	Integer	%	Int	2 字节
长整型	Long	&	Lng	4 字节
单精度型	Single	!	Sng	4 字节
双精度型	Double	#	Dbl	8 字节
货币型	Currency	@	Cur	8 字节
字符串型	String	$	Str	字符串长
日期型	Date		Dtm	8 字节
布尔型	Boolean		Bln	2 字节
字节型	Byte		Byt	1 字节
变体型	Variant		Vnt	不定

其中，Variant 数据类型是一种特殊数据类型，具有很大的灵活性，可以表示多种数据类型，其最

终的数据类型由赋予它的值来确定。如果变量在使用前未进行类型说明，则默认为 Variant 型。此外，还有对象型（Object），占 4 字节，代表对某个对象的引用（地址），可对任何对象引用。

2. 用户自定义数据类型

VBA 允许用户自定义数据类型，使用 Type 语句就可以实现这个功能。用户自定义数据类型可包含一个或多个某种数据类型的数据元素。Type 语句的语法格式为：

```
Type 数据类型名
    数据元素定义语句
End Type
```

例如，下面用 Type 语句定义一个 StudentType 数据类型，它由 StudentName、StudentSex 和 StudentBirthDate 3 个数据元素组成。

```
Type StudentType
    StudentName As String              '定义字符串变量存储姓名
    StudentSex As String               '定义字符串变量存储性别
    StudentBirthDate As Date           '定义日期变量存储出生日期
End Type
```

声明和使用变量的形式如下：

```
Dim Student As StudentType
Student.StudentName ="Jasmine"
Student.StudentSex ="Female"
Student.StudentBirthDate =#12/20/1997#
```

9.2.2 常量与变量

常量与变量是两种最基本的运算对象，在程序设计时要注意各种类型的常量的表示形式及变量的使用方法。

1. 常量

VBA 的常量分为直接常量、符号常量和系统常量 3 种类型。一般对于程序中使用的常量，尽量使用符号常量表示，这样可以用有意义的符号表示数据，增强程序的可读性。

（1）直接常量

不同类型的直接常量有不同的表示方法，使用时应遵循相应的规则，常用的表示方法有如下 4 种。

① 十进制整数由数字 0～9 和正、负号组成，实数可采用小数表示形式和科学记数表示形式。科学记数表示形式用 E 表示 10 的乘幂，如 1.401E-5 表示 1.401×10^{-5}。

② 字符串常量是一个用双引号括起来的字符序列，如"中部崛起"、"x+y="、""（空字符串）等。在字符串中，字母的大小写是有区别的，如"Basic"与"BASIC"代表两个不同的字符串。

③ 布尔常量有 True 和 False 两个值。布尔型数据转换成其他类型数据时，True 转换为-1，False 转换为 0；其他类型数据转换成布尔型数据时，0 转换为 False，非 0 转换为 True。

④ 日期常量以字面上可被认为是日期和时间的字符并用一对“#”括起来表示，如#11/30/2015#、#2015 Nov 30 22:47:29#、#2015-11-30 10:47:29 pm#。

（2）符号常量

符号常量用标识符来表示某个常量，用户一旦定义了符号常量，在以后的程序中不能用赋值语句来改变它们的值，否则，在运行程序时将出现错误。

标识符是用来表示用户所定义的常量、变量、过程、函数等程序要素的符号。在 VBA 中，标识符的命名必须以字母或汉字开头，且只能由汉字、字母（a～z 或 A～Z）、数字（0～9）或下画线（_）组成，其最大长度为 255 个字符。此外，不能使用 VBA 的关键字作为标识符，标识符不区分大小写。

在 VBA 中声明常量的语句格式为：

```
Const 常量名 [As 类型关键字|类型符]=表达式[,常量名 [As 类型关键字|类型符]=表达式]
```

其中，常量用标识符命名；“As 类型关键字|类型符”用来说明常量的数据类型，可以是常量名后接“As 类型关键字”或在常量名后直接加类型符，参见表 9-1。若省略该项，则由系统根据表达式的求值结果，确定最合适的数据类型。表达式由运算量及运算符组成，也可以包含前面定义过的符号常量。例如：

```
Const TotalCount As Integer=1000
Const IDate=#7/30/2015#
Const NDate=IDate+5
Const MyString$="You are welcome."
```

（3）系统常量

系统常量是 VBA 预先定义好的常量，用户可以直接使用。例如，VBA 用 vbKeyReturn 来表示 Enter 键，它的 ASCII 码值是 13。

2. 变量

在程序中可以使用变量临时存储数据，变量的值可以发生变化。在高级语言中，变量可以看成一个被命名的内存单元，通过变量的名字来访问相应的内存单元。

（1）变量的命名规则

为了区别存储着不同数据的变量，需要对变量命名，VBA 的变量名要遵循标识符的命名规则。为了增加程序的可读性和可维护性，可以在命名变量时使用前缀的约定。这样通过变量名就可以知道变量的数据类型。例如，可以用 IntNumber、StrMytext、BlnFlag 等名字来分别作为整型、字符串型和逻辑型变量的名字。

（2）变量的声明

声明变量有两个作用，一是指定变量的数据类型，二是指定变量的作用范围。如果在程序中没有明确声明变量，VBA 会默认将它声明为 Variant 数据类型。虽然默认声明变量很方便，但可能会在程序中导致严重的错误，因此，使用变量前声明变量是一个很好的编程习惯。

在 VBA 中，可以强制要求在过程中使用变量前必须进行变量声明，方法是在模块通用声明部分包含一个 Option Explicit 语句，它要求在模块级别中强制对模块中所有使用的变量进行显式声明。

声明变量要使用 Dim 语句，它的格式为：

```
Dim 变量名 [As 类型关键字|类型符][,变量名 [As 类型关键字|类型符]]
```

例如：

```
Dim Var1%,Var2 As String,Var3 As Date,Var4
```

其中，Var1 的数据类型为整型（Integer 类型，其类型符为%），Var2 为字符串型，Var3 为日期型，Var4 的类型为 Variant，因为声明时没有指定它的类型。

对于字符串型变量，分为定长和变长两种。例如：

```
Dim s1 As String,s2 As String*10
```

其中，s1 是变长字符变量，s2 是定长字符变量。

（3）变量的赋值

声明了变量后，变量就指向了内存的某个单元。在程序的执行过程中，可以向这个内存单元写入数据，这就是变量的赋值。给变量赋值的语句格式为：

```
变量名=表达式
```

例如：

```
Dim MyName As String
MyName="Better City, Better Life."
```

3. **数组变量**

数组是一组具有相同数据类型的数据所构成的集合，而其中单个的数据称为数组元素。数组必须先声明后使用，数组声明即定义数组名、类型、维数和各维的大小。定义数组后，数组名代表所有数组元素，而数组名加下标表示一个数组元素，也称为下标变量，它和普通变量可以等价使用。

数组的声明方式和其他变量是一样的，可以使用 Dim 语句来声明，其一般格式为：

```
Dim 数组名([下标 1 下界 To] 下标 1 上界[, [下标 2 下界 To] 下标 2 上界]...) As 类型关键字
```

下标下界的默认值为 0，在使用数组时，可以在模块的通用声明部分使用“Option Base 1”语句来指定数组下标下界从 1 开始。

数组分为固定大小数组和动态数组两种类型。若数组的大小被指定，则它是个固定大小数组；若程序运行时数组的大小可以被改变，则它是个动态数组。

（1）声明固定大小数组

下面的语句声明了一个固定大小数组。

```
Dim MyArray(10,10) As Integer
```

其中，MyArray 是数组名，它是含有 11×11 个元素的 Integer 类型的二维数组。

（2）声明动态数组

若声明为动态数组，则可以在执行程序时去改变数组大小。可以利用 Dim 语句来声明数组，不需要给出数组大小。每当需要时，可以使用 ReDim 语句去更改动态数组，此时数组中存在的值会丢失。若要保存数组中原先的值，则可以使用 ReDim Preserve 语句来扩充数组。例如：

```
Dim MyArray() As Single          '使用 Dim 语句声明动态数组
ReDim MyArray(2)                 '使用 ReDim 语句声明动态数组的大小
MyArray(1)=10                    '为动态数组各个元素赋值
MyArray(2)=20
ReDim Preserve MyArray(10)       '再次改变动态数组大小，保留了原来数组元素的值
```

9.2.3 内部函数

内部函数是 VBA 系统为用户提供的标准过程，能完成许多常见运算。根据内部函数的功能，可将其分为数学函数、字符串函数、日期或时间函数、类型转换函数和测试函数等。

1. **数学函数**

数学函数完成数学计算功能，常用的数学函数如表 9-2 所示。

表 9-2 常用的数学函数

函 数 名	功能说明	示 例	结 果
Abs(x)	取绝对值	Abs(−2)	2
Cos(x)	求余弦值	Cos(3.1415926)	−1
Exp(x)	求 e^x	Exp(1)	2.71828182845905
Int(x)	返回不大于 x 的最大整数	Int(3.2) Int(−3.2)	3 −4

续表

函　数　名	功能说明	示　　例	结　果
Fix(x)	返回 x 的整数部分	Fix(3.2)	3
		Fix(−3.2)	−3
Log(x)	取自然对数	Log(2.71828182845905)	1
Rnd([x])	产生(0，1)区间均匀分布的随机数	Rnd(1)	随机产生(0，1)之间的随机数
Sgn(x)	返回正负 1 或 0	Sgn(5)	1
		Sgn(−5)	−1
		Sgn(0)	0
Sin(x)	求正弦值	Sin(0)	0
Sqr(x)	求平方根	Sqr(25)	5
Tan(x)	求正切值	Tan(3.1415926/4)	1

表 9-2 中的 x 可以是数值型常量、数值型变量、数学函数和算术表达式，其返回值仍然是数值型。

2. 字符串函数

常用的字符串函数如表 9-3 所示。

表 9-3　常用的字符串函数

函　数　名	功能说明	示　　例	结　果
InStr(S1,S2)	在字符串 S1 中查找 S2 的位置	InStr("ABCD","CD")	3
LCase(S)	将字符串 S 中的字母转换为小写	LCase("ABCD")	abcd
UCase(S)	将字符串 S 中的字母转换为大写	UCase("abcd")	ABCD
Left(S,N)	从字符串 S 左侧取 N 个字符	Left("两型社会",2)	两型
Right(S,N)	从字符串 S 右侧取 N 个字符	Right("两型社会",2)	社会
Len(S)	计算字符串 S 的长度	Len("2014 世界杯")	7
LTrim(S)	删除字符串 S 左边的空格	LTrim("□□□ABCD□□") ("□"代表空格)	ABCD□□
Trim(S)	删除字符串 S 两端的空格	Trim("□□□ABCD□□")	ABCD
RTrim(S)	删除字符串 S 右边的空格	RTrim("□□□ABCD□□")	□□□ABCD
Mid(S,M,N)	从字符串 S 的第 M 个字符起，连续取 N 个字符	Mid("Access 数据库",7,2)	数据
Space(N)	生成 N 个空格字符	Space(5)	□□□□□

表 9-3 中的 S 可以是字符串常量、字符串变量、值为字符串的函数和字符串表达式，M 和 N 的值为数值型的常量、变量、函数或表达式。

3. 日期或时间函数

常用的日期或时间函数如表 9-4 所示。

表 9-4　常用的日期或时间函数

函　数　名	功能说明	示　　例	结　果
Date()	取系统当前日期	Date()	
Now()	取系统当前日期和时间	Now()	

续表

函数名	功能说明	示例	结果
Time()	取系统当前时间	Time()	
Year(D)	计算日期 D 的年份	Year(#2016-3-15#)	2016
Month(D)	计算日期 D 的月份	Month(#2016-3-15#)	3
Day(D)	计算日期 D 的日	Day(#2016-3-15#)	15
Hour(T)	计算时间 T 的小时	Hour(#18:12:21#)	18
Minute(T)	计算时间 T 的分钟	Minute(#18:12:21#)	12
Second(T)	计算时间 T 的秒	Second (#18:12:21#)	21
DateAdd(C,N,D)	对日期 D 增加特定时间 N	DateAdd("D",2,#2016-3-1#)	2016-3-3
		DateAdd("M",2,#2016-3-1#)	2016-5-1
DateDiff(C,D1,D2)	计算日期 D1 和 D2 的间隔时间	DateDiff("D",#2015-3-1#,#2016-3-1#)	366
		DateDiff("YYYY",#2015-3-1#,#2016-3-1#)	1
Weekday(D)	计算日期 D 为星期几	Weekday(#2016-3-15#) （1 代表星期日，2 代表星期一，……，7 代表星期六）	3

在表 9-4 中，D、D1 和 D2 可以是日期常量、日期变量或日期表达式；T 可以是时间常量、变量或表达式；C 为字符串，表示要增加时间的形式或间隔时间形式，“YYYY”表示“年”，“Q”表示“季”，“M”表示“月”，“D”表示“日”，“WW”表示“星期”，“H”表示“时”，“N”表示“分”，“S”表示“秒”。

4. 类型转换函数

常用的类型转换函数如表 9-5 所示。

表 9-5 常用的类型转换函数

函数名	功能说明	示例	结果
Asc(S)	将字符串 S 的首字符转换为对应的 ASCII 码值	Asc("ABC")	65
Chr(N)	将 ASCII 码值 N 转换为对应的字符	Chr(67)	C
Str(N)	将数值 N 转换成字符串	Str(100101)	100101
Val(S)	将字符串 S 转换为数值	Val("2010.6")	2010.6

5. 测试函数

常用的测试函数如表 9-6 所示。

表 9-6 常用的测试函数

函数名	功能说明	示例	结果
IsArray(A)	测试 A 是否为数组	Dim A(20) IsArray(A)	True
IsDate(A)	测试 A 是否是日期类型	IsDate(Date())	True
IsNumeric(A)	测试 A 是否为数值类型	IsNumeric(5)	True
IsNull(A)	测试 A 是否为空值	IsNull(Null)	True
IsEmpty(A)	测试 A 是否已经被初始化	Dim v1 IsEmpty(v1)	True

9.2.4 表达式

表达式是将常量、变量和函数用运算符连接起来的式子。VBA 中包含了丰富的运算符，有算术运算符、关系运算符、逻辑运算符和连接运算符等，这些运算符可以完成各种运算并构成不同的表达式。

1. 算术表达式

用算术运算符将运算对象连接起来的式子叫算术表达式。VBA 提供了 8 种算术运算，其运算符分别是+（加）、-（减）、*（乘）、/（除）、\（整除）、Mod（求余）、^（乘方）。例如，M*N 表示 $M\times N$，2^3 表示 2^3。

加、减、乘、除运算的运算规则与数学中的运算相同，但要注意，/是浮点除法运算符，运算结果为浮点数。例如，表达式 7/2 的运算结果为 3.5。\是整数除法运算符，结果为整数。例如，表达式 7\2 的运算结果为 3。Mod 是求余数，运算结果为第 1 个操作数整除第 2 个操作数所得的余数。例如，表达式 7 Mod 2 的运算结果为 1。

就像数学中的运算一样，VBA 中的算术运算也有运算先后顺序问题。优先顺序为：先算括号，再算乘方，接下来算乘、除，最后算加、减。例如，12-5*2^3/8 结果为 7，计算过程为：先算 2^3=8，然后计算 5*8=40，再算 40/8=5，最后计算 12-5=7。同级运算一般从左到右依次运算。例如，对于 2^2^3，先算 2^2=4，然后算 4^3=64。

有时候，如果希望先进行某些运算，可以通过加括号的方式来实现。例如，数学式子 $\frac{\sqrt[3]{c}}{a+b}$ 应写成 C^(1/3)/(A+B)，其中的括号是必须的，用于改变运算的顺序。

书写表达式时，应注意以下几点。

（1）表达式中的所有字符都必须写在一行，特别是分式、乘方、带有下标的变量等，不能像写数学表达式那样书写。例如，X_1+X_2 应写成 X1+X2。

（2）表达式中常量的表示、变量的命名及函数的调用要符合 VBA 的规则。

（3）在 VBA 表达式中，乘号不能省略，如 3*A 不能写为 3A，X*Y*Z 不能写成 XYZ。

（4）与数学表达式不同，在 VBA 表达式中，所有的括号均用圆括号表示。例如，数学式子 $[(a+b)(c+d)]^2$ 的 VBA 表达式为((A+B)*(C+D))^2。

2. 关系表达式

关系表达式是用关系运算符将运算对象连接起来的式子，其结果是布尔型数据，当关系表达式所表达的比较关系成立时，结果为 True，否则为 False。关系表达式的结果通常作为程序中语句跳转的条件。VBA 中的关系运算符有>（大于）、<（小于）、>=（大于或等于）、<=（小于或等于）、=（等于）、<>（不等于）。

关系运算的运算对象可以是数值、字符串、日期、逻辑型等数据类型。数值按大小比较；日期按先后比较，早的日期小于晚的日期；False 大于 True；字符串按 ASCII 码排序的先后比较，也就是先比较两个字符串的第 1 个字符，按字符的 ASCII 码值比较大小，ASCII 码值大的字符串大，如第 1 个字符相等，则比较第 2 个字符，直到比较出大小或比较完为止；汉字字符大于西文字符，汉字是根据 Unicode 码的大小来比较的。例如，“3*4=12”的结果为 True，“"d"<>"D"”的结果为 True，“"abcde">"abr"”的结果为 False，“5/2<=10” 的结果为 True，“"教授">"助教"” 的结果为 False。

3. 逻辑表达式

逻辑表达式是用逻辑运算符将逻辑量连接起来的式子，可以表示比较复杂的比较关系，其结果是布尔型数据。VBA 中的逻辑运算符有 Not（非）、And（与）、Or（或）、Xor（异或）。表 9-7 列出了常用的逻辑运算符和它们表示的逻辑关系，在表中，True 用 T 代表，False 用 F 表示。

表 9-7　逻辑运算符和它们的逻辑关系

条　件　A	条　件　B	Not A	A And B	A Or B	A Xor B
F	F	T	F	F	F
F	T	T	F	T	T
T	F	F	F	T	T
T	T	F	T	T	F

例如，描述“1995 年出生的男生或 2000 年以后出生的女生”的逻辑表达式如下：

```
Year(出生日期)=1995 And 性别="男" Or Year(出生日期)>2000 And 性别="女"
```

又如，描述“a，b 中有且只有一个数大于 0”的逻辑表达式如下：

```
a>0 Xor b>0
```

4. 字符串表达式

字符串表达式由连接运算符将字符串数据连接而成。VBA 中的连接运算符有“+”和“&”，作用是将两个字符串连接起来。

当两个被连接的数据都是字符串时，“&”和“+”的作用相同；当数值型和字符串型连接时，“&”把数据转化成字符串型后再进行连接，而此时用“+”连接则会出错。例如，“"VBA" & "程序设计基础"”的结果是“VBA 程序设计基础”，“"Access"+”数据库""的结果是“Access 数据库”，“"x+y=" & 3+4”的结果是“x+y=7”。

对于包含多种运算符的表达式，在计算时，将按预定的顺序计算每一部分，这个顺序被称为运算符的优先级。各种运算符的优先级由高到低的顺序为：函数运算符、算术运算符、连接运算符、关系运算符、逻辑运算符。如果在运算时出现了括号，则先执行括号内的运算，在括号内部，仍按运算符的优先顺序计算。

9.3 VBA 程序的流程控制

程序按其语句执行的顺序关系，可以分为顺序控制结构、选择控制结构和循环控制结构。VBA 对不同的程序结构采用不同的控制语句来实现。

9.3.1 顺序控制

顺序控制结构是在程序执行时，根据程序中语句的书写顺序依次执行的语句序列。在程序中经常使用的顺序控制结构语句有注释语句、赋值语句、输入/输出语句等。

1. 程序语句书写规则

VBA 程序是由语句组成的，程序语句有严格的书写规则。

（1）注释语句

具有良好风格的程序一般都有注释，这对程序的维护及代码的共享都有重要作用。在 VBA 程序中，注释可以通过使用 Rem 语句或用单引号“'”来实现。例如，下面语句中分别使用了这两种方式进行注释。

Rem 一个程序实例

```
Dim String1 As String        '声明字符串变量 String1
String1="Hello"              '将“Hello”赋给字符串变量 String1
```

（2）语句连写和换行

通常情况下，程序中一行写一个语句，有时对于十分短的语句，可以在一行写多个语句，这时语句之间需要用冒号“：”来分隔，此为语句的连写。对于太长的语句，可能一行写不完，可以用空格加下画线“_”将其截断为多行，此为语句的换行。

（3）采用缩进格式书写程序

采用缩进格式可以明确示意出程序中语句的结构层次，可以利用 VBE 的“编辑”→“缩进”或“凸出”菜单命令进行设置。

2. 输入/输出

任何一个有意义的程序都离不开输入/输出，程序处理的原始数据一般都是通过输入确定的，程序的运行结果一般也需要以某种可视的方式输出。VBA 程序的输入/输出是通过相应的函数所提供的图形化界面实现的，其中输入函数是 InputBox，输出函数是 MsgBox。另外，Print 方法也可以实现输出，在窗体中利用文本框等控件也可以实现输入/输出。

（1）InputBox 函数

InputBox 函数的作用是显示一个输入对话框，对话框中有一些提示信息及文本框，等待用户输入信息或单击按钮。在按钮事件发生后返回文本框的内容，返回值的类型为文本类型。InputBox 函数的调用格式为：

```
InputBox(Prompt，[Title]，[Default]，[XPos]，[YPos])
```

其中，Prompt 指定要在对话框中显示的信息；Title 指定对话框标题栏显示的信息，如果省略，则在标题栏中显示应用程序名；Default 设置显示在文本框中的信息，如果用户没有输入数据，它就是默认值；XPos 和 YPos 为整型表达式，指定对话框左上角在屏幕上的坐标位置（屏幕左上角为坐标原点）。Prompt 参数是必需的，其他参数可以省略。

（2）MsgBox 函数

MsgBox 函数的作用是打开一个对话框，等待用户单击按钮，并返回一个整数告诉用户单击了哪一个按钮。MsgBox 函数的调用格式为：

```
变量名=MsgBox(Prompt，[Buttons]，[Title])
```

MsgBox 在 VBA 程序中也可以作为语句使用，其格式为：

```
MsgBox Prompt，[Buttons]，[Title]
```

类似于 InputBox 函数，此处的 Prompt 参数是不可以省略的，而其他两个参数可以省略。其中，Prompt 参数用于设置提示信息，是字符串表达式；Buttons 是整型表达式，决定对话框中显示的按钮数目、图标类型、默认按钮及模式等，Buttons 的设置值如表 9-8 所示；Title 用于设置对话框标题，也是字符串表达式，如果省略，则将应用程序名作为标题。

表 9-8 MsgBox 函数的 Buttons 设置值

分 组	常 数	值	描 述
按钮数目	vbOKOnly	0	只显示 OK 按钮
	vbOKCancel	1	只显示 OK 和 Cancel 按钮
	vbAbortRetryIngore	2	只显示 Abort、Retry 和 Ignore 按钮
	vbYesNoCancel	3	只显示 Yes、No 和 Cancel 按钮

续表

分　组	常　数	值	描　述
按钮数目	vbYesNo	4	只显示 Yes 和 No 按钮
	vbRetryCancel	5	只显示 Retry 和 Cancel 按钮
图标类型	vbCritical	16	显示 Critical Message 图标
	vbQuestion	32	显示 Warning Query 图标
	vbExclamation	48	显示 Warning Message 图标
	vbInformation	64	显示 Information Message 图标
默认按钮	vbDefaultButton1	0	第 1 个按钮是默认值
	vbDefaultButton2	256	第 2 个按钮是默认值
	vbDefaultButton3	512	第 3 个按钮是默认值
	vbDefaultButton4	768	第 4 个按钮是默认值
模式	vbApplicationModal	0	应用程序强制返回，应用程序一直被挂起，直到用户对消息框做出响应才继续工作
	vbSystemModal	4096	系统强制返回，全部应用程序都被挂起，直到用户对消息框做出响应才继续工作

第 1 组值（0～5）描述了对话框中显示的按钮的类型与数目，第 2 组值（16，32，48，64）描述了图标的样式，第 3 组值（0，256，512，768）说明哪一个按钮是默认值，而第 4 组值（0，4096）则决定消息框的强制返回性。将这些数字相加以生成 Buttons 参数值的时候，只能由每组值取用一个数字。MsgBox 函数的返回值如表 9-9 所示。例如，如果函数值为 6，表示用户单击了 Yes 按钮。

表 9-9　MsgBox 函数的返回值及含义

常　数	值	描　述
vbOK	1	OK
vbCancel	2	Cancel
vbAbort	3	Abort
vbRetry	4	Retry
vbIgnore	5	Ignore
vbYes	6	Yes
vbNo	7	No

【例 9-3】 以下过程使用 InputBox 函数和 MsgBox 函数接收用户的输入并显示。

```
Sub InputFunc()
    Dim Str As String
    Str=InputBox("请输入姓名：","登录")
    MsgBox "欢迎" & Str & "同学",vbInformation,"欢迎"
End Sub
```

程序在调用子过程 InputFunc 时，弹出输入对话框，要求用户输入数据，如图 9-5 所示。单击“确定”按钮后，弹出输出对话框，如图 9-6 所示。

图 9-5　输入数据对话框

图 9-6　输出信息对话框

3. 赋值语句

赋值语句是最简单而又最常用的语句，其语句格式为：

```
变量名=表达式
```

该语句的功能是计算右边表达式的值，再将其赋值给左边的变量。

例如：

```
Dim x As Integer
x=10+23
Debug.Print x
```

首先定义了一个整型变量 x，然后对其赋值为“10+23”，即先计算“10+23”的值，再将其结果 33 存放到变量 x 中，最后将整型变量 x 的值输出在立即窗口中。语句按顺序执行。

【例 9-4】 设备管理部门对已购入的设备登账时，为了减少人工输入，当输入“设备单价”和“采购数量”后，单击“总金额”文本框，系统就会自动计算结果，同时给出金额累计，程序的运行界面如图 9-7 所示。

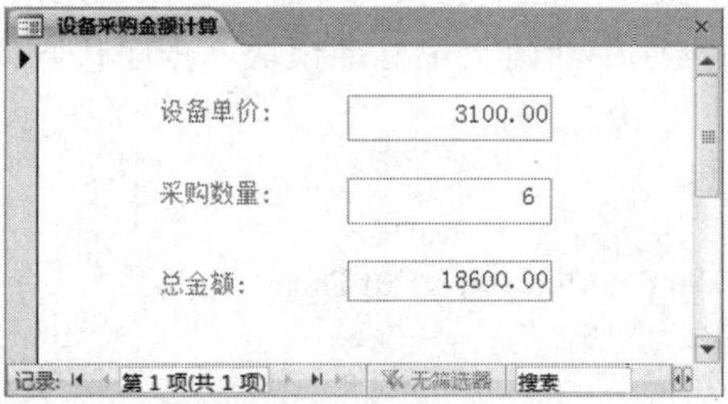

图 9-7　“设备采购金额计算”窗体的运行界面

创建一个数据库（只是为了进入数据库主窗口），在其中新建一个窗体，窗体上包括 3 个标签控件（Label1、Label2 和 Label3）、3 个文本框控件（Text1、Text2 和 Text3）。标签控件 Label1 的“标题”属性（Caption）为“设备单价”，Label2 的“标题”属性（Caption）为“采购数量”，Label3 的“标题”属性（Caption）为“总金额”。

“总金额”文本框的事件代码如下：

```
Private Sub Text3_GotFocus()
    Dim a As Double,b As Integer,s As Double
    a=Me.Text1.Value
    b=Me.Text2.Value
    s=a*b
    Me.Text3.Value=s
End Sub
```

9.3.2 选择控制

选择控制根据给定的条件是否成立，决定程序的执行流程，在不同的条件下，执行不同的操作。根据分支数的不同，选择控制又分为简单分支控制和多分支控制。

1. 简单分支控制

简单分支控制是指对一个条件进行判断后，根据所得的两种结果进行不同的操作。简单分支控制结构用 If 语句实现，其格式为：

```
If <条件> Then
    语句块 1
[Else
    语句块 2]
End If
```

当条件成立时，执行 Then 后面的语句块 1，执行完后再执行整个 If 语句后的语句。当条件不成立时，若存在 Else 部分，则执行 Else 后的语句块 2，再执行整个 If 语句后的语句。

如果语句块 1、语句块 2 均只有一条语句，可以采用如下单行格式。

```
If 条件 Then 语句 1[Else 语句 2]
```

例如，求两个数中的较大数，可使用如下 If 语句。

```
If x1>x2 Then Max_x=x1 Else Max_x=x2
```

【例 9-5】 输入一个年份，判断该年是否为闰年。判断某年是否为闰年的规则是：如果此年号能被 400 整除，则是闰年；如果此年号能被 4 整除，但不能被 100 整除，则也是闰年。

创建一个数据库，启动 VBE，在数据库中新建一个标准模块，程序代码如下：

```
Sub Leap()
    Dim x As Integer
    x=Val(InputBox("请输入年份："))
    If x Mod 400=0 Or (x Mod 4=0 And x Mod 100 <> 0) Then
        MsgBox Str(x) & "年是闰年"
    Else
        MsgBox Str(x) & "年不是闰年"
    End If
End Sub
```

最后存盘并运行，可验证结果。

2. 多分支控制

（1）多分支 If 结构

虽然用嵌套的 If 语句也能实现多分支结构程序，但用多分支 If 结构程序更简洁明了。多分支 If 结构的格式为：

```
If 条件 1 Then
    语句块 1
ElseIf 条件 2 Then
    语句块 2
    ……
[ElseIf 条件 n Then
    语句块 n]
[Else
```

```
        语句块 n+1]
    End If
```

首先测试条件 1，如果为假，就测试条件 2，以此类推，直到找到一个为真的条件。当它找到一个为真的条件时，执行相应的语句块，然后执行 End If 后面的语句。如果条件测试都不为真，则 VBA 执行 Else 语句块。

【例 9-6】 记录数据被更新之前会发生 BeforeUpdate 事件，利用相应的事件过程对“学生”窗体中“入学成绩”文本框中输入的成绩进行验证，要求入学成绩必须在[0，750]范围内，否则给出提示。

“入学成绩”文本框控件的 BeforeUpdate 事件过程代码如下：

```
Private Sub 入学成绩_BeforeUpdate(Cancel As Integer)
    If Me!入学成绩=" " Or IsNull(Me!入学成绩) Then
        MsgBox "入学成绩不能为空!",vbCritical,"入学成绩"
        Cancel=True
    ElseIf Me!入学成绩>750 Or Me!入学成绩<0 Then
        MsgBox "入学成绩必须在[0,750]范围内！ ",vbCritical,"入学成绩"
        Cancel=True
    Else
        MsgBox "入学成绩输入正确!",vbInformation,"入学成绩"
    End If
End Sub
```

注意：控件的 BeforeUpdate 事件过程是有参过程，通过设置其参数 Cancel，可以控制 BeforeUpdate 事件是否发生。参数 Cancel 设置为 True（-1），即可取消 BeforeUpdate 事件。

（2）Select Case 结构

在有些情况下，对某个条件判断后可能会出现多种取值的情况，此时再使用多分支 If 结构，判断条件会罗列得很长。在 VBA 中，专门为此种情况设计了一个 Select Case 语句结构。在这种结构中，只有一个用于判断的表达式，根据此表达式的不同计算结果，执行不同的语句块。Select Case 结构的格式为：

```
Select Case 表达式
    Case 表达式列表 1
        语句块 1
    [Case 表达式列表 2
        语句块 2]
    ……
    [Case 表达式列表 n
        语句块 n]
    [Case Else
        语句块 n+1]
End Select
```

首先计算表达式的值，然后将表达式的值依次与各 Case 后列表中的值进行比较，若与其中某个值相同，则执行该列表后的相应语句块部分，然后执行 End Select 后的语句；若出现与列表中的所有值均不相等的情况，则执行 Case Else 的语句块部分，然后退出 Select Case 结构，执行其后的语句。

表达式可以是数值表达式或字符串表达式，表达式列表可以有以下 3 种格式。

① 值 1[,值 2]…：此种格式在表达式列表中有一个或多个值与表达式的值进行比较，多个取值之间用逗号分隔。如果表达式的值与这些值中的一个相等，即可执行此表达式列表后相应的语句块。例如：

```
Case 1
Case "A","E","I","O","U"
```

② 值 1 To 值 2：此种格式在表达式列表中提供了一个取值范围，可以将此范围内的所有取值与表达式的值进行比较。如果表达式的值与此范围内的某个值相等，即可执行此表达式列表后的相应语句块。例如：

```
Case 0 To 7
Case "a" To "z"
```

③ Is 关系运算符值 1[, 值 2]…：此种格式将表达式的值与关系运算符后的值进行关系比较，检验是否满足该关系运算。若满足，则执行此表达式列表后的相应语句块。例如：

```
Case Is<3
Case Is>"Apple"
```

在实际使用时，以上这几种格式允许混合使用。例如：

```
Case 1 To 3,Is>10
Case Is<"z","A" To "Z"
```

【例 9-7】 给学生的成绩评级，成绩大于等于 90 分为“优”，大于等于 80 分且小于 90 分为“良”，大于等于 70 分且小于 80 分为“中”，大于等于 60 分且小于 70 分为“及格”，小于 60 分的为“不及格”。

程序片段如下：

```
Dim score As Integer
score=InputBox("请输入 score 的值：")
Select Case score
    Case Is>=90
        MsgBox "优"
    Case Is>=80
        MsgBox "良"
    Case Is>=70
        MsgBox "中"
    Case Is>=60
        MsgBox "及格"
    Case Else
        MsgBox "不及格"
End Select
```

3. 具有选择功能的函数

VBA 提供了 3 个具有选择功能的函数，分别为 IIf 函数、Switch 函数和 Choose 函数。

（1）IIf 函数

IIf 函数是一个根据条件的真假确定返回值的内部函数，其调用格式为：

```
IIf(条件，表达式 1，表达式 2)
```

如果条件为真，则函数返回表达式 1 的值，否则返回表达式 2 的值。例如：

```
min=IIf(a>b,b,a)
min=IIf(min>c,c,min)
```

这两条语句的功能是将 a，b，c 中最小的数赋值给变量 min。

（2）Switch 函数

Switch 函数根据不同的条件值来决定函数的返回值，其调用格式为：

```
Switch(条件 1,表达式 1,条件 2,表达式 2,…,条件 n，表达式 n)
```

该函数从左向右依次判断条件是否为真，而表达式则会在第 1 个相关的条件为真时作为函数返回值返回。例如：

```
city=Switch(prov="湖南","长沙",prov="湖北","武汉",prov="江西","南昌")
```

该语句的功能是根据变量 prov 的值，返回与省份所对应的省会名称。

（3）Choose 函数

Choose 函数是根据索引的值返回选项列表中的值，其调用格式为：

```
Choose(索引,选项 1,选项 2,……,选项 n)
```

当索引的值为 1 时，函数返回选项 1 的值；当索引的值为 2 时，函数返回选项 2 的值；以此类推。若没有与索引相匹配的选项，则会出现编译错误。例如：

```
Weekname=Choose(wkDay,"星期一","星期二","星期三","星期四","星期五","星期六","星期天")
```

该语句的功能是根据变量 wkDay 的值返回所对应的星期中文名称。

9.3.3 循环控制

循环控制结构是一种十分重要的程序结构。循环控制结构的基本思想是重复执行某些语句，以完成大量的计算或处理要求。当然这种重复不是简单机械的重复，每次重复都有其新的内容。也就是说，虽然每次循环执行的语句相同，但语句中一些变量的值是在变化的，而且当循环到一定次数或满足条件后能结束循环。在 VBA 中，用于实现循环控制结构的语句主要有 For 语句和 Do 语句。

1. 用 For 语句实现循环

对于某些问题，事先就能确定循环次数，这时利用 For 语句来实现是十分方便的。例如，当 x 取 1，2，3，…，10 时，分别计算 sin$x$ 和 cos$x$ 的值，可以控制循环执行 10 次，每次分别计算 sin$x$ 和 cos$x$ 的值，且每循环一次 x 加 1。若用 For 语句来实现，程序段如下：

```
For x=1 To 10
    Print x,sin(x),cos(x)
Next
```

For 循环属于计数型循环，程序按照此种结构中指明的循环次数来执行循环体部分。For 循环的格式为：

```
For 循环变量=初值 To 终值 [Step 步长]
    循环体
Next 循环变量
```

其中，循环变量为数值型变量，用于统计循环次数，此变量可以从初值变化到终值，每次变化的差值由步长决定。如果步长为 1，“Step 1”可以省略。循环体是在循环过程中被重复执行的语句组。

For 循环执行时，如果循环参数为表达式，先计算表达式的值，然后将初值赋给循环变量，然后检验循环变量的取值是否超出终值。若循环变量没有超出终值，则执行一次内部的循环体，然后将循环变量加上步长赋给循环变量，再与终值进行比较，如果未超出终值，则继续执行循环体，否则退出循环。重复以上步骤，直到循环变量超过终值。

这里的超过有两种含义。当步长大于 0 时，循环变量的值大于终值时为超过；当步长小于 0 时，循环变量的值小于终值时为超过。

【例 9-8】 利用 For 语句求 s=1+2+3+4+…+1000 的值。

程序片段如下：

```
Dim i As Integer
Dim s As Long
```

```
s=0
For i=1 To 1000
  s=s+i
Next i
MsgBox "1 到 1000 的和为：" & s
```

2. 用 Do 语句实现循环

对于循环次数确定的循环问题使用 For 语句是比较方便的，但是，有些循环问题事先是无法确定循环次数的，只能通过给定的条件来决定是否继续循环，这时可以使用 Do 语句来实现。

Do 语句根据某个条件是否成立来决定能否执行相应的循环体部分，它有以下几种格式。

（1）Do While…Loop 语句

语句格式为：

```
Do While 条件表达式
    循环体
Loop
```

语句执行时，若条件表达式的值为真，则执行 Do While 和 Loop 之间的循环体，直到条件表达式的值为假才结束循环。

（2）Do Until…Loop 语句

语句格式为：

```
Do Until 条件表达式
    循环体
Loop
```

语句执行时，若条件表达式的值为假，则执行 Do Until 和 Loop 之间的循环体，直到条件表达式的值为真才结束循环。

例如，有下面两段程序，分析循环执行的次数。

程序段 1：

```
k=0
Do While k<=10
    k=k+1
Loop
```

程序段 2：

```
k=0
Do Until k<=10
    k=k+1
Loop
```

对于程序段 1，循环次数为 11，对于程序段 2，k 为 0 时，条件表达式的值为真，循环次数为 0。

（3）Do…Loop While 语句

语句格式为：

```
Do
    循环体
Loop While 条件表达式
```

语句执行时，首先执行一次“循环体”，执行到 Loop While 时判断“条件表达式”的值，如果为真，继续执行 Do 和 Loop While 之间的“循环体”，否则，结束循环。

（4）Do…Loop Until 语句

语句格式为：

```
Do
  循环体
Loop Until 条件表达式
```

语句执行时，首先执行一次循环体，执行到 Loop Until 时判断条件表达式的值，如果为假，继续执行 Do 和 Loop Until 之间的循环体，否则，结束循环。

例如有下面两段程序，分析程序的运行结果。

程序段 1：

```
num=0
Do
    num=num+1
    Debug.Print num
Loop While num>2
```

程序段 2：

```
num=0
Do
    num=num+1
    Debug.Print num
Loop Until num>2
```

对于程序段 1，首先执行一次 Do 和 Loop While 之间的循环体，变量 num 的值变为 1，然后在立即窗口显示 num 的值，然后判断条件“num>2”是否成立，条件表达式的值为假时退出循环，程序运行结果是在立即窗口仅仅显示 1。

对于程序段 2，首先执行一次 Do 和 Loop Until 之间的循环体，变量 num 的值变为 1，然后在立即窗口显示 num 的值，然后判断条件“num>2”是否成立，条件表达式的值为真时退出循环，程序运行结果是在立即窗口分别显示 1，2，3。

【例 9-9】 假设现在的人口为 13 亿，若年增长率为 r=1.5%，试计算多少年后人口增加到 20 亿。人口计算公式为“$p=p_0(1+r)^n$”，其中 p_0 为人口初始值，r 为增长率，n 为年数。

程序片段如下：

```
Dim p As Single,r As Single,i As Integer
p=13
r=1.5/100
i=0
Do While p<20
    p=p*(1+r)
    i=i+1
Loop
MsgBox i & "年后，人口将达到" & p & "亿"
```

程序是用 Do While…Loop 语句来实现的，能否用其他格式的 Do 语句来实现？如何修改程序？请读者思考并上机验证程序。

3. For Each…Next 语句

For Each...Next 语句是对于数组中的每个元素或对象集合中的每一项重复执行一组语句，这在不知道数组或集合中元素的数目时非常有用，其语句格式为：

```
For Each 元素名 In 名称
    循环体
Next [元素名]
```

其中，元素名是用来枚举数组元素或集合中所有成员的变量。对于数组，元素名只能是 Variant 变量。对于集合，元素名可能是 Variant 变量、Object 变量等。名称是指数组或对象集合的名称。

【例 9-10】 计算 $\sum_{n=1}^{10} n!$ 的值。

程序如下：

```
Sub ForEach()
Dim a(1 To 10) As Long
Dim result As Long,t As Long
Dim i As Integer,x As Variant
result=0
t=1
For i=1 To 10                    '求阶乘并存入数组 a 中
    t=t*i
    a(i)=t
Next i
For Each x In a                  '利用 For Each…Next 语句控制数组元素，实现累加
    result=result+x
Next x
Debug.Print "1!+2!+3+……+10!=" & result
End Sub
```

9.3.4 辅助控制

1. GoTo 控制语句

GoTo 语句用于无条件地转移到过程中指定的行，其语法格式为：

```
GoTo 行号
```

行号可以是任何字符的组合，以字母开头，以冒号结尾。行号必须从第 1 列开始输入。GoTo 语句将程序执行流程转移到行号的位置，并从该点继续执行。

太多的 GoTo 语句会使程序不容易阅读及调试，所以不提倡过多使用。

2. Exit 语句

Exit 语句用于退出 Do 循环、For 循环、Function 过程、Sub 过程或 Property 过程程序块，相应地它包括 Exit Do、Exit For、Exit Function、Exit Sub 和 Exit Property 几个语句。

下面的示例程序使用 Exit 语句退出 Do 循环、For 循环及 Sub 子过程。

```
Sub ExitDemo()
    Dim i,RndNum
    Do                                  '建立循环，这是一个无止境的循环
        For i=1 To 1000                 '循环 1000 次
            RndNum=Int(Rnd*1000)        '生成一个随机数
            Select Case RndNum          '检查随机数
                Case 7: Exit For        '如果是 7，退出 For 循环
                Case 9: Exit Do         '如果是 9，退出 Loop 循环
                Case 10: Exit Sub       '如果是 10，退出子过程
```

```
            End Select
        Next i
    Loop
End Sub
```

9.4 VBA 过程

模块是用 VBA 语言编写的过程的集合，而过程是 VBA 语句的集合。每个过程是一个可执行的程序片段，包含一系列的语句和方法。在 VBA 中，过程分为 3 种：子过程、函数过程和属性过程。子过程没有返回值，而函数过程将返回一个值。其中，子过程属于 Sub 过程，Sub 过程还包括事件过程。事件过程是附加在窗体、报表或控件上的，是在响应事件时执行的程序块。而子过程是必须由其他过程来调用的程序块。

9.4.1 子过程与函数过程

过程必须先声明后调用，不同的过程有不同的结构形式和调用格式。

1. 子过程

子过程是一系列由 Sub 和 End Sub 语句包含起来的 VBA 语句。使用子过程可以执行动作、计算数值及更新并修改对象属性的设置，却不能返回一个值。

（1）子过程的声明

子过程的声明格式为：

```
Sub 子过程名([形式参数列表])
    [局部常量或变量的定义]
    [语句序列]
    [Exit Sub]
    [语句序列]
End Sub
```

说明：

① 子过程名遵循标识符的命名规则，它只用来标识一个子过程，没有值，当然也没有类型。

② 形式参数简称形参，形参列表的格式为：

```
变量名[()][As 类型关键字][,变量名[()][As 类型关键字]]……
```

形参可以是变量名（后面不加括号）或数组名（后面加括号）。如果子过程没有形式参数，则子程序名后面必须跟一个空的圆括号。

③ Exit Sub 表示退出子过程。

（2）子过程的创建

子过程的创建有以下两种方法。

① 在 VBE 的工程资源管理器窗口中，双击需要创建的过程窗体模块或报表模块或标准模块，然后选择“插入”→“过程”命令，打开如图 9-8 所示的“添加过程”对话框，然后根据需要设置参数。

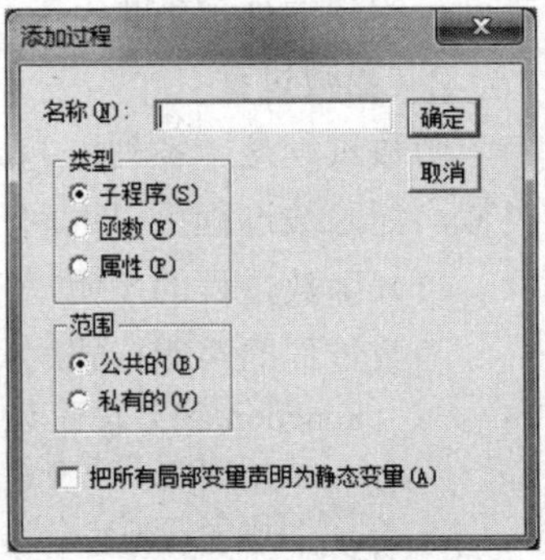

图 9-8 “添加过程”对话框

例如，在“添加过程”对话框中输入过程名称 Pro1，选择过程的类型为“子过程”，选择过程的作用范围为“公共的”，单击“确定”按钮后，VBE 将自动在模块中添加如下语句：

```
Public Sub Pro1()
End Sub
```

光标停留在两条语句的中间，等待用户输入过程语句。

② 直接在窗体模块、报表模块或标准模块的代码窗口中，输入“Sub 子过程名”，然后按 Enter 键，将自动生成过程的起始语句和结束语句。

（3）子过程的调用

子过程的调用有两种方式，一种方式是利用 Call 语句来调用，另一种方式是把过程名作为一个语句来直接调用。

利用 Call 语句调用子过程的语法格式为：

```
Call 过程名([实际参数列表])
```

利用过程名作为语句的子过程调用方法为：

```
过程名 [实际参数列表]
```

实际参数列表简称为实参，它与形式参数的个数、位置和类型必须一一对应，调用时会把实参的值传递给形参。

【例 9-11】 编写一个求 $n!$ 的子程序，然后调用它计算 $\sum_{n=1}^{10} n!$ 的值。

程序如下：

```
Sub Factor1(n As Integer, p As Long)
    Dim i As Integer
    p=1
    For i=1 To n
        p=p*i
    Next i
End Sub
Sub MySum1()
    Dim n As Integer, p As Long, s As Long
    For n=1 To 10
        Call Factor1(n, p)
        s=s+p
    Next n
    MsgBox "结果为：" & s
End Sub
```

定义求 $n!$ 的子程序 Factor 时，除了以 n 作为形参外，还增加了一个形参 p，通过实参和形参结合带回子程序的处理结果。具体的结合规则将在 9.4.2 节介绍。

2. 函数过程

函数过程是一系列由 Function 和 End Function 语句包含起来的 VBA 语句。函数过程和子过程十分类似，但函数过程可以返回一个值。

（1）函数过程的声明

函数过程的声明格式为：

```
Function 函数过程名([形式参数列表])[As 类型关键字]
    [局部常量或变量的定义]
    [语句序列]
    [Exit Function]
    [语句序列]
```

```
    函数名=表达式
End Function
```

其中，函数过程名有值和类型，在过程体内至少要被赋值一次；“As 类型关键字”为函数返回值的类型；Exit Function 表示退出函数过程。

函数过程的创建方法与子过程的创建方法相同。

（2）函数过程的调用

与子过程的调用方法不同，函数不能作为单独的语句加以调用，而是作为一个运算量出现在表达式中。调用函数过程的方法和调用 VBA 内部函数的方法一样，其调用格式为：

```
函数过程名([实际参数列表])
```

【例 9-12】 编写一个求 $n!$的函数，然后调用它计算 $\sum_{n=1}^{10} n!$ 的值。

程序如下：

```
Function Factor2(n As Integer) As Long
    Dim i As Integer, p As Long
    p=1
    For i=1 To n
        p=p*i
    Next i
    Factor2=p
End Function
Sub MySum2()
    Dim n As Integer, s As Long
    For n=1 To 10
        s=s+Factor2(n)
    Next n
    MsgBox "结果为：" & s
End Sub
```

通过对比例 9-11 的程序和例 9-12 的程序，可以更好地理解子过程和函数过程的区别。

3. 属性过程

属性过程是一系列由 Property 和 End Property 语句包含起来的 VBA 语句，也叫 Property 过程，可以用属性过程为窗体、报表和类模块增加自定义属性。声明属性过程的语法格式为：

```
Property Get|Let|Set  属性名[(形式参数)] [As  类型关键字]
    [语句序列]
End Property
```

Property 过程包括 3 种类型：Let 类型用来设置属性值，Get 类型用来返回属性值，Set 类型用来设置对对象的引用。Property 过程通常是成对使用的：Property Let 与 Property Get 一组，而 Property Set 与 Property Get 一组，这样声明的属性既可读也可写。单独声明一个 Property Get 过程是只读属性。

9.4.2 过程参数传递

在调用过程时，主调过程将实参传递给被调过程的形参，这就是参数传递。在 VBA 中，实参与形参的传递方式有两种：引用传递和按值传递。

1. 引用传递

在形参前面加上 ByRef 关键字或省略不写，表示参数传递是引用传递方式。引用传递方式是过程默认的参数传递方式。

引用传递方式是将实参的地址传递给形参，也就是实参和形参共用同一个内存单元，是一种双向的数据传递，即调用时实参将值传递给形参，调用结束后由形参将操作结果返回给实参。引用传递的实参只能是变量，不能是常量或表达式。

【例 9-13】 阅读下面的程序，分析程序的运行结果。

事件过程代码如下：

```
Sub Cmd1_Click()
    Dim x As Integer,y As Integer
    x=10
    y=20
    Debug.Print "1,x="; x,"y="; y
    Call Add(x,y)
    Debug.Print "2,x="; x,"y="; y
End Sub
```

子过程代码如下：

```
Private Sub Add(m,n)
    m=100
    n=200
    m=m+n
    n=2*n+m
End Sub
```

调用 Add 子过程时，参数传递是引用传递方式。在调用子过程时，首先将实参 x 和 y 的值分别传递给形参 m 和 n，然后执行子过程 Add，子过程执行完后，m 的值为 300，n 的值为 700，子过程调用结束后，将形参 m 和 n 的值返回给实参 x 和 y。在立即窗口中的显示结果为：

```
1, x= 10 y= 20
2, x= 300 y= 700
```

2. 按值传递

在形参前面加上 ByVal 关键字时，表示参数是按值传递方式。按值传递方式是一种单向的数据传递，即调用时只能由实参将值传递给形参，调用结束后不能由形参将操作结果返回给实参。实参可以是常量、变量或表达式。

【例 9-14】 阅读下面的程序语句，分析程序的运行结果。

事件过程代码如下：

```
Sub Cmd2_Click()
    Dim x As Integer,y As Integer
    x=10
    y=20
    Debug.Print "1，x="; x,"y="; y
    Call Add(x,y)
    Debug.Print "2，x="; x,"y="; y
End Sub
```

子过程代码如下：

```
Private Sub Add(ByVal m, n)
    m=100
    n=200
    m=m+n
    n=2*n+m
End Sub
```

与例 9-13 不同的是，子过程的形参 m 是按值传递，而 n 是按引用传递。事件过程将 x 的值传递给形参 m，将实参 y 的值传递给 n，然后执行子过程 Add，子过程执行完成后，m 的值为 300，n 的值为 700，形参 m 的值不返回给 x，而 n 的值会返回给实参 y。在立即窗口中的显示结果为：

```
1，x= 10   y= 20
2，x= 10   y= 700
```

9.4.3 变量的作用域和生存期

1. 变量的作用域

变量可被访问的范围称为变量的作用范围，也称为变量的作用域。除了可以使用 Dim 语句声明变量外，还可以使用 Static、Private 或 Public 语句来声明变量。根据声明语句和声明变量的位置不同，可将变量的作用域分为 3 个层次：局部范围、模块范围和全局范围。

（1）局部范围

在过程内部使用 Dim 或 Static 语句声明的变量，称为过程级变量，其作用域是局部的，只在声明变量的过程中有效。

（2）模块范围

在模块的通用声明部分使用 Dim 或 Private 语句声明的变量，称为模块级变量。这些变量在声明它的整个模块中的所有过程中都能使用，但其他模块却不能访问。

（3）全局范围

在标准模块的通用声明部分使用 Public 语句声明的变量，称为全局变量。全局变量在声明它的数据库中的所有类模块和标准模块的所有过程中都能使用。

2. 变量的生存期

变量的生存期是指变量从存在（执行变量声明并分配内存单元）到消失的时间段。按生存期，变量可分为动态变量和静态变量。

（1）动态变量

在过程中，使用 Dim 语句声明的局部变量属于动态变量。动态变量的生存期为从变量所在的过程第 1 次执行到过程执行完毕。在这个时间段中，变量存在并可访问。过程执行完后，会自动释放该变量所占的内存单元。

（2）静态变量

在过程中，使用 Static 语句声明的局部变量属于静态变量。静态变量在过程运行时可保留变量的值，即每次调用过程时，用 Static 声明的变量保持上一次调用的值。

【例 9-15】 阅读下面的程序，分析程序的运行结果。

```
Private Sub Command1_Click()
    Static a As Integer          '静态变量
    a=a+1
```

```
        Debug.Print a
    End Sub
```

连续单击 Command1 命令按钮，输出 1，2，3，4，5，…。这是因为 a 是静态变量，所以 a 的值是保留的。

```
    Private Sub Command1_Click()
        dim a As Integer
        a=a+1
        Debug.Print a
    End Sub
```

当连续单击 Command1 命令按钮时，输出连续的 1。这是因为每次执行 Command1_Click()时，都是新创建的变量 a，变量默认值为 0，所以每次结果均为 1。

9.5 VBA 数据库访问技术

在实际应用开发中，要设计功能强大、操作灵活的数据库应用系统，需要了解数据库访问的相关知识。本节重点介绍 ActiveX 数据对象（ADO）技术。

9.5.1 常用的数据库访问接口技术

数据库访问是复杂的软件技术，直接编程通过数据库本地接口与底层数据进行交互是非常困难的，数据库访问接口技术可简化这一过程。数据库访问接口技术可以通过编写相对简单的程序，来实现非常复杂的任务，并且为不同类别的数据库提供了统一的接口。常用的数据库访问接口技术包括 ODBC、DAO 和 ADO 等。

1. ODBC

ODBC（Open Database Connectivity，开放数据库互联）是 WOSA（Windows Open Services Architecture，Microsoft 公司开放服务结构）中有关数据库的一个组成部分，它建立了一组规范，并提供了一组对数据库访问的标准 API（应用程序编程接口）。这些 API 利用 SQL 来完成其大部分任务。ODBC 本身也提供了对 SQL 的支持，用户可以直接将 SQL 语句提交给 ODBC。

一个基于 ODBC 的应用程序对数据库的操作不依赖任何数据库管理系统，不直接与数据库管理系统打交道，所有的数据库操作由对应的数据库管理系统的 ODBC 驱动程序完成。也就是说，不论是 Access 和 Visual FoxPro，还是 SQL Serve 和 Oracle 数据库，均可用 ODBC API 进行访问。由此可见，ODBC 的最大优点是能以统一的方式处理所有的数据库。

2. DAO

DAO（Data Access Objects）即数据访问对象，是 Visual Basic 最早引入的数据访问技术。它普遍使用 Microsoft Jet 数据库引擎（由 Microsoft Access 使用），并允许 Visual Basic 开发者像通过 ODBC 对象直接连接到其他数据库一样，直接连接到 Access 表。DAO 最适用于单系统应用程序或小范围本地分布使用。

3. ADO

ADO（ActiveX Data Objects）又称为 ActiveX 数据对象，是 Microsoft 公司开发数据库应用程序面向对象的新接口。ADO 扩展了 DAO 所使用的对象模型，具有更加简单、更加灵活的操作性能。ADO 在 Internet 方案中使用最少的网络流量，并在前端和数据源之间使用最少的层数，提供了轻量、高性能的数据访问接口，可通过 ADO Data 控件非编程和利用 ADO 对象编程来访问各种数据库。

目前，Microsoft 的数据库访问一般使用 ADO 的方式。ODBC 和 DAO 是早期连接数据库的技术，正在逐渐被淘汰。本节中将重点介绍如何在 VBE 环境中使用 ADO 对象模型这一数据库访问接口技术来访问 Access 2010 数据库。

9.5.2 ADO 对象模型

在 ADO 2.1 以前，ADO 对象模型中有 7 个对象：Connection、Command、RecordSet、Error、Parameter、Field 和 Property，而在 ADO 2.5 以后（包括 2.6、2.7、2.8 版），新加了两个对象：Record 和 Stream。ADO 对象模型定义了一个分层的对象集合，如图 9-9 所示。这种层次结构表明了对象之间的相互联系，Connection 对象包含 Errors 和 Properties 子对象集合，它是一个基本的对象，所有的其他对象模型都来源于它。Command 对象包含 Parameters 和 Properties 子对象集合。RecordSet 对象包含 Fields 和 Properties 子对象集合，而 Record 对象可源于 Connection、Command 或 RecordSet 对象。

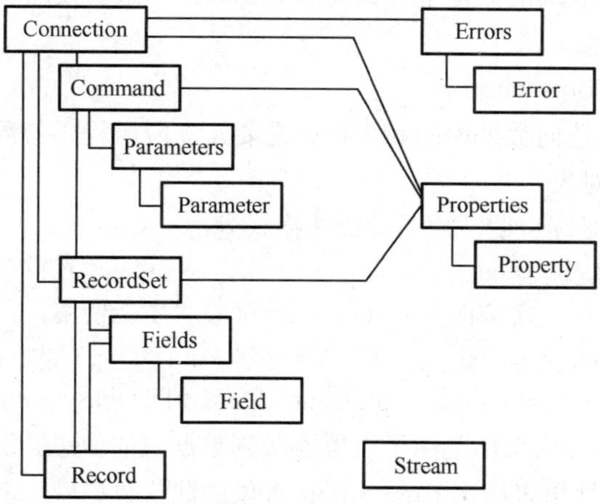

图 9-9　ADO 对象模型

注意：一个对象集合是由多个相同类型的对象组合在一起的，可以通过每个对象的 Name 属性来对其进行访问和识别。另外，集合也给其中的成员进行编号，所以也可能通过编号来对其中的成员进行访问和识别。

ADO 对象模型所提供的 9 个对象的功能说明如表 9-10 所示，其中 Connection、Command 和 RecordSet 这 3 个对象是 ADO 对象模型的核心对象。

表 9-10　ADO 对象模型中的 9 个对象

对象名称	功能说明
Connection	用来建立数据源和 ADO 程序之间的连接
Command	通过该对象对数据源执行特定的命令
RecordSet	用来处理数据源的数据
Record	表示电子邮件、文件或目录
Error	包含有关数据访问错误的详细信息
Parameter	表示与基于参数化查询或存储过程的 Command 对象相关联的参数
Property	表示由提供者定义的 ADO 对象的动态特性

续表

对象名称	功能说明
Field	表示使用普通数据类型数据的列
Stream	用来读取或写入二进制数据的数据流

要想在 VBA 程序中使用 ADO，必须首先添加对 ADO 的引用。要添加对 ADO 的引用，只需要在 VBE 窗口中选择“工具”→“引用”菜单命令，在弹出的“引用”对话框中选择“Microsoft ActiveX Data Objects 2.1 Library”选项即可。

9.5.3 利用 ADO 访问数据库的基本步骤

在 VBA 中利用 ADO 访问数据库的基本步骤为：首先使用 Connection 对象建立应用程序与数据源的连接，然后使用 Command 对象执行对数据源的操作命令（通常使用 SQL 命令），接下来使用 RecordSet 和 Field 等对象对获取的数据进行查询或更新操作，最后使用窗体中的控件向用户显示操作的结果，操作完成后关闭连接。

1. 数据库连接对象（Connection）

在 VBA 中，通过 ADO 访问数据库的第 1 步就是要建立应用程序与数据库之间的连接，这里就必须用到 ADO 的 Connection 对象。

Connection 对象使用前必须声明，声明的语法格式为：

```
Dim cnn As ADODB.Connection
```

在 Connection 对象声明后，需实例化 Connection 对象后才能使用，语句如下：

```
Set cnn=New ADODB.Connection
```

Connection 对象的常用属性有 ConnectionString、DefaultDatabase、Provider 和 State 等。

（1）ConnectionString 属性用来指定用于设置连接到数据源的信息。

（2）DefaultDatabase 属性用来指定 Connection 对象的默认数据库。例如，要连接“教学管理”数据库，可以用如下语句设置 Connection 对象的 DefaultDatabase 属性值。

```
cnn.DefaultDatabase="教学管理.accdb"
```

（3）Provider 属性指定 Connection 对象的提供者的名称。与 Access 2010 数据库连接时， Provider 的属性值为“Microsoft.ACE.OLEDB.12.0”。

（4）State 属性用于返回当前 Connection 对象打开数据库的状态。如果 Connection 对象已经打开数据库，则该属性值为 adStateOpen（值为 1），否则为 adStateClosed（值为 0）。

Connection 对象的常用方法有 Close、Execute 和 Open。

（1）Close 方法可以关闭已经打开的数据库，其语法格式为：

```
连接对象名.Close
```

（2）Execute 方法用于执行指定的 SQL 语句，其语法格式为：

```
连接对象名.Execute CommandText，RecordsAffected，Options
```

其中，CommandText 用于指定将执行的 SQL 命令；RecordsAffected 是可选参数，用于返回操作影响的记录数；Options 也是可选参数，用于指定 CommandText 参数的运算方式。

（3）使用 Connection 对象的 Open 方法可以创建与数据库的连接，其语法格式为：

```
连接对象名.Open ConnectionString,UserID,Password,Options
```

其中，ConnectionString 为必选项，其他项为可选项。

【例 9-16】 建立与 Access 2010 数据库的连接，包括连接对象的声明、实例化、连接、关闭连接和撤销连接对象。

程序如下：

```
Sub CreateConnection()
  Dim cnn As ADODB.Connection                     '声明连接对象
  Set cnn=New ADODB.Connection                    '实例化对象
  cnn.Open "Provider= Microsoft.Jet.OLEDB.4.0;Persist Security Info=False;User ID=Admin;Data Source=
E:\Access\教学管理.accdb;"                           '打开连接
  cnn.Close                                       '关闭连接
  Set cnn=Nothing                                 '撤销连接
End Sub
```

连接对象的 Close 方法不能将对象从内存中清除，但将 Connection 对象设置为 Nothing 可以从内存中清除对象。以上语句中，打开当前数据库的连接也可以修改为以下语句：

```
cnn.Open CurrentProject.Connection
```

2. 数据集对象（RecordSet）

RecordSet 对象是数据记录的集合，而数据记录又是字段的集合，因此利用 RecordSet 对象，可以存取所有数据记录中每一个字段的数据。在 ADO 中，RecordSet 对象是用于数据库操作的重要对象。下面介绍 RecordSet 对象的几个常用属性。

（1）BOF 属性和 EOF 属性

当 BOF 属性为 True 时，记录指针在数据表第一条记录前；而 EOF 属性为 True 时，表明记录指针在最后一条记录后。

（2）RecordCount 属性

RecordCount 属性返回 RecordSet 对象中的记录个数。

（3）EditMode 属性

EditMode 属性用于返回当前记录的编辑状态，其返回值的具体含义如表 9-11 所示。

表 9-11　EditMode 返回值的含义

常　量	说　明
AdEditNone	指示当前没有编辑操作
AdEditInProgress	指示当前记录中的数据已被修改但未保存
AdEditAdd	指示 AddNew 方法已被调用，且复制缓冲区中的当前记录是尚未保存到数据库中的新记录
AdEditDelete	指示当前记录已被删除

（4）Filter 属性

Filter 属性用于指定记录集的过滤条件，只有满足了这个条件的记录才会显示出来，其语法格式为：

```
RecordSet.Filter=条件
```

执行下面的语句，将只显示记录中部门名称为“财务部”的员工信息。

```
Rs.Filter='部门名称=财务部'
```

（5）State 属性

State 属性用于返回当前记录集的操作状态，返回值的具体含义如表 9-12 所示。

表 9-12　State 属性的返回值

常　量	说　明
AdStateClosed	默认，指示对象是关闭的

续表

常　量	说　明
AdStateOpen	指示对象是打开的
AdStateConnecting	指示 RecordSet 对象正在连接
AdStateExecuting	指示 RecordSet 对象正在执行命令
AdStateFetching	指示 RecordSet 对象的行正在被读取

RecordSet 对象的常用方法如表 9-13 所示。

表 9-13　RecordSet 对象的常用方法

方 法 名	说　明
Move	将当前记录位置移动到指定的位置
MoveFirst	将当前记录位置移动到记录集中的第一条记录
MoveLast	将当前记录位置移动到记录集中的最后一条记录
MovePrevious	将当前记录位置向后移动一条记录（向记录集的顶部）
MoveNext	将当前记录位置向前移动一条记录（向记录集的底部）
AddNew	向记录集中添加一条新记录
Find	在记录集中查找满足条件的记录
Open	打开一个记录集
Close	关闭打开的对象
Delete	删除记录集中的当前记录或记录组
Update	将记录集缓冲区中的记录真正写到数据库中
CancelUpdate	取消对当前记录所做的任何更改或放弃新添加的记录

【例 9-17】 在“教学管理”数据库中使用 RecordSet 对象创建“学生”记录集。

程序如下：

```
Sub DemoRecordSet()
    '声明并实例化 RecordSet 对象
    Dim rst As ADODB.RecordSet
    Set rst=New ADODB.RecordSet
    '使用 RecordSet 对象的 Open 方法打开记录集
    rst.Open "SELECT * FROM  学生",CurrentProject.Connection
    '在立即窗口打印记录集
    Debug.Print rst.GetString
    '关闭并销毁变量 rst
    rst.Close
    Set rst=Nothing
End Sub
```

RecordSet 对象的 Open 方法的第 1 个参数是数据源，数据源可以是表名、SQL 语句、存储过程、Command 对象变量名或记录集的文件名。本例中的数据来源于 SQL 语句。Open 的第 2 个参数是有效的连接字符串或 Connection 对象变量名。

【例 9-18】 在“教学管理”数据库中使用 RecordSet 对象和 Connection 对象一起创建“学生”记录集，向后移动记录并计算记录数。

程序如下：

```
Sub DemoRecordSet1()
    '声明并实例化 Connection 对象和 RecordSet 对象
    Dim cnn As ADODB.Connection
    Dim rst As ADODB.RecordSet
    Set cnn=New ADODB.Connection
    Set rst=New ADODB.RecordSet
    '将 RecordSet 连接到当前数据库
    Set cnn= CurrentProject.Connection
    rst.ActiveConnection=cnn
    '使用 RecordSet 对象的 Open 方法打开记录集
    rst.Open "SELECT * FROM 学生"
    '在立即窗口打印第 1 条记录的姓名
    Debug.Print rst("姓名")
    '向后移动记录并打印第 2 条记录的姓名
    rst.Movenext
    Debug.Print rst("姓名")
    '打印记录总数
    Debug.Print rst.RecordCount
    '关闭并销毁变量
    rst.Close:cnn.Close
    Set rst=Nothing:Set cnn=Nothing
End Sub
```

3. 命令对象（Command）

ADO 的 Command 对象代表对数据源执行的查询、SQL 语句或存储过程。Command 对象的常用属性如下。

（1）ActiveConnection 属性

ActiveConnection 属性用来指定当前命令对象属于哪个 Connection 对象。若要为已经定义好的 Connection 对象单独创建一个 Command 对象，必须将其 ActiveConnection 属性设置为有效的连接字符串。

（2）CommandText 属性

CommandText 属性用于指定向数据提供者发出的命令文本。此文本通常是 SQL 语句，也可以是提供者能识别的任何其他类型的命令语句。

（3）State 属性

State 属性用于返回 Command 对象的运行状态。如果 Command 对象处于打开状态，则值为“adStateOpen”（值为 1），否则为“adStateClosed”（值为 0）。

Command 对象的常用方法为 Execute，此方法用来执行 CommandText 属性中指定的查询、SQL 语句或存储过程。它的语法结构如下。

对于以记录集返回的 Command 对象：

```
Set RecordSet=Command.Execute(RecordsAffected,Parameters,Options)
```

对于不以记录集返回的 Command 对象：

```
Command.Execute RecordsAffected,Parameters,Options
```

参数 RecordsAffected 为长整型变量，返回操作所影响的记录数目；参数 Parameters 为数组，为 SQL 语句传送的参数值；Options 为长整型值，表示 CommandText 的属性类型。这几个参数为可选参数。

【例 9-19】 在“教学管理”数据库中，使用 Command 对象获取“学生”记录集。

程序如下：

```
Sub DemoCommand()
    '声明并实例化 Command 对象和 RecordSet 对象
    Dim rst As ADODB.RecordSet
    Dim cmd As ADODB.Command
    Set rst=New ADODB.RecordSet
    Set cmd=New ADODB.Command
    '使用 SQL 语句设置数据源
    cmd.CommandText="SELECT * FROM 学生"
    cmd.ActiveConnection=CurrentProject.Connection
    '使用 Execute 方法执行 SQL 语句，返回记录集
    Set rst=cmd.Execute
    Debug.Print rst.GetString
    rst.Close：Set rst=Nothing:Set cmd=Nothing
End Sub
```

本例中，CommandText 属性设置 SQL 语句，ActiveConnection 属性指向与当前数据库的连接，Execute 方法将 SQL 语句的运行结果返回给 RecordSet 对象。

4. 字段对象（Field）

ADO 的 Field 对象包含关于 RecordSet 对象中某一列的信息。RecordSet 对象的每一列对应一个 Field 对象。Field 对象在使用前需要声明。Field 对象的 Name 属性用于返回字段名，Value 属性用于查看或更改字段中的数据。

【例 9-20】 在“教学管理”数据库中，利用 Field 对象输出记录集中第 1 条记录“姓名”的列值。

程序如下：

```
Sub DemoField()
    '声明并实例化 RecordSet 对象和 Field 对象
    Dim rst As ADODB.RecordSet
    Dim fld As ADODB.Field
    Set rst=New ADODB.RecordSet
    '建立连接并用 Open 方法打开记录集
    rst.ActiveConnection=CurrentProject.Connection
    rst.Open "SELECT * FROM 学生"
    'Field 对象指向“姓名”列，输出第 1 条记录的姓名
    Set fld=rst("姓名")
    Debug.Print fld.Value
    rst.Close:Set rst=Nothing
End Sub
```

9.6 VBA 程序的调试与错误处理

在程序设计过程中，程序出错是难免的。当程序执行时，会产生各种各样的错误，包括语法错误和逻辑错误，这就提出了如何查找和改正程序错误或出错后如何处理的问题。

9.6.1 VBA 程序的调试方法

VBE 提供了“调试”菜单和“调试”工具栏，在调试程序时可以选择需要的调试命令或工具对程序进行调试。

1. 程序模式

在 VBE 环境中测试和调试应用程序时，程序所处的模式包括：设计模式、运行模式和中断模式。在设计模式下，VBE 创建应用程序；在运行模式下，VBE 运行程序；在中断模式下，能够中断程序，利于检查和改变数据。

一般来说，在 VBE 的标题栏会显示出当前的模式。

2. 运行方式

VBE 提供了多种程序运行方式，通过不同的方式运行程序，可以对程序进行各种调试工作。

（1）逐语句执行程序。逐语句执行是调试程序时十分有效的方法。通过单步执行每一行程序语句，包括被调用过程中的程序语句，可以及时、准确地跟踪变量的值，从而发现错误。如果需要逐语句执行程序，可单击 VBE“调试”工具栏上的“逐语句”命令按钮，VBA 执行当前语句，并自动转到下一条语句，同时将程序挂起。

对于在一行中有多条语句用冒号隔开的情况，在使用逐语句命令时，将逐个执行该行中的每条语句。

（2）逐过程执行程序。逐过程执行与逐语句执行的不同之处在于，执行语句调用其他过程时，逐语句是从当前行转移到该过程中，在过程中一行一行地执行；而逐过程执行也是一条一条地执行语句，但遇到过程时，将其当成一条语句执行，而不进入到过程内部。

（3）跳出执行程序。如果希望执行当前过程中的剩余语句，可单击“调试”工具栏上的“跳出”命令按钮。在执行跳出命令时，VBE 会将该过程未执行的语句全部执行完，包括在过程中调用的其他过程。过程执行完后，程序返回到调用该过程的下一条语句处。

（4）运行到光标处。选择“调试”菜单项的“运行到光标处”命令，VBE 就会运行到当前光标处。当用户可确定某一范围的语句正确，而对后面语句的正确性不能保证时，可使用该命令运行到某条语句，再在该语句后逐步调试。这种调试方式通过光标来确定程序运行的位置，十分方便。

（5）设置下一条语句。在 VBE 中，用户可自由设置下一步要执行的语句。当程序已经挂起时，可在程序中选择要执行的下一条语句并右击，并在弹出的快捷菜单中选择“设置下一条语句”命令。

3. 暂停运行

VBE 提供的大部分调试工具，都要在程序处于挂起状态时才能运行，因此，使用时要暂停 VBA 程序的运行。在这种情况下。变量和对象的属性仍然保持不变，当前运行的语句在模块窗口中显示出来。如果要将语句设为挂起状态，可采用以下两种方法。

（1）断点挂起。如果 VBA 程序在运行时遇到了断点，系统就会在运行到该断点处时将程序挂起。可在任何可执行语句和赋值语句处设置断点，但不能在声明语句和注释行处设置断点。

在模块窗口中，将光标移到要设置断点的行，按 F9 功能键，或单击“调试”工具栏上的“切换断点”命令按钮设置断点。也可以在模块窗口中，单击要设置断点行的左侧边缘部分设置断点。如果要消除断点，可将插入点移到设置了断点的程序行，然后单击工具栏上的“切换断点”命令按钮。

（2）Stop 语句挂起。在过程中添加 Stop 语句，或在程序执行时按 Ctrl+Break 组合键，也可将程序挂起。Stop 语句是添加在程序中的，当程序执行到该语句时将被挂起。如果不再需要断点，则将 Stop 语句逐行清除。

4. 查看变量的值

在调试程序时，可能希望随时查看程序中变量的值，在 VBE 环境中提供了多种查看变量值的方法。

（1）在代码窗口中查看变量的值。在程序调试时，在代码窗口中只要将鼠标指向要查看的变量，就会直接在屏幕上显示变量的当前值。用这种方式查看变量的值最为简单，但一次只能查看一个变量的值。

（2）在本地窗口中查看变量的值。在程序调试时，可单击 VBE“调试”工具栏上的“本地窗口”按钮，或选择“视图”→“本地窗口”命令打开本地窗口，在本地窗口中显示了当前过程中的所有变量的值和类型。在本地窗口中，可以通过选择现有值，并输入新值来更改变量的值。

（3）在监视窗口中查看变量或表达式的值。在程序执行过程中，可利用监视窗口查看变量或表达式的值，从而动态了解变量或表达式的值的变化情况，进而对程序的正确与否做出分析判断。

在程序调试过程中，选择“调试”→“添加监视”菜单命令，打开“添加监视”对话框，如图 9-10 所示。

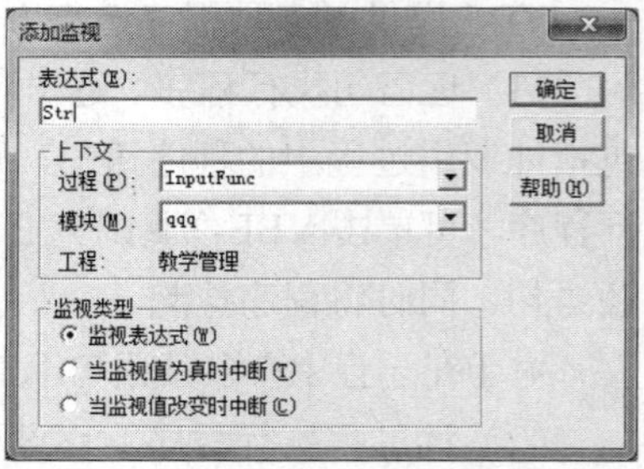

图 9-10 “添加监视”对话框

在“表达式”文本框中输入需要监视的表达式；如果要设置被监视表达式的范围，可在“上下文”区域中从相应的下拉列表框中选择一个过程、窗体或模块名；如果要确定系统对监视表达式的响应方式，可在“监视类型”选项组中选中某个单选按钮。

如果要显示监视表达式的值，则选中“监视表达式”单选按钮。

如果在表达式的值为 True 时挂起执行，则选中“当监视值为真时中断”单选按钮。

如果要在表达式的值有所改变时挂起执行，则选中“当监视值改变时中断”单选按钮。

设置完成后，单击“确定”按钮，出现监视窗口。程序运行时，将在监视窗口中显示所设置的表达式的值。

（4）在立即窗口中查看结果。使用立即窗口可检查一行 VBA 语句的结果。可以输入一行语句，然后按下 Enter 键来执行该语句。可使用立即窗口检查控件、字段或属性的值及显示表达式的值，或为变量、字段或属性赋一个新值。立即窗口是一种中间结果暂存窗口，在这里可以立即得出语句、方法或过程的结果。

9.6.2 VBA 程序的错误处理

前面介绍了多种程序调试的方法，可帮助查找错误，但程序运行中的错误，一旦出现将造成程序崩溃，无法继续执行，因此，必须对可能发生的运行时错误加以处理。也就是在系统发出警告之前，截获该错误，在错误处理程序中提示用户采取行动，是解决问题还是取消操作。如果用户解决了问题，程序就能够继续执行；如果用户选择取消操作，就可以跳出这段程序，继续执行后面的程序。这就是处理运行时错误的方法，这个过程称为错误捕获。

1. 激活错误捕获

在捕获运行时错误之前，首先要激活错误捕获功能。此功能由 On Error 语句实现，On Error 语句有 3 种形式。

（1）On Error GoTo 行号。此语句的功能是激活错误捕获，并将错误处理程序指定为从“行号”位置开始的程序段。也就是说，在发生运行时错误后，程序将跳转到“行号”位置，执行下面的错误处理程序。

（2）On Error Rusume Next。此语句的功能是忽略错误，继续往下执行。它激活错误捕获功能，但并不指定错误处理程序。当发生错误时，不做任何处理，直接执行产生错误的下一行程序。

（3）On Error GoTo 0。此语句用来强制性取消错误捕获功能。

2. 编写错误处理程序

在捕获到运行时错误后，将进入错误处理程序。在错误处理程序中，要进行相应的处理。例如，判断错误的类型及提示用户出错，并向用户提供解决的方法，然后根据用户的选择将程序流程返回到指定位置继续执行等。

在编写错误处理程序时，常用到 Err 对象。Err 对象是 VBA 中的预定对象，用于发现和处理错误。Err 对象的重要属性之一是 Number 属性，使用它将返回或设置错误代码；另一个重要属性为 Description，是对错误号的描述。

【例 9-21】 使用数组时，如果数组下标超出所定义的范围，则产生运行时错误，编写程序对相应错误进行处理。

程序如下：

```
Sub OnErrorTest()
    On Error GoTo Err1                              '打开错误处理程序
    Dim a(10) As Integer
    a(11)=89                                        '产生运行时错误
    Err1:                                           '错误处理程序
        Debug.Print "检查错误代号：" & Err.Number    '打印检查错误代码
        MsgBox "数组下标越界"
End Sub
```

习题 9

一、选择题

1. 窗体模块和报表模块都属于（　　）。

A. 标准模块　　B. 类模块　　C. 过程模块　　D. 函数模块

2. VBA 中定义符号常量可以用关键字（　　）。

A. Const　　B. Dim　　C. Public　　D. Static

3. 表达式“10.2\5”返回的值是（　　）。

A. 0　　B. 1　　C. 2　　D. 2.04

4. 表达式"13+4" & "=" & (13+4)的运算结果为（　　）。

A. 13+4　　B. &13+4　　C. (13+4) &　　D. 3+4=17

5. VBA 表达式 Chr(Asc(Ucase('abodefg'))）返回的值是（　　）。

A. A　　B. 97　　C. a　　D. 65

6. 函数 Len("Access 数据库")的值是（　　）。

A. 9　　B. 12　　C. 15　　D. 18

7. 函数 Right(Left(Mid("Access_DataBase",10,3),2),1)的值是（　　）。

A. a　　B. B　　C. t　　D. 空格

8. VBA 表达式 IIf(0, 20, 30)的值为（　　）。

A. 20　　B. 30　　C. 25　　D. 10

9．在下列逻辑表达式中，能正确表示条件“*m* 和 *n* 至少有一个为偶数”的是（　　）。

A．m Mod 2=1 Or n Mod 2=1　　B．m Mod 2=1 And n Mod 2=1

C．m Mod 2=0 Or n Mod 2=0　　D．m Mod 2=0 And n Mod 2=0

10．语句 Select Case X 中，X 为一整型变量，下列 Case 语句中，错误的表达式是（　　）。

A．Case IS>20　　B．Case 1 TO 10

C．Case 2,4,6　　D．Case X>10

11．在 VBE 的立即窗口输入如下命令，输出结果是（　　）。

```
x=4=5
?x
```

A．True　　B．False　　C．4=5　　D．语句有错

12．Sub 过程和 Function 过程最根本的区别是（　　）。

A．Sub 过程的过程名不能返回值，而 Function 过程能通过过程名返回值

B．Sub 过程可以使用 Call 语句或直接使用过程名，而 Function 过程不能

C．两种过程参数的传递方式不同

D．Function 过程可以有参数，Sub 过程不能有参数

13．在代码中定义了一个子过程：

```
Sub P(a,B)
    …
End Sub
```

下列调用该过程的形式中，正确的是（　　）。

A．Call P　　B．Call P(10,20)　　C．P(10,20)　　D．Call p 10,20

14．窗体上添加有 3 个命令按钮，分别命名为 Command1、Command2 和 Command3。编写 Command1 的单击事件过程，完成的功能为：当单击按钮 Command1 时，按钮 Command2 可用，按钮 Command3 不可见，正确的程序代码是（　　）。

A．
```
Private Sub Command1_Click( )
  Command2.Visible=True
  Command3.Visible=False
End Sub
```

B．
```
Private Sub Command1_Click( )
  Command2.Enabled=True
  Command3.Enabled=False
End Sub
```

C．
```
Private Sub Command1_Click( )
  Command2.Enabled=True
  Command3.Visible=False
End Sub
```

D．
```
Private Sub Command1_Click( )
    Command2. Visible=True
    Command3. Enabled=False
End Sub
```

15．在窗体中有一个名为 Command1 的命令按钮，事件代码如下：

```
Private Sub Command1_Click()
Dim m(10)
For k=1 To 10
    m(k)=11-k
Next k
x=6
MsgBox m(2+m(x))
End Sub
```

运行窗体，单击命令按钮，消息框的输出结果是（　　）。

A．2　　B．4　　C．3　　D．5

二、填空题

1．VBA 的全称是________。

2．在 VBA 中，要得到[15，75]区间的随机整数，可以用表达式________。

3．VBA 的有参过程定义，形参用________说明，表明该形参为传值调用；形参用 ByRef 说明，表明该形参为________。

4．VBA 的 3 种流程控制结构是________、________和________。

5．有如下代码，要求循环体执行 3 次后结束循环，在空白处填入适当内容。

```
x=1
Do
    x=x+2
Loop Until ________
```

6．有如下 VBA 代码，运行结束后，变量 n 的值是________，变量 i 的值是________。

```
n=0
For i=1 To 3
    For j=-4 To -1
        n=n+1
    Next j
Next i
```

7．ADO 的 3 个核心对象是________、________、________。

8．为了建立与数据库的连接，必须调用连接对象的________方法，连接建立后，可利用连接对象的________方法来执行 SQL 语句。

9．若要判断记录集对象 rst 是否已到文件尾，则条件表达式是________。

10．判断记录指针是否到了记录集的末尾的属性是________，向下移动指针可调用记录集对象的________方法来实现。

三、问答题

1．什么是类模块和标准模块？它们的特征是什么？

2．什么是形参和实参？过程中参数的传递有哪几种？它们之间有什么不同？

3．什么是事件过程？它有什么特点？

4．在窗体中添加一个命令按钮 Command1 和一个文本框 Text1，编写如下事件代码，则运行窗体后，单击命令按钮，文本框中显示的内容是________。

```
Private Sub Command1_Click()
    Dim x As Integer, y As Integer, z As Integer
    x=5:y=7:z=0
    Me!Text1=""
    Call p1(x,y,z)
    Me!Text1=z
End Sub
Sub p1(a As integer, b As Integer, c As Integer)
    c=a+b
End Sub
```

5．使用 ADO 对象模型对数据库编程的基本步骤是什么？

6．利用 ADO 对象，对“教学管理”数据库的“课程”表完成以下操作。

（1）添加一条记录：“ZJ000012”，“数据结构”，48。

（2）查找课程名为“数据结构”的记录，并将其学时更新为 64。

（3）删除课程号为“ZJ000012”的记录。

第 10 章　应用案例

学习 Access 数据库管理系统的目的不仅仅是为了操作使用，更为重要的是要学会如何进行数据库应用系统的开发。利用 Access 开发出实用的数据库应用系统不仅是对本课程知识学习的一个全面、综合的检验和训练，而且是学习和使用 Access 数据库管理系统的最终目标。

本章介绍数据库应用系统的开发过程，综合应用前面章节的知识，系统性地设计和实现了一个企业人力资源管理系统。通过本章的学习，要了解 Access 数据库应用系统的开发步骤，能够使用 Access 2010 来开发数据库应用系统。

10.1 数据库应用系统的开发过程

一个数据库应用系统的开发过程一般采用生命周期理论，即应用系统从提出需求、形成概念开始，经过分析论证、系统开发、使用维护，直到淘汰或被新的应用系统所取代的一个全过程。其开发过程一般包括需求分析、系统设计、系统实现、系统测试和系统交付 5 个阶段，每阶段应提交相应的文档资料，包括需求分析报告、系统设计报告、系统测试大纲、系统测试报告及操作使用说明书等。

1. 需求分析

整个开发过程从分析系统的需求开始。系统的需求包括对数据的需求和对功能的需求两方面的内容，它们分别是数据库设计和应用程序设计的依据。虽然在数据库管理系统中，数据具有独立性，数据库可以单独设计，但应用程序设计和数据库设计仍然是相互关联、相互制约的。具体地说，设计应用程序时将受到数据库当前结构的约束，而在设计数据库的时候，也必须考虑实现功能的需要。

需求分析阶段的基本任务简单说来有两个：一是摸清现状；二是理清将要开发的目标系统应该具有哪些功能。需求分析完成后，应撰写需求分析报告。

2. 系统设计

在明确了系统需求后，还不能马上就进入程序设计（编码）阶段，而需要对系统的一些问题进行规划和设计，包括如下问题。

（1）系统设计工具和支撑环境的选择，包括选择哪种数据库、哪些开发工具、支撑目标系统运行的软硬件及网络环境等。

（2）怎样组织数据，也就是数据模型的设计，即设计数据表字段、字段约束关系、表之间的关系、表的索引等。

（3）系统界面的设计，包括菜单、窗体、报表、查询界面等。

（4）系统功能模块的设计，即确定系统由哪些模块组成及这些模块之间的关系。对一些较为复杂的功能模块，还应该进行算法设计，即借助于程序流程图描述实现具体功能的算法。

系统设计工作完成后，要撰写系统设计报告。在系统设计报告中，要详细列出系统功能模块图、系统主要界面及相应的算法说明。

3. 系统实现

系统实现阶段的工作任务就是依据前两个阶段的工作，具体建立数据库和数据表、定义各种约束并录入部分数据；具体设计系统菜单、系统模块，定义模块上的各种控件对象，编写对象对不同事件的响应代码及设计报表和查询等。

4. 系统测试

系统测试阶段的任务就是验证系统设计与系统实现阶段所完成的系统能否稳定、准确地运行，这些系统功能是否全面地覆盖并正确地完成了系统需求，从而确认系统是否可以交付运行。

为使系统测试阶段顺利进行，测试前应编写一份测试大纲，详细描述每一个测试模块的测试目的、测试用例、测试环境、测试步骤、测试后所应该出现的结果。对一个模块可安排多个测试用例，以期能够较全面、完整地反映实际情况。测试过程中应进行详细记录，测试完成后要撰写系统测试报告，对应用系统的功能完整性、稳定性、正确性及使用是否方便等方面给出评价。

5. 系统交付

系统交付阶段的工作主要有两个方面：一是全部文档的整理交付；二是对所完成的软件（数据、程序等）打包并形成发行版本，使用户在满足系统运行环境的任意一台计算机上按照安装说明就可以安装运行。

下面以企业人力资源管理系统为例介绍 Access 数据库应用系统的开发方法。

10.2 需求分析

人力资源管理就是预测组织人力资源需求，并对人员招聘、绩效考核、报酬支付进行有效管理。企业人力资源管理系统可认为是一个为人力资源管理部门决策提供必要信息的计算机系统，包括相应的硬件、软件和数据库。针对企业对于人力资源管理现代化的需要，设计开发企业人力资源管理系统，能够使人力资源管理工作系统化、规范化和自动化，从而达到提高人力资源管理效率的目的。

通过对系统应用环境及各有关环节的分析，系统的需求可以归纳为两点。

1. 数据需求

数据库中的数据要完整、同步、准确地反映人力资源管理过程中所需要的各方面信息。

2. 功能需求

企业人力资源管理系统可以分为 4 个模块：员工基本信息、员工工资管理、员工考勤管理和员工信息查询。在信息采集方面要快捷方便，数据更新维护要自动高效，系统操作要简单实用。系统操作界面要能直观地显示员工各方面的信息，以供决策参考。

对于本系统，具体需要实现以下一些基本功能。

（1）数据编辑功能：系统应能对员工各方面的数据进行增加、删除和修改。

（2）查询功能：通过系统能够从不同的角度查询员工各方面的情况。

（3）统计输出功能：对员工的工资、出差、奖惩、出勤、加班等各方面信息进行统计并输出。

10.3 系统设计

系统设计主要包括数据库设计和系统功能设计，本节结合企业人力资源管理系统进行介绍。

10.3.1 数据库设计

一般来说，企业人力资源管理人员需要登记员工的相关资料、发放和管理员工工资及记录所有员工的出勤情况，由此可以得出企业人力资源管理系统的数据流程图如图 10-1 所示。

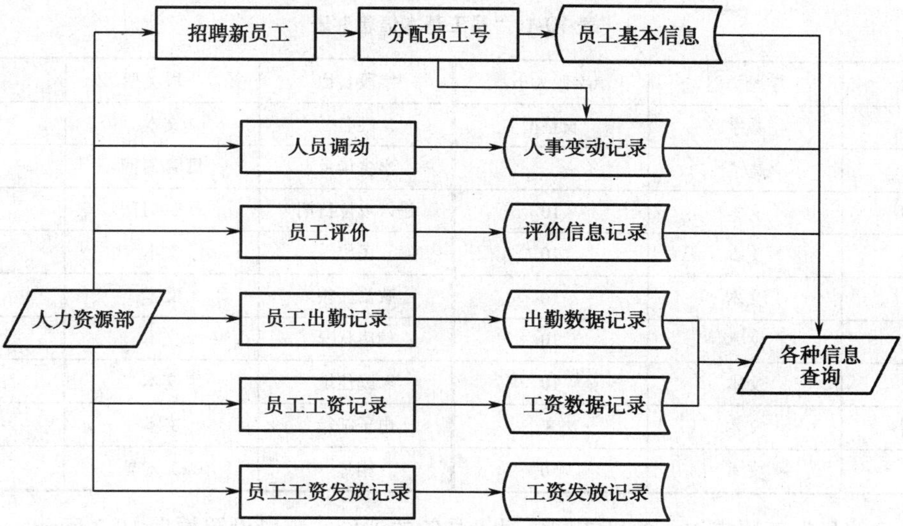

图 10-1 “企业人力资源管理系统”的数据流程图

（1）员工基本信息：包括的数据项有员工编号、姓名、性别、出生年月、所在部门、进入单位日期、现任职位、民族、籍贯、政治面貌、文化程度、健康状况、婚姻状况、住址、联系电话、电子邮箱、备注和相片等。

（2）员工评价信息：包括的数据项有编号、员工编号、姓名、工作态度、业绩、总评价、评价日期和备注等。

（3）员工奖惩信息：包括的数据项有编号、员工编号、姓名、奖惩原因、级别、授予部门、获得日期和备注等。

（4）员工调动信息：包括的数据项有编号、员工编号、姓名、部门、调动日期、调动情况、调动原因和备注等。

（5）员工工资：包括的数据项有编号、发放日期、员工编号、姓名、部门、基本工资、补贴、工龄工资、加班费、奖金、缺勤扣款、住房公积金、养老保险、医疗保险、失业保险和税款等。

（6）员工工资发放信息：包括的数据项有编号、员工编号、姓名、领取人、经办人、领取日期和备注等。

（7）员工出勤记录：包括的数据项有编号、登记日期、员工编号、姓名、部门、出勤记录和备注等。

（8）员工出差记录：包括的数据项有编号、登记日期、员工编号、姓名、部门、出差开始时间、出差结束时间、出差原因和备注等。

（9）员工加班记录：包括的数据项有编号、登记日期、员工编号、姓名、部门、加班时间、加班日期和备注等。

（10）员工请假记录：包括的数据项有编号、登记日期、员工编号、姓名、部门、假期开始时间、假期结束时间、请假原因和备注等。

从上面的分析可以确定，企业人力资源管理数据库应包括“员工基本信息”表、“员工评价信息”表、“员工奖惩信息”表、“员工调动信息”表、“员工工资”表、“员工工资发放信息”表、“员工出勤记录”表、“员工出差记录”表、“员工加班记录”表、“员工请假记录”表共 10 个表。

“员工基本信息”表用来存放员工的基本信息，字段设置如表 10-1 所示。

表 10-1 “员工基本信息”表

字段名称	字段类型	字段大小	字段名称	字段类型	字段大小
员工编号	数字	长整型	姓名	文本	10
性别	是/否		出生年月	日期/时间	
所在部门	文本	10	进入单位日期	日期/时间	
现任职务	文本	10	民族	文本	10
籍贯	文本	10	政治面貌	文本	10
文化程度	文本	10	健康状况	文本	10
婚姻状况	文本	10	家庭住址	文本	50
联系电话	文本	8	电子邮箱	文本	50
备注	文本	50	相片	OLE 对象	

“员工评价信息”表用来记录领导或同事对于员工的评价，字段设置如表 10-2 所示。

表 10-2 “员工评价信息”表

字段名称	字段类型	字段大小	字段名称	字段类型	字段大小
编号	自动编号	长整型	员工编号	数字	长整型
姓名	文本	10	工作态度	备注	
业绩	备注		综合评价	文本	50
评价日期	日期/时间		备注	文本	50

“员工奖惩信息”表用来记录员工所得到的奖惩信息，字段设置如表 10-3 所示。

表 10-3 “员工奖惩信息”表

字段名称	字段类型	字段大小	字段名称	字段类型	字段大小
编号	自动编号	长整型	员工编号	数字	长整型
姓名	文本	10	奖惩名称	文本	20
级别	文本	10	授予部门	文本	10
获得日期	日期/时间		备注	文本	50

“员工调动信息”表用来记录员工调动方面的信息，字段设置如表 10-4 所示。

表 10-4 “员工调动信息”表

字段名称	字段类型	字段大小	字段名称	字段类型	字段大小
编号	自动编号	长整型	员工编号	数字	长整型
姓名	文本	10	部门	文本	10
调动日期	日期/时间		调动情况	文本	20
调动原因	文本	50	备注	文本	50

“员工工资”表用来记录员工的工资信息，字段设置如表 10-5 所示。

表 10-5 “员工工资”表

字段名称	字段类型	字段大小	字段名称	字段类型	字段大小
编号	自动编号	长整型	发放日期	日期/时间	
员工编号	数字	长整型	姓名	文本	10
部门	文本	10	基本工资	货币	
补贴	货币		工龄工资	货币	
加班费	货币		奖金	货币	
缺勤扣款	货币		住房公积金	货币	
养老保险	货币		医疗保险	货币	
失业保险	货币		税款	货币	

“员工工资发放信息”表用于记录每个月员工工资的发放情况，字段设置如表 10-6 所示。

表 10-6 “员工工资发放信息”表

字段名称	字段类型	字段大小	字段名称	字段类型	字段大小
编号	自动编号	长整型	员工编号	数字	长整型
姓名	文本	10	领取人	文本	10
经办人	文本	10	领取日期	日期/时间	
备注	文本	50			

“员工出勤记录”表用于记录员工的出勤情况，字段设置如表 10-7 所示。

表 10-7 “员工出勤记录”表

字段名称	字段类型	字段大小	字段名称	字段类型	字段大小
编号	自动编号	长整型	登记日期	日期/时间	
员工编号	数字	长整型	姓名	文本	10
部门	文本	10	出勤记录	文本	20
备注	文本	50			

“员工出差记录”表用于记录员工的出差情况，字段设置如表 10-8 所示。

表 10-8 “员工出差记录”表

字段名称	字段类型	字段大小	字段名称	字段类型	字段大小
编号	自动编号	长整型	登记日期	日期/时间	
员工编号	数字	长整型	姓名	文本	10
部门	文本	10	出差开始时间	日期/时间	
出差结束时间	日期/时间		出差原因	文本	50
备注	文本	50			

“员工加班记录”表用于记录员工的加班情况，字段设置如表 10-9 所示。

表 10-9 “员工加班记录”表

字段名称	字段类型	字段大小	字段名称	字段类型	字段大小
编号	自动编号	长整型	登记日期	日期/时间	
员工编号	数字	长整型	姓名	文本	10
部门	文本	10	加班时间	文本	20
加班日期	日期/时间		备注	文本	50

“员工请假记录”表用于记录员工的请假情况，字段设置如表 10-10 所示。

表 10-10 “员工请假记录”表

字段名称	字段类型	字段大小	字段名称	字段类型	字段大小
编号	自动编号	长整型	登记日期	日期/时间	
员工编号	数字	长整型	姓名	文本	10
部门	文本	10	假期开始时间	日期/时间	
假期结束时间	日期/时间		请假原因	文本	50
备注	文本	50			

10.3.2 系统功能设计

企业人力资源管理系统主要实现员工基本信息、员工工资管理、员工考勤管理、员工信息查询这 4 个主要功能模块，根据前面对用户需求的分析，依据系统功能设计原则，对整个系统进行了模块划分，系统模块结构如图 10-2 所示。

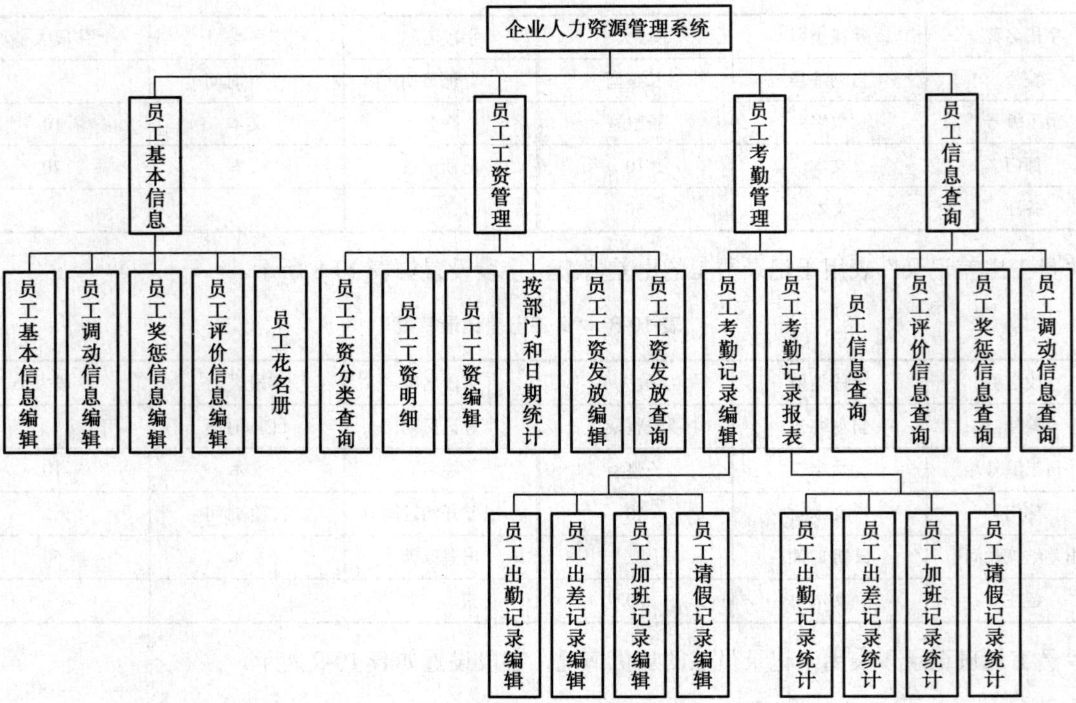

图 10-2 系统模块结构

1. 员工基本信息模块

员工基本信息模块包括5个子模块，各子模块的功能如下。

（1）员工基本信息编辑模块：此模块对员工的基本信息进行录入并保存到数据库中。此模块为其他模块提供数据支持。

（2）员工调动信息编辑模块：此模块对员工的工作调动信息进行登记并保存到数据库中。

（3）员工奖惩信息编辑模块：此模块对员工的奖惩信息进行登记并保存到数据库中，在调整员工工资时作为参考。

（4）员工评价信息编辑模块：此模块对员工的评价信息进行录入并保存到数据库中，在调整员工工资时作为参考。

（5）员工花名册模块：以报表的形式显示企业所有员工的基本信息。

2. 员工工资管理模块

员工工资管理模块包括6个子模块，各子模块的功能如下。

（1）员工工资分类查询模块：此模块显示选定员工的工资。

（2）员工工资明细模块：通过报表的形式显示所有员工的工资信息，可以打印工资条。

（3）员工工资编辑模块：此模块对员工的工资情况进行登记并保存到数据库中，在发工资时需要使用其中的数据。

（4）员工工资按部门和日期统计模块：可以按日期和部门统计工资，实现图表的显示。

（5）员工工资发放编辑模块：此模块对员工工资的发放情况进行登记并保存到数据库中。

（6）员工工资发放查询模块：查询员工工资发放的具体情况。

3. 员工考勤管理模块

员工考勤管理模块包括员工考勤记录编辑和员工考勤记录报表2个子模块。员工考勤记录编辑子模块的模块功能如下。

（1）员工出勤记录编辑模块：此模块对员工的出勤信息进行记录并保存到数据库中，在进行员工工资编辑时使用。

（2）员工出差记录编辑模块：此模块对员工的出差信息进行记录。

（3）员工加班记录编辑模块：此模块对员工的加班情况进行登记并保存到数据库中，在生成员工工资表时会用到其中的数据。

（4）员工请假记录编辑模块：此模块对员工的请假情况进行登记并保存到数据库中，在生成员工工资表时会用到其中的数据。

员工考勤记录报表子模块的模块功能如下。

（1）员工出勤记录统计模块：通过报表的形式显示所有员工的出勤记录。

（2）员工出差记录统计模块：通过报表的形式显示所有员工的出差记录。

（3）员工加班记录统计模块：通过报表的形式显示所有员工的加班记录。

（4）员工请假记录统计模块：通过报表的形式显示所有员工的请假记录。

4. 员工信息查询模块

员工信息查询模块包括4个子模块，各子模块的功能如下。

（1）员工信息查询模块：此模块查找指定员工的基本信息。

（2）员工评价信息查询模块：此模块查找指定员工的评价信息。

（3）员工奖惩信息查询模块：此模块查找指定员工的奖惩信息。

（4）员工调动信息查询模块：此模块查找指定员工的调动信息。

10.4 系统实现

在确定了系统的功能模块之后，就要设计并实现每一个功能模块内部的功能。本节介绍一些典型模块的实现方法，对于相类似的模块不重复介绍，请读者自行完成。

10.4.1 创建数据库

首先创建“人力资源管理”数据库，然后根据表 10-1～表 10-10 逐个建立 10 个表，并确定表之间的关系，如图 10-3 所示。

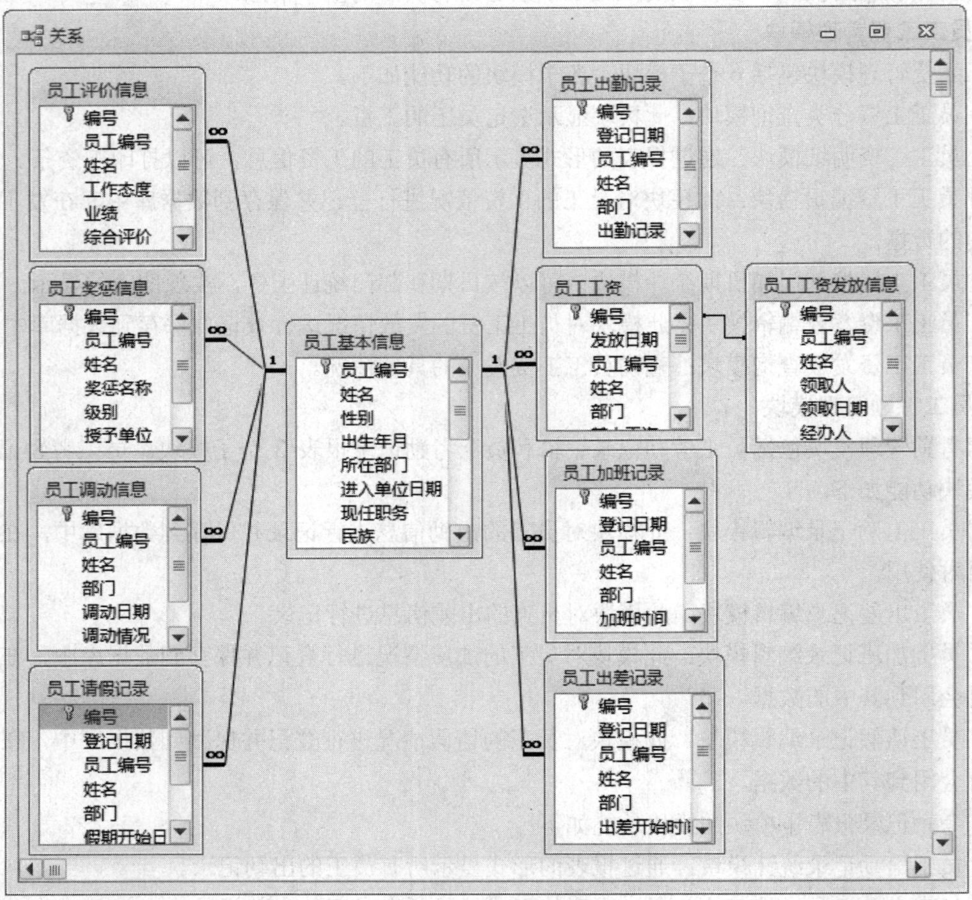

图 10-3 “人力资源管理”数据库

10.4.2 创建窗体

在设计 Access 数据库应用系统时，通常先使用窗体向导建立窗体的基本框架，然后再切换到设计视图使用人工方式进行调整，这样可以提高操作效率。

1. “员工信息编辑”窗体的实现

“员工信息编辑”窗体是系统中管理员工各方面信息的窗体，在这个窗体中可以添加、编辑或删除员工的信息，其运行界面如图 10-4 所示。

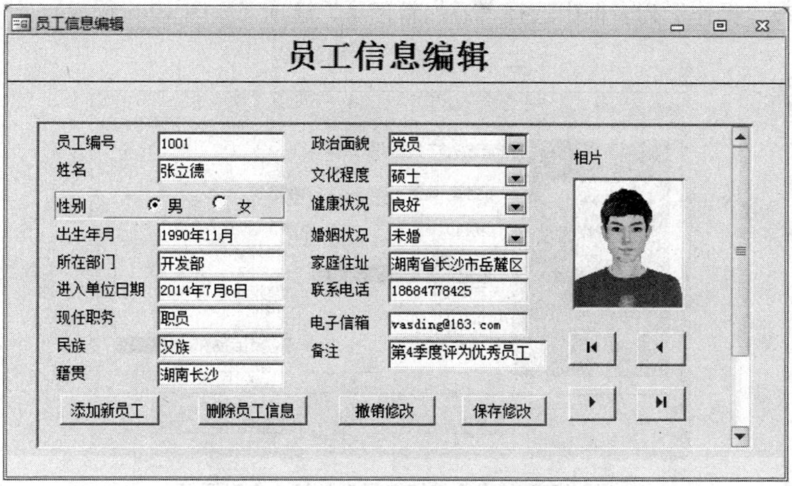

图 10-4 “员工信息编辑”窗体

（1）添加窗体控件

① 单击“创建”选项卡，在“窗体”命令组中单击“窗体向导”命令按钮，弹出“窗体向导”的第 1 个对话框。在对话框中选择“表：员工基本信息”，选定所有字段（如图 10-5 所示），然后单击“下一步”按钮。

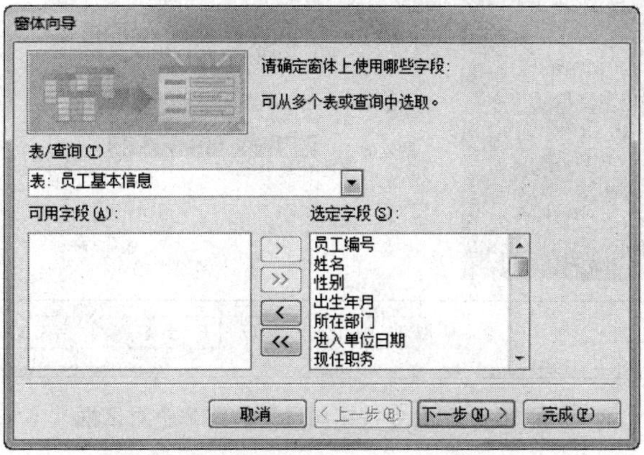

图 10-5 “窗体向导”的第 1 个对话框

② 弹出“窗体向导”的第 2 个对话框，选中“表格”单选按钮，以表格作为新创建窗体的布局，单击“下一步”按钮。

③ 在弹出的对话框中输入窗体的名称“员工信息编辑”，然后选中“修改窗体设计”单选按钮，最后单击“完成”按钮，进入窗体设计视图。

④ 调整各控件的位置，在界面上添加“性别”字段选项组，为“政治面貌”、“文化程度”、“健康状况”及“婚姻状况”4 个字段添加组合框。

（2）添加命令按钮

下面增加“添加新员工”、“删除员工信息”、“撤销修改”和“保存修改”4 个命令按钮，它们的生成过程大致相同。首先建立“添加新员工”命令按钮，操作步骤如下。

① 单击“窗体设计工具/设计”上下文选项卡，在“控件”命令组中单击“按钮”命令按钮，就

会弹出“命令按钮向导”的第 1 个对话框，选择命令按钮的操作类型，在“类别”列表框中选择“记录操作”选项，在“操作”列表框中选择“添加新记录”选项（如图 10-6 所示），然后单击“下一步”按钮。

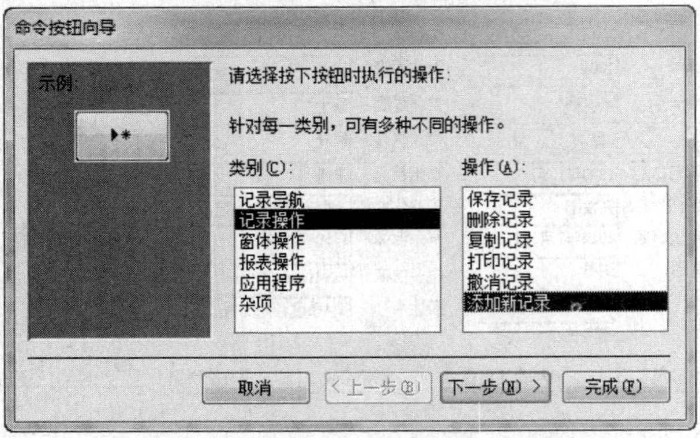

图 10-6 “命令按钮向导”的第 1 个对话框

② 弹出“命令按钮向导”的第 2 个对话框，选择命令按钮的样式，这里选中“文本”单选按钮，并在后面的文本框中加入命令按钮的新标题“添加新员工”（如图 10-7 所示），然后单击“下一步”按钮。

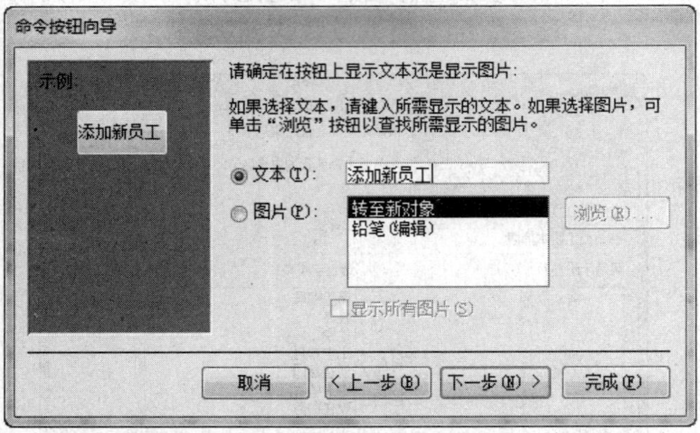

图 10-7 “命令按钮向导”的第 2 个对话框

③ 弹出“命令按钮向导”的最后一个对话框，为命令按钮命名，将命令按钮的名称输入到文本框中，最后单击“完成”按钮。

同样，可以创建“删除员工信息”、“撤销修改”、“保存修改”命令按钮，其操作过程类似，只是在向导生成过程中，“删除员工信息”命令按钮的操作类别为“删除记录”，“撤销修改”命令按钮的操作类别为“撤销记录”，“保存修改”命令按钮的操作类别为“保存记录”。

（3）添加移动记录命令按钮

在窗体右侧有 4 个移动记录的命令按钮，其作用分别是跳转到第一条记录、上一条记录、下一条记录、最后一条记录。它们也是通过“命令按钮向导”自动生成的。操作步骤与上述命令按钮的生成过程大致相同，下面以生成按钮为例，介绍具体的操作步骤。

① 在窗体中添加命令按钮后，Access 会显示“命令按钮向导”对话框，在“类别”列表框中选择“记录操作”选项，在“操作”列表框中选择“添加新记录”选项，然后单击“下一步”按钮。

② 选中“图片”单选按钮，选中“显示所有图片”复选框，在列表框中选择“转至新对象”选项，然后单击“下一步”按钮。

③ 输入命令按钮名称，单击“完成”按钮。

仿照上述方法生成其他类似的命令按钮。到此，“员工信息编辑”窗体的设计已经完成了。同样，也可生成“员工评价信息编辑”窗体及“员工工资编辑”窗体。

2. “按部门和日期统计工资”窗体的实现

“按部门和日期统计工资”窗体是统计员工工资的窗体，在这个窗体中以图文并茂的形式向操作人员展示工资发放情况。

在创建此窗体前，必须先建立“员工工资明细”查询和“员工工资按部门和日期统计”查询，并以此为基础，建立“按部门和日期统计工资”窗体。

（1）创建“员工工资明细”查询

新建一个查询，数据源为“员工工资”表，添加“应发工资”、“扣款总计”和“实发工资”3 个计算字段，如图 10-8 所示。

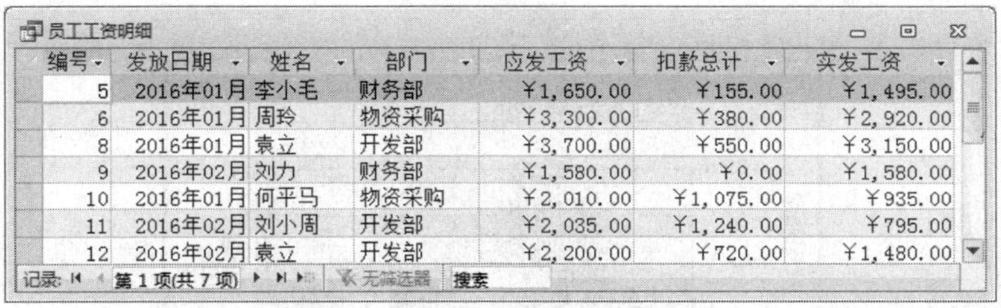

编号	发放日期	姓名	部门	应发工资	扣款总计	实发工资
5	2016年01月	李小毛	财务部	￥1,650.00	￥155.00	￥1,495.00
6	2016年01月	周玲	物资采购	￥3,300.00	￥380.00	￥2,920.00
8	2016年01月	袁立	开发部	￥3,700.00	￥550.00	￥3,150.00
9	2016年02月	刘力	财务部	￥1,580.00	￥0.00	￥1,580.00
10	2016年01月	何平马	物资采购	￥2,010.00	￥1,075.00	￥935.00
11	2016年02月	刘小周	开发部	￥2,035.00	￥1,240.00	￥795.00
12	2016年02月	袁立	开发部	￥2,200.00	￥720.00	￥1,480.00

图 10-8 “员工工资明细”查询

具体做法是在字段栏里输入“应发工资：[基本工资]+[补贴]+[工龄工资]+[加班费]+[奖金]”、“扣款总计：[缺勤扣款]+[住房公积金]+[养老保险]+[医疗保险]+[失业保险]+[税款] ”和“实发工资：[应发工资]－[扣款总计]”，并在设计视图里打开这 3 个字段的“属性表”任务窗格，把这 3 个新添加字段的“格式”属性设置为“货币”。

（2）创建“员工工资按部门和日期统计”查询

单击“创建”选项卡，在“查询”命令组中单击“查询向导”命令按钮，弹出“新建查询”对话框，选择“简单查询向导”选项，单击“确定”按钮。

在“表/查询”下拉列表框中选择“查询：员工工资明细”选项，添加 “发放日期”、“部门”和“实发工资”3 个字段，创建“员工工资按部门和日期统计”查询。

打开“员工工资按部门和日期统计”查询设计视图，在“条件”行或其他栏里单击鼠标右键，在弹出的快捷菜单中选择“汇总”命令。在窗体上出现“总计”行时，把“发放日期”、“部门”和“实发工资”3 个字段的“总计”行分别设为“Group By”、“Group By”和“合计”，如图 10-9 所示。

（3）创建数据透视图窗体

以“员工工资按部门和日期统计”查询作为数据源，用向导创建窗体，命名为“按部门和日期统计工资”窗体。由于与前面介绍的使用向导生成窗体十分类似，这里不再详细介绍。

创建数据透视图窗体的具体步骤如下。

① 在导航窗格中，选择“员工工资按部门和日期统计”查询，作为窗体的数据源。然后，单击“创建”选项卡，在“窗体”命令组中单击“其他窗体”命令按钮，在列表中选择“数据透视图”命令，进入相应设计视图，如图 10-10 所示。

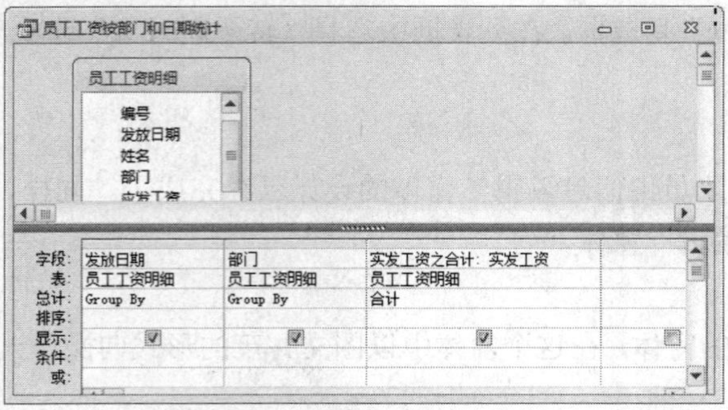

图 10-9 “员工工资按部门和日期统计”查询

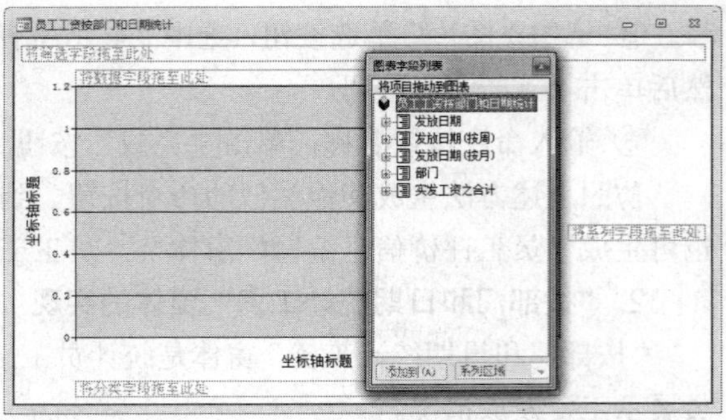

图 10-10 数据透视图设计窗口

如果没有打开“图表字段列表”窗格，可以单击“数据透视图工具/设计”上下文选项卡，在“显示/隐藏”命令组中单击“字段列表”命令按钮，打开“图表字段列表”窗格。

② 把“发放日期”、“部门”、“实发工资之合计”字段拖到相应位置，这时在图表区显示出柱形图，如图 10-11 所示

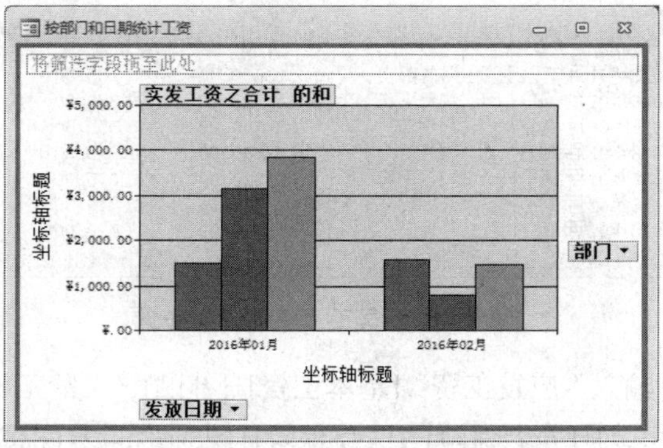

图 10-11 数据透视图创建的结果

最后，将窗体以“按部门和日期统计工资”为名称保存。

10.4.3 创建查询

在数据库应用系统中，查询功能起着至关重要的作用，通过查询能够快速查找所需的内容。下面通过“员工工资分类查询”窗体介绍查询功能的实现过程。

“员工工资分类查询”窗体的功能是查询员工工资，在创建此窗体前需先建立 3 个查询，分别是“按员工编号查找员工工资”查询、“按员工姓名查找员工工资”查询和“按日期查找员工工资”查询，它们的创建方式大致相同。

1. 创建“按员工编号查找员工工资”查询

① 单击“创建”选项卡，在“查询”命令组中单击“查询向导”命令按钮，在弹出的“新建查询”对话框中选择“简单查询”向导选项，然后单击“确定”按钮。

② 在简单查询向导对话框的“表/查询”下拉列表框中选择“表：员工工资”，然后把所有字段都添加到“选定字段”列表框中（如图 10-12 所示），然后单击“下一步”按钮。

③ 在弹出的对话框中选择“明细”单选按钮，再单击“下一步”按钮，在弹出的对话框中为查询指定标题“按员工编号查找员工工资”，并选中“修改查询设计”单选按钮，单击“完成”按钮，打开

查询设计视图，如图 10-13 所示。

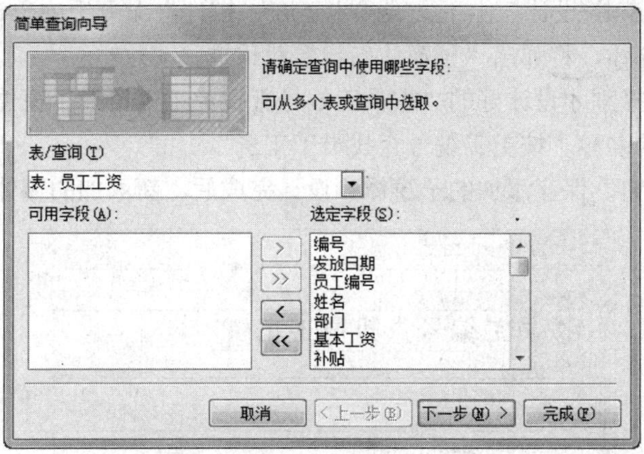

图 10-12　选择字段

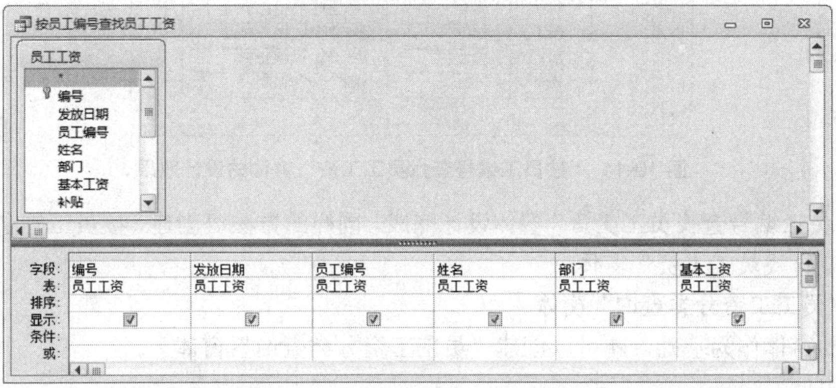

图 10-13 “按员工编号查找员工工资”查询设计视图

④ 将查询保存为“按员工编号查找员工工资”，此查询用于检索员工的工资。

2. 创建“按员工编号查找员工工资”子窗体

“按员工编号查找员工工资”子窗体显示的是查询到的员工工资信息，该窗体的数据源是查询。下面将详细介绍此窗体的创建方式。

① 单击“创建”选项卡，在“窗体”命令组中单击“窗体向导”命令按钮。

② 在弹出的对话框中选择“查询：按员工编号查找员工工资”选项，然后添加查询中的所有字段，最后单击“下一步”按钮。

③ 弹出“窗体向导”的第 2 个对话框，为新创建的窗体选择“表格”式布局，然后单击“下一步”按钮。

④ 在弹出的对话框中输入窗体的标题“按员工编号查找员工工资”子窗体，同时选中“修改窗体设计”单选按钮。

⑤ 单击“完成”按钮，进入窗体设计视图。最后，将生成的窗体保存为“按员工编号查找员工工资”子窗体。

3. 创建“按员工编号查找员工工资”窗体

“按员工编号查找员工工资”窗体是由上面创建的“按员工编号查找员工工资”子窗体组成的，用来显示查询的结果。

① 单击“创建”选项卡，在“窗体”命令组中单击“窗体设计”命令按钮，添加一个新窗体。

② 单击“窗体设计工具/设计”上下文选项卡，在“控件”命令组中单击“子窗体/子报表”命令按钮，向窗体上添加子窗体，将弹出“子窗体向导”对话框。

③ 在对话框中，选择刚才设计好的“按员工编号查找员工工资”子窗体，单击“下一步”按钮，在该窗体中输入子窗体的名称“按员工编号查找员工工资”。

④ 单击“完成”按钮，保存添加的子窗体。设计完成后，新添加的窗体如图 10-14 所示。

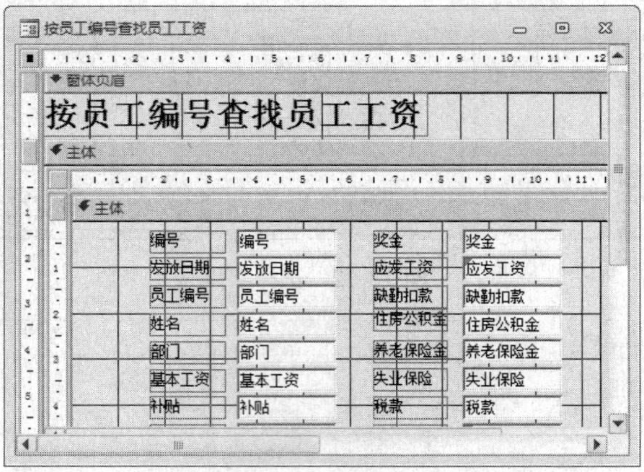

图 10-14 “按员工编号查找员工工资”窗体的设计效果

到此，“按员工编号查找员工工资”窗体设计完成。同样的方法可创建“按员工姓名查找员工工资”窗体和“按日期查找员工工资”窗体。

4. 创建“员工工资分类查询”窗体

有了上面的窗体作为基础，就可以创建“员工工资分类查询”窗体了。

（1）设计窗体

单击“创建”选项卡，在“窗体”命令组中单击“窗体设计”命令按钮，进入窗体设计视图。

（2）添加组合框

向窗体上添加组合框控件，如图 10-15 所示。

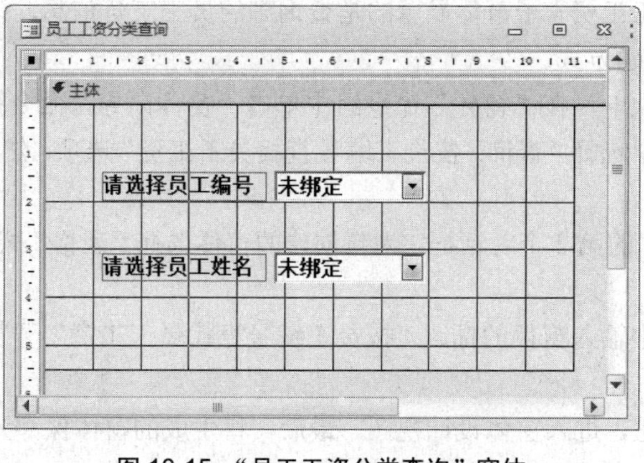

图 10-15 “员工工资分类查询”窗体

添加组合框的方法如下。

① 单击“窗体设计工具/设计”上下文选项卡，在“控件”命令组中单击“组合框”命令按钮，添加在窗体的合适位置，弹出如图 10-16 所示的对话框，选中“使用组合框获取其他表或查询中的值”

单选按钮，然后单击“下一步”按钮。

② 弹出如图 10-17 所示的对话框，选择“表：员工工资”选项，然后单击“下一步”按钮。

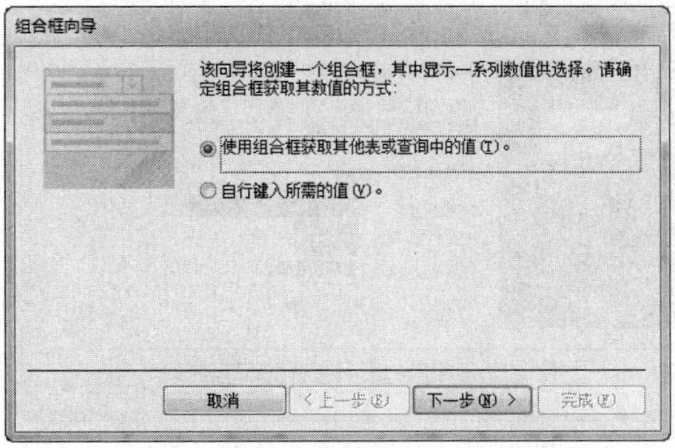

图 10-16 “组合框向导”对话框

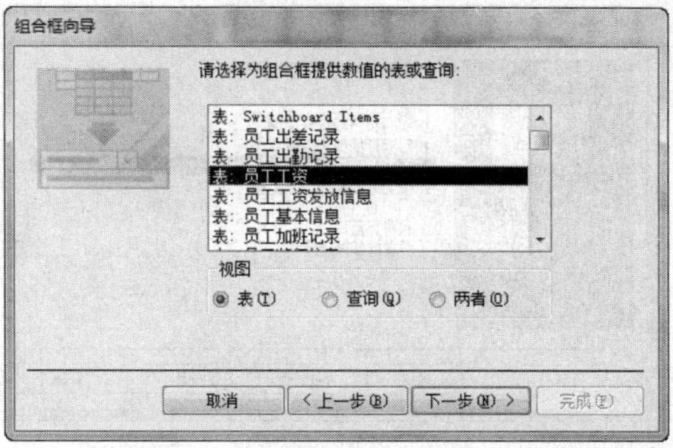

图 10-17 选择提供数值的表或查询

③ 弹出如图 10-18 所示的对话框，添加“员工编号”字段，单击“下一步”按钮。

④ 弹出如图 10-19 所示的对话框，单击“下一步”按钮，再单击“下一步”按钮，在“请为组合框指定对象”文本框中输入“请选择员工编号”，最后单击“完成”按钮。

通过上面的步骤，“请选择员工编号”组合框就编辑完成了。

（3）创建“确定”按钮

① 单击“窗体设计工具/设计”上下文选项卡，在“控件”命令组中单击“按钮”命令按钮，并将其放入窗体中，将弹出“命令按钮向导”对话框。在“类别”列表框中选择“杂项”，在“操作”列表框中选择“运行查询”（如图 10-20 所示），然后单击“下一步”按钮。

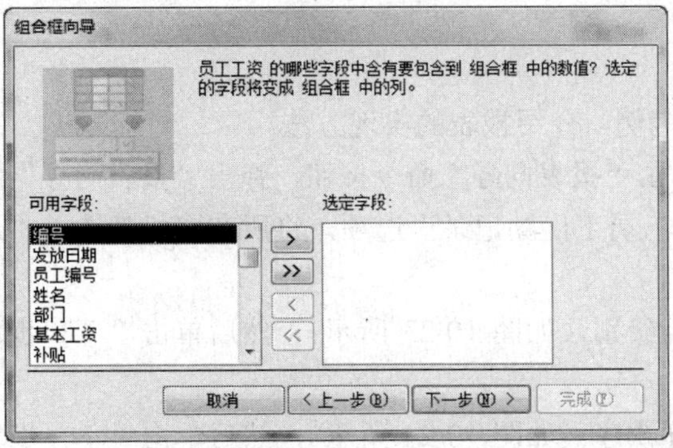

图 10-18 选择字段

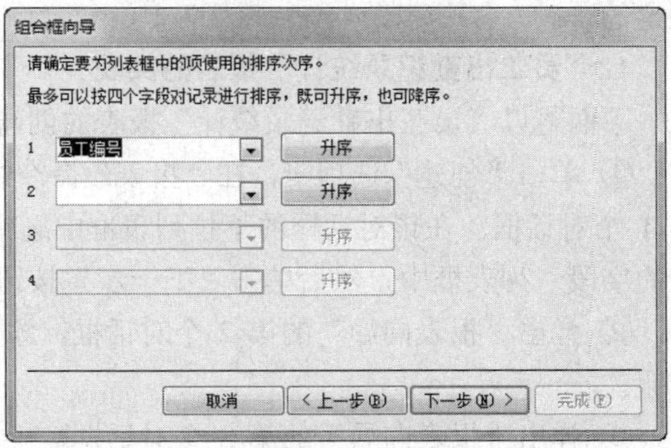

图 10-19 选择排序次序

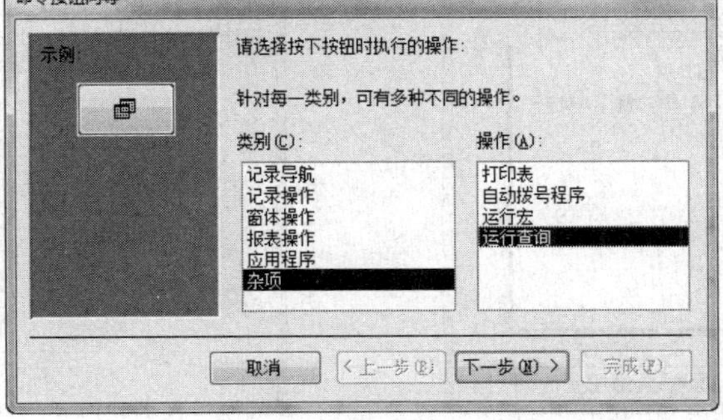

图 10-20 选择执行的操作

② 选择“按员工编号查找员工工资”选项（如图 10-21 所示），然后单击“下一步”按钮。

③ 选中“文本”单选按钮，并输入“确定”（如图 10-22 所示），然后单击“下一步”按钮。

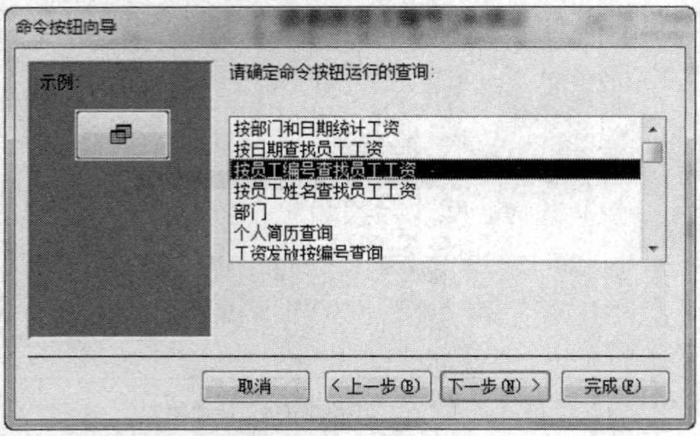

图 10-21　选择运行的查询

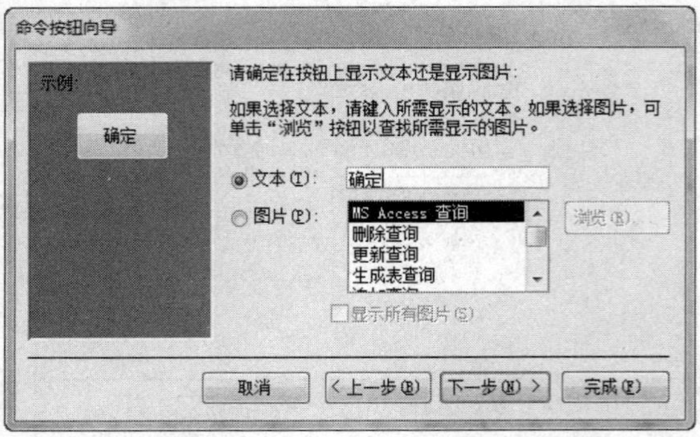

图 10-22　“命令按钮向导”选择显示方式

④ 单击“完成”按钮，就完成了整个命令按钮的创建。

接下来按照上述方法分别创建与“请选择员工姓名”相对应的组合框和“确定”按钮。到此，“员工工资分类查询”窗体创建完毕。

在系统中，与之创建过程相似的查询窗体还有“员工信息查询”窗体、“员工评价信息查询”窗体、“员工奖惩信息查询”窗体和“员工调动信息查询”窗体。

10.4.4　创建报表

报表中的大部分内容来自表或查询，它们是报表的数据源，报表中其他内容是在报表设计过程中确定的。

1. “员工出勤记录统计”报表的实现

下面将以“员工出勤记录统计”报表的创建过程为例，介绍报表的实现方法。

① 单击“创建”选项卡，在“报表”命令组中单击“报表向导”命令按钮，弹出“报表向导”的第 1 个对话框。在该对话框的下拉列表框中选择“表：员工出勤记录”选项，将所有字段都选入“选定的字段”列表框中，然后单击“下一步”按钮。

② 弹出“报表向导”的第 2 个对话框，添加分组级别（如图 10-23 所示），然后单击“下一步”按钮。

③ 弹出“报表向导”的第 3 个对话框，确定排序次序（如图 10-24 所示），然后单击“下一步”按钮。

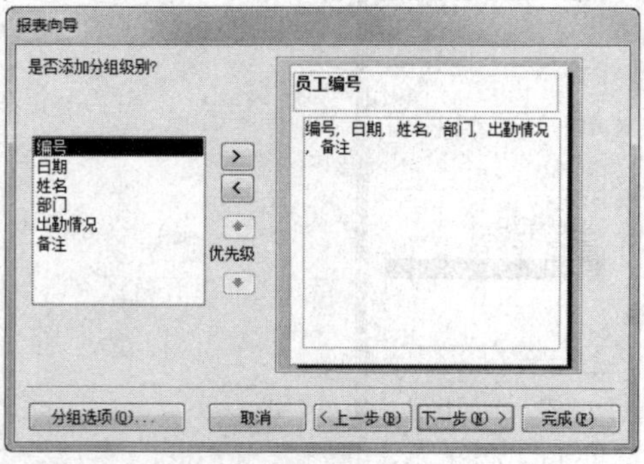

图 10-23　添加分组级别

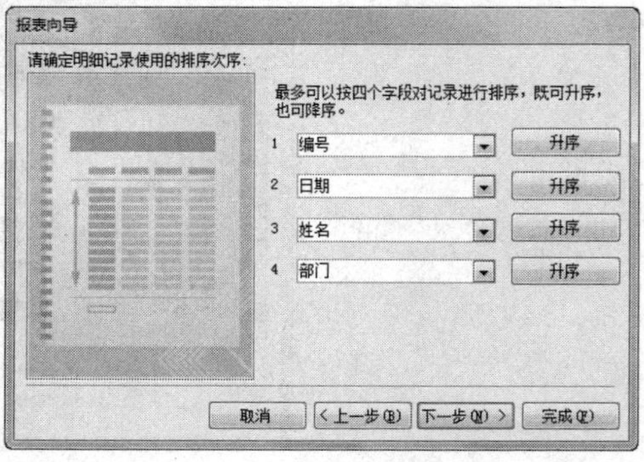

图 10-24　确定排序次序

④ 弹出“报表向导”的第 4 个对话框，确定报表的布局。这里采用“块”式布局和“纵向”方向（如图 10-25 所示），然后单击“下一步”按钮。

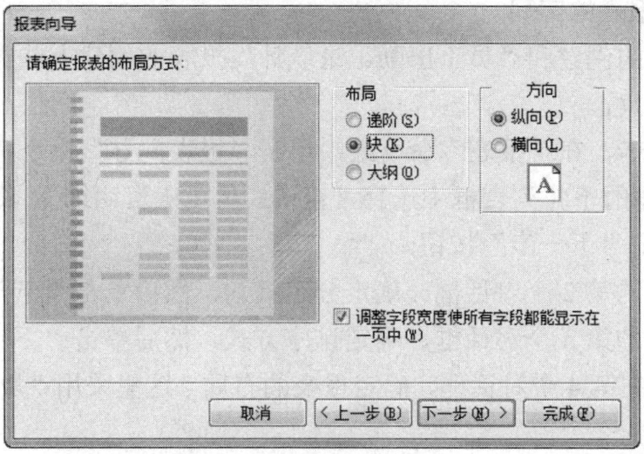

图 10-25　确定报表布局

⑤ 弹出“报表向导”的第 5 个对话框，确定报表的标题。这里将标题设定为“员工出勤记录统计”，然后单击“完成”按钮，就完成了整个报表的设计过程。

⑥ 打开报表设计视图，修改字段的名称，调整字段的位置，并添加日期、页码及报表修饰，最终设计视图如图 10-26 所示，报表视图如图 10-27 所示。

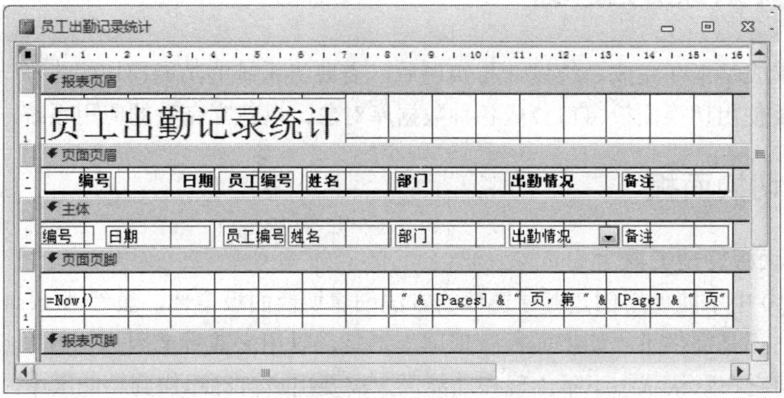

图 10-26　“员工出勤记录统计”报表的设计视图

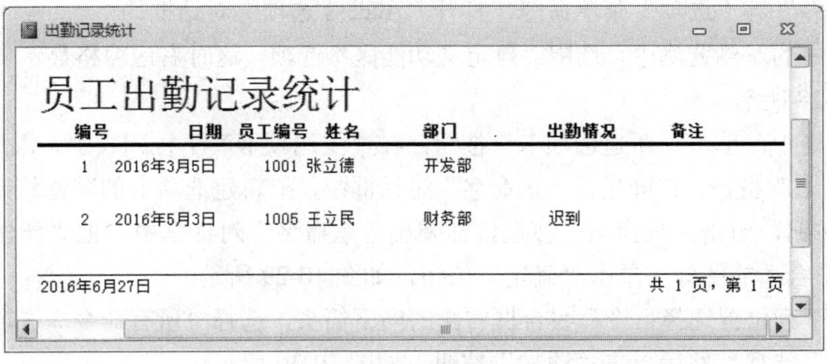

图 10-27　“员工出勤记录统计”报表的报表视图

至此，“员工出勤记录统计”报表已经设计完成。在系统中，和“员工出勤记录统计”报表类似的报表有“员工出差记录统计”报表、“员工加班记录统计”报表、“员工请假记录统计”报表和“员工花名册”报表。

2. “员工工资明细”报表的实现

“员工工资明细”报表的创建和“员工出勤记录统计”报表的创建方法类似，下面将简要介绍“员工工资明细”报表的创建过程。

① 单击“创建”选项卡，在“报表”命令组中单击“报表向导”命令按钮，弹出“报表向导”的第 1 个对话框。在该对话框的下拉列表框中选择“查询：员工工资明细”，将所有字段都选入“选定的字段”列表框中，然后单击“下一步”按钮。

② 弹出“报表向导”的第 2 个对话框，确定分组级别，然后单击“下一步”按钮。

③ 弹出“报表向导”的第 3 个对话框，确定排序方式，然后单击“下一步”按钮。

④ 弹出“报表向导”的第 4 个对话框，确定报表的布局。这里采用“块”式布局和“纵向”方向，然后单击“下一步”按钮。

⑤ 弹出“报表向导”的第 5 个对话框，确定报表的标题。这里将标题设定为 “员工工资明细”，然后单击“完成”按钮，就完成了整个报表的设计过程。

⑥ 打开报表设计视图，修改字段的名称，并将字段的位置调整至最佳。至此，“员工工资明细”报表创建完成。

10.5 应用系统的集成

应用系统的集成是指在完成系统设计与实现后，需要将系统的功能模块组合在一起，形成完整的应用系统。Access 使用切换面板窗口集成各种数据库对象，以建立完整的应用系统。

10.5.1 创建切换面板

1. 添加切换面板管理工具

在 Access 2010 中不能使用创建普通窗体的方法创建切换面板窗体，虽然 Access 2010 不再鼓励使用切换面板，但它还是提供了“切换面板管理器”工具，以用来兼顾老用户修改以前版本创建的数据库的切换面板，但它在默认状态下不出现在功能区，需要用户自己添加到功能区中。

添加切换面板工具的操作步骤如下。

① 选择“文件”→“选项”菜单命令，打开“Access 选项”对话框。

② 在对话框中的左侧窗格中，选中“自定义功能区”选项，这时右边窗格显示自定义功能区的相关内容，如图 10-28 所示。

③ 在右边窗格中，单击“新建选项卡”按钮，在“主选项卡”下拉列表中，添加“新建选项卡”选项，单击“重命名”按钮，在弹出的“重命名”对话框中，把新建选项卡的名称修改为“切换面板”；选中“新建组”按钮，单击“重命名”按钮，在弹出“重命名”对话框中，把“新建组”名称修改为“工具”，选择一个合适的图标，单击“确定”按钮，如图 10-29 所示。

④ 单击“从下列位置选择命令”组合框右侧的向下箭头，选择“所有命令”选项，在列表中选中“切换面板管理器”选项，然后单击“添加”按钮，如图 10-30 所示。

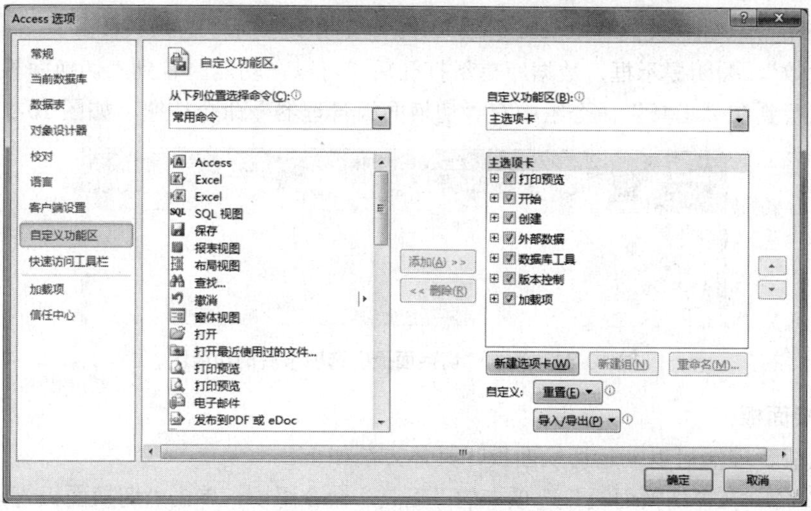

图 10-28　自定义功能区

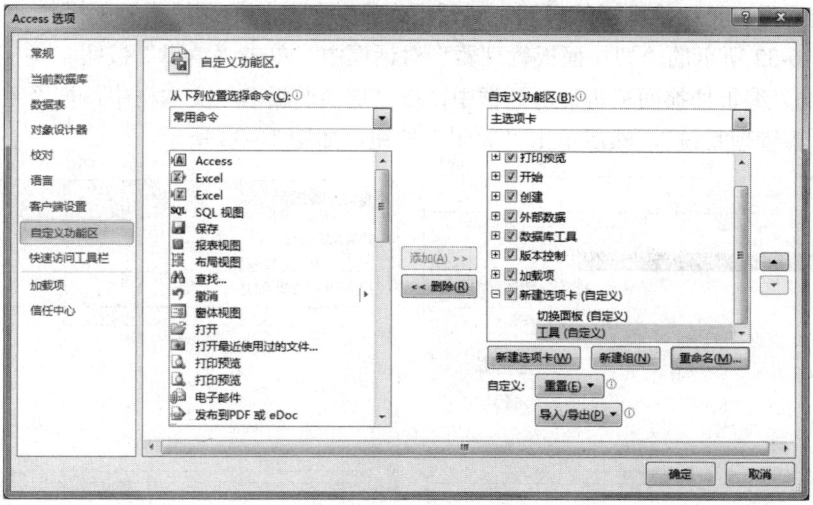

图 10-29　新建选项卡和选项组

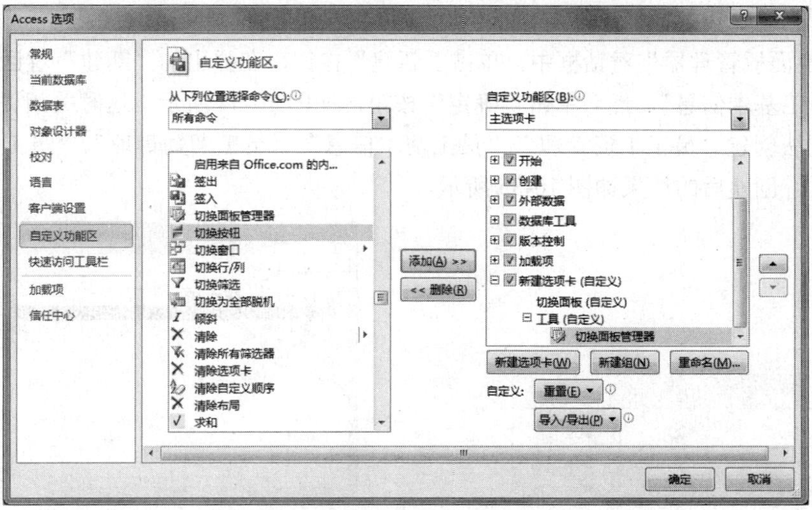

图 10-30　添加控制面板管理器

⑤ 单击“确定”按钮，关闭“Access 选项”对话框，系统提示“必须关闭并重新打开当前数据库，指定选项才能生效”，关闭提示框，数据库重新打开后，可以在功能区看到“切换面板”选项卡，选中该选项卡，可以看到在“工具”命令组中有“切换面板管理器”命令按钮，如图 10-31 所示。

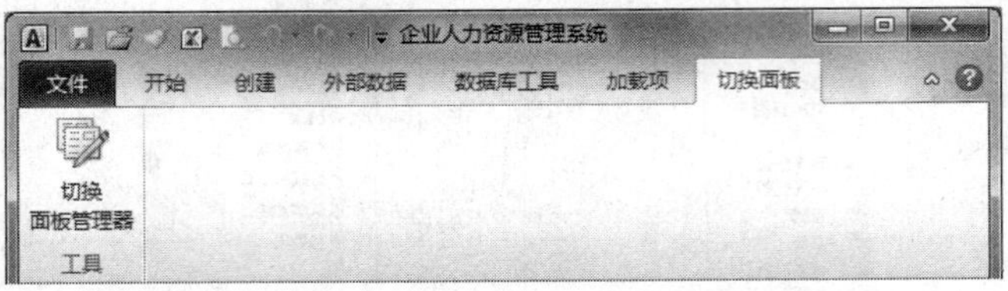

图 10-31　添加“切换面板”选项卡后的功能区

2. 创建切换面板

使用切换面板管理器可以创建切换面板，具体方法如下。

① 打开数据库，在“切换面板”选项卡的“工具”命令组中，单击“切换面板管理器”命令按钮。

② 如果系统从未创建过切换面板，则弹出“切换面板管理器”提示框，提问“是否创建一个？”，单击“是”按钮，弹出“切换面板管理器”对话框，开始创建切换面板窗体的操作。

③ 在如图 10-32 所示的“切换面板管理器”对话框中，单击“编辑”按钮。

④ 在弹出的“编辑切换面板页”对话框中，在“切换面板名”文本框中，把“主切换面板”修改为“企业人力资源管理系统”，然后单击“关闭”按钮，如图 10-33 所示。

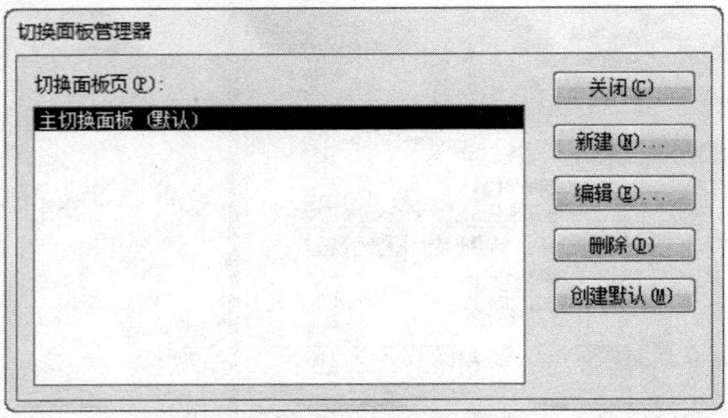

图 10-32 “切换面板管理器”对话框

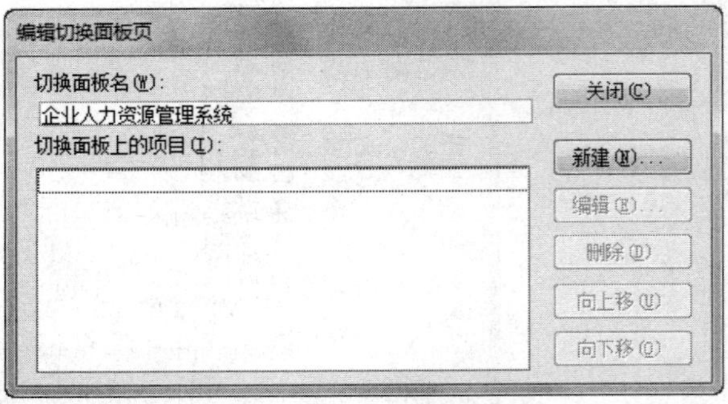

图 10-33 “编辑切换面板页”对话框

这时关闭了“编辑切换面板页”对话框，返回到“切换面板管理器”对话框。

⑤ 在“切换面板管理器”对话框中，单击“新建”按钮，在弹出的“新建”对话框中，输入切换面板页名为“员工基本信息”，然后单击“确定”按钮，如图 10-34 所示。这时关闭“新建”对话框。

按照上面方法创建“员工工资管理”、“员工基本信息”、“员工考勤管理”、“员工信息查询”4 个切换面板项目页，创建后的结果如图 10-35 所示。

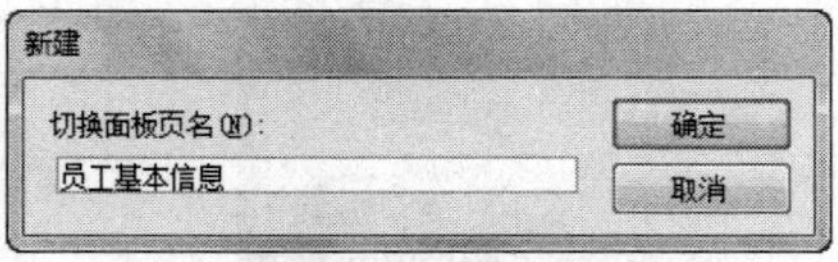

图 10-34 “新建”对话框

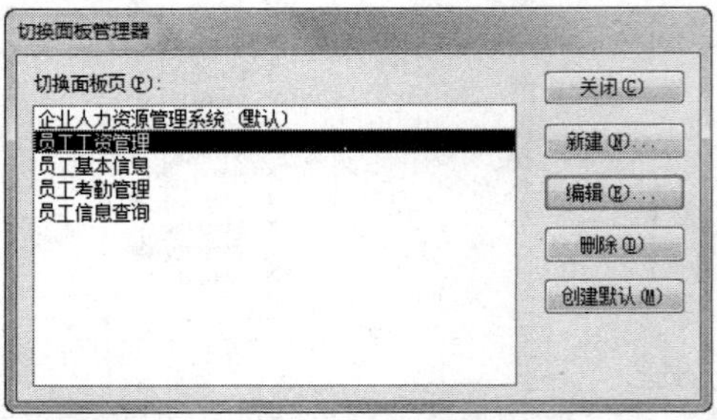

图 10-35　切换面板页设计结果

3. 创建切换面板项

现在每个切换面板页都是空的，还需要继续为每个切换面板页创建相应的切换面板项。

（1）创建主切换面板中的切换面板项

下面为“企业人力资源管理系统”主切换面板创建切换面板项。

① 双击“切换面板页”列表框中的“企业人力资源管理系统”选项，然后单击“编辑”按钮，弹出“编辑切换面板页”对话框，如图 10-36 所示。

② 单击“新建”按钮，弹出“编辑切换面板项目”对话框。在“文本”文本框中输入“员工基本信息”，在“命令”下拉列表框中选择“转至‘切换面板’”，同时在“切换面板”下拉列表框中选择“员工基本信息”，如图 10-37 所示。

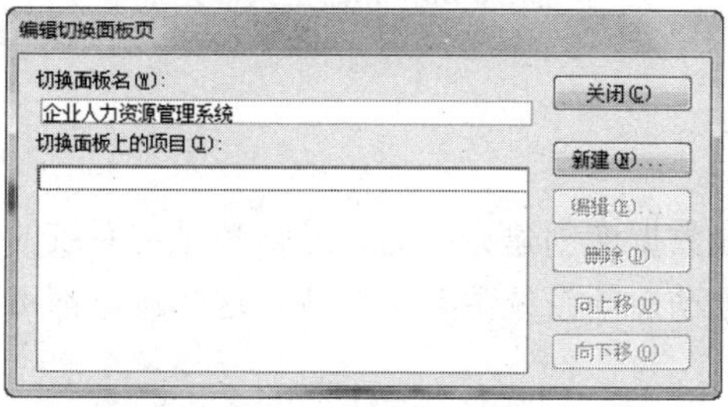

图 10-36 “编辑切换面板页”对话框

图 10-37 “编辑切换面板项目”对话框

③ 单击“确定”按钮，这样就创建了一个打开“员工基本信息”切换面板页的切换面板项。使用同样的方法，在“企业人力资源管理系统”切换面板中加入“员工工资管理”、“员工考勤管理”等切换面板项，它们分别用来打开相应的切换面板页。

④ 最后还需要建立一个“退出系统”切换面板项来完成退出应用系统的功能。在“编辑切换面板页”对话框中，单击“新建”按钮，弹出“编辑切换面板项目”对话框，在“文本”文本框中输入“退出系统”，在“命令”下拉列表框中选择“退出应用程序”，单击“确定”按钮。

⑤ 单击“关闭”按钮，返回“切换面板管理器”对话框。

（2）创建主切换面板中每个切换面板项的下一级切换项

下面为“员工基本信息”切换面板页创建“调动信息编辑”切换面板项，该项打开“调动信息编辑”窗体。

① 在“切换面板管理器”对话框中，选中“员工基本信息”切换面板页，然后单击“编辑”按钮，弹出“编辑切换面板页”对话框。

② 单击“新建”按钮，弹出“编辑切换面板项目”对话框。在“文本”文本框中输入“调动信息编辑”，在“命令”下拉列表框中选择“在‘编辑’模式下打开窗体”选项，在“窗体”下拉列表框中选择“调动信息编辑”窗体，如图 10-38 所示，最后单击“确定”按钮。

这样就完成了“调动信息编辑”切换面板项的创建工作，其他切换面板项的创建方法与此完全相同。要特别注意，在每个切换面板页中都应创建“返回主界面”的切换面板项，这样才能保证各个切换面板页之间进行互相切换。其他切换面板页的设计方法类似。

③ 将所建窗体名称改为“企业人力资源管理系统主菜单”。

通过上述操作，最终形成系统主菜单界面及员工基本信息界面、员工考勤管理界面、员工工资管理界面和员工信息查询界面。其中，系统主菜单界面如图 10-39 所示。

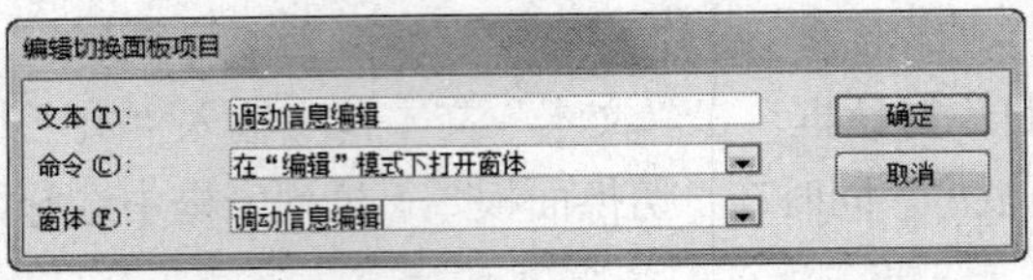

图 10-38　编辑切换面板项的下一级切换项

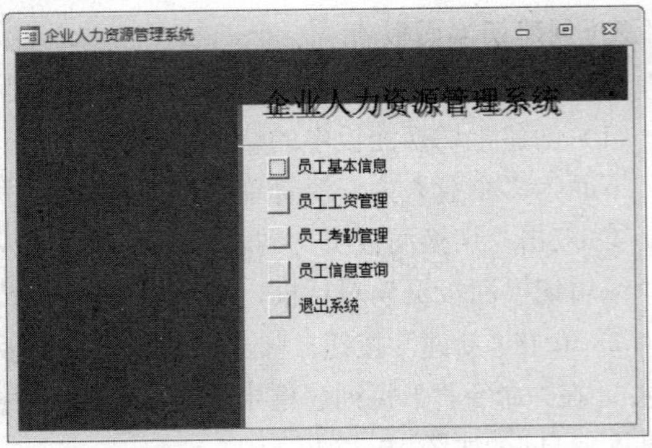

图 10-39　系统主菜单界面

10.5.2　设置数据库启动选项

为了防止错误操作导致数据库的数据和对象损坏，在数据库创建完成后，通常都是把系统的菜单栏和工具栏隐藏起来，而在启动开发的数据库系统时，自动启动系统主菜单窗体。这些设置都可以使用启动选项设置。

设置数据库启动选项的操作步骤如下。

① 打开数据库，选择“文件”→“选项”菜单命令，打开“Access 选项”对话框。

② 在“Access 选项”对话框中，在左侧窗格选择“当前数据库”选项，在“应用程序标题”中输入“企业人力资源管理系统”。

③ 单击“应用程序图标”文本框右侧的“浏览”按钮，弹出“图标浏览器”对话框，选择事先准备的图标文件，然后单击“确定”按钮。

④ 选中“用作窗体和报表图标”复选框，在“显示窗体”列表框中，选择“企业人力资源管理系统主菜单”，选中“关闭时压缩”复选框。

⑤ 取消选中“显示导航窗格”、“允许全部菜单”和“允许默认快捷菜单”等复选框，其他设置采用默认值。然后单击“确定”按钮，设置完成。

设置完成后，需关闭数据库后再重新打开数据库。在重新打开数据库后，Access 自动打开“企业人力资源管理系统主菜单”窗体，进入应用系统的主界面。

习题 10

一、选择题

1．在系统开发的各个阶段中，能准确地确定软件系统必须做什么和必须具备哪些功能的阶段是（　　）。

A．总体设计　　B．详细设计　　C．可行性分析　　D．需求分析

2．系统需求分析阶段的基础工作是（　　）。

A．教育和培训　　B．系统调查　　C．初步设计　　D．详细设计

3．需求分析阶段的任务是确定（　　）。

A．软件开发方法　　B．软件开发工具　　C．软件系统功能　　D．软件开发费用

4．在系统开发中，不属于系统设计阶段任务的是（　　）。

A．确定系统目标　　B．确定系统模块结构
C．定义模块算法　　D．确定数据模型

5．在数据库应用系统设计完成后，进入系统实施阶段，下述工作中，（　　）一般不属于实施阶段的工作。

A．建立表结构　　B．系统调试　　C．加载数据　　D．扩充功能

6．系统设计包括总体设计和详细设计两部分，下列任务中属于详细设计内容的是（　　）。

A．确定软件结构　　B．软件功能分解　　C．确定模块算法　　D．制订测试计划

二、填空题

1．数据库应用系统的开发过程一般包括系统需求分析、________、系统现实、________和系统交付5个阶段。

2．数据库应用系统的需求包括对________的需求和系统功能的需求，它们分别是数据库设计和________设计的依据。

3．系统设计阶段的最终成果是________。

4．“确定表的约束关系及在哪些属性上建立什么样的索引”属于________阶段的任务。

5．________的目的是发现错误、评价系统的可靠性，而调试的目的是发现错误的位置并改正错误。

三、问答题

1．Access数据库应用系统的开发过程是什么？

2．数据库应用系统开发的各个阶段的主要任务是什么？相应的成果是什么？

3．在进行系统功能设计时，常采用模块化的设计方法，即将系统分为若干个功能模块，这样做的好处是什么？

4．程序设计人员的程序调试和系统测试有何区别？

5．系统交付的内容有哪些？

6．完善本章的企业人力资源管理系统，需要补充如下功能。

（1）在奖励、调动操作中安排经办人、批复人、批复时间等，以期更符合企业的实际需求。

（2）加班细分加班起始时间、加班结束时间，使得更为准确。

（3）在工资发放中，根据员工当月的各项数据，系统自动计算出实发工资数。

请写出实现方法并上机实现。

附录A 实验指导

数据库基础与应用课程是一门实践性很强的课程，上机实验十分重要。只有通过不断上机实践，才能熟练掌握Access的基本操作，充分理解数据库技术的基本思想和方法，并将所学知识应用到系统开发中去。

本附录根据课程基本要求设计了12个实验，每个实验包括实验目的、实验内容和实验思考3方面的内容，“实验内容”包括适当的操作提示，以帮助读者完成操作练习。“实验思考”作为实验内容的扩充，留给读者结合上机操作进行思考，可以根据实际情况从中选择部分内容作为上机练习。为了达到理想的实验效果，需要做到以下3点。

（1）实验前认真准备，要根据实验目的和实验内容，复习好实验中要用到的概念与操作步骤，做到胸有成竹，提高上机效率。

（2）实验过程中积极思考，要认真分析操作结果及各种屏幕信息的含义，注意归纳各种操作的共同规律。

（3）实验后认真总结，要总结本次实验有哪些收获，还存在哪些问题，并写出实验报告。实验报告应包括实验目的、实验内容、流程图、程序清单、运行结果及实验的收获与体会等内容。

实验1 Access 2010操作基础

一、实验目的

1．熟悉Access 2010的操作界面及常用操作方法。

2．掌握利用数据库模板创建数据库的方法。

3．通过罗斯文示例数据库了解Access 2010的功能，熟悉常用的数据库对象。

4．学会查找Access 2010的相关帮助信息。

二、实验内容

1．启动Access 2010。

Access 2010的启动与一般的Windows应用程序的启动方法相同，基本方法及操作过程如下。

（1）在Windows桌面中单击“开始”按钮，然后依次选择“所有程序”→“Microsoft Office”→“Microsoft Access 2010”选项。

（2）先在Windows桌面建立Access 2010的快捷方式，然后双击相应的快捷方式图标。

（3）利用Access 2010数据库文件关联启动Access 2010，方法是双击任何一个Access 2010数据库文件，这时将启动Access 2010并进入Access 2010主窗口。

2．快速访问工具栏的操作。

（1）自定义快速访问工具栏。单击快速访问工具栏右侧的下拉箭头，将弹出“自定义快速访问工具栏”菜单，选择“其他命令”菜单项，弹出“Access 选项”对话框中的“自定义快速访问工具栏”设置界面。在其中选择要添加的命令，然后单击“添加”按钮。

也可以选择“文件”→“选项”菜单命令，然后在弹出的“Access 选项”对话框的左侧窗格中选择“快速访问工具栏”选项，进入“自定义快速访问工具栏”设置界面。

（2）查看添加了若干命令按钮后的自定义快速访问工具栏。

（3）删除自定义快速访问工具栏。在“Access 选项”对话框“自定义快速访问工具栏”设置界面右侧的列表中选择要删除的命令，然后单击“删除”按钮。也可以在列表中双击该命令实现添加或删除。完成后单击“确定”按钮。

（4）在“自定义快速访问工具栏”设置界面中单击“重置”按钮，将快速访问工具栏，恢复到默认状态。

3．Access 2010 提供了一个示范数据库：“罗斯文”数据库，通过查看“罗斯文”数据库中的数据表、查询、窗体、报表等对象，可以展示 Access 的功能，获得对 Access 2010 数据库的初步认识。

在 Access 2010 启动窗口“可用模板”区域中单击“样本模板”按钮，从列出的 12 个模板中选择“罗斯文”模板，并单击右侧的“创建”按钮，然后在导航窗格中查看、打开各种数据库对象。

（1）在导航窗格中，选择“表”对象，双击“产品”表，在数据表视图中查看表中的数据记录。

（2）单击“开始”选项卡，在“视图”命令组中单击“视图”下拉按钮，从下拉菜单中选择“设计视图”命令，切换到设计视图下，查看表中各个字段的定义，如字段名称、数据类型、字段大小等，然后关闭设计视图窗口。

（3）在导航窗格中，选择“查询”对象，双击“产品订单数”查询对象，在数据表视图下查看运行查询所返回的记录集合。

（4）单击“开始”选项卡，在“视图”命令组中单击“视图”下拉按钮，从下拉菜单中选择“设计视图”命令，以查看创建和修改查询时的用户界面。

（5）单击“开始”选项卡，在“视图”命令组中单击“视图”下拉按钮，从下拉菜单中选择“SQL 视图”命令，以查看创建查询时所生成的 SQL 语句，然后关闭 SQL 视图窗口。

（6）在导航窗格中，选择“窗体”对象，双击“产品详细信息”窗体对象，在窗体视图下查看窗体的运行结果，并单击窗体下方的箭头按钮，在不同记录之间移动。

（7）单击“开始”选项卡，在“视图”命令组中单击“视图”下拉按钮，从下拉菜单中选择“设计视图”命令，以查看设计窗体时的用户界面。

（8）在导航窗格中，选择“报表”对象，双击“供应商电话簿”报表对象，以查看报表的布局效果。

（9）单击“开始”选项卡，在“视图”命令组中单击“视图”下拉按钮，从下拉菜单中选择“设计视图”命令，以查看设计报表时的用户界面。

4．设置 Access 2010 选项。

在 Access 2010 窗口选择“文件”→“选项”命令，将弹出“Access 选项”对话框。在左侧窗格中单击“当前数据库”选项，设置是否“显示状态栏”、“显示文档选项卡”、“关闭时压缩”、“显示导航窗格”、“允许默认快捷菜单”等选项，然后单击“确定”按钮。

注意观察设置前后，Access 2010 工作界面的差别。

5．查阅常用函数的帮助信息。

按 F1 功能键或单击功能区右侧的帮助按钮来获取 Date、Day、Month、Now 等函数的帮助信息，从而了解和掌握这些函数的功能。

6．退出 Access 2010。

要退出 Access 2010，有 4 种常用的方法。

（1）在 Access 2010 窗口中，选择“文件”→“退出”菜单命令。

（2）单击 Access 2010 窗口右上角的“关闭”按钮。

（3）双击 Access 2010 窗口左上角的控制菜单图标；或单击控制菜单图标，从打开的菜单中选择“关闭”命令；或按组合键 Alt+F4。

（4）右击 Access 2010 窗口标题栏，在打开的快捷菜单中，选择“关闭”命令。

三、实验思考

1．Access 2010 的功能区包括哪些选项卡？每个选项卡包括哪些命令？各自的作用是什么？

2．“文件”菜单中的“关闭数据库”命令和“退出”命令有什么区别？有时候“关闭数据库”命令呈灰色，这是为什么？

3．利用 Access 2010“营销项目”数据库模板创建“营销项目”数据库，在“导航窗格”中按“对象类型”来组织数据库对象，然后分别打开“营销项目”数据库的“表”、“查询”、“窗体”、“报表”等数据库对象，分析各种数据库对象的特点与作用。

4．查阅 Access 2010“创建表达式”的帮助信息。

实验 2 数据库的操作

一、实验目的

1．熟悉 Access 2010 导航窗格的作用及操作。

2．掌握创建 Access 2010 数据库的方法。

3．了解 Access 2010 数据库的常用操作。

二、实验内容

1．在导航窗格中对数据库对象的操作。

右击导航窗格中的任何对象将弹出快捷菜单，所选对象的类型不同，快捷菜单命令也会不同。通过其中的命令可以进行一些相关操作，如数据库对象的打开、复制、删除和重命名等。

（1）打开“罗斯文”数据库中的“员工”表。先打开“罗斯文”数据库，在导航窗格中双击“员工”表，“员工”表即被打开。也可以右击“员工”表，在快捷菜单中选择“打开”命令打开该表。若要关闭数据库对象，可以单击相应对象文档窗口右端的“关闭”按钮，也可以右击相应对象的文档选项卡，在弹出的快捷菜单中选择“关闭”命令。

（2）打开多个对象，这些对象都会出现在选项卡式文档窗口中，只要单击需要的文档选项卡就可以将对象的内容显示出来。

（3）在导航窗格中的“表”对象中，选中需要复制的表，并右击，在弹出的快捷菜单中选择“复制”命令。再右击导航窗格，在快捷菜单中单击“粘贴”命令，即生成一个表副本。

（4）通过数据库对象快捷菜单，还可以对数据库对象实施其他操作，包括数据库对象的重命名、删除、查看数据库对象属性等。

注意： 删除数据库对象前必须先将此对象关闭。

2．更改默认数据库文件夹。

选择“文件”→“选项”命令，在“Access 选项”对话框左侧窗格中单击“常规”选项，在“创建数据库”区域，将新的文件夹位置输入到“默认数据库文件夹”框中（例如 D:\Access2010），或单击“浏览”按钮选择新的文件夹位置，然后单击“确定”按钮。

3．建立空的“图书管理”数据库。

（1）在 Access 2010 窗口中选择“文件”→“新建”命令。

（2）单击“空数据库”按钮，在右侧的“文件名”文本框输入“图书管理”，单击右侧文件夹图标，在弹出的“文件新建数据库”对话框中设置存储位置（例如 D:\Access2010），单击“确定”按钮回到 Access 窗口，再单击“创建”按钮。

4．查看“图书管理”数据库属性。

在 Access 2010 主窗口单击“文件”选项卡，再单击右侧的“查看和编辑数据库属性”命令链接项，即可弹出相应数据库的属性对话框，在该对话框中切换不同的选项卡，可以查看数据库的属性。

5．关闭和打开“图书管理”数据库文件。

要关闭一个已经打开的数据库文件，可以选择“文件”→“关闭数据库”命令。

要打开一个已经存储在磁盘上的数据库文件，既可以在数据库所在磁盘位置直接双击该文件；也可以通过选择“文件”→“打开”命令。

三、实验思考

1．创建或打开数据库后，Access 2010 窗口有何特点？

2．在“Access 选项”对话框中完成下列设置。

（1）在“数据表”选项卡中设置“网格线和单元格效果”和“默认字体”。

（2）在“客户端设置”选项卡的“高级”命令组中设置“默认打开模式”，在“客户端设置”选项卡的“常规”命令组中设置创建数据库的“使用四位数年份格式”。

3．创建空的“商品供应”数据库并查看其数据库属性。

4．先关闭“商品供应”数据库，再以独占方式打开。

实验 3 表的操作

一、实验目的

1．掌握创建表的方法。

2．掌握设置表属性的方法。

3．理解表间关系的概念并掌握建立表间关系的方法。

4．掌握表中记录的编辑方法及各种维护与操作方法。

二、实验内容

创建“图书管理”数据库时，约定任何读者可借多种图书，任何一种图书可为多个读者所借阅，所以“读者”实体和“图书”实体的联系是多对多的关系，其 E-R 图如图 A-1 所示。

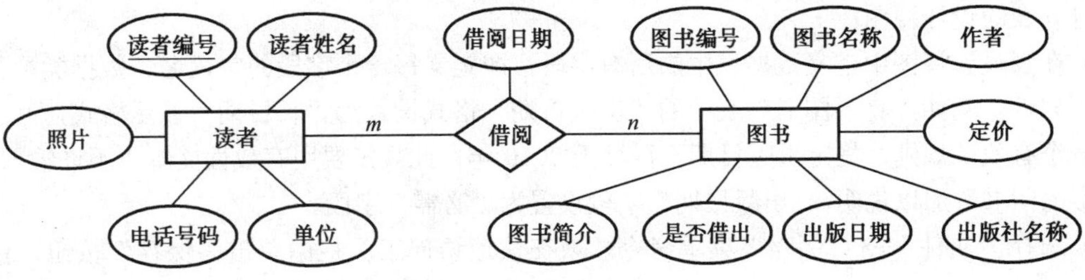

图 A-1 “读者”实体和“图书”实体的 E-R 图

将 E-R 图转换为等价的关系模型：

读者（<u>读者编号</u>，读者姓名，单位，电话号码，照片）

图书（<u>图书编号</u>，图书名称，作者，定价，出版社名称，出版日期，是否借出，图书简介）

借阅（读者编号，图书编号，借阅日期）

3 个表的结构分别如表 A-1～表 A-3 所示。

表 A-1 “读者”表的结构

字段名称	数据类型	字段大小
读者编号	文本	6
读者姓名	文本	10
单位	文本	20
电话号码	文本	8
照片	OLE 对象	

表 A-2 “图书”表的结构

字段名称	数据类型	字段大小
图书编号	文本	5
图书名称	文本	50
作者	文本	10
定价	货币	
出版社名称	文本	20
出版日期	日期/时间	
是否借出	是/否	
图书简介	备注	

表 A-3 “借阅”表的结构

字段名称	数据类型	字段大小
读者编号	文本	6
图书编号	文本	5
借阅日期	日期/时间	

1．使用设计视图在“图书管理”数据库中创建“读者”表和“图书”表。

（1）打开“图书管理”数据库，单击“创建”选项卡，在“表格”命令组中单击“表设计”命令按钮，打开表的设计视图。

（2）在表设计视图中定义数据表中的所有字段，即定义每一个字段的字段名、数据类型并设置相关的字段属性。例如，将“图书”表中的“出版日期”格式设置为“长日期”显示格式，并且为该字段定义一个有效性规则，规定出版日期不得早于 2010 年，此规定要用有效性文本“不许输入 2010 年以前出版的图书”加以说明，“出版日期”字段设置为“必需”字段。

（3）选择“文件”→“保存”菜单命令，或在快速访问工具栏中单击“保存”按钮，保存“图书”表。

2．使用数据表视图在“图书管理”数据库中创建“借阅”表。

（1）单击“创建”选项卡，在“表格”命令组中单击“表”命令按钮，进入数据表视图。

（2）选中 ID 字段列，在“表格工具/字段”选项卡中的“属性”命令组中，单击“名称和标题”命令按钮，弹出“输入字段属性”对话框，在“名称”文本框中，输入字段名“读者编号”，或双击 ID

字段列，使其处于可编辑状态，将其改为“读者编号”。

（3）选中“读者编号”字段列，在“表格工具/字段”选项卡中的“格式”命令组中，把“数据类型”由“自动编号”改为“文本”，在“属性”命令组中把“字段大小”设置为“6”。

（4）单击“单击以添加”列标题，选择字段类型，然后在其中输入新的字段名并修改字段大小，这时在右侧又添加了一个“单击以添加”列。用同样的方法输入其他字段。

（5）保存“借阅”表。

3．向表中输入记录数据，记录内容分别如表A-4～表A-6所示。要求使用查阅向导对“读者”表中的“单位”字段进行设置，输入时从“经济学院”、“管理学院”、“法学院”、“文学院”4个值中选取。“读者”表中的“照片”字段任选2～3个记录输入，内容自定（需要准备.bmp图形文件）。

表A-4 “读者”表的内容

读者编号	读者姓名	单　位	电话号码	照　片
200001	李富益	经济学院	82658123	
300002	杜好胜	管理学院	82659213	
400003	张美莉	法学院	82657080	
200004	程思佳	经济学院	82658991	
100005	鲁慧赏	文学院	82657332	

表A-5 “图书”表的内容

图书编号	图书名称	作　者	定　价	出版社名称	出版日期	是否借出	图书简介
N1001	质量管理工程概论	李明荣	38.00	电子工业出版社	2014-7-1	否	
N1003	管理学原理	毛蕴诗	36.00	高等教育出版社	2014-12-1	否	
N1012	组织行为管理	熊勇清	42.80	湖南人民出版社	2011-3-1	否	
D1002	运筹学教程	林齐宁	29.00	清华大学出版社	2011-12-1	是	
D1004	人力资源管理	王亚利	39.00	电子工业出版社	2015-2-1	是	
D1005	国际贸易学	李瑞琴	35.00	电子工业出版社	2015-9-1	是	
M1006	货币银行学（第二版）	武康平	36.00	清华大学出版社	2013-7-1	是	

表A-6 “借阅”表的内容

读者编号	图书编号	借阅日期
200001	N1001	2016-3-10
200001	D1002	2016-2-15
300002	N1003	2016-3-11
400003	D1004	2016-3-10
200004	D1004	2016-2-15
200004	D1005	2015-12-27
200004	M1006	2016-2-18
100005	N1003	2016-1-11
100005	M1006	2015-12-10

4．定义“图书”表、“读者”表和“借阅”表之间的关系。

（1）单击“数据库工具”选项卡，在“关系”命令组中单击“关系”命令按钮，打开“关系”窗口，同时弹出“显示表”对话框，依次在其中添加“图书”表、“读者”表和“借阅”表，再关闭“显示表”对话框。

（2）从“图书”表中将“图书编号”字段拖动到“借阅”表中的“图书编号”字段上，在弹出的“编辑关系”对话框中选中“实施参照完整性”复选框，单击“创建”按钮。同样，可建立“读者”表与“借阅”表之间的关系。

5．将“图书”表中的数据按“定价”字段升序排列。在数据表视图中打开“图书”表，选定“定价”字段，单击“开始”选项卡，在“排序和筛选”命令组中单击“升序”命令按钮。

6．使用“高级筛选”操作在“图书”表中筛选出电子工业出版社在 2015 年出版的图书记录，且将记录按“出版日期”降序排列。

（1）单击“开始”选项卡，在“排序和筛选”命令组中单击“高级”命令按钮，在弹出的菜单中选择“高级筛选/排序”命令，打开筛选窗口，在该窗口中设置筛选条件，并在“出版日期”列的“排序”行选择“降序”选项。

（2）单击“开始”选项卡，在“排序和筛选”命令组中单击“应用筛选/排序”命令按钮，查看筛选的记录结果。

7．设置“图书”表的外观格式。

（1）用数据表视图打开“图书”表，单击“开始”选项卡，在“文本格式”命令组中设置字体为“华文行楷”，字体颜色为“蓝色”，字号为 12。

（2）单击“文本格式”命令组右下角的“设置数据表格式”按钮，弹出“设置数据表格式”对话框，在其中设置背景色为“水绿色”，取消水平方向的网格线，单击“确定”按钮。

（3）右击“出版社名称”字段，在弹出的快捷菜单中选择“隐藏字段”命令，将“出版社名称”列隐藏起来。

（4）右击“图书名称”字段和“作者”字段，在弹出的快捷菜单中选择“冻结字段”命令，冻结“图书名称”列和“作者”列。

（5）查看外观格式效果后，取消隐藏字段和冻结字段。

三、实验思考

1．在“商品供应”数据库中，“供应商”实体与“商品”实体之间存在“供应”联系，每个供应商可供应多种商品，每种商品可由多个供应商供应，每个供应商供应每种商品有“供应数量”属性，画出 E-R 图，并将 E-R 图转换为关系模型。

请读者自行画出数据库系统的 E-R 图，相应的 E-R 图可转换成如下 3 个关系模式。

供应商（<u>供应商号</u>，供应商名，地址，联系电话，银行账号）

商品（<u>商品号</u>，商品名，单价，出厂日期，库存量）

供应（<u>供应商号</u>，<u>商品号</u>，供应数量）

在“商品供应”数据库中创建以上 3 个表并输入相关数据（见表 A-7～表 A-9）。

表 A-7 “供应商”表的内容

供应商号	供应商名	地　址	联系电话	银行账号
GF01	梅斯莱斯公司	芙蓉中路 114 号	82764576	213501298455
GF02	通达公司	南二环路 353 号	85490666	237654278543

续表

供应商号	供应商名	地　址	联系电话	银行账号
DY03	华美达公司	黄鹤大道 91 号	88809544	348754267633
ZL04	布雷顿公司	湘府大道 88 号	85467367	752589266787

表 A-8 “商品”表的内容

商 品 号	商 品 名	单 价	出厂日期	库 存 量
XYJ750	洗衣机	1 200	2016-3-14	120
XYJ756	洗衣机	2 400	2015-5-7	90
YX430	音响	3 100	2015-12-7	554
YX431	音响	1 500	2015-4-23	67
DBX12	电冰箱	1 500	2015-10-21	67
DBX31	电冰箱	3 100	2016-1-17	39
DSJ120	电视机	5 600	2015-6-27	187
DSJ121	电视机	12 000	2015-7-5	180

表 A-9 “供应”表的内容

供应商号	商 品 号	供应数量
GF01	XYJ750	20
DY03	XYJ750	35
GF01	XYJ756	12
ZL04	YX430	6
ZL04	YX431	29
GF02	DSJ121	6
DY03	DSJ120	47
DY03	DBX12	15
DY03	DBX31	5

2．在“供应”表中增加“供货日期”字段，并将该字段的输入掩码设置为“xxxx 年 xx 月 xx 日”。将“供应”表中“供应数量”字段的有效性设置为小于 10，有效性文本为“供应数量应小于 10”。

3．“供应商”表、“商品”表和“供应”表的主关键字、外部关键字及表间的联系类型是什么？将 3 个表按相关的字段建立联系，并为建立的联系实施参照完整性、设置级联更新和级联删除。

4．验证参照完整性。

（1）级联更新相关字段。

主表中关键字值改变时，相关表中的相关记录会用新值更新。例如，“商品”表和“供应”表，“商品”表原商品号为 XYJ750 的商品，将其商品号改为 XYJ755，保存并关闭“商品”表后，打开“供应”表，发现原商品号为 XYJ750 的记录的商品号均变为 XYJ755。

（2）级联删除相关记录。

删除主表中的记录时，会删除相关表中的相关记录。例如，打开“商品”表，定位到“商品”表的 5 号记录，删除 5～7 号记录，观察“供应”表中相关记录是否级联删除。

5．打开“商品”表，将“商品名”字段隐藏，再将其显示，再冻结此列。

6．将表格式设置为：背景颜色为“白色”，网格线显示方式为“垂直”方向，字体为“宋体”，字号为 11，颜色为“深蓝”色。

7．使用高级筛选操作，从“商品”表中筛选出单价在 1500 元以上且库存大于 100 的商品记录。

8．在“供应”表中，先按“商品号”字段升序排序，商品号相同再按“供应数量”降序排序。

实验 4　查询的操作

一、实验目的

1．理解查询的概念与功能。

2．掌握查询条件的表示方法。

3．掌握创建各种查询的方法。

二、实验内容

1．利用“查找重复项查询向导”查找同一本书的借阅情况，包含图书编号、读者编号和借阅日期，查询对象保存为“同一本书的借阅情况”。

（1）打开“图书管理”数据库，单击“创建”选项卡，在“查询”命令组中单击“查询向导”命令按钮，弹出“新建查询”对话框，在其中双击“查找重复项查询向导”选项，在弹出的对话框中选择“借阅”表，然后单击“下一步”按钮。

（2）将“图书编号”字段添加到“重复值字段”列表框中，然后单击“下一步”按钮。

（3）选择其他字段，然后单击“下一步”按钮。

（4）按要求为查询命名，单击“完成”按钮。

2．查询“经济学院”读者的借阅信息，要求显示读者编号、读者姓名、图书名称和借阅日期，并按书名排序。

（1）打开“图书管理”数据库，单击“创建”选项卡，在“查询”命令组中单击“查询设计”命令按钮，打开查询设计视图窗口，并弹出“显示表”对话框。

（2）在“显示表”对话框中，双击“图书”表、“读者”表和“借阅”表，单击“关闭”按钮关闭“显示表”对话框。

（3）分别双击“读者”表中的“读者编号”、“读者姓名”和“单位”字段，双击“图书”表中的“图书名称”字段，双击“借阅”表中的“借阅日期”字段，将它们添加到“字段”行的第 1 列到第 4 列上。

（4）“读者”表的“单位”字段只作为查询条件，不显示其内容，因此应该取消“单位”字段的显示，即单击“单位”字段的“显示”行上的复选框，这时复选框内变为空白。在“单位”字段的“条件”行中输入“经济学院”。

（5）保存并运行查询。

3．创建一个名为“借书超过 60 天”的查询，查找读者编号、读者姓名、图书名称、借阅日期等信息。

操作步骤与第 2 题类似。在查询设计视图中设置“借书超过 60 天”的条件可以表示为“Date()-借阅日期>60”。

4．创建一个名为“平均价格”的查询，统计各出版社图书价格的平均值，查询结果中包括“出版社名称”和“平均定价”两项信息，并按“平均定价”降序排列。

操作步骤与第2题基本类似。需要在“显示/隐藏”命令组中单击“汇总”命令按钮，在设计网格中插入一个“总计”行。该查询的分组字段是“出版社名称”，要实施的总计方式是“平均值”，选择“定价”字段作为计算对象。

5．创建一个名为“查询部门借书情况”的生成表查询，将“经济学院”和“法学院”两个单位的借书情况（包括读者编号、读者姓名、单位、图书编号）保存到一个新表中，新表的名称为“部门借书登记”。

（1）打开查询设计视图，并将“读者”表和“借阅”表添加到查询设计视图的字段列表区中。

（2）双击“读者”表中的“读者编号”、“读者姓名”和“单位”字段，将它们添加到设计网格第1列到第3列中。双击“借阅”表中的“图书编号”字段，将它添加到设计网格第4列中。在“单位”字段的“条件”行中输入“经济学院 Or 法学院”；也可以利用“或”条件，在“单位”字段的“条件”行中输入“经济学院”，同时，在“单位”字段的“或”行中输入“法学院”。

（3）在“查询工具/设计”选项卡的“查询类型”命令组中单击“生成表”命令按钮，这时将弹出“生成表”对话框。在“表名称”下拉列表框中输入生成新表的名称，选中“当前数据库”单选按钮，将新表放入当前打开的“图书管理”数据库中，然后单击“确定”按钮。

（4）运行查询后将生成一个新的表对象。在导航窗格中找到新生成的表，双击打开并查看其内容。

三、实验思考

针对“商品供应”数据库，完成下列操作。

1．利用简单查询向导，查询商品供应信息，要求显示商品名、最大供应数量、最小供应数量和平均供应数量，并设置平均供应数量的小数位数为1。

2．使用交叉表查询向导，创建各供应商供应的各种不同商品的总供应数量。

3．设计参数查询，根据“商品号”查询不同商品的商品名和单价。

4．查询各个供应商的供货信息，包括供应商号、供应商名、联系电话及供应的商品名称、供应数量。

5．求出“商品”表中所有商品的最高单价、最低单价和平均单价。

6．查询高于平均单价的商品。

7．查询电视机（商品号以DSJ开头）的供应商名和供应数量。

8．将“商品”表复制一份，复制后的表名为“New 商品”，然后创建一个名为“更改商品名”的更新查询，将“New 商品”表中“商品名”为“电视机”的字段值改为“彩色电视机”。

实验5 SQL查询的操作

一、实验目的

1．理解SQL的概念与作用。

2．掌握应用SELECT语句进行数据查询的方法及各种子句的用法。

3．掌握使用SQL语句进行数据定义和数据操纵的方法。

二、实验内容

1．使用SQL语句定义Reader表，其结构与“读者”表相同。

（1）打开“图书管理”数据库，单击“创建”选项卡，在“查询”命令组中单击“查询设计”命令按钮，在弹出的“显示表”对话框中不选择任何表，进入空白的查询设计视图。

（2）在“查询工具/设计”选项卡的“结果”命令组中单击“视图”下拉按钮，在下拉菜单中选择

“SQL 视图”命令，即进入 SQL 视图窗口并输入 SQL 语句。也可以在“查询工具/设计”选项卡的“查询类型”命令组中选择“数据定义”命令，即打开相应的查询窗口，在窗口中输入如下 SQL 语句。

```
CREATE TABLE Reader
( 读者编号  Char(6) Primary Key,
  读者姓名  Char(10),
  单位  Char(20),
  电话号码  Char(8),
  照片  Image
)
```

（3）将创建的数据定义查询存盘并运行该查询。

（4）查看 Reader 表的结构。

2．在 Reader 表中插入两条记录，内容自定。

在 SQL 视图中输入并运行如下语句。

```
INSERT INTO Reader(读者编号,读者姓名,单位,电话号码)
  VALUES("231109","朱智为","法学院","82656636")
INSERT INTO Reader(读者编号,读者姓名,单位,电话号码)
  VALUES("230013","蔡密斯","经济学院","82656677")
```

3．在 Reader 表中删除编号为“231109”的读者记录。

在 SQL 视图中输入并运行如下语句。

```
DELETE FROM Reader WHERE  读者编号="231109"
```

4．利用 SQL 命令，在“图书管理”数据库中完成下列操作。

（1）查询“图书”表中定价在 25 元以上的图书信息，并将所有字段信息显示出来。

```
SELECT * FROM  图书  WHERE  定价>25
```

（2）查询至今没有人借阅的图书的书名和出版社。

```
SELECT  图书名称,出版社名称  FROM  图书  WHERE Not 是否借出
```

（3）查询姓“张”的读者姓名和所在单位。

```
SELECT  单位,读者姓名  FROM  读者  WHERE  读者姓名  LIKE '张%'
```

（4）查询“图书”表中定价在 25 元以上并且是今年或去年出版的图书信息。

```
SELECT * FROM  图书  WHERE  定价>25 And Year(Date())-Year(出版日期)<=1
```

（5）求出“读者”表中的总人数。

```
SELECT Count(*) AS  人数  FROM  读者
```

（6）求出“图书”表中所有图书的最高价、最低价和平均价。

```
SELECT Max(定价) AS  最高价,Min(定价) AS  最低价,Avg(定价) AS  平均价  FROM  图书
```

5．根据“图书管理”数据库，使用 SQL 语句完成以下查询。

（1）在“读者”表中统计出每个单位的读者人数，并按单位降序排列。

```
SELECT  单位,Count(*) AS  总人数  FROM  读者  GROUP BY  单位  ORDER BY  单位  DESC
```

（2）显示经济学院读者的借书情况，要求给出读者编号、读者姓名、单位及所借阅的图书名称、借阅日期等信息。

```
SELECT b.读者编号,b.读者姓名,b.单位,a.图书名称,c.借阅日期
  FROM  图书  a,读者  b,借阅  c
  WHERE a.图书编号=c.图书编号  And b.读者编号=c.读者编号  And b.单位="经济学院"
```

（3）在“读者”表中查找与“程思佳”在同一单位的所有读者的姓名和电话号码。

```
SELECT  读者姓名,电话号码  FROM  读者
  WHERE  单位=(SELECT  单位  FROM  读者  WHERE  读者姓名="程思佳")
```

（4）查找当前至少借阅了两本图书的读者及其所在单位。

```
SELECT 读者姓名,单位 FROM 读者 WHERE 读者编号 In
  (SELECT 读者编号 FROM 借阅 GROUP BY 读者编号 HAVING COUNT(*)>=2)
```

（5）查找与“程思佳”在同一天借书的读者姓名、所在单位及借阅日期。

```
SELECT 读者姓名,单位,借阅日期 FROM 读者,借阅
  WHERE 借阅.读者编号=读者.读者编号 And 借阅日期 In
(SELECT 借阅日期 FROM 借阅,读者
      WHERE 借阅.读者编号=读者.读者编号 And 读者姓名="程思佳")
```

（6）列出“100005”号读者在“200004”号读者的最近借阅日期之后借阅的图书编号和借阅日期。

```
SELECT 图书编号,借阅日期 FROM 借阅 WHERE 读者编号="100005" And 借阅日期>All
  (SELECT 借阅日期 FROM 借阅 WHERE 读者编号="200004")
```

三、实验思考

针对“商品供应”数据库，利用 SQL 命令完成下列操作。

1．显示各个供应商的供应数量。

2．查询高于平均单价的商品。

3．查询电视机（商品号以 DSJ 开头）的供应商名和供应数量。

4．查询各个供应商的供货信息，包括供应商号、供应商名、联系电话及供应的商品名称、供应数量。

5．查询和 YX431 号商品库存量相同的商品名称和单价。

6．查询库存量大于不同型号电视机平均库存量的商品记录。

7．查询供应数量在 20～50 之间的商品名称。

8．列出平均供应数量大于 20 的供应商号。

实验 6 窗体的创建

一、实验目的

1．理解窗体的概念、作用和组成。

2．掌握创建窗体的方法。

3．掌握窗体样式和属性的设置方法。

二、实验内容

1．使用窗体向导，以“图书”表为数据源，创建一个名为“图书”的窗体。

（1）打开“图书管理”数据库，单击“创建”选项卡，在“窗体”命令组中单击“窗体向导”命令按钮。

（2）在“窗体向导”对话框中，从“表/查询”下拉列表框中选择“图书”表作为窗体的数据源，然后选择需要用到的字段；在窗体布局中选择“纵栏表”单选按钮，创建纵栏式窗体；为窗体输入标题，并选择是要打开窗体还是要修改窗体设计。

（3）使用向导创建窗体结束，如果各控件布局不符合使用习惯，可以打开窗体的设计视图，调整各控件的位置。

（4）以“图书”名称保存该窗体。

2．利用窗体的设计视图，以“图书”表为数据源，创建一个名为“图书信息”的窗体。

（1）打开“图书管理”数据库，单击“创建”选项卡，在“窗体”命令组中单击“窗体设计”命令按钮。

（2）在窗体设计视图的空白窗体中右击主体节，在弹出的快捷菜单中选择“窗体页眉/页脚”命令和“页面页眉/页脚”命令，使窗体中各节均显示出来。在窗体页眉节中添加一个标签，标题为“图书信息”，并设置它的字体、字号等属性。

（3）在“窗体设计工具/设计”选项卡的“工具”命令组中单击“添加现有字段”命令按钮，从弹出的“字段列表”窗格中选择所需要的字段，用鼠标拖到主体节中，然后把各字段的标签文本移动到窗体页眉节中并调整好位置和布局。

（4）在“视图”命令组中单击“窗体视图”命令，查看窗体效果。

（5）保存所创建的窗体。

3．以“读者”表和“借阅”表为数据源，创建“读者借阅信息”主/子窗体。

（1）利用窗体向导或在设计视图中设计显示读者信息的主窗体。

（2）在主窗体主体节中，建立子窗体。使“使用控件向导”选项处于选中状态，在主窗体设计视图中添加“子窗体/子报表”控件，弹出“子窗体向导”对话框，在其中选中“使用现有的表和查询”单选按钮，进行下一步操作。

（3）选择所用的“借阅”表和“图书”表，并选择所需的字段，进行下一步操作。

（4）选中“从列表中选择”单选按钮，进行下一步操作。

（5）根据向导给子窗体确定一个名称，然后单击“完成”按钮，完成创建子窗体的过程。

4．在“图书管理”数据库中，为“图书”窗体设定“华丽”主题格式。

（1）打开“图书管理”数据库，在设计视图中打开“图书”窗体。

（2）单击“窗体设计工具/设计”选项卡，在“主题”命令组中单击“主题”命令按钮。

（3）选择要“华丽”主题格式，窗体随即会使用该主题格式。

（4）切换到窗体视图，查看窗体的显示效果。

5．利用窗体编辑“图书”表中的数据。

（1）打开“图书管理”数据库，并在窗体视图中打开“图书”窗体。

（2）在窗体的导航按钮栏上单击“新（空白）记录”按钮▶✱。

（3）根据窗体中控件的提示信息录入表 A-10 中的数据。

表 A-10 “图书”表的一条记录

图书编号	图书名称	作　者	定　价	出版社名称	出版日期	是否借出	图书简介
N1013	Python 语言程序设计	刘卫国	39.00	电子工业出版社	2016-5-1	否	本书介绍 Python 程序设计的基本思想和方法，培养学生的应用开发能力

（4）打开“图书”表，查看修改效果。

三、实验思考

对“商品供应”数据库，利用窗体工具完成下列操作。

1．在窗体设计视图中创建“商品供应”窗体，通过“字段列表”按钮往窗体中添加“供应”表中的“供应商号”、“商品号”和“供应数量”字段，在窗体视图中查看添加字段后的效果。

2．创建图表窗体，用柱形图直观地显示不同商品的平均供应数量。要求横坐标为商品号，纵坐标为供应数量。

3．用“数据透视表”命令创建数据透视表窗体，统计各供应商供应的各种不同商品的平均供应数量，保存为“商品透视表”。

4. 创建“商品”表与“供应”表的主/子窗体，要求子窗体的类型为“数据表”窗体，主窗体名为“商品主表”，子窗体名为“供应子表”。

5. 为“商品供应”窗体设定一种主题格式，在“属性表”任务窗格中设置“商品供应”窗体页眉的背景颜色为“红色”。

6. 打开“商品信息”窗体，分别在“商品”表中增加一条新记录、删除一条记录。

实验 7 窗体控件的应用

一、实验目的

1. 理解控件的类型及各种控件的作用。

2. 掌握窗体控件的添加和控件的编辑方法。

3. 掌握窗体控件的属性设置方法及控件排列布局的方法。

二、实验内容

1. 分别向“图书信息”窗体的页眉、主体和窗体页脚添加文本框，并观察运行效果。

(1) 打开“图书管理”数据库，并在设计视图中打开“图书信息”窗体，适当调整窗体的页眉、主体、页脚的大小。

(2) 单击“控件”命令组中的“文本框”按钮，在窗体页眉、主体、页脚中单击鼠标，分别添加文本框，再分别选择文本框左侧的标签，将它们删除。

(3) 选择窗体页眉中的文本框，并右击，在弹出的快捷菜单中选择“属性”命令，打开“属性表”任务窗格，设置文本框的名称为 Text_Date，设置文本框的数据源为“=Date()”，设置该文本框的背景样式为“透明”。

(4) 选择窗体主体中的文本框，在“属性表”任务窗格中设置文本框的名称为 Text_Book，设置文本框的数据源为“图书名称”字段，设置文本框的特殊效果为“凸起”。

(5) 选择窗体页脚中的文本框，在“属性表”任务窗格中设置文本框的名称为 Text_Content，设置文本框的数据源为“=IIf(Year([出版日期])>2012,"新书","旧书")”，设置文本框的边框样式属性为“透明”，前景色为“深色文本”，字体粗细为“加粗”，文本对齐为“居中”。

(6) 适当调整窗体大小，保存该窗体，切换到窗体视图，查看添加的文本框的运行效果，必要时可以在设计视图与窗体视图中反复调整。

2. 在空白窗体中创建“图书列表”组合框，并观察运行效果。

(1) 打开“图书管理”数据库，新建一个空白窗体，切换到设计视图。单击“窗体设计工具/设计”选项卡，在“控件”命令组中选中“使用控件向导”选项。

(2) 单击“组合框”按钮，在窗体中要放置组合框的位置单击并拖动鼠标，松开鼠标将启动组合框向导。选中“使用组合框获取其他表或查询中的值”单选按钮，然后单击“下一步”按钮。

(3) 选择为组合框提供数据的表或查询。选择“表：图书”，然后单击“下一步”按钮。

(4) 确定组合框中要包含表中的哪些字段。在向导中选定字段“图书编号”、“图书名称”，然后单击“下一步”按钮。

(5) 组合框中的数据项可以设定排序字段，最多可以设定 4 个排序字段，字段可以升序排列，也可以降序排列，这里设定“图书编号”升序排列，然后单击“下一步”按钮。

(6) 指定组合框各列的宽度。向导中会显示列表中所有数据行，可以拖动列边框调整列的宽度，选中“隐藏键列（建议）”复选框，然后单击“下一步”按钮。

（7）为组合框指定标签“图书编号”，单击“完成”按钮。这样在窗体中就生成了一个显示所有图书名称的图书组合框。

（8）保存窗体，切换到窗体视图，查看窗体运行效果。

3．利用控件向导在“图书信息”窗体中添加图片按钮。

（1）打开“图书管理”数据库，打开需要添加图片按钮的“图书信息”窗体，切换到设计视图。单击“窗体设计工具/设计”选项卡，在“控件”命令组中选中“使用控件向导”选项。

（2）在“控件”命令组中单击“按钮”命令按钮，在窗体页眉位置单击，启动命令按钮向导。在“类别”中选择“窗体操作”选项，在“操作”中选择“打印窗体”选项，然后单击“下一步”按钮。

（3）命令按钮向导显示“请确定命令按钮打印的窗体”，选择“图书信息”窗体，然后单击“下一步”按钮。

（4）命令按钮向导显示“请确定在按钮上显示文本还是显示图片”。这里选择“图片”，图片名称为“打印机”，然后单击“下一步”按钮。

（5）在命令按钮向导中继续设定命令按钮的名字为 Command_Print，单击“完成”按钮，这样一个图片命令按钮就在窗体上生成了。

（6）保存窗体，切换到窗体视图，单击命令按钮，查看命令按钮效果。

4．利用“选项卡控件”，以“图书”表为数据源，创建一个名为“图书选项卡窗体”的窗体，该窗体中的选项卡包含两页内容，分别是“图书基本信息”和“图书详细信息”。

（1）打开“图书管理”数据库，以“图书”为数据源创建一个空白窗体，保存窗体为“图书选项卡窗体”，切换到设计视图。

（2）在“控件”命令组中单击“选项卡控件”按钮，在窗体中要放置该选项卡的位置单击，添加一个选项卡，适当调整该选项卡的大小。

（3）选中窗体中的“选项卡控件”，单击“窗体设计工具/设计”选项卡中的“属性表”按钮，打开“属性表”任务窗格。单击选中“页 1”选项卡，在“属性表”任务窗格中选择“格式”选项卡，将“标题”属性设置为“图书基本信息”。使用同样的方法，设置“页 2”选项卡的标题为“图书详细信息”。

（4）在“窗体设计工具/设计”选项卡“工具”命令组中单击“添加现有字段”按钮，在出现的“字段列表”窗格中展开“图书”表，将“图书编号”、“图书名称”、“作者”字段从字段列表拖动到“图书基本信息”选项卡中，将“图书”表中的其余字段拖动到“图书详细信息”选项卡中。

（5）在“图书基本信息”选项卡中利用鼠标选中所有控件，然后单击“窗体设计工具/排列”选项卡，在“调整大小和排序”命令组中单击“对齐”命令按钮，将控件对齐。同样，在“图书详细信息”选项卡中将控件对齐。

（6）保存窗体，切换到窗体视图，查看窗体运行效果。

5．在“图书信息”窗体页眉左上角插入图片，形成一个徽标，徽标会呈现在窗体标题之上。

（1）打开“图书管理”数据库，在设计视图中打开“图书信息”窗体。

（2）单击“窗体设计工具/设计”选项卡“控件”命令组中的“图像”按钮，在窗体上单击要放置图片的位置，弹出“插入图片”对话框。在对话框中找到并选中要使用的图片文件，单击“确定”按钮，即完成了在窗体上设置图片的操作。

（3）切换到窗体设计视图，适当调整窗体徽标和标题的位置，保存该窗体。

三、实验思考

在“商品供应”数据库中，利用窗体控件完成下列操作。

1．打开“商品信息”窗体，切换到设计视图。

（1）在窗体页眉上添加标签控件，显示内容为“商品基本信息”，标签名称为“标签 1”，字体为隶书，字号为12。

（2）在页面和页眉上添加文本框控件，显示当前系统时间。

（3）在页面和页脚上显示“第×页共×页”。

（4）去掉网格。

2．打开“商品供应”窗体，切换到设计视图。

（1）选中窗体选定器，打开窗体“属性表”任务窗格，将“格式”选项卡中的“记录选择器”属性和“导航按钮”属性设置为“否”。

（2）在窗体页脚中添加4个命令按钮，功能分别为浏览上一条记录、浏览下一条记录、删除记录、添加记录，全部用图标显示。

3．用自动创建窗体方式创建“供应商信息”窗体，切换到设计视图。

（1）在窗体页眉上添加一个标签控件，标题为“供应商信息”，设置超链接（超链接地址任意）。

（2）在页面和页眉上添加一个标签控件，标题为“供应商信息”，字体为隶书，字号为12。

（3）在页面和页眉上添加一个“图像”控件，图像内容任意。

（4）在页面和页脚上添加一个命令按钮，功能是单击后自动关闭窗体。

4．在设计视图中创建窗体，命名为“窗体 1”。

（1）在窗体“属性表”任务窗格中设置记录源为“供应商”表，窗体标题为“供应商基本信息”，窗体宽度为15 cm，分隔线为“否”，切换视图观察窗体的变化。

（2）在主体节中加入文本框控件，控件来源为“地址”字段，背景样式为“透明”。

（3）在主体节中加入两个命令按钮控件（不使用向导），名称分别为butt1和butt2，标题分别为“确定”和“取消”，宽度都为2，高度都为1。

（4）在主体节的最下方加入一条直线，宽度与窗体宽度相同，边框颜色为红色128、绿色255、蓝色0，边框样式为虚线，边框宽度为2磅。

5．利用“窗体向导”创建一个窗体，来源于“商品供应”查询。所需字段为商品号、商品名、供应商名、供应数量。向导完成后，在主体节中添加一个矩形控件，框住刚才自动生成的标签和文本框，将边框样式设置为虚线，边框宽度为 2 pt。在页面和页眉中添加一个文本框控件，显示总人数（输入“=Count([学号])”）。设置左边距为0 cm，上边距为0 cm，宽度为4 cm，高度为2 cm，边框宽度为2 pt，边框样式为虚线。

实验 8 报表的操作

一、实验目的

1．理解报表的概念、作用和组成。

2．掌握创建报表的方法。

3．掌握报表控件的添加和编辑方法。

4．掌握报表控件的属性设置方法及控件排列布局的方法。

5．掌握报表样式和属性的设置方法。

二、实验内容

1．使用“报表”方式，以“借阅”表为数据源，创建一个“借阅”报表。

（1）打开“图书管理”数据库，选中“借阅”表，单击“创建”选项卡，在“报表”命令组中单击“报表”命令按钮。

（2）选择“文件”→“保存”命令，以“借阅”为名字保存该报表。

2．使用报表向导工具，以“读者”表和“图书”表为数据源，创建包含图书信息的“读者”报表。

（1）打开“图书管理”数据库，单击“创建”选项卡，在“报表”命令组中单击“报表向导”命令按钮。

（2）弹出报表向导的第 1 个对话框。在向导的“表/查询”下拉列表框中选择一个表或查询。要创建读者主报表和图书子窗体，首先选择“表：读者”，在此表中双击“读者编号”、“读者姓名”字段，然后选择“表：图书”，在此表中双击“图书名称”、“作者”、“出版社名称”字段，然后单击“下一步”按钮。

（3）选中“通过读者”选项，报表向导右侧显示一个小窗体视图，显示数据源字段的布局，然后单击“下一步”按钮。

（4）报表向导显示“是否添加分组级别？”，这里不添加分组级别，直接单击“下一步”按钮。

（5）报表向导显示“请确定明细记录使用的排序次序：”，指定“图书名称”升序排列，然后单击“下一步”按钮。

（6）报表向导显示“请确定报表的布局方式：”，切换不同的选项，在对话框的左侧会显示布局的效果图。这里选择“块”方式，方向选择“纵向”，然后单击“下一步”按钮。

（7）报表向导显示“请为报表指定标题：”，输入标题“读者”，选择“预览报表”单选按钮。

（8）单击“完成”按钮。报表向导完成报表的创建，并自动切换到报表的“打印预览”视图。

3．在“借阅”报表中添加图书分组汇总，显示不同图书的借阅人数。

（1）打开“图书管理”数据库，在设计视图中打开“借阅”报表。

（2）单击“报表设计工具/设计”选项卡，在“分组和汇总”命令组中单击“分组和排序”命令按钮，显示“分组、排序和汇总”窗格。单击“添加组”按钮，“分组、排序和汇总”窗格中将添加一个新行，选择“图书编号”字段作为分组字段，保留排序次序为“升序”。

（3）在“分组、排序和汇总”窗格中设置分组属性，这里设定“有页眉节”和“有页脚节”，表示显示组页眉和组页脚；设置“按整个值”选项，表示以“图书编号”字段的不同值划分组，即值相同的为一组；设置“不将组放在同一页上”选项，表示输出时不把同组数据放在同页上，而是依次打印。设置完属性后，关闭“分组、排序和汇总”窗格，则会在报表中添加组页眉和组页脚两个节，分别用“图书编号页眉”和“图书编号页脚”来标识。

（4）在“图书编号页脚”节添加一个文本框，其“控件来源”属性设置为“="汇总：" & [图书编号] & "(共" & Count([读者编号]) & "条记录" & ")"”，这样文本框中将显示详细的图书编号及记录数。

（5）保存报表，切换到报表视图，查看报表效果。

4．使用“图表”控件创建图表报表，用折线图来表示不同图书定价的变化趋势。

（1）打开“图书管理”数据库，在报表设计视图中，添加“控件”命令组中的“图表”控件，弹出“图表向导”的第 1 个对话框，选择用于创建图表的表或查询，这里选择“图书”表，然后单击“下一步”按钮。

（2）弹出“图表向导”第 2 个对话框，在“可用字段”列表框中选择需要由图表表示的“图书编号”字段和“定价”字段，然后单击“下一步”按钮。

（3）弹出“图表向导”第 3 个对话框，选择图表的类型为“折线图”，然后单击“下一步”按钮。

（4）弹出“图表向导”第 4 个对话框，按照向导提示调整图表布局。以“图书编号”为横坐标，

"定价"为纵坐标，然后单击"下一步"按钮。

(5) 弹出"图表向导"最后一个对话框，指定图表的标题，然后单击"完成"按钮，就会立即显示设计结果。

5. 使用标签向导创建读者信息标签，包括读者编号、读者姓名、单位、电话号码等信息。

(1) 打开"图书管理"数据库，选中要作为标签数据源的"读者"表，单击"创建"选项卡，在"报表"命令组中单击"标签"命令按钮，打开"标签向导"第1个对话框，可以选择标签的型号、度量单位和标签类型，然后单击"下一步"按钮。

(2) 弹出"标签向导"第2个对话框，可以选择适当的字体、字号、字体粗细和文本颜色，然后单击"下一步"按钮。

(3) 弹出"标签向导"第3个对话框，根据需要选择创建标签要使用的字段，选择"读者编号"、"读者姓名"、"单位"、"电话号码"等字段，并按照报表要求在每个字段前面添加"读者编号:"、"读者姓名:"、"单位:"、"电话号码:"等提示文字，然后单击"下一步"按钮。

(4) 弹出"标签向导"第4个对话框，为标签确定按哪些字段排序，这里选择"读者编号"字段，然后单击"下一步"按钮。

(5) 弹出"标签向导"最后一个对话框，为新建的标签命名，然后单击"完成"按钮，得到"读者信息"标签。

三、实验思考

对"商品供应"数据库，完成下列操作。

1. 先建立"商品供应信息"查询，再以该查询为数据源，使用"报表向导"创建报表。选定字段为"商品号"、"商品名"、"供应商名"、"供应数量"。按"商品号"分组，按"供应数量"升序排列，汇总平均值，显示"明细和汇总"。布局为"递阶"、"纵向"。保存为"商品供应1"。

2. 为第1题建立的报表添加日期和时间，要求在报表页面中用文本框控件表示，并将日期格式设置为"长日期"。

3. 为第1题建立的报表添加页码，将"对齐"设置为"左"，"格式"设置为"第×页，共×页"，"位置"设置为"页面底端"。

4. 创建图表报表，用柱形图显示不同商品的平均供应数量。要求横坐标为商品号，纵坐标为供应数量。

5. 利用"报表向导"创建"商品供应信息"报表，数据源为"商品供应信息"查询。要求所有字段都要显示，查看方式为"通过商品供应表"，按"商品号"分组，按"供应数量"降序排序。

6. 使用标签向导创建标签报表"供应商信息"，数据源为"供应商"表，标签型号为C2245，度量单位为"公制"，标签类型为"送纸"，字体为"宋体"，字号为"12"，文本颜色为(255,0,0)，字体粗细为"细"、"倾斜"，显示字段为供应商名、地址、联系电话，要求一个字段占一行，每页上打印三列(在页面设置中设置)。

实验9 宏的操作

一、实验目的

1. 理解宏的分类、构成及作用。

2. 掌握创建宏的方法。

3. 掌握使用宏为窗体、报表或控件设置事件属性的方法。

二、实验内容

1．在“图书管理”数据库中，创建只有一个操作的宏，自动弹出“图书”窗体。

（1）打开“图书管理”数据库，单击“创建”选项卡，在“代码与宏”命令组中单击“宏”命令按钮，进入宏设计窗口。

（2）单击“操作”列中的第 1 个空单元格，单击下拉箭头显示可用操作的列表，然后选择 OpenForm 操作。

（3）在 OpenForm 的操作参数中，“窗体名称”选择“图书”，“窗口模式”选择“对话框”。

（4）单击“保存”按钮保存该宏，将宏命名为“弹出图书窗体宏”。

（5）在“宏工具/设计”选项卡的“工具”命令组中单击“运行”命令按钮，运行该宏，运行该宏会以对话框的模式弹出图书窗体。

2．在“图书管理”数据库中，创建并应用子宏。

（1）打开“图书管理”数据库，进入宏设计视图窗口。

（2）单击“创建”选项卡，在“代码与宏”命令组中单击“宏”命令按钮，进入宏设计窗口。

（3）在“操作目录”窗格中，把程序流程中的 Submacro 拖到“添加新操作”组合框中，在子宏名称文本框中，默认名称为 Sub1，把该名称修改为“显示图书信息窗体”。也可以双击 Submacro 实现添加。

（4）在“添加新操作”列选择 OpenForm 操作，操作参数的窗体名称选择“图书信息”。

（5）在“操作目录”窗格中，把程序流程中的 Submacro 拖到“添加新操作”组合框中，在子宏名称文本框中输入下一个宏的名称“关闭图书信息窗体”。

（6）在“添加新操作”列选择 Close 操作，操作参数中的对象类型选择“窗体”，对象名称选择“图书信息”。

（7）单击“保存”按钮，将宏命名为“控制图书信息窗体宏”。

（8）创建一个空白窗体，在设计视图中添加两个命令按钮。添加命令按钮时，关闭“使用控件向导”选项，命令按钮标题分别命名为“打开图书信息窗体”和“关闭图书信息窗体”。

（9）选中“打开图书信息窗体”命令按钮，并右击，在弹出的快捷菜单中选择“属性”命令，显示命令按钮的“属性表”任务窗格，在“事件”选项卡中设置命令按钮单击事件对应的宏“控制图书信息窗体宏.显示图书信息窗体”。

以同样的方法设置“关闭图书信息窗体”命令按钮单击事件对应的宏“控制图书信息窗体宏.关闭图书信息窗体”。

（10）切换到窗体视图，单击“打开图书信息窗体”命令按钮就会打开“图书信息”窗体；单击“关闭图书信息窗体”命令按钮，就会关闭“图书信息”窗体。如果“图书信息”窗体没有打开，那么单击“关闭图书信息窗体”命令按钮，不会出现响应事件。

3．利用宏操作条件判断“图书名称”字段输入是否正确。

（1）打开“图书管理”数据库，在设计视图中打开“图书信息”窗体，同时打开其“属性表”任务窗格，在“属性表”任务窗格对象列表中选择“图书名称”字段，单击“事件”选项卡，再单击“失去焦点”事件属性，然后单击旁边的…按钮，在“选择生成器”对话框中，选择“宏生成器”选项，然后单击“确定”按钮。

（2）在“添加新操作”组合框中，添加“IF”操作，在条件表达式文本框中设置表达式为“IsNull([图书名称])”，也可以单击条件表达式文本框右侧的按钮，在弹出的表达式生成器中生成表达式。在“添加新操作”组合框中单击下拉箭头，在打开的列表中选择 MessageBox，在操作参数中，“消息”填写“图书名称不能为空！”，在类型组合框中，选择“警告！”，“标题”填写“错误提示”。

这一步操作的作用是，当“图书名称”字段失去焦点时，判断该字段输入是否为空，如果为空，则提示用户。

（3）在“添加新操作”组合框中，添加 IF 操作，在条件表达式文本框中设置表达式为“Len([图书名称])>50”。在“添加新操作”组合框中选择 MessageBox。在操作参数中，“消息”填写“图书名称长度不能大于 50 位！”，“类型”选择“警告！”，“标题”填写“错误提示”。

这一步操作的作用是，当“图书名称”字段失去焦点时，判断该字段输入的长度是否大于 50 位。

（4）单击“保存”按钮，将“图书信息”窗体切换到窗体视图，在图书窗体上修改“图书名称”字段，如果字段为空或字段过长，当焦点转移到别的控件上，就会弹出警告，提示错误信息。

4．创建自动运行宏，要求当用户打开数据库后，系统弹出欢迎界面。

（1）打开“图书管理”数据库，在“创建”选项卡的“宏与代码”命令组中，单击“宏”命令按钮，打开宏设计器窗口。

（2）在“添加新操作”组合框中单击下拉箭头，在打开的列表中选择 MessageBox，在操作参数中，“消息”填写“欢迎使用教学管理信息系统！”，在类型组合框中，选择“信息”，其他参数为默认的。

（3）保存宏，宏名为 AutoExec。

（4）关闭数据库后重新打开“图书管理”数据库，宏自动执行，弹出一个消息框。

5．利用宏在“图书”窗体中，根据文本框控件中的“图书编号”查找相应记录。

（1）打开“图书管理”数据库，在设计视图打开“图书”窗体。

（2）取消“使用控件向导”选项，在“图书”窗体页眉添加一个文本框，文本框为未绑定控件，修改文本框的名称为 Text_BookName。修改自动生成的关联标签名标题为“图书编号：”。

（3）在文本框右侧，添加一个按钮，修改按钮文本为“查找图书”。选择“按钮”，打开该按钮的“属性表”任务窗格，单击“事件”选项卡。选择“单击”事件属性，然后单击框旁边的…按钮，在“选择生成器”对话框中，单击“宏生成器”选项，然后单击“确定”按钮。

（4）在“添加新操作”组合框中，添加 IF 操作，在条件表达式文本框中设置表达式为“IsNull([Forms].[图书].[Text_BookName])”，在“添加新操作”组合框中，单击 StopMacro 操作。这一步操作的作用是，当输入的图书编号为空时，停止该宏的运行。

（5）在下一“添加新操作”组合框中添加操作，选择 SetTempVar 操作。在操作参数中，“名称”填写 SearchBookName，表达式为“[Forms].[图书].[Text_BookName]”。

（6）在下一“添加新操作”组合框中添加操作，选择 SearchForRecord 操作。在操作参数中，“记录”选择“首记录”，“当条件”输入“="[图书编号]='" & [TempVars]！[SearchBookName] & "'"”。

（7）在下一“添加新操作”组合框中添加操作，选择 RemoveTempVar 操作。在操作参数中，“名称”填写 SearchBookName。这步操作的作用是删除临时变量。

（8）单击“保存”按钮，然后单击“关闭”按钮，关闭宏编辑器。

（9）将“图书”窗体切换到窗体视图，在“图书编号”关联的文本框中输入一个图书编号，单击“查找图书”按钮，查看宏的运行效果。

三、实验思考

对“商品供应”数据库，完成下列操作。

1．利用设计视图建立一个窗体，不设置数据源，将窗体标题设置为“测试窗体”。完成以下操作（不用控件向导做）。

（1）在窗体上添加一个按钮，将按钮标题设置为“打开商品表”，命名为 btnOpenTable。

（2）在窗体上添加一个按钮，将按钮标题设置为“打开商品信息窗体”，命名为 btnOpenForm。

（3）在窗体上添加一个按钮，将按钮标题设置为“打开商品报表”，命名为btnOpenReport。

（4）在窗体上添加一个按钮，将按钮标题设置为“关闭”，命名为btnClose。

（5）调整按钮的位置，使界面整齐、美观，保存窗体为“测试窗体”。

2．对“测试窗体”完成以下操作。

（1）设计一个宏，保存为“打开商品表”，“操作”设置为OpenTable，“表名称”设置为“商品”表，“视图”设置为“数据表”，“数据模式”设置为“编辑”。

（2）设计一个宏，保存为“打开商品信息窗体”，“操作”设置为OpenForm，“窗体名称”设置为“商品信息”，“视图”设置为“窗体”，“数据模式”设置为“编辑”，“窗口模式”设置为“普通”。

（3）设计一个宏，保存为“打开商品报表”，“操作”设置为OpenReport，“报表名称”设置为“商品1”，“视图”设置为“打印预览”。

（4）设计一个宏，保存为“关闭窗体”，“操作”设置为Close，“对象类型”设置为“窗体”，“对象名称”设置为“商品信息”，“保存”设置为“否”。

（5）将btnOpenTable的“单击”事件设置为“打开商品表”；btnOpenForm的“单击”事件设置为“打开商品信息窗体”；btnOpenReport的“单击”事件设置为“打开商品报表”；btnClose的“单击”事件设置为“关闭窗体”。

（6）切换到窗体视图，查看运行结果。

实验10 VBA程序设计基础

一、实验目的

1．熟悉VBE编辑器的使用。

2．掌握VBA的基本语法规则、各种运算量的表示及使用。

3．掌握VBA程序的3种流程控制结构：顺序结构、选择结构和循环结构。

4．熟悉过程和模块的概念及创建和使用方法。

5．掌握为窗体、报表或控件编写VBA事件过程代码的方法。

二、实验内容

1．在“图书管理”数据库中创建一个标准模块m1，并添加过程p1。

（1）打开“图书管理”数据库，单击“创建”选项卡，在“宏与代码”命令组中单击“模块”命令按钮，打开VBE窗口。

（2）在VBE窗口中，选择“插入”→“过程”命令，弹出“添加过程”对话框，在“名称”文本框中输入过程名p1。

（3）在代码窗口中输入一个名称为p1的子过程。

```
Public Sub p1()
    x=10
    y=20
    x=x+y
    y=x-y
    x=x-y
    Debug.Print "x=" & x
    Debug.Print "y=" & y
End Sub
```

（4）在 VBE 窗口中，单击“视图”→“立即窗口”命令，打开立即窗口，并在立即窗口中输入“Call p1()”，并按回车键，或单击 VBE“标准”工具栏中的运行按钮，查看运行结果。

（5）单击 VBE“标准”工具栏中的“保存”按钮，输入模块名称为 m1，保存模块。

（6）单击 VBE“标准”工具栏中的“视图 Microsoft office Access”按钮或按 Alt+F11 组合键，返回 Access。

2．求任意三角形的面积。

新建一个窗体，要求有 3 个文本框控件和 1 个命令按钮控件。在文本框中输入三角形的边长，单击命令按钮后，通过消息提示框显示三角形的面积。

（1）新建“窗体 1”，在窗体中添加 3 个文本框控件，设置文本框的“格式”属性为“常规数字”，设置 3 个文本框的“名称”属性分别为 txta、txtb 和 txtc。

（2）在窗体中添加一个命令按钮控件，设置命令按钮的“标题”为“计算”，名称为 CmdCalculate，“单击”属性设置为“事件过程”。窗体 1 的设计视图如图 A-2 所示。

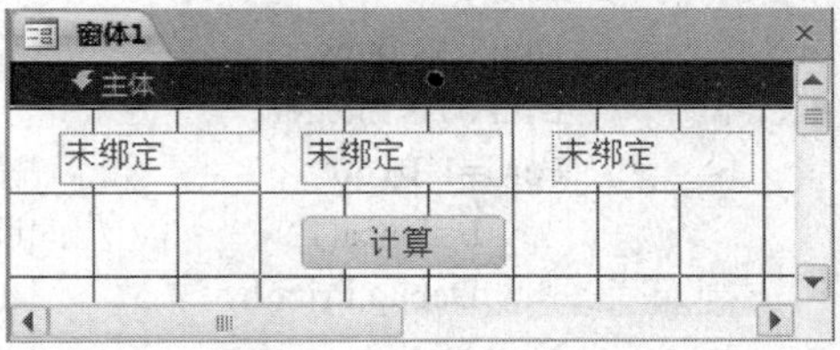

图 A-2　窗体 1 设计视图

（3）打开 VBE 编辑器，在“计算”命令按钮的“单击”事件过程中输入如下代码。

```
Private Sub CmdCalculate_Click()
    Dim a As Single,b As Single,c As Single,p As Single
    '判断文本框中是否输入数据
    If Not (IsNull(txta) Or IsNull(txtb) Or IsNull(txtc)) Then
        a=txta.Value
        b=txtb.Value
        c=txtc.Value
        '判断三边是否能组成三角形
        If (a+b>c) And (a+c>b) And (b+c>a) Then
            p=(a+b+c)/2
            p=Sqr(p*(p-a)*(p-b)*(p-c))
            Dim s As String
            s=Str(p)
            MsgBox "三角形的面积是："+s,vbInformation,"结果"
        Else
            MsgBox "三边不能组成三角形",vbCritical,"错误"
        End If
    Else
        MsgBox "请输入三边值",vbInformation,"信息"
    End If
End Sub
```

（4）设置窗体 1 的“弹出方式”属性为“是”，“记录选择器”和“导航按钮”属性均为“否”。运行窗体 1，结果如图 A-3 所示。

（5）输入三角形 3 边长度，如 3，4，5，单击“计算”命令按钮，查看结果。

（6）输入三角形 3 边长度，如 4，4，9，单击“计算”命令按钮，查看结果。

（7）当其中一个文本框内无数据时，单击“计算”命令按钮，查看结果。

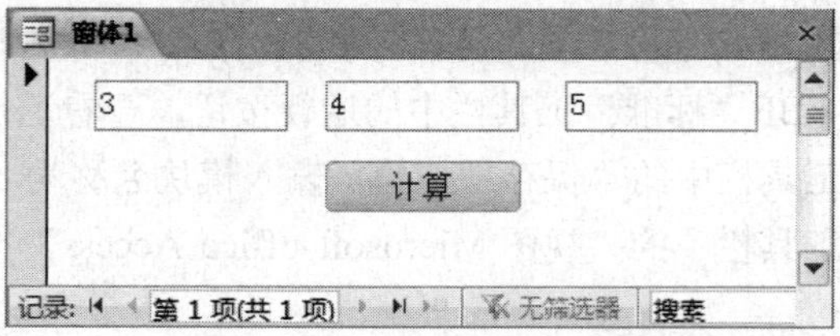

图 A-3　窗体 1 的运行模式

3．编写产生[1，100]之间随机整数的函数，调用该函数求 50 个[1，100]之间的随机整数。

（1）在模块中输入如下子过程和函数。

```
Sub test3()
    Dim i As Integer
    Dim b As Integer
    For i=1 To 50                '输出 50 个 1 到 100 之间的随机数
        b=funca()                '调用函数
        Debug.Print b            '在立即窗口输出数据
    Next i
End Sub
Function funca() As Integer
    Dim a As Integer
    a=Int(Rnd(1)*100)+1          '产生 1 到 100 之间的随机数
    funca=a
End Function
```

（2）运行 test3 子过程，查看立即窗口输出信息。

三、实验思考

1．创建一个窗体，其中有 2 个标签、2 个文本框和 1 个命令按钮，如图 A-4 所示。

其中，标签“请输入成绩:”旁的文本框名称为“成绩”，标签“该成绩的等级为:”旁的文本框名称为“等级”。“判断等级”命令按钮的名称为“命令”。

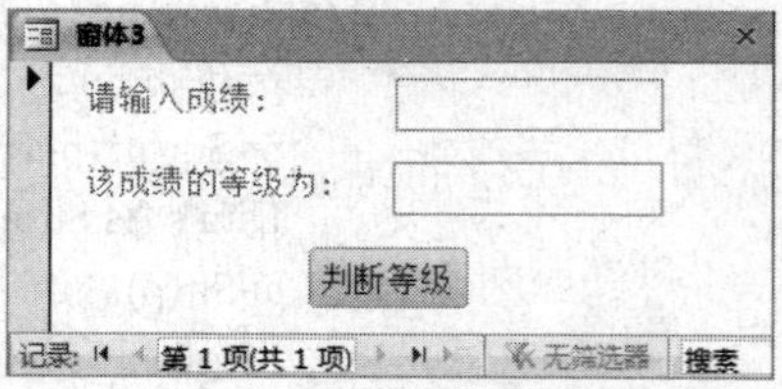

图 A-4　判断成绩等级的窗体

2．用 Select Case 语句改写第 1 题的程序。

3．设计窗体，单击“判断”命令按钮时，将出现一个输入框，在输入框中输入一个整数返回后，在文本框中即显示该整数是否为素数。

4．设计窗体，单击“产生随机数”命令按钮时，能产生并在文本框中显示 10 个随机的两位正整数，单击“排序”命令按钮时，程序能将这 10 个数按从小到大的顺序显示在文本框中。

5．分别编写自定义函数和过程来计算 *n*!，并调用它们计算 1!+2!+3!+4!+5!的值，请自行设计程序运行界面。

实验 11　VBA 对象与数据库访问技术

一、实验目的

1．理解 VBA 对象的概念。

2．熟悉 Access 窗体对象和控件对象的事件过程。

3．掌握 ADO 对象访问 Access 数据库的方法。

二、实验内容

1．新建窗体，观察窗体及窗体上控件的事件发生顺序。

（1）启动 Access 2010，新建一个窗体，命名为“事件窗体”，窗体设计视图如图 A-5 所示。窗体中放置了一个文本框 Text0 和一个命令按钮 Command2。

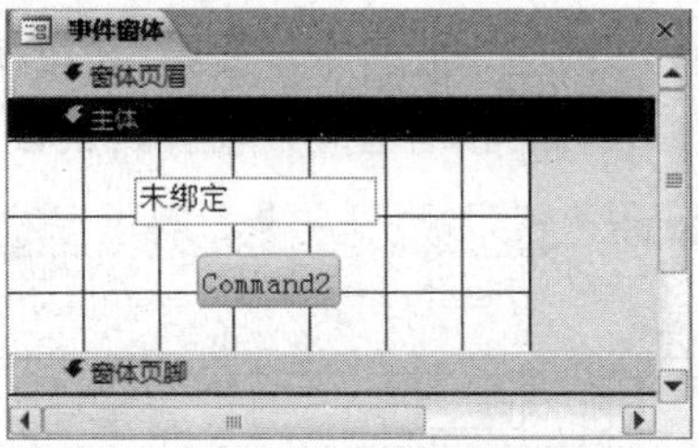

图 A-5　事件窗体设计视图

（2）“事件窗体”中的事件过程代码如下。

```
Private Sub Form_Activate()
    Debug.Print "正在执行窗体激活事件 Activate"
End Sub
Private Sub Form_Close()
    Debug.Print "正在执行窗体关闭事件 Close"
End Sub
Private Sub Form_Current()
    Debug.Print "正在执行窗体事件 Current"
End Sub
Private Sub Form_Deactivate()
    Debug.Print "正在执行窗体停用事件 Deactivate"
End Sub
Private Sub Form_Load()
    Debug.Print "正在执行窗体装载事件 Load"
End Sub
Private Sub Form_Open(Cancel As Integer)
    Debug.Print "正在执行窗体打开事件 Open"
End Sub
Private Sub Form_Resize()
    Debug.Print "正在执行改变窗体大小事件 Resize"
End Sub
Private Sub Form_Unload(Cancel As Integer)
    Debug.Print "正在执行卸载窗体事件 Unload"
End Sub
Private Sub Text0_Enter()
    Debug.Print "焦点开始进入 Text0"
End Sub
Private Sub Text0_Exit(Cancel As Integer)
    Debug.Print "焦点从 Text0 开始离开"
End Sub
Private Sub Text0_GotFocus()
    Debug.Print "Text0 已获得焦点"
End Sub
```

```
Private Sub Text0_LostFocus()
    Debug.Print "Text0 已失去焦点"
End Sub
```

（3）运行“事件窗体”，依次单击文本框、命令按钮，然后关闭窗体。在 VBE 编辑器的“立即窗口”中查看并分析运行结果。

2．使用 Access 对象完成对“图书管理”数据库“读者”表的基本操作。

（1）打开“图书管理”数据库，设计“读者管理”窗体，其设计视图如图 A-6 所示。

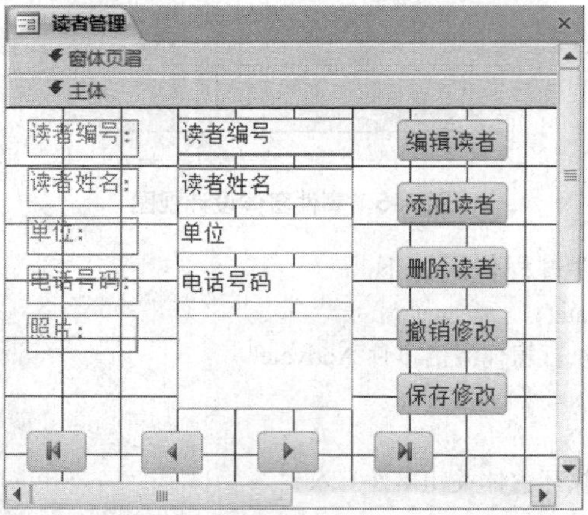

图 A-6 “读者管理”窗体的设计视图

其中，文本框与“读者”表字段绑定。要实现的功能包括记录导航、添加记录、修改记录、删除记录和撤销修改。

（2）为控件添加事件代码如下。

```
Option Compare Database
Dim flag As Integer
Private Sub Form_Load()
    cmdedit.Enabled=True                    '设置窗体加载时的属性
    cmdadd.Enabled=True
    cmddel.Enabled=False
    cmdsave.Enabled=False
    cmdcancle.Enabled=False
    cmdfirst.Enabled=True
    cmdbefore.Enabled=True
    cmdnext.Enabled=True
    cmdlast.Enabled=True
    Form.AllowEdits=True
    读者编号.Locked=True
    读者姓名.Locked=True
    单位.Locked=True
    电话号码.Locked=True
    照片.Locked=True
    Form.AllowDeletions=False
    Form.AllowAdditions=False
    Form.RecordLocks=0
End Sub
```

```
Private Sub cmdedit_Click()
    Form.AllowDeletions=True                    '设置窗体可删除
    读者编号.Locked=False                       '设置文本框可更改
    读者姓名.Locked=False
    单位.Locked=False
    电话号码.Locked=False
    照片.Locked=False
    cmdfirst.Enabled=False                      '设置记录导航按钮不可用
    cmdbefore.Enabled=False
    cmdnext.Enabled=False
    cmdlast.Enabled=False
    cmdadd.Enabled=False                        '设置某些按钮的可用性
    cmddel.Enabled=True
    cmdsave.Enabled=True
    cmdcancle.Enabled=True
    cmdsave.SetFocus
    cmdedit.Enabled=False
    flag=2                                      '为修改记录
End Sub
Private Sub cmdadd_Click()
    '添加记录操作
    On Error GoTo Err_cmdadd_Click
    读者编号.Locked=False                       '设置窗体可增加记录
    读者姓名.Locked=False
    单位.Locked=False
    电话号码.Locked=False
    照片.Locked=False
    Form.AllowAdditions=True
    cmdfirst.Enabled=False                      '设置记录导航按钮不可用
    cmdbefore.Enabled=False
    cmdnext.Enabled=False
    cmdlast.Enabled=False
    cmdedit.Enabled=False                       '设置某些按钮的可用性
    cmdcancle.Enabled=True
    cmdsave.Enabled=True
    cmddel.Enabled=False
    读者编号.SetFocus
    cmdadd.Enabled=False
    DoCmd.GoToRecord,,acNewRec
    flag=1                                      '为添加记录
    Exit_cmdadd_Click:
        Exit Sub
    Err_cmdadd_Click:
        MsgBox Err.Description
        Resume Exit_cmdadd_Click
End Sub
Private Sub cmddel_Click()
    '删除用户操作
```

```
        On Error GoTo Err_cmddel_Click
        DoCmd.DoMenuItem acFormBar,acEditMenu,8,,acMenuVer70
        DoCmd.DoMenuItem acFormBar,acEditMenu,6,,acMenuVer70
        cmdfirst.Enabled=True                    '设置记录导航按钮可用
        cmdbefore.Enabled=True
        cmdnext.Enabled=True
        cmdlast.Enabled=True
        Form.AllowEdits=True                     '设置按钮的可用性和窗体的属性
        Form.AllowDeletions=False
        Form.AllowAdditions=False
        Form.RecordLocks=0
        读者编号.Locked=True
        读者姓名.Locked=True
        单位.Locked=True
        电话号码.Locked=True
        照片.Locked=True
        cmdedit.Enabled=True
        cmdadd.Enabled=True
        cmdsave.Enabled=False
        cmdcancle.Enabled=False
        cmdedit.SetFocus
        cmddel.Enabled=False
        Exit_cmddel_Click:
            Exit Sub
        _cmddel_Click:
            MsgBox Err.Description
            Resume Exit_cmddel_Click
End Sub
Private Sub cmdcancle_Click()
        '撤销删除操作
        On Error GoTo Err_cmdcancle_Click
        cmdfirst.Enabled=True                    '设置记录导航按钮可用
        cmdbefore.Enabled=True
        cmdnext.Enabled=True
        cmdlast.Enabled=True
        cmddel.Enabled=False                     '设置某些按钮的可用性
        cmdedit.Enabled=True
        cmdadd.Enabled=True
        cmdsave.Enabled=False
        cmdedit.SetFocus
        cmdcancle.Enabled=False
        If flag=1 Then                           '取消添加
            Form.AllowDeletions=True
            DoCmd.DoMenuItem acFormBar,acEditMenu,8,,acMenuVer70
            DoCmd.DoMenuItem acFormBar,acEditMenu,6,,acMenuVer70
            Form.AllowDeletions=False
            DoCmd.GoToRecord,,acPrevious         '设置撤销后转到前一个记录
        Else                                     '取消修改
```

```
            DoCmd.DoMenuItem acFormBar,acEditMenu,acUndo,,acMenuVer70
        End If
        读者编号.Locked=True                    '窗体不可添加记录
        读者姓名.Locked=True
        单位.Locked=True
        电话号码.Locked=True
        照片.Locked=True
        Form.AllowAdditions=False
        Exit_cmdcancle_Click:
            Exit Sub
        Err_cmdcancle_Click:
            cmdcancle.Enabled=False
            Resume Exit_cmdcancle_Click
End Sub
Private Sub cmdsave_Click()
        On Error GoTo Err_cmdsave_Click         '保存操作
        cmdfirst.Enabled=True                   '设置记录导航按钮可用
        cmdbefore.Enabled=True
        cmdnext.Enabled=True
        cmdlast.Enabled=True
        If 读者编号.Value="" Then
            MsgBox "请输入读者编号！"
            Exit Sub
        End If
        If 读者姓名.Value="" Then
            MsgBox "请输入读者姓名！"
            Exit Sub
        End If
        If 单位.Value="" Then
            MsgBox "请输入单位！"
            Exit Sub
        End If
        If 电话号码.Value="" Then
            MsgBox "请输入电话号码！"
            Exit Sub
        End If
        DoCmd.DoMenuItem acFormBar,acRecordsMenu,acSaveRecord,,acMenuVer70
        Form.AllowEdits=True                    '设置按钮的可用性和窗体的属性
        Form.AllowDeletions=False
        Form.AllowAdditions=False
        Form.RecordLocks=0
        读者编号.Locked=True
        读者姓名.Locked=True
        单位.Locked=True
        电话号码.Locked=True
        照片.Locked=True
        cmdedit.Enabled=True
        cmdadd.Enabled=True
```

```
        cmdcancle.Enabled=False
        cmdsave.Enabled=False
        cmddel.Enabled=False
        Exit_cmdsave_Click:
            Exit Sub
        Err_cmdsave_Click:
            MsgBox Err.Description
            Resume Exit_cmdsave_Click
End Sub
Private Sub cmdfirst_Click()
        On Error GoTo Err_cmdfirst_Click
        cmdbefore.Enabled=False                    '设置向前键不可用，向后键可用
        cmdnext.Enabled=True
        DoCmd.GoToRecord,,acFirst
        Exit_cmdfirst_Click:
            Exit Sub
        Err_cmdfirst_Click:
            MsgBox Err.Description
            Resume Exit_cmdfirst_Click
End Sub
Private Sub cmdbefore_Click()
        On Error GoTo Err_cmdbefore_Click
        '如果向前键可用，则设置向后键可用
        If cmdbefore.Enabled=True Then cmdnext.Enabled=True
            DoCmd.GoToRecord,,acPrevious
        Exit_cmdbefore_Click:
            Exit Sub
        Err_cmdbefore_Click:
            cmdnext.SetFocus
            cmdbefore.Enabled=False
            MsgBox Err.Description
            Resume Exit_cmdbefore_Click
End Sub
Private Sub cmdnext_Click()
        On Error GoTo Err_cmdnext_Click
        '如果向后键可用，则设置向前键可用
        If cmdnext.Enabled=True Then cmdbefore.Enabled=True
        DoCmd.GoToRecord,,acNext
        Exit_cmdnext_Click:
            Exit Sub
        Err_cmdnext_Click:
            cmdfirst.SetFocus
            cmdnext.Enabled=False
            MsgBox Err.Description
            cmdfirst.SetFocus
            cmdnext.Enabled=False
            Resume Exit_cmdnext_Click
End Sub
```

```
Private Sub cmdlast_Click()
    On Error GoTo Err_cmdlast_Click
    cmdbefore.Enabled=True                    '设置向后键不可用，向前键可用
    cmdnext.Enabled=False
    DoCmd.GoToRecord,,acLast
    Exit_cmdlast_Click:
        Exit Sub
    Err_cmdlast_Click:
        MsgBox Err.Description
        Resume Exit_cmdlast_Click
End Sub
```

（3）测试程序，进行记录的添加、修改和删除操作。

3．使用 ADO 编程方法改写第 2 题“图书管理”数据库中读者信息添加操作。

（1）引用 ADO 对象。在 VBE 环境中，选择“工具”→“引用”命令，在“引用”对话框中，选择“Microsoft ActiveX Data Objects 2.5 Library”选项。

（2）将第 2 题中“添加”和“修改”命令按钮的事件修改如下。

```
Private Sub cmdadd_Click()
    '添加记录操作
    On Error GoTo Err_cmdadd_Click
    读者编号.Locked=False                     '设置窗体可增加记录
    读者姓名.Locked=False
    单位.Locked=False
    电话号码.Locked=False
    照片.Locked=False
    读者编号.Value=""
    读者姓名.Value=""
    单位.Value=""
    电话号码.Value=""
    照片.Value=""
    cmdfirst.Enabled=False                    '设置记录导航按钮不可用
    cmdbefore.Enabled=False
    cmdnext.Enabled=False
    cmdlast.Enabled=False
    cmdedit.Enabled=False                     '设置某些按钮的可用性
    cmdcancle.Enabled=True
    cmdsave.Enabled=True
    cmddel.Enabled=False
    读者编号.SetFocus
    cmdadd.Enabled=False
    flag=1                                    '为添加记录
    Exit_cmdadd_Click:
        Exit Sub
    Err_cmdadd_Click:
        MsgBox Err.Description
        Resume Exit_cmdadd_Click
End Sub
Private Sub cmdsave_Click()                   '保存操作
```

```
On Error GoTo Err_cmdsave_Click
cmdfirst.Enabled=True                    '设置记录导航按钮可用
cmdbefore.Enabled=True
cmdnext.Enabled=True
cmdlast.Enabled=True
If 读者编号.Value="" Then
    MsgBox "请输入读者编号！"
    Exit Sub
End If
If 读者姓名.Value="" Then
    MsgBox "请输入读者姓名！"
    Exit Sub
End If
If 单位.Value="" Then
    MsgBox "请输入单位！"
    Exit Sub
End If
If 电话号码.Value="" Then
    MsgBox "请输入电话号码！"
    Exit Sub
End If
'添加数据操作
Dim cnn As New ADODB.Connection          '声明 ADO 对象
Dim rst As ADODB.RecordSet
Dim temp As String
temp="SELECT * FROM 读者 WHERE 读者编号='" & 读者编号.Value & "'"
'打开记录集
rst.Open temp,CurrentProject.Connection,adOpenKeyset,adLockOptimistic
If rst.RecordCount>0 Then
    MsgBox "读者编号重复，请重新输入！"
    读者编号.SetFocus
    Exit Sub
Else
    rst.AddNew                           '执行添加操作
    rst("读者编号")=读者编号.Value
    rst("读者姓名")=读者姓名.Value
    rst("单位")=单位.Value
    rst("电话号码")=电话号码.Value
    rst.Update
End If
Set rst=Nothing                          '撤销 ADO 对象
Set cnn=Nothing
读者编号.Locked=True                     '设置按钮的可用性属性
读者姓名.Locked=True
单位.Locked=True
电话号码.Locked=True
照片.Locked=True
cmdedit.Enabled=True
```

```
        cmdadd.Enabled=True
        cmdcancle.Enabled=False
        cmdsave.Enabled=False
        cmddel.Enabled=False
        Exit_cmdsave_Click:
            Exit Sub
        Err_cmdsave_Click:
            MsgBox Err.Description
            Resume Exit_cmdsave_Click
    End Sub
```

三、实验思考

1．ADO 对象模型中常用的对象有哪些？其功能是什么？

2．使用 ADO 对象编程的一般步骤是什么？

3．创建“供应商数据管理”窗体，采用 ADO 编程实现“供应商”数据的维护。要求单击窗体上的“添加记录”命令按钮（命令按钮名称为 AddRec）时，能够向“供应商”表添加一条记录。

4．创建“商品数据管理”窗体，采用 ADO 编程实现“商品”数据的维护。

5．创建“进出货管理”窗体，通过 ADO 编程实现其功能。

实验 12 数据库应用系统开发

一、实验目的

1．运用课程所学知识，熟悉 Access 2010 各种对象的操作、VBA 编程及 VBA 数据库访问技术。

2．熟悉数据库应用系统的开发过程，设计并实现一个实际的数据库应用系统。

二、实验内容

前面实验中介绍了图书管理系统数据库和数据表的创建，本实验利用 VBA 的数据库访问技术实现图书管理系统的各功能模块。实验内容包括图书管理系统的主界面设计、各功能模块设计和 VBA 程序的实现。图书管理系统的主要功能包括：图书管理、读者管理和图书借阅、还书处理。

1．设计主窗体。

图书管理系统的主窗体功能是实现与其他窗体和报表的连接，用户可以根据自己的需要，选择相应的按钮操作。主窗体的界面如图 A-7 所示。

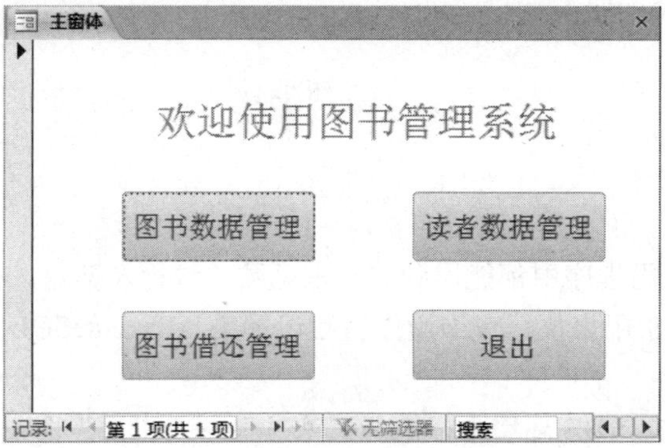

图 A-7　主窗体界面

各命令按钮事件的代码如下。

```
Private Sub cmd 图书_Click()                    '图书数据管理事件
    On Error GoTo Err_cmd_Click
    Dim stDocName As String
    Dim stLinkCriteria As String
    stDocName="图书数据管理"
    DoCmd.OpenForm stDocName,,,stLinkCriteria
    Exit_cmd_Click:
        Exit Sub
    Err_cmd_Click:
        MsgBox Err.Description
        Resume Exit_cmd_Click
End Sub
Private Sub cmd 读者_Click()                    '读者数据管理事件
    On Error GoTo Err_cmd_Click
    Dim stDocName As String
    Dim stLinkCriteria As String
    stDocName="读者数据管理"
    DoCmd.OpenForm stDocName,,,stLinkCriteria
    Exit_cmd_Click:
        Exit Sub
    Err_cmd_Click:
        MsgBox Err.Description
        Resume Exit_cmd_Click
End Sub
Private Sub cmd 借还_Click()                    '图书借还管理事件
    On Error GoTo Err_cmd_Click
    Dim stDocName As String
    Dim stLinkCriteria As String
    stDocName="图书借还管理"
    DoCmd.OpenForm stDocName,,,stLinkCriteria
    Exit_cmd_Click:
        Exit Sub
    Err_cmd_Click:
        MsgBox Err.Description
        Resume Exit_cmd_Click
End Sub
Private Sub cmd 退出_Click()                    '退出事件
    DoCmd.Close
End Sub
```

2．创建通用模块。

通用模块是指在整个应用程序中都能用到的一些函数、过程及变量。模块中主要包括 GetRS 函数和 ExecuteSQL 过程。GetRS 用来执行查询操作返回记录集，ExecuteSQL 用来执行插入、更新和删除的 SQL 语句。

（1）引用 ADO 对象。在 VBE 环境中，选择“工具”→“引用”命令，在弹出的“引用”对话框中，选择“Microsoft ActiveX Data Objects 2.5 Library”选项。

（2）在 VBE 编辑器中，通过选择“插入”→“模块”命令来添加一个标准模块，命名为 dbcommon，代码如下。

```
Option Explicit
'执行 SQL 的 Select 语句，返回记录集
Public Function GetRS(ByVal strSQL As String) As ADODB.RecordSet
    Dim rs As New ADODB.RecordSet
    Dim conn As New ADODB.Connection
    On Error GoTo GetRS_Error
    Set conn=CurrentProject.Connection        '打开当前连接
    rs.Open strSQL,conn,adOpenKeyset,adLockOptimistic
    Set GetRS=rs
    GetRS_Exit:
        Set rs=Nothing
        Set conn=Nothing
    Exit Function
    GetRS_Error:
        MsgBox (Err.Description)
        Resume GetRS_Exit
End Function
'执行 SQL 的 Update、Insert 和 Delete 语句
Public Sub ExecuteSQL(ByVal strSQL As String)
    Dim conn As New ADODB.Connection
    On Error GoTo ExecuteSQL_Error
    Set conn=CurrentProject.Connection        '打开当前连接
    conn.Execute (strSQL)
    ExecuteSQL_Exit:
        Set conn=Nothing
        Exit Sub
    ExecuteSQL_Error:
        MsgBox(Err.Description)
        Resume ExecuteSQL_Exit
End Sub
```

3．设计“图书数据管理”窗体。

使用 ADO 对象完成对“图书管理”数据库“图书”表的基本操作。下面实验完成对“图书管理”数据库的“图书”表的添加、查找、删除和修改功能。

（1）打开“图书管理”数据库，创建一个窗体，窗体名称为“图书数据管理”，窗体界面和控件如图 A-8 所示。

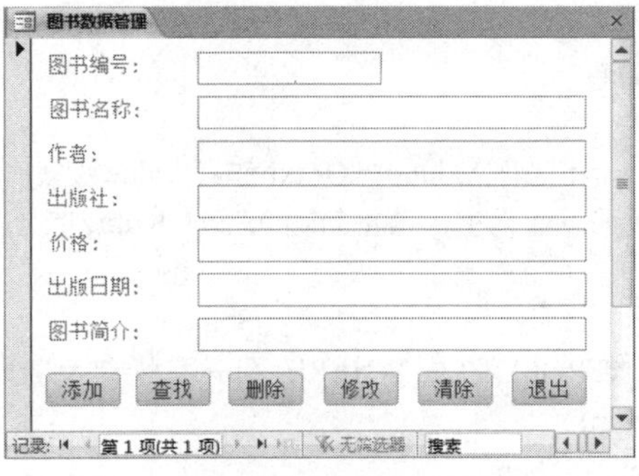

图 A-8 “图书数据管理”窗体界面

（2）引用 ADO 对象。在 VBE 环境中，选择“工具”→“引用”命令，在弹出的“引用”对话框中，选择“Microsoft ActiveX Data Objects 2.5 Library”选项。

（3）在“图书数据管理”窗体模块中声明模块级变量。

```
Dim cnn As New ADODB.Connection
Dim rst As ADODB.RecordSet
Dim temp As String
```

（4）在“图书数据管理”窗体加载事件中添加代码。

```
Private Sub Form_Load()
    Set cnn=CurrentProject.Connection
    Set rst=New ADODB.RecordSet
    temp="SELECT * FROM 图书"
    Set rst=GetRS(temp)
    txt 编号.Value=""
    txt 名称.Value=""
    txt 作者.Value=""
    txt 出版社.Value=""
    txt 价格.Value=""
    txt 日期.Value=""
    txt 简介.Value=""
    Call buttonEnable
End Sub
Private Sub buttonEnable()                          '子过程设置按钮的可用状态
    If rst.BOF And rst.EOF Then
        txt 编号.SetFocus
        cmd 删除.Enabled=False
        cmd 查找.Enabled=False
        cmd 修改.Enabled=False
        cmd 添加.Enabled=True
    Else
        cmd 删除.Enabled=True
        cmd 查找.Enabled=True
        cmd 修改.Enabled=True
        cmd 添加.Enabled=True
    End If
End Sub
```

（5）“添加”命令按钮的事件代码如下。窗体中文本框内的输入内容不能为空，使用 AddNew 方法添加记录。

```
Private Sub cmd 添加_Click()
    Dim aOK As Integer
    If txt 编号.Value="" Or txt 名称.Value="" Or txt 作者.Value="" Or txt 出版社.Value="" Then
        MsgBox "输入数据不能为空，请重新输入",vbOKolny,""
    Else
        rst.Close
        temp="SELECT * FROM 图书 WHERE 图书编号='" & Trim(txt 编号.Value) & "'"
        Set rst=GetRS(temp)
        If rst.RecordCount>0 Then
```

```
                MsgBox "图书编号不能重复，请重新输入",vbOKOnly,"错误提示"
                txt编号.SetFocus
                txt编号.Value=""
                Exit Sub
            Else
                rst.AddNew
                rst("图书编号")=txt编号.Value
                rst("图书名称")=txt名称.Value
                rst("作者")=txt作者.Value
                rst("定价")=txt价格.Value
                rst("出版社名称")=txt出版社.Value
                rst("出版日期")=txt日期.Value
                rst("是否借出")=0
                rst("图书简介")=txt简介.Value
                aOK=MsgBox("确认添加吗？",vbOKCancel,"确认提示")
                If aOK=1 Then
                    rst.Update
                    txt编号.Value=""
                    txt名称.Value=""
                    txt作者.Value=""
                    txt出版社.Value=""
                    txt价格.Value=""
                    txt日期.Value=""
                    txt简介.Value=""
                    Call buttonEnable
                Else
                    rst.CancelUpdate
                End If
            End If
        End If
    End Sub
```

（6）根据“图书名称”查找到相应的图书，“查找”命令按钮的事件代码如下。

```
    Private Sub cmd查找_Click()
        Dim strsearch As String
        strsearch=InputBox("请输入查找的图书名称","查找输入")
        temp="SELECT * FROM 图书 WHERE 图书名称 LIKE '%" & strsearch & "%'"
        Set rst=GetRS(temp)
        If rst.RecordCount>0 Then
            Do While Not rst.EOF
                MsgBox "找到记录"
                txt编号.Value=rst("图书编号").Value
                txt名称.Value=rst("图书名称").Value
                txt作者.Value=rst("作者").Value
                txt价格.Value=rst("定价").Value
                txt出版社.Value=rst("出版社名称").Value
                txt日期.Value=rst("出版日期").Value
                txt简介.Value=rst("图书简介")
```

```
            rst.MoveNext
        Loop
    Else
        MsgBox "没找到"
    End If
End Sub
```

（7）实现删除功能。删除功能的过程为：根据用户所输入的“图书编号”找到记录，执行删除操作。

```
Private Sub cmd 删除_Click()
    Dim strsearch As String
    strsearch=InputBox("请输入要删除的图书编号","查找提示")
    temp="SELECT * FROM  图书  WHERE  图书编号='" & strsearch & "'"
    Set rst=GetRS(temp)
    If rst.RecordCount>0 Then
        strsearch="DELETE*FROM  图书  WHERE  图书编号='" & strsearch & "'"
        ExecuteSQL (strsearch)
    Else
        MsgBox "未找到图书！"
        Exit Sub
    End If
End Sub
```

（8）实现修改功能。修改功能的过程为：根据用户输入的“图书编号”找到记录，并将记录字段显示在文本框中，此时“修改”命令按钮的标题改为“确认”。修改完成后，单击“确认”命令按钮，将数据更新到数据表中。

```
Private Sub cmd 修改_Click()
    Dim strsearch As String
    If cmd 修改.Caption="修改" Then
        strsearch=InputBox("请输入要修改的图书编号","查找提示")
        temp="SELECT * FROM  图书  WHERE  图书编号='" & strsearch & "'"
        Set rst=GetRS(temp)
        If rst.RecordCount>0 Then
            MsgBox "找到记录"
            cmd 修改.Caption="确认"
            txt 编号.Value=rst("图书编号").Value
            txt 编号.Locked=True
            txt 名称.Value=rst("图书名称").Value
            txt 作者.Value=rst("作者").Value
            txt 价格.Value=rst("定价").Value
            txt 出版社.Value=rst("出版社名称").Value
            txt 日期.Value=rst("出版日期").Value
            txt 简介.Value=rst("图书简介")
        Else
            MsgBox "没有找到记录"
        End If
    Else
        rst("图书名称")=txt 名称.Value
        rst("作者")=txt 作者.Value
```

```
            rst("定价")=txt 价格.Value
            rst("出版社名称")=txt 出版社.Value
            rst("出版日期")=txt 日期.Value
            rst("图书简介")=txt 简介.Value
            rst.Update
            Set rs=Nothing
        End If
    End Sub
```

（9）实现清除和退出功能。清除操作的过程为：把文本框中的内容清空。退出操作的过程为：关闭 ADO 对象和“图书数据管理”窗体。

4．设计“读者数据管理”窗体。

参考“图书数据管理”窗体的设计方法完成“读者数据管理”窗体的设计和程序的实现。

5．设计借还管理窗体。

借还管理窗体主要实现图书借阅和还书的处理，其实验步骤如下。

（1）创建借阅情况查询。在“图书管理”数据库中创建借阅查询，其 SQL 语句如下，查询命名为“借阅情况查询”。

```
    SELECT 读者.读者编号,读者.读者姓名,图书.图书编号,图书.图书名称,图书.作者,图书.是否借出,借阅.借阅日期 FROM 读者,图书,借阅 WHERE 读者.读者编号=借阅.读者编号 And 借阅.图书编号=图书.图书编号
```

（2）创建“借阅情况查询子窗体”。使用创建窗体向导来创建“借阅情况查询子窗体”。创建过程中，数据字段来源选择“借阅情况查询”中的所有字段，窗体布局选择“表格”。子窗体如图 A-9 所示。

（3）创建“借还管理”窗体。“借还管理”窗体的设计视图如图 A-10 所示。窗体分为 3 个区域。在上面的功能区，当用户输入“读者编号”并单击“查询”命令按钮时，在中间的“读者信息”区显示读者的信息，在下面的“借阅信息”区中显示当前读者借阅的图书；当用户输入“图书编号”时，可以执行图书的“借”和“还”操作。“借阅信息”区为插入的“借阅情况查询子窗体”。

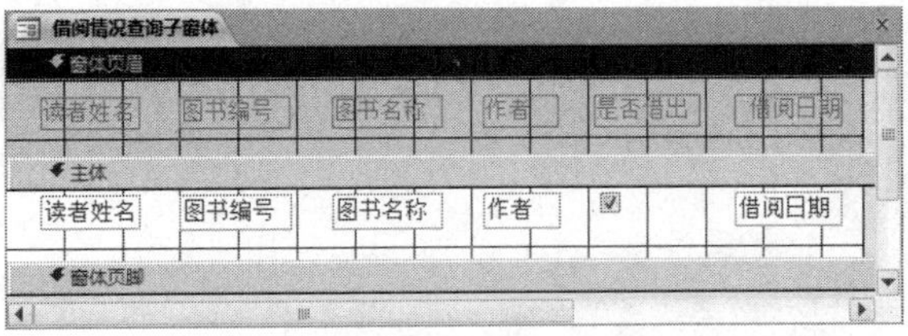

图 A-9 “借阅情况查询子窗体”设计视图

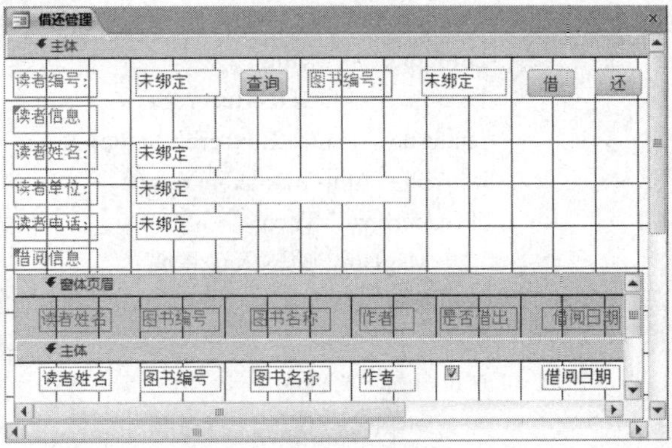

图 A-10 “借还管理”窗体设计视图

（4）“借还管理”窗体的代码实现如下。

```
    Option Compare Database
    Private Sub Form_Load()
        cmd 借.Enabled=False
        cmd 还.Enabled=False
        '借阅情况查询子窗体清空
        temp="SELECT * FROM 借阅情况查询 WHERE 读者编号=""
        Me.借阅情况查询子窗体.Form.RecordSource=temp
```

```
        Me.借阅情况查询子窗体.Form.Requery
    End Sub
    Private Sub cmd 查询_Click()
        Dim temp As String
        Dim rst As ADODB.RecordSet
        If txtReaderbh.Value="" Then
            MsgBox "请输入读者编号"
            Exit Sub
        End If
        temp="SELECT * FROM 读者 WHERE 读者编号='" & Trim(txtReaderbh.Value) & "'"
        Set rst=GetRS(temp)
        If rst.RecordCount <= 0 Then
            MsgBox "未找到读者！请重新输入"
            Exit Sub
        End If
        txtname.Value=rst("读者姓名")
        txtDW.Value=rst("单位")
        txtPhone.Value=rst("电话号码")
        cmd 借.Enabled=True
        cmd 还.Enabled=True
        Set rst=Nothing
        temp="SELECT * FROM 借阅情况查询 WHERE 读者编号='" & Trim(txtReaderbh.Value) & "'"
        Me.借阅情况查询子窗体.Form.RecordSource=temp
        Me.借阅情况查询子窗体.Form.Requery
    End Sub
    Private Sub cmd 借_Click()                    '借的操作过程
        Dim readerbh As String
        Dim bookbh As String
        Dim temp As String
        Dim rst As ADODB.RecordSet
        readerbh=Trim(txtReaderbh.Value)
        bookbh=Trim(txtBookbh.Value)
        If readerbh="" Then
            MsgBox "请输入读者编号"
            Exit Sub
        End If
        If bookbh="" Then
            MsgBox "请输入图书编号"
            Exit Sub
        End If
        '判断有没有这个读者；判断有没有这本书，判断这本书是否借出
        temp="SELECT * FROM 读者 WHERE 读者编号='" & readerbh & "'"
        Set rst=GetRS(temp)
        If rst.RecordCount<=0 Then
            MsgBox "输入的读者编号错误"
            txtReaderbh.SetFocus
            Exit Sub
        End If
```

```
            temp="SELECT * FROM 图书 WHERE 图书编号='" & bookbh & "'"
            Set rst=GetRS(temp)
            If rst.RecordCount <= 0 Then
                MsgBox "输入的图书编号错误"
                txtBookbh.SetFocus
                Exit Sub
            End If
            temp="SELECT * FROM 借阅 WHERE 读者编号='" & readerbh & "' And 图书编号='" & bookbh &
"'"
            Set rst=GetRS(temp)
            If rst.RecordCount>0 Then
                MsgBox "此读者已借这本书，不能再借"
                txtBookbh.SetFocus
                Exit Sub
            End If
            '如果以上条件判断完，如此书可借，则借此书，在"借阅"表中添加记录，"图书"表中是否借出
改为 1
            temp="INSERT INTO 借阅(读者编号，图书编号，借阅日期) VALUES('" & readerbh & "','" & bookbh
& "',now())"
            ExecuteSQL(temp)
            temp="UPDATE 图书 SET 是否借出=1 WHERE 图书编号='" & bookbh & "'"
            ExecuteSQL(temp)
            '更新借阅情况查询子窗体显示
            temp="SELECT * FROM 借阅情况查询 WHERE 读者编号='" & readerbh & "'"
            Me.借阅情况查询子窗体.Form.RecordSource=temp
            Me.借阅情况查询子窗体.Form.Requery
        End Sub
        Private Sub cmd 还_Click()                    '还的操作过程
            Dim readerbh As String
            Dim bookbh As String
            Dim temp As String
            Dim rst As ADODB.RecordSet
            readerbh=Trim(txtReaderbh.Value)
            bookbh=Trim(txtBookbh.Value)
            If readerbh="" Then
                MsgBox "请输入读者编号"
                Exit Sub
            End If
            If bookbh="" Then
                MsgBox "请输入图书编号"
                Exit Sub
            End If
            '判断有没有这个读者；判断有没有这本书，判断这本书是否借出
            temp="SELECT * FROM 读者 WHERE 读者编号='" & readerbh & "'"
            Set rst=GetRS(temp)
            If rst.RecordCount <= 0 Then
                MsgBox "输入的读者编号错误"
                txtReaderbh.SetFocus
```

```
            Exit Sub
        End If
        temp="SELECT * FROM 图书 WHERE 图书编号='" & bookbh & "'"
        Set rst=GetRS(temp)
        If rst.RecordCount <= 0 Then
            MsgBox "输入的图书编号错误"
            txtBookbh.SetFocus
            Exit Sub
        End If
        temp="SELECT * FROM 借阅 WHERE 读者编号='" & readerbh & "' And 图书编号='" & bookbh &
"'"
        Set rst=GetRS(temp)
        If rst.RecordCount<=0 Then
            MsgBox "此读者未借这本书，不能执行还的操作！"
            txtBookbh.SetFocus
            Exit Sub
        End If
        '如果以上条件判断完，如此书可还，则进行还操作，在“借阅”表中删除记录，“图书”表中是否
借出改为0
        temp="DELETE*FROM 借阅 WHERE 读者编号='" & readerbh & "' And 图书编号='" & bookbh &
"'"
        ExecuteSQL(temp)
        temp="UPDATE 图书 SET 是否借出=0 WHERE 图书编号='" & bookbh & "'"
        ExecuteSQL(temp)
        '更新借阅情况查询子窗体显示
        temp="SELECT * FROM 借阅情况查询 WHERE 读者编号='" & readerbh & "'"
        Me.借阅情况查询子窗体.Form.RecordSource=temp
        Me.借阅情况查询子窗体.Form.Requery
    End Sub
```

三、实验思考

1．针对“商品供应”数据库，设计并实现一个商品供应管理系统。

（1）试分析系统的功能需求，必要时可以对数据库进行扩充。

（2）创建系统主窗体。

（3）实现数据编辑、查询、统计报表等基本功能。

（4）实现应用系统的集成，包括创建切换面板、系统菜单及设置启动窗体等。

2．设计一个 Access 练习系统，设计要求：创建“选择题”表，包括的字段有：序号、题干、选择题 A、选择题 B、选择题 C、选择题 D 和答案，用户可答题并自动统计分数。

参考文献

[1] 教育部高等学校大学计算机课程教学指导委员会．大学计算机基础课程教学基本要求．北京：高等教育出版社，2016.

[2] 施伯乐，丁宝康，汪卫．数据库系统教程．3 版．北京：高等教育出版社，2008.

[3] 刘卫国．数据库技术与应用——Access 2010．北京：清华大学出版社，2014.

[4] 刘卫国．数据库技术与应用实践教程——Access 2010．北京：清华大学出版社，2014.

[5] 陈薇薇，巫张英．Access 基础与应用教程（2010 版）．北京：人民邮电出版社，2013.

[6] 李湛．Access 2010 数据库应用教程．北京：清华大学出版社，2013.